谨以此书献给中华人民共和国70华诞！

吉首大学武陵山研究系列成果
湘西自治州科技计划项目（州科字〔2006〕49号）成果
国家科技基础性工作专项重点项目子课题（2008FY110400-1-9）成果

湘西地区非粮柴油能源植物资源研究

陈功锡　王冰清　张　洁　陈加蓓　等　编著

科学技术文献出版社
SCIENTIFIC AND TECHNICAL DOCUMENTATION PRESS

·北京·

图书在版编目（CIP）数据

湘西地区非粮柴油能源植物资源研究 / 陈功锡等编著. —北京：科学技术文献
出版社，2019.6
ISBN 978-7-5189-5655-5

Ⅰ.①湘…　Ⅱ.①陈…　Ⅲ.①生物能源—柴油—植物资源—研究—湘西地区
Ⅳ.① Q949.93

中国版本图书馆 CIP 数据核字（2019）第 122394 号

湘西地区非粮柴油能源植物资源研究

| 策划编辑：孙江莉 | 责任编辑：张　红 | 责任校对：文　浩 | 责任出版：张志平 |

出　版　者	科学技术文献出版社
地　　　址	北京市复兴路15号　邮编 100038
编　务　部	(010) 58882938，58882087（传真）
发　行　部	(010) 58882868，58882870（传真）
邮　购　部	(010) 58882873
官　方　网　址	www.stdp.com.cn
发　行　者	科学技术文献出版社发行　全国各地新华书店经销
印　刷　者	北京虎彩文化传播有限公司
版　　　次	2019 年 6 月第 1 版　2019 年 6 月第 1 次印刷
开　　　本	787×1092　1/16
字　　　数	493千
印　　　张	21.75
书　　　号	ISBN 978-7-5189-5655-5
定　　　价	88.00元

作者名单

陈功锡　王冰清　张　洁　陈加蓓

向晓媚　徐　亮　刘祝祥　张代贵

序

　　能源是人类生存与发展的物质基础，是社会前进的动力。由于化石能源资源的有限性和对环境污染日益严重的不可逆转性等原因，世界各国都把目光逐步转移到生物能源规模应用开发上。欧美、日本等发达国家和地区率先启动了一批重要的计划，其成果也日趋产业化和国际化，极大地缓解了对化石能源消耗的压力。我国自20世纪80年代起步，"十五"以来广泛开展了生物能源科研创新和产业化工作，取得了显著成效，为我国新能源事业的发展做出了重要贡献。但我国人口众多，人均耕地面积偏少，粮食资源紧张，大规模利用耕地发展生物柴油能源植物并不现实。在这种情况下，系统调查、评价和筛选非粮柴油能源植物资源，结合山区脱贫需要，开发利用山区荒地发展油料能源植物，显得非常重要和迫切。

　　我国植物油脂生物质能源持续规模供应与粮食作物生产面临土地供应竞争矛盾、潜在次生生态灾害威胁等，发展油料能源植物可以协调保护生物多样性，保护森林生态环境关系难题。"不与粮争地、不与人争粮"，应该成为中国能源油料植物产业发展的基本国策。

　　我国油料植物资源丰富、种类繁多、分布广泛，大多具有野生性，耐旱、耐贫瘠，在山地、高原和丘陵等地域都能很好地生长。由于其具有不与粮食争地、改善生态环境、提高就业机会、带动新农村建设等众多优点，在我国具有巨大的发展潜力和广阔的市场开发前景。

　　湘西地区是武陵山区经济植物，特别是油料植物生长的核心地域，是湖南省植物资源丰富的地区之一，其植物多样性程度在全国占有重要地位。湘西地区也是非粮柴油能源植物高度集中的区域，不仅种类繁多，且植物含油量及原料油理化性质优良，是研究和发展生物柴油能源植物产业的理想区域。尽管近30年来，我们已在油桐、油茶、光皮树、黄连木等树种生物柴油的研究和开发方面做了大量工作，也取得了一系列重要进展和成效，但对于该区域非粮柴油能源植物的地理分布、资源量、资源生物特性、资源经济性状、种类构成及其含油量、油脂脂肪酸组成和理化性质等还缺乏系统性深入研究和评价。而这些基础性工作对进一步深入了解该区植物多样性价值，以及发展特色植物资源产业、助力脱贫攻坚具有重要意义。

吉首大学陈功锡教授等的这部《湘西地区非粮柴油能源植物资源研究》专著，是该团队长期从事湘西非粮柴油能源植物资源研究工作的系统总结。该书详细论述了湘西地区的非粮柴油能源植物的类群构成、区系成分及分布格局特点；测定和报道了区域内 262 种主要非粮柴油能源植物的含油量和理化性质指标，综合评价并筛选出适合湘西产业发展的若干代表种类；研究常见非粮柴油能源植物籽油的提取方法，分析籽油的组分构成；对 230 种非粮柴油能源植物进行简要介绍，包括名称、识别特点、地理分布、用途、含油量及油的组分；综合探讨湘西非粮柴油能源植物开发利用的技术体系和开发途径等问题。全书结构紧凑、内容丰富、资料翔实、论证有力，具有较高的学术价值和应用价值。无疑，该书的出版必将对我国区域非粮柴油能源植物资源科学研究产生积极推动作用，对湘西地区特色经济植物资源研究和产业开发产生重要而深远的影响。

值此著作付梓之际，特乐之为序！

油料能源植物高效转化国家地方联合工程实验室主任

南方木本油料利用科学国家林业和草原局重点实验室主任

湖南省林业科学院　二级研究员

李昌珠

2019 年 4 月 25 日

前　　言

　　能源是人类赖以生存和进步的物质基础，是经济社会可持续发展的动力。随着工业化进程的加快，化石能源消耗加剧及所导致的生态环境恶化，严重威胁人类社会的可持续发展。开发可再生的生物能源，减少经济发展对化石能源的依赖，已成为世界各国重要的战略选择。我国是世界第二大石油消费国，对液体燃料的需求量也越来越大，2011 年石油对外依存度已超过 55%，预测 2020年将达到 67%，2030 年将提高到 70%。但我国石油、煤、天然气等常规能源严重短缺，加上资源利用效率低下、能源资源短缺和环境污染问题十分突出，因此，我国开发利用可再生资源，大力发展生物能源产业，对促进国民经济健康发展具有十分重要的战略意义。

　　生物能源属于绿色能源，主要是指利用可再生或循环的有机质（主要包括能榨油或产油的植物、可供厌氧发酵的藻类及有机废弃物等）为原料生产的能源，其利用形式主要包括沼气、生物制氢、生物柴油催化合成和燃料乙醇等。然而，目前生产生物柴油的主要原料是含油的能源植物，很多国家大都利用粮食作物，如大豆、油菜籽和玉米等作为原料生产生物柴油，并且取得了相应的成果。但我国是一个人口大国，粮油供应原本就紧张，加上山地、高原和丘陵占国土总面积的 69%，大规模利用耕地来生产能源植物不现实，完全以农产品为原料生产生物柴油是不可能的。因此，亟须寻找一条适合我国国情的发展生物柴油的途径。

　　非粮柴油能源植物（non-food energy plant for biodiesal production）是指那些不是粮食作物或者主要含油部位不被用作粮食、食用油等的生物柴油能源植物。由于其栽植地区为非农耕地，故不与粮食作物竞争农业资源。在我国，特殊的国情决定了我们不能走照搬别国利用耕地大量种植粮油作物发展生物柴油的道路，只有本着"不与人争粮，不与粮争地"的原则，利用我国大量的边际性土地，发展适应性强、能量富集型的非粮柴油能源植物才是生物质能源产业发展的根本出路。我国政府非常重视这项工作，自 2004 年以来由科技部主持先后启动了多个国家科技攻关计划项目和国家科技基础性工作专项项目，对我国生物柴油有关标准、开发技术及相关资源进行研究，并大力支持企业产业化生产，取得了一系列重要成果。

湘西地处华中武陵山地区腹地，为典型的中亚热带季风湿润气候，境内自然环境条件复杂，孕育了丰富的植物多样性，属于我国少数具有世界意义的生物多样性关键地区之一，其科学价值和经济社会价值早已引起国内外高度关注。湘西地区植物资源丰富，包括非粮柴油能源植物在内的大量有用植物长期以来为湘西社会经济发展做出了重要贡献。为进一步加强对湘西非粮柴油能源植物资源规律的科学认识，同时也为深入研究和产业开发服务，需要对前期工作进行系统总结。有鉴于此，笔者特对本研究组自 20 世纪 90 年代以来的研究工作，尤其是对 2006 年所承担的湘西自治州科技计划项目"湘西生物能源植物开发利用研究"（州科字〔2006〕49 号）、2008 年所承担的国家科技基础性工作专项重点项目子课题"武陵山地区非粮柴油能源植物调查、收集与保存"（2008FY110400-1-9）等进行归纳和理论提升，撰写了这本研究专著《湘西地区非粮柴油能源植物资源研究》。

本书共分 9 章。第一章和第二章综述了非粮柴油能源植物的相关概念及研究进展，以及湘西地区自然环境概况及研究方法；第三章根据调查结果，全面介绍湘西地区非粮柴油能源植物的构成和分布特点；第四章以实验室检测结果为依据，分析了湘西地区非粮柴油能源植物的含油量和理化性质；第五章以富油植物为重点，对湘西地区主要的非粮柴油能源植物进行综合评价，筛选出适宜湘西地区发展的优选植物；第六章研究了湘西地区常见的几种非粮柴油能源植物的油脂成分及有关提取技术方法；第七章简述了湘西地区 230 种主要的非粮柴油能源植物，内容包括名称、主要特征、分布与生境、用途、含油量、理化性质及脂肪酸组成等；第八章综合探讨了湘西地区非粮柴油能源植物的开发利用问题；第九章进行理论总结，并提出了有关建议。全书结构紧凑、内容丰富、资料翔实、论证有力，具有较高的学术价值和实践应用价值。主要供从事与植物油脂产业有关的林学、农学、生物学及分支学科的广大科技人员研究参考，可供湘西地区及其周边地区政府机构、社会团体的领导、管理人员及企业技术人员在了解本地资源、发展特色植物资源产业时借鉴，也可作为从事有关学科教学、科研的高校教师和研究生的参考资料。

本著作是吉首大学武陵山区发展研究院/植物资源保护与利用湖南省高校重点实验室"武陵山区系列研究"著作之一，是课题组师生（注：研究生徐亮、张洁分别于 2012 年和 2015 年毕业，王冰清将于 2019 年毕业，陈加蓓、向晓媚在读）共同努力的结果。在课题研究和著作撰写过程中得到了吉首大学原副校长、植物资源保护与利用湖南省高校重点实验室顾问张永康教授，吉首大学原副校长、杜仲综合利用技术国家地方联合工程实验室主任李克纲教授的鼓励和鞭策；得到了武陵山区发展研究院院长张登巧教授、李汉林教授、陈廷亮教授，吉首大学科技处、学科处、研究生院及生物资源与环境科学学院各位领导的大力支持；得到了重点实验室李辉、麻成金、欧阳辉、张晓蓉、熊利芝、田向荣、周强诸位教授博士的热情帮助；研究生李贵、贺建武、杨斌，以及本科生周建军、肖艳、储昭福、杨珺、刘慧娟、钱凯歌、陈雅、陈洁、欧阳姝敏、孟文杰、徐恒、李宝连、邢晋等参与了部分调查或者实验工作，胡叠、邓珊珊、刘锦源协助整理部分资料。在著作出版过程中，得到了"吉首大学武陵山区研究"和"生态学"湖南省重点学科建设经费的资助；承蒙科学技术文献出版社孙江莉编辑提出了许多建设性意见，责任编辑张红付出了智慧与辛苦劳动；等等。在此一并表示诚挚的谢意！

承蒙油料能源植物高效转化国家地方联合工程实验室主任、南方木本油料利用科学国家林业和草原局重点实验室主任、湖南省林业科学研究院李昌珠研究员不辞辛劳，在百忙中抽出时间为本书作序，这既给本书增添了光彩，也是对我们工作的肯定与鼓励！

由于研究工作时间跨度较长和笔者能力水平有限，加上成书时间仓促，书中错漏和不当之处定当不少。望读者批评指正！

陈功锡

2019 年 4 月于风雨湖畔

目　　录

第一章　非粮柴油能源植物及其研究进展

　　能源是经济社会可持续发展的动力，也是人类赖以生存和进步的物质基础。目前，可供人类利用的能源有很多，其中化石燃料在现有能源体系中占主导地位，世界上约 85% 的能源是通过燃烧不可再生的化石燃料获得的（赵龙，2016）。据资料统计，以目前的开采速度计算，全世界已探明储量的化石能源中，石油仅可开采约 40 年，天然气可开采约 50 年，原煤可开采约 200 年（姚娟，2011）。然而，随着社会飞速发展和人口迅速增长，全球能源消耗逐年激增，能源危机逐渐蔓延到世界每个角落，成为制约社会、经济发展的严肃问题之一。面对这一严峻形势，开发可再生的生物能源已成为世界各国重要的战略选择。

　　我国作为世界上最大的原油进口国和第二大石油消费国，随着工业化、城市化的陆续推进，未来对液体燃料的需求量将不断增长。根据《BP Energy Outlook to 2035》的预测，我国将于 2032 年取代美国成为世界上最大的液体能源（原油、凝析油等）消费国，而石油进口依存度将从 2014 年的 59% 升至 2035 年的 76%，高于 2005 年美国的峰值（British Petroleum，2016）。然而，我国石油、煤、天然气等常规能源严重不足，加上资源利用效率低下，能源资源短缺和环境污染问题十分突出。因此，在我国开发利用可再生资源，大力发展生物能源产业，对促进国民经济健康发展具有十分重要的战略意义。

　　生物能源产业与生物质能息息相关。生物质能的应用主要包括生物柴油产业与生物乙醇产业。目前，生产生物柴油的主要原料是含油的能源植物，很多国家大都利用粮食作物，如大豆、油菜籽和玉米等作为原料生产生物柴油，并取得了相应的成果。我国是一个人口大国，粮油供应原本就紧张，加上山地、高原和丘陵占国土总面积的 69%，大规模利用耕地来种植能源植物并不现实，完全以农产品为原料生产生物柴油也不现实。因此，亟须寻找一条适合我国国情的发展生物柴油的途径。

　　我国有丰富的植物资源，还有大面积的山区、沙丘可供栽种草本、乔灌木燃料油植物。选择非粮柴油能源植物作为生物柴油的主要原料，发展非粮柴油这条道路是完全可行的。2007 年，时任发展改革委副主任陈德铭说："世界上用玉米生产生物燃料的做法比较普遍，我国的土地资源非常有限，将通过发展非粮植物获得生物燃料，做到不占用良田，不影响安全，即做到利用和开发能源植物不与人争粮食，不与粮食种植争地，不与经济生产争原料。"非粮柴油能源植物将成为我国未来主要的生物能源之一。为达到此目标，首先应当摸清我国非粮柴油能源植物资源的家底，获取翔实、准确的野外调查数据，筛选出适宜在我国发展的非粮柴油能源植物。同时，对潜力植物进行油性品质分析，为其成为优良的非粮柴油能源植物奠定基础。

第一节　非粮柴油能源植物相关概念

一、油脂

（一）油脂的概念

油脂是油和脂肪的统称，是油籽中主要的化学成分，是油料在成熟过程中由糖转化形成的一种复杂的混合物，是一类天然有机化合物（烃的衍生物）。一般将常温下呈液态的油脂称为油（oil），呈半固态或固态的油脂称为脂（fat）。但两者的界限难于划分，因此，人们习惯上统称油脂。实际上，自然界中的油脂是多种物质的混合物，其主要成分是一分子甘油与三分子高级脂肪酸脱水形成的酯，称为甘油三酯（李昌珠 等，2018）。

（二）油脂的分类

油脂的分类方法很多，常用的分类主要有以油脂碘值分类、以油脂来源分类、以油脂的存在状态分类、以脂肪酸的组成和类型分类、以油脂的用途分类、以加工工艺分类、以产品的新国家标准分类、以干化程度分类等（李昌珠 等，2018；林忠华 等，2015）。

1. 以油脂碘值分类

可分为不干性油脂（Ⅳ < 80 g/100g）、半干性油脂（Ⅳ = 80～130 g/100g）、干性油脂（Ⅳ > 130 g/100g）。

2. 以油脂来源分类

可分为动物油脂、植物油脂和微生物油脂。其中，动物油脂包括陆地、海产等动物油脂，如生产用牛骨油、猪骨油等；植物油脂包括如菜籽油、花生油、大豆油等草本油料，以及油茶、油橄榄、油棕等木本植物油料；微生物油脂则包括如细菌、酵母菌、霉菌和藻类等油脂。

3. 以油脂的存在状态分类

可分为固态或半固态油脂、液态油脂。其中，大多数动物油脂呈固态或半固态，大多数植物油脂呈液态。

4. 以脂肪酸的组成和类型分类

可分为油酸和亚油酸为主的油脂、亚油酸含量较多的油脂、亚麻酸含量较多的油脂。

5. 以油脂用途分类

可分为食用油脂和工业用油脂。食用油脂主要用于烹饪、糕点、罐头食品等，还可以加工成菜油、人造奶油、烘烤油等供人们食用；工业用油脂是肥皂、油漆、油墨、橡胶、制革、纺织、蜡烛、润滑油、合成树脂、化妆品及医药等工业品的主要原料。

6. 以加工工艺分类

可分为压榨油和浸出油。压榨油根据加工过程中材料处理的温度又分为冷榨油和热榨油。冷榨油是指原料不经蒸炒等高温处理，而是在原料清理后直接压榨，压榨的出油温度在60℃（或70℃）以下。热榨油是指料坯经过高温蒸炒再进行压榨而成。压榨法的优点是产品污染少且营养成分不易受破坏，但缺点是提取率低、成本高。浸出油是指将油料中的油脂用食用级有机溶剂萃取后制得。浸出油是经过脱溶、脱胶、脱酸、脱色、脱臭（根据油品质量等级，采用不同的精炼工序）后加工得到的成品油，其优点是提取率高、加工成本低，缺点是毛油中残留物质多。

7. 以产品的新国家标准分类

可分为一级油、二级油、三级油、四级油。油品级别只是在精炼程度上有区别，通常来说，由毛油精炼制得不同等级的成品油，一级油精炼程度最高。无论是一级油还是四级油，只要符合国家标准，消费者都可以放心食用。

8. 以干化程度分类

一些油脂在空气中放置可生成一层具有弹性而坚硬的固体薄膜，这种现象称为油脂的干化。根据各种油脂干化程度的不同，可将油脂分为干性油（桐油、亚麻籽油）、半干性油（葵花籽油、棉籽油）及不干性油（花生油、蓖麻籽油）3类。

（三）植物油脂

1. 植物油脂的来源与化学组成

植物油脂广泛分布于植物类群中，通常以富含油脂的果实、种子、胚芽为原料，经预处理，如清理除杂、脱壳、破碎、软化、轧坯、挤压膨化等，再采用机械压榨或溶剂浸出法提取，最后精炼即可获得油脂，如花生油、豆油、亚麻油、蓖麻油、菜籽油等。大多数植物油在常温下为液体状态，也有的呈固体状态，如椰子油、棕榈油、木油。

植物油脂的主要化学成分是脂肪酸甘油酯及微量非酯类物质，包括甘油一脂肪酸酯、甘油二脂肪酸酯、脂肪酸、磷脂、色素、三萜醇、脂溶性维生素等。植物油脂的化学组成取决于植物种类和生长地区。由于甘油分子结构式相同，油脂分子的不同脂肪酸组分及其与甘油分子结合的不同形式，决定了各种植物油脂的基本特性（表1-1和表1-2）。

表1-1　油脂中常见脂肪酸组成

碳个数：双键数	化学名		俗名	
	中文	英文	中文	英文
10：0	十烷酸	nonane-d-carboxylic acid	癸酸	decanoic acid
12：0	十二烷酸	acidimetric	月桂酸	lauric acid
14：0	十四烷酸	tetradecanoic	肉豆蔻酸	myristic
16：0	十六烷酸	hexadecanoic	棕榈酸	palmitic
18：0	十八烷酸	octadecanoic	硬脂酸	stearic
20：0	二十烷酸	eicosanoic	花生酸	arachidic
22：0	二十二烷酸	docosanoic	山萮酸	behenic
24：0	二十四烷酸	tetracosanoic	木焦油酸	lignoceric
16：1（9c）	十六碳烯 - 9c - 酸	hexadeca-9c-enoic	棕榈油酸	palmitoleic

续表

碳个数：双键数	化学名		俗名	
	中文	英文	中文	英文
18：1（9c）	十八碳烯－9c－酸	octadeca-9c-enoic	油酸	oleic
18：1（11c）	十八碳烯－11c－酸	octadeca-11c-enoic	异油酸	isooieic
20：1（9c）	二十碳烯－9c－酸	eicos-9c-enoic	花生油酸	gadoleic
22：1（13c）	二十二碳烯－13c－酸	docos-13c-enoic	芥酸	erucic
18：2（9c，12c）	十八碳二烯－9c，12c－酸	octadeca-9c，12c-dienoic	亚油酸	linoleic
18：3（9c，12c，19c）	十八碳三烯－9c，12c，19c－酸	octadeca-9c，12c，19c-trienoic	亚麻酸	linolenic

注：引自《中国柴油植物》（龙春林 等，2012）。

表1-2　常见植物油脂肪酸组成　　　　　　　　单位:%

类别	16：0 棕榈酸	18：0 硬脂酸	20：0 花生酸	22：0 山葍酸	18：1 油酸	20：1 二十碳烯酸	22：1 芥酸	18：2 亚油酸	18：3 γ－亚麻酸
菜籽油	3.49	0.85			64.40			22.30	8.23
大豆油	10.50	3.00	0.20		23.10	0.20		56.50	
花生油	10.90	2.70	1.10	1.60	46.80	0.70	0.30	35.30	0.10
棉籽油	28.33	0.89			13.27			57.51	6.50
葵花籽油	5.80	3.70	0.20	0.40	23.80	0.20	0.20	65.50	0.30
小桐籽油	23.60	5.40			50.10			20.20	
黄连木油	16.10	1.30	1.70		38.69			40.84	
光皮树油									
文冠果油	5.00	2.00			30.00	7.20	9.10	42.90	0.30
乌桕油	8.14	2.04			17.29			26.97	36.05
桐油	2.60	2.24			5.77	0.11	62.87	7.22	0.25
茶油	8.80	1.10			82.30			7.40	0.20
油莎豆油	14.99	2.56			69.32				13.11

注：引自《中国柴油植物》（龙春林 等，2012）。

2. 植物油脂的燃料特性

植物油脂因植物种类、生长地区的不同存在着一些差别。从总体上看，植物油脂的主要化学成分是脂肪酸甘油酯及少量非酯类物质，含有碳原子、氢原子与氧原子，脂肪酸有饱和脂肪酸与不饱和脂肪酸。常见植物油脂主要有花生油、豆油、亚麻油、蓖麻油、菜籽油等。普通柴油由不同结构的烃分子构成，这些分子仅含碳原子和氢原子，分子呈长链状、枝状或环状，油分子的特性直接影响燃烧方式。常见植物油脂与柴油的基本理化特性如表1-3所示。

表1-3 常见植物油脂与柴油的基本理化特性

类别	低位热值/ （MJ/kg）	碘值/ （g/100g）	运动黏度20℃/ （mm²/s）	十六烷值	闪点/℃	凝点/℃	理论空气量/ （kg/kg）
柴油	42.52		3.00~8.00	>40.0	65	<0.0	14.50
菜籽油	39.71	94~120	71.84	37.6	245	-3.9	12.43
棉籽油	39.47	90~119	65.02	41.8	234	1.7	
大豆油	39.62	117~143	62.50	37.9	234	-3.9	
花生油	39.78	80~106	76.86	41.8	271	17.8	12.82
葵花籽油	39.57	110~143	65.20	37.1	274	-6.6	12.98
谷糠油	39.50		67.74	37.6	277	-1.1	
棕榈油	38.85	35~61	98.66	50.5	260	12.8	12.56
蓖麻油	38	82~86	900~1100		190	-20	

注：引自《中国柴油植物》（龙春林 等，2012），有补充（程国丽 等，2008；程欲晓 等，2013；王鸿雁 等，2012）。

植物油脂的燃料特性主要以热值、十六烷值、运动黏度、闪点、馏程、凝点及熔点等柴油的特性为基础（龙春林 等，2012），所以，植物油脂与柴油的相应燃料特性比较如下。

（1）热值

植物油脂具有比较高的热值（大于30 MJ/kg），是柴油的87%~89%。从热值方面可知，植物油脂可以用于替代柴油作为燃料。

（2）十六烷值

代表柴油在发动机中发火性能的一个约定量值，是在规定条件下的标准发动机实验中，与标准燃料进行比较所测定，采用和被测定燃料具有相同发火滞后期的标准燃料中十六烷值的体积百分数（%）表示。十六烷值高，表明柴油燃烧性好，滞燃期短，不易产生爆震，功率大，耗油率低。十六烷值40~60为在高速柴油机上使用时对燃料十六烷值的要求，十六烷值35~40为一般植物油脂的十六烷值，略低于柴油，但基本可以达到使用要求，不过植物油脂在燃烧室中存在较长的滞燃期且冷启动困难。

（3）运动黏度

在常温下，一般植物油脂的运动黏度比柴油高10~20倍，这是植物油脂直接用作燃油的最不利因素。不过，这一问题可以通过增加温度和采取掺入柴油的方式来解决。

（4）闪点

是指一定温度下，燃料蒸汽与空气的混合物接触火源而闪光的最低温度。一般柴油的闪点约为60℃，植物油脂因易发生热分解而不容易挥发，闪点高达234~293℃，故其着火点比柴油高（桉树油除外），易出现点火困难的现象，但运输、贮存较柴油更为安全。

（5）馏程

是指在一定温度范围内，石油产品中可能蒸馏出来的物质的数量和温度的标示，是保证柴油在发动机燃烧室里迅速蒸发气化和燃烧的重要指标。燃料 50% 和 90% 的馏出温度是馏程的主要参考指标，50% 的馏出温度低，表明燃料蒸发性能较好，喷入气缸后可迅速蒸发与空气混合，有利于燃烧；90% 的馏出温度表示燃料所含的难蒸发的重馏成分的数量，其馏出温度高，表明重馏成分过多，喷入气缸后不易蒸发，与空气混合不均匀，不利于燃烧且燃烧不完全，易导致启动困难。通常第一滴植物油馏出的温度约为 150℃，10% 的植物油馏出温度为 150~300℃，而 80% 馏出点的蒸汽温度将超过 350℃。菜籽油 90% 和 95% 的馏出温度与 0 号柴油相近，可保证柴油机动力性能的良好。

（6）凝点及熔点

植物油脂不是单一化合物，而是由许多不同的脂肪酸甘油酯组成，使植物油脂从液体冷却成固体需要一定的温度范围。同理，熔化也需要一定的温度范围。通常将植物油凝固时的最高温度定为该植物油的凝点，开始熔化时的最低温度定为熔点。大多数植物油的凝点低于 0℃，为 −12.5~−17.50℃，满足 0 号柴油（GB 252—2000）的要求，有望作为柴油的代用燃料。

综上所述，植物油脂的运动黏度和闪点远高于柴油，凝点和馏出温度接近 0 号柴油，十六烷值和热值略低于普通柴油。因此，从主要燃料特性的角度出发，植物油脂基本上可以作为代用柴油的原料。

二、能源

（一）能源的概念

能源（energy sources）亦称能量资源或能源资源，是指能够通过加工、转换取得或者直接取得有用能的各种资源，包括煤炭、原油、天然气、煤层气、水能、核能、风能、太阳能、地热能、生物质能等一次能源和热力、电力、成品油等二次能源，以及可再生能源和其他新能源等。关于能源的定义，不同的文献资料中有不同的表述。

①《大英百科全书》："能源是一个包括所有燃料、流水、阳光和风的术语，人类用适当的转换手段便可让它为自己提供所需的能量。"

②《日本大百科全书》："在各种生产活动中，我们利用热能、机械能、光能、电能等来做功，可用来作为这些能量源泉的自然界中的各种载体，称为能源。"

③中国《能源百科全书》："能源是可以直接或经转换提供人类所需的光、热、动力等任一形式能量的载能体资源。"

④《中国大百科全书·机械工程卷》："能源（energy source）亦称能量资源或能源资源，是国民经济的重要物质基础，未来国家命运取决于能源的掌控。能源的开发和有效利用程度及人均消费量是生产技术和生活水平的重要标志。"

⑤《中华人民共和国节约能源法》："能源是指煤炭、石油、天然气、生物质能和电力、热力，以及其他直接或者通过加工、转换而取得有用能的各种资源。"

可见，能源是一种呈多种形式的，且可以相互转换的能量的源泉。确切而简单地说，能源是自然界中能为人类提供某种形式能量的物质资源。

（二）能源的分类

自然界能源种类繁多、形态各异，人们通常从能源的形态、使用、来源、形成、技术、环保、使用消耗与性能等方面进行分类，如表1-4所示。

表1-4 能源的分类

一次能源	二次能源	可再生能源	非可再生能源	常规能源	新能源	清洁能源	非清洁能源	其他能源分类（按成因）	矿物能源	自然能源
泥煤（H）	煤气（H）	风能（J）	煤炭（H）	煤炭（H）	原子核能（N）	太阳能（F）	煤炭（H）	源于太阳	煤炭（H）	风能（J）
褐煤（H）	焦炭（H）	水能（J）	石油（H）	石油（H）	太阳能（F）	风能（J）	石油（H）	风能（J）	石油（H）	波浪能（J）
烟煤（H）	汽油（H）	海洋能（J、R、H）	天然气（H）	天然气（H）	生物质能（H）	水力能（J）	天然气（H）	水能（J）	天然气（H）	海流能（J）
无烟煤（H）	煤油（H）	潮汐能（J）	水能（J）	风能（J）	海洋能（J、R和H）	原子核能（N）	太阳能（F）	核燃料（N）	潮汐能（J）
石煤（H）	柴油（H）	太阳能（F）			地热能（R）	潮汐能（J）		来自地球		水力能（J）
油页岩（H）	重油（H）	生物质能（H）			波浪能（J）	沼气（H）		地热（R）		
油砂（H）	液化石油气（H）				洋流能（J）	能源植物（H）		地震（J）		
原油（H、J）	甲醇（H）				潮汐能（J）			火山（R）		
天然气（H）	乙醇（H）				海洋表面与深层之间的热循环（R）			来自地球与其他天体相互作用的能源		
甲烷水合物（H）	火药（H）				氢能（H）			潮汐能（J）		
	苯胺（H）				沼气（H）					

续表

一次能源	二次能源	可再生能源	非可再生能源	常规能源	新能源	清洁能源	非清洁能源	其他能源分类（按成因）	矿物能源	自然能源
水能（J）	电（D）				酒精（H）					
	蒸气（R、J）				甲醇（H）					
	热水（R）									
	余热（R、J）									
核燃料（N）	沼气（H）									
	氢（H）									
生物质能(H)	生物柴油(H)									
	生物乙醇(H)									
	生物质燃气(H)									
	木炭（H）									
太阳能（F）	激光（G）									
风能（J）										
地热能（R）										
潮汐能（J）										
海洋温差能（R、J）										
海流、波浪动能(J)										

注：引自《中国柴油植物》（龙春林 等，2012），有补充。表中大写字母含义为：电能 D、辐射能 F、光能 G、化学能 H、机械能 J、核能 N、热能 R。

1. 一次能源和二次能源

按能源的基本形态分类，能源可分为一次能源和二次能源。一次能源即天然能源，是指自然界中以原有形式存在、未经加工转换的能量资源，如煤炭、石油、天然气、水能等。二次能源是指由一次能源经加工转换后得到的能源，包括电能、汽油、柴油、液化石油气和氢能等。二次能源又可以分为"过程性能源"和"含能体能源"，应用最广的过程性能源为电能，目前应用最广的含能体能源为汽油和柴油。

2. 可再生能源和非可再生能源

能源按使用消耗又可分为可再生能源（水能、风能及生物质能）和非可再生能源（煤炭、石油、天然气、油页岩等）。凡能够不断得到补充或能在较短周期内再产生的能源称为可再生能源，如风能、水能、海洋能、潮汐能、太阳能和生物质能等。一般而言，可再生能源均是直接或间接地来自地球以外的连续能源。非可再生能源是指随着人类大规模的开发和长期使用，总量会逐渐减少而趋于枯竭的能源，经过亿万年形成的、短期内无法恢复的能源，如煤炭、石油、天然气等。非可再生能源随着大规模开采利用，储量将越来越少，总有枯竭之时。

3. 常规能源和新能源

能源按开发利用状况、生产技术水平和经济效果来分又可分为常规能源和新能源。常规能源也称传统能源，是指那些技术成熟，已经大规模生产和被广泛利用的能源，如煤炭、石油、天然气、水。常规能源是促进社会进步和文明的主要能源。新能源又称非常规能源，是指传统能源之外的各种形式的能源，是由于经济、技术等方面的原因尚未大规模开发利用或刚开始开发利用，正在积极研究、有待推广的能源，包括原子核能、太阳能、生物质能、风能、地热能、波浪能、洋流能和潮汐能，以及海洋表面与深层之间的热循环等。此外，还有氢能、沼气、酒精、甲醇等。

生物质能是自然界中生物植物提供的能量。这些植物以生物质作为媒介储存太阳能。生物质能可转化为常规的固态、液态和气态燃料，取之不尽、用之不竭，是一种可再生能源，同时也是唯一可再生的碳源。生物柴油是生物质能的一种，它是生物质利用热裂解等技术得到的一种长链脂肪酸的单烷基酯。生物柴油是一种可代替石化柴油的再生性柴油燃料，是典型的"绿色能源"，降解速率是普通柴油的2倍，对土壤和水的污染较小。

新能源和常规能源的概念是相对而言的。常规能源与新能源之间没有明确的界限，随着技术经济的发展，新能源不断向常规能源过渡，但是各国的情况有所不同，差别极大，如页岩气在美国属于常规能源，在中国则为新能源。如果中国页岩气得以大幅开采，价格合理，产品能够在市场销售，将会摇身一变为常规能源。再者，以铀为核燃料的核裂变在世界上属于常规能源，可是在无核能发电的国家就成为新能源。

4. 清洁能源和非清洁能源

按能源在开发利用过程中对环境污染的情况和对生态平衡破坏的程度，能源可分为清洁能源和非清洁能源。清洁能源是指对环境无污染或污染小的能源，如太阳能、风能、水力能、海洋能、潮汐能等各类再生能源，沼气、能源植物等生物质能也是清洁能源；非洁净能源是指那些在开发利用中对环境污染严重，对生态平衡影响和破坏作用较大的能源，如煤炭、石油、原子核能等。

5. 其他能源分类

按成因，能源可分为来自太阳与其他天体的能源，如直接源于太阳的太阳能、风能、水能等和间接源于太阳的各种化石燃料、宇宙射线及各种生物质等；来自地球本身的能源，如地热、地震和火山等；来自地球与其他天体相互作用的能源，如地球与月亮、太阳相互吸引所产生的潮汐能等。

能源还可以分为矿物能源如煤炭、石油、天然气、核燃料等，自然能源如风能、波浪能、海流能、潮汐能、水力能等。

（三）生物柴油能源

1. 生物柴油的概念

生物柴油又称脂肪酸甲酯（fatty acid ester），是由甲醇（或乙醇）与植物果实、种子、植物导管乳汁、动物脂肪油、废弃的食用油等发生酯化反应（transesterification reaction）而获得。生物柴油这一概念最初是由德国工程师 Dr. Rudolf Diesel（1858—1913 年）于 1895 年提出。为满足燃料使用的要求，常常通过甲氧基取代长链脂肪酸上的甘油基来减少和缩短碳链的长度，从而改善油料的流动性和气化性能。生物柴油性质与柴油相近，具有储运使用更安全、润滑性能优良、清洁环保、易降解的特点，在世界各国享有"和平资源""绿色资源"的美称，最有希望发展成为替代的柴油燃料。近年来许多研究证实，无论是小型、轻型柴油机，还是大型、重型柴油机或拖拉机，燃烧生物柴油后碳氢化合物减少 55%~60%，颗粒物减少 20%~50%，CO 减少 45% 以上，多环芳烃减少 75%~85%（郑国香 等，2013）。

2. 生物柴油的燃料特性

生物柴油的燃料性能与石油基柴油较为接近，且具有无法比拟的性能，主要优良性能如下。

（1）点火性能佳

十六烷值是衡量燃料在压燃式发动机中性能好坏的质量指标，生物柴油十六烷值较高，大于 45（石化柴油为 45），点火性能优于石化柴油。

（2）燃料更充分

生物柴油含氧量高于石化柴油，可达 11%，在燃烧过程中所需的氧气量较石化柴油少，燃烧比石化柴油更充分。

（3）适用性广

除了用作公交车、卡车等柴油机的替代燃料外，生物柴油也可以用作海洋运输、水域动力设备、地质矿业设备、燃料发电厂等非道路用柴油机的替代燃料。

（4）保护动力设备

生物柴油较柴油的运动黏度稍高，在不影响燃油雾化的情况下，更容易在气缸内壁形成一层油膜，从而提高运动机件的润滑性，降低机件磨损。

（5）通用性好

无须改动柴油机，就可直接添加使用，同时无须另添设加油设备、储运设备及人员的特殊技术训练（通常其他替代燃料有可能需修改引擎才能使用）。

（6）安全可靠

生物柴油的闪点较石化柴油高，有利于安全储运和使用。

（7）节能降耗

生物柴油本身即为燃料，以一定比例与石化柴油混合使用可以降低油耗，提高动力性能。

（8）气候适应性强

生物柴油由于不含石蜡，低温流动性佳，适用区域广泛。

（9）功用多

生物柴油不仅可作燃油又可作为添加剂促进燃烧效果，从而具有双重功能。

（10）具有优良的环保特性

生物柴油中硫含量低，使得 SO_2 和硫化物的排放低，可减少约30%（有催化剂时可减少70%）；生物柴油中不含会对环境造成污染的芳香烃，因此，产生的废气对人体的损害较低。

综上所述，生物柴油具备点火性能优于石化柴油、闪点高于石化柴油（安全可靠）、燃烧比石化柴油更充分、适用性广、能保护动力设备、通用性好、节能降耗、气候适应性强、功用多和优良的环保特性的优秀性能。

3. 生物柴油的制备方法

生物柴油的制备方法有多种，主要分物理方法和化学方法两种类型，物理方法包括直接使用法、混合法和微乳液法，化学方法包括裂解法、酯化法和酯交换法。但在工业生产中多采用酯交换法，在反应中，醇类如甲醇、乙醇等短链醇与油料中的三甘油酯在催化作用下合成脂肪酸酯和甘油，酯交换法包括化学法、碱催化、酸催化、生物酶催化及超临界等方法（朱耀民，2016）。

（1）化学法

国际上生产生物柴油主要采用化学法，即在一定温度下，将动植物油脂与低碳醇在酸或碱的催化作用下，进行酯交换反应，生成相应的脂肪酸酯，再经洗涤干燥即得到生物柴油。甲醇或乙醇在生产过程中可循环使用，生产设备与一般制油设备相同，生产过程中副产10%左右的甘油。但化学法生产工艺复杂，其中的醇通常会过量；油脂原料中的水和游离脂肪酸会严重影响生物柴油提取率及质量；产品纯化复杂，酯化产物回收困难，成本高；后续工艺必须有相应的回收装置，能耗高，副产物甘油回收率低。酸碱催化对设备和管线的腐蚀严重，而且使用酸碱催化剂产生大量的废水，废碱（酸）液排放容易对环境造成二次污染等。

（2）碱催化法

主要以氢氧化钾等碱性催化剂进行反应，反应中脂肪酸会与碱发生皂化反应产生乳化现象，又使生成的水促进酯类的水解，进而发生皂化反应，会造成甲酯相和甘油相难以分离，造成反应后分离的复杂性。并且，该方法需要对原料进行脱水脱酸处理，因此，工艺较为复杂且成本消耗过高，使用较少。

（3）酸催化法

酸催化法以盐酸、硫酸等为催化剂，反应中游离脂肪酸发生酯化反应，此反应速率较快，故该法适用于游离脂肪酸和含水量高的油脂，产率较高，但是反应条件较为苛刻，反应速率较慢，对设备要求较高，因此，在工业生产中关注度较低。

（4）生物酶催化法

鉴于化学法生产生物柴油存在的问题，人们开始研究生物柴油的生物酶法合成，即利用脂肪酶进行转酯化反应，制备相应的脂肪酸甲酯及乙酯。酶法合成生物柴油对设备要求较低，反应条件温和、醇用量小、无污染排放。需以大豆油为原料，采用固定化酶的工艺，酶用量为油的30%，甲醇与大豆油摩尔比为12∶1，反应温度40 ℃，反应10 h后生物柴油提取率为92%。由于酶成本高、储存时间短，使得生物酶法制备生物柴油的工业化仍不普及。此外，还存在某些制约生物酶法工业化生产生物柴油的瓶颈，如脂肪酶能够有效地酯化或转酯化长链脂肪醇，而对短链脂肪醇具有低转化率（如甲醇或乙醇一般仅为40%～60%）；短链脂肪醇对酶有一定的毒性，使酶容易失活；副产物甘油难以回收，不仅抑制产物形成，而且对酶也有毒性。

（5）超临界法

超临界即当温度超过其临界温度时，气态和液态将无法区分，物质处于一种施加任何压力都不会凝聚的流动状态。超临界流体密度接近于液体，黏度接近于气体，而导热率和扩散系数则介于气体和液体之间，从而能够同时进行提取与反应。超临界法可实现快速的化学反应和很高的转化率。Kusdiana 和 Saka（2001）发现用超临界甲醇法可使油菜籽油在 4 min 内转化为生物柴油，转化率大于95%。但反应需要高温高压，对设备的要求非常严格，在大规模生产前还需要大量的研究工作。

（四）生物柴油能源植物

1. 能源植物

按照《现代汉语新词语词典》，能源植物（energy plant）是指那些光能利用效率高，能够通过光合作用把二氧化碳和水直接转化成不含氧的碳氢化合物的一类植物。这类植物的分泌乳汁或提取液的化学成分与石油的化学成分相似，故又称为"石油植物"，又因为这类植物以木本植物居多，故又称为"能源树"或"石油树"（国家统计局工业交通统计司，1995）。可作为能源的植物种类很多，主要是一些农作物及有机残留物，林木、森林工业残留物，藻类、水生植物也是可开发的能源植物。使用植物作为能源，可以作为固体燃料，或借助科学方法转换为炭、可燃气或生物原油等。国内对能源植物产品研究与开发主要集中于生物柴油和乙醇燃料。生物柴油的研究内容涉及油脂植物的分布、选择、培育、遗传改良及加工工艺和设备等。用于生产生物柴油的主要原料有油菜籽、大豆、小桐子、黄连木、油楠等。

2. 能源植物的种类

我国能源植物种类繁多，大致可分为富含类似石油成分的能源植物、富含碳水化合物的能源植物、富含油脂的能源植物、用于薪炭的能源植物四大类（费世民 等，2005）。

（1）富含类似石油成分的能源植物

石油的主要成分是烃类，如烷烃、环烷烃等，富含烃类的植物是植物能源的最佳来源，生产成本低，利用率高，目前已发现并受到专家赏识的如续随子、绿玉树、橡胶树和西蒙德木等。

（2）富含碳水化合物的能源植物

利用这些植物所得到的最终产品是乙醇，这类植物种类多，且分布广，如木薯、甜菜、甘蔗、高粱、玉米等作物都是生产乙醇的良好原料。

（3）富含油脂的能源植物

这类植物既是人类食物的重要组成部分，又是工业用途非常广泛的原料，对富含油脂的能源植物进行加工是制备生物柴油的有效途径。世界上富含油脂的植物超过万种，我国有近千种以上，有的含油率很高，如樟科植物山橿（*Lindera reflexa*）种子含油率达 62.8%，毛豹皮樟（*Litsea coreana* var. *lanuginosa*）种子含油率达 62.6%，绒毛山胡椒（*Lindera nacusua*）含油率达 60.1%，杜英科猴欢喜（*Sloanea sinensis*）种子含油率达 58.45%（王冰清 等，2017）。

（4）用于薪炭的能源植物

这类植物主要提供薪柴和木炭，如杨柳科、桃金娘科的桉属、银合欢属等。目前，世界上较好的薪炭树种有加拿大杨、意大利杨、美国梧桐等。近年来，我国也发展了一些适合作薪炭的树种，如紫穗槐、沙枣、刺槐、胡枝子、美丽胡枝子等，有的地方种植薪炭林 3 ~ 5 年就见效，平均每公顷薪炭林可产干柴 15 吨左右。湘西地区传统的薪炭植物以壳斗科的青岗属、栎属等植物为优。

3. 生物柴油植物

生物柴油植物（plant for biodiesel production）广义是指富含油脂资源的能源植物，狭义上是指植物的含油器官含油量高且产油量大，油脂的相关指标符合制备生物柴油标准的油料植物（林铎清 等，2009）。世界其他国家或地区的生物柴油标准基本上都参照欧洲或美国的标准制定，国外曾实施的生物柴油标准如表 1-5 所示（蔺建民 等，2007），我国生物柴油最新标准如表 1-6 所示（GB 25199—2017，2017）。

表 1-5　国外实施的生物柴油标准

项目	美国	欧洲 （加热油用）	欧洲 （车用）	澳大利亚	巴西	印尼
标准编号	D6751 – 06a	EN14213	EN14214	草案	ANP255	FBI – S01 – 03
实施日期	2006 年 9 月	2003 年 7 月	2003 年 7 月	2003 年 9 月	2003 年 9 月	2003 年
密度(15 ℃)/(kg/m³)		860 ~ 900	860 ~ 900	860 ~ 890	同柴油	850 ~ 890
运动黏度（40 ℃)/(mm²/s)	1.9 ~ 6.0	3.5 ~ 5.0	3.5 ~ 5.0	3.5 ~ 5.0	同柴油	2.3 ~ 6.0
90% 馏程温度/℃	≤360			≤360	≤360；95%	≤360
闪点（闭口）/℃	≥130	≥120	≥120	≥120	≥100	≥100
浊点/℃	不详				同柴油	≤18
硫含量（w）/%	≤0.05/0.001 5	≤0.001 0	≤0.001 0	≤0.005/0.001	≤0.001	≤0.01

项目	美国	欧洲 (加热油用)	欧洲 (车用)	澳大利亚	巴西	印尼
100%康氏残炭 (w)/%	≤0.05			≤0.05	≤0.05	≤0.05
10%康氏残炭(w)/%		≤0.3	≤0.3	≤0.3		≤0.3
硫酸盐灰分(w)/%	≤0.02	≤0.02	≤0.02	≤0.020	≤0.02	≤0.02
水含量/(mg/kg)		≤500	≤500			
总污染物/(mg/kg)		≤24	≤24			
水分和沉积物(φ)/%	≤0.05			≤0.05	≤0.02	≤0.02
铜片腐蚀(50 ℃, 3 h)/级	≤3	1	1	≤3	≤1	≤3
十六烷值	≥47	≥51	≥51	≥51	≥45	≥48
酸值/(mgKOH/g)	≤0.5	≤0.5	≤0.5	≤0.8	≤0.8	≤0.8
氧化安定性 (110 ℃)/h		≥4.0	≥6.0	≥6.0	≥6.0	
甲醇含量(w)/%			≤0.2	≤0.2	≤0.5	
酯含量(w)/%		≥96.5	≥96.5	≥96.5		≥96.5
单甘酯(w)/%		≤0.8	≤0.8		≤1.0	
二甘酯(w)/%		≤0.20	≤0.20		≤0.25	
三甘酯(w)/%		≤0.20	≤0.20		≤0.25	
游离甘油(w)/%	≤0.02	≤0.02	≤0.02	≤0.02	≤0.02	≤0.02
总甘油(w)/%	≤0.24		≤0.25	≤0.25	≤0.38	≤0.25
碘值/(g I_2/100g)		≤130	≤120		不详	115
亚麻酸甲酯(w)/%			≤12.0			
多不饱和(双键≥ 4)酸甲酯(w)/%		1	1			
磷含量/(mg/kg)	≤10	≤10	≤10	≤10	≤10	≤10
一价金属(Na＋K)/ (mg/kg)	≤5		≤5	≤5	≤10	
二价金属(Ca＋Mg)/ (mg/kg)	≤5		≤5	≤5		

表 1-6　我国生物柴油最新标准（GB 25199—2017 标准 B5 普通柴油技术要求和实验方法）

项目		质量指标			实验方法
		5 号	0 号	10 号	
色度/号	不大于		3.5		GB/T 6540
氧化安定性（总不溶物含量）/（mg/100mL）	不大于		2.5		SH/T 0175
硫含量/（mg/kg）	不大于		10		SH/T 0689
酸值（以 KOH 计）/（mg/g）	不大于		0.09		GB/T 7304
10% 蒸余物残炭（质量分数）/%	不大于		0.3		GB/T 17144
灰分（质量分数）/%	不大于		0.01		GB/T 508
铜片腐蚀（50 ℃，3 h）/级	不大于		1		GB/T 5096
水含量（质量分数）/%	不大于		0.030		SH/T 0246
机械杂质			无		GB/T 511
运动黏度（20℃）/（mm²/s）			3.0 ~ 8.0		GB/T 265
闪点（闭口）/℃	不低于		60		GB/T 261
冷凝点/℃	不高于	8	4	5	SH/T 0248
凝点/℃	不高于	5	0	10	GB/T 510
十六烷值	不小于		45		
密度（20℃）/（kg/m³）			不详		GE/T 1884 GE/T 1885
馏程：					
50% 回收温度/℃	不高于		300		
90% 回收温度/℃	不高于		355		GB/T 6536
95% 回收温度/℃	不高于		365		
润滑性［校正磨斑直径（60℃）/μm］	不大于		460		SH/T 0765
脂肪酸甲酯（FAME）含量（体积分数）/%	大于 不大于		1.0 5.0		GB/T 23801

4. 非粮柴油能源植物

　　非粮柴油能源植物（non-food energy plant for biodiesal production）是指那些不是粮食作物，其含油部分不以食用为主要目的，且能够直接或者间接用作生物柴油原料的能源植物。它们不仅含油量丰富，也具有制造生物柴油的某些优良特性。由于其栽植地区为非农耕地，故不与粮食作物竞争农业资源。根据其性状可分为木本非粮柴油能源植物、草本非粮柴油能源植物等。

　　美国、欧洲等发达国家和地区利用国内富余大豆和油菜籽等粮油作物作为生产生物柴油的原料。我国虽然是世界上油脂作物的种植大国，但每年约有 60% 的食用油需通过进口解决（曹智，2008；王瑞元，2012；李影，2017），况且我国人口数量大，粮油需求量相当大，耕地资源严重不足，据《2016年中国国土资源公报》数据可知，我国现有国土面积为9.32亿hm²，其中耕地面积为1.35亿hm²，约占国土面积的14%，2016年人均耕地面积约0.11 hm²，不及2015年世界平均水平的一半（中华人民共和国国土资源部，2017；易富贤，2017；杨秉珣等，2017）。利用耕地大量种植粮油作物用以发展生物柴油的模式不符合我国的国情，并且在我国发展生物质能源必须本着"不与人争粮，不与粮争地"的原则。因此，利用我国大量的边际性土地，发展适应性强、能量富集型非粮能源植物是生物质能源产业的出路。

第二节　国内外生物柴油能源植物研究进展

生物柴油的原型诞生于1978年，美国加州大学的化学家、诺贝尔奖获得者Calvin通过提炼大戟科的"石油植物"乳汁得到了最初的生物柴油。1983年，美国科学家Graham Quick将亚麻子油甲酯成功应用于发动机，并持续燃烧1000 h，故而定义这种可再生的脂肪酸单酯为生物柴油"Biodiesel"。20世纪50年代末至60年代初为生物柴油较系统的研究工作起始期，70年代的石油危机之后，生物柴油得到了大力发展。随着世界石油危机的进一步加剧，发展生物柴油逐渐成为世界热点之一。

一、国外发展形势

（一）国外生物柴油发展现状

高油价及环保要求有力地推动了各国发展生物柴油等"绿色"燃料，国际市场原油价格大幅攀升使得可替代生物柴油在商业上变得可行，是各国大力发展可替代生物能源的主要原因。2017年，可再生能源在世界一次能源消费总量中占比18.2%，其中，现代可再生能源占10.4%（REN21，2005—2018）。2010年，全球生物柴油产量190亿L，和2009年相比增加7.5%，生物柴油的生产相对分散，德国、巴西、法国产量位居前列，产量排名前10位的国家总产量占全球总产量的75%（Yamamoto H et al，2001；Fischer G et al，2001；Hillring，2002）。2017年，全球生物柴油产量达到310×10^8 L，欧洲、美国和巴西拥有主要的产能规模（REN21，2005—2018），预计2020年可达21×10^{10} L以上（陈晶晶，2013）。

生物柴油产业在发达国家发展迅速，并进入工业化阶段。尽管目前国际市场上，生物柴油的市场零售价高于石化柴油，但是欧美及亚洲一些国家和地区仍从能源安全和保护生态环境的角度出发，大力推广使用生物柴油。各国均采用价格补贴等措施予以扶持，欧盟向种植"能源作物"的农民提供每公顷45欧元的补贴，刺激了生物燃料的生产，欧盟也发布了两项新的指令以推进生物燃料在汽车燃料市场上的应用。

生物柴油已在汽车中正式应用并合法化，汽车发达国家的生物柴油生产工艺不断改进和成熟，许多跨国石油公司和汽车公司参与了试验和定型。生物柴油具有不改变原装发动机，低一氧化碳排放，并可与柴油混合使用的优点，可以用作汽车的替代燃料，直接用于汽车动力。大众、戴克、宝马均投放了使用生物柴油的汽车。2004年10月，在第六届上海必比登汽车挑战赛中，多款汽车都采用生物柴油或者生物柴油及其混合燃料。

1. 欧洲生物柴油发展现状

德国、法国是欧共体生产生物柴油最多的国家。德国是世界上最大的生物柴油生产国，该国有 8 家生物柴油生产厂，800 多个生物柴油加油站，由于政府免税政策，生物柴油零售价为 1.45 马克/L，低于柴油的 1.60 马克/L。法国有 7 家生物柴油生产厂，总生产能力为 48×10^7 L，计划投产一套 19×10^7 L/年的生物柴油生产装置。培育了 30 万 hm^2 的油菜耕地，每公顷菜籽可生产 14×10^2 L 双脂类柴油，在普通柴油中的掺入量为 5% 生物柴油，税率为 0。意大利有 9 个生产厂，总生产能力为 40×10^7 L，生物柴油的税率为 0。奥地利有 3 个生物柴油生产厂，总生产能力为 66×10^7 L，税率为石油柴油的 4.6%。比利时有 2 个生物柴油生产厂，生产能力为 29×10^7 L。欧洲的生物燃料指令要求 2005 年生物燃料占运输燃料的比例为 2%，2010 年此比例提高到 6%。2020 年生物柴油在柴油市场的份额达到 20%。

2. 美洲生物柴油发展现状

美国从 20 世纪 90 年代投入使用生物柴油，2002 年美国生物柴油销售量为 60×10^6 L，2003 年提高到 96×10^6 L，2018 年年产量在 36×10^8 L 以上。自 2005 年以来，44 项生物柴油相关法案已在 18 个州获得通过。随着生物能源的开发、实验和应用的成功，巴西在可替代能源领域走在世界前列，2005 年所使用的可替代能源已占能源消耗总量的 43.8%（周志伟，2005）。20 世纪 70 年代之前，巴西基本上是依赖石油进口的国家，70 年代和 80 年代的两次石油危机，沉重打击了巴西经济，迫使巴西大力发展本国石油工业和研发使用替代能源。近年来，巴西在替代能源的研发与利用方面取得了突破性进展，尤其是生物汽油——甘蔗酒精的开发利用处于世界领先地位。巴西已建成大型生物柴油生产装置，计划使生物柴油在石油柴油中的占比到 2020 年达到 20%。巴西政府为加快推动生物柴油计划的实施，由巴西社会发展银行向生产厂家提供项目资金 90% 的融资计划。2006 年通过加强家庭农业计划对种植生物柴油原料的农户提供了约 3400 万美元的融资贷款，大约使 25 万个农业家庭进入生物柴油计划中。

3. 亚洲生物柴油发展现状

日本的生物柴油生产能力已达 48×10^7 L，2005 年利用废食用品生产的生物柴油占当年柴油总消耗量 1%。马来西亚棕榈柴油在 2007 年年初投入应用。马来西亚是世界上最大的棕榈油生产国。印度每年消耗 13×10^{10} L 石油及石油产品，国内生产只能满足需求的 30%，其余 70% 依赖进口。生物柴油项目已纳入印度国家生物燃料发展计划。

（二）国外生物柴油能源植物研究进展

1. 美国生物柴油能源植物研究进展

美国是世界上最早开始研究生物柴油的国家，在生物柴油能源植物研究与开发方面一直处于领先地位。自 20 世纪 80 年代，就进行了生物柴油能源植物的选择，富油种的引种栽培、遗传改良及建立"柴油林林场"等方面的工作与研究。在能源植物特性和植物燃料油的研制，以及获得植物燃料油途径、燃料油使用技术上都取得了较大进展。1980 年，美国制定了国家能源政策，明确提出以生物柴油替代石化柴油战略，目的在于促进可再生能源应用。从 1986 年起，美国先后实施用玉米、葵花籽等生产生物柴油或乙醇的计划，1990 年开始小规模用大豆油生产生物柴油，其现行的混合比例为生物柴油 20%、石油柴油 80%，简称 B20 生物柴油。据资料显示，美国已拥有生物柴油生产厂 81 家，生物柴油投建或扩建项目 82 个（丁声俊，2010）。2007—2012 年，美国的生物柴油产量已从 96×10^7 L（王茂丽等，2009）上升至 37×10^8 L（赵群 等，2012）；2013—2017 年，美国的生物柴油产量已从 50×10^8 L 上升至 60×10^8 L（高慧 等，2018）。目前，美国以工程微藻为原料生产生物柴油的研究已经取得成功。

2. 欧盟生物柴油能源植物研究进展

欧盟的生物柴油产业发展始于 20 世纪 90 年代，其发展生物柴油的主要原料植物是油菜籽。德国凯姆瑞亚·斯凯特公司自 1991 年起研发出用菜籽油生产生物柴油的工艺和设备，并在德国和奥地利等欧洲国家建起了多个生物柴油生产厂，最大产量达 300 吨/天，显示了良好的发展势头。此外，以油菜籽为原料生产生物柴油主要集中在意大利、丹麦、捷克和奥地利等欧洲国家（华安增 等，2002）。欧盟的生物柴油产量已经由 2005 年的 35×10^8 L 上升为 2010 年的 12×10^9 L（王茂丽 等，2009；赵群 等，2012）。据资料显示，欧盟 2014 年有生物柴油生产厂 153 家，当时在建中的加工厂 58 家（丁声俊，2010）。

3. 巴西生物柴油能源植物研究进展

在南美洲，巴西是生物柴油产业发展的代表。巴西于 1980 提出用油棕榈树替代柴油的计划，巴西热带丛林的一种油棕榈树，栽种 3 年后开始产“油”，成分与柴油相仿，而且无须提炼，可用于柴油发动机，据估计，每公顷可产油 12×10^6 L。在巴西，油棕榈树已被广泛作为能源树种，能源用林的覆盖面积总计约 200 万 hm^2（华安增，2002）。巴西并于 2004 年颁布了生物柴油临时法令，以多种原料植物如大豆、蓖麻为基础大力发展本国生物柴油产业（Ramos L P et al，2005）。并且，将生物柴油混合比例从 2007 年的 2% 提高到 2012 年的 5%（郭海霞 等，2011）。巴西的生物柴油产量已经由 2008 年的 20×10^8 L 上升为 2017 年的 45×10^8 L（高慧 等，2018）。

4. 日本生物柴油能源植物研究进展

在亚洲，日本于 1995 年便开始使用废弃煎炸油生产生物柴油，1999 年建成了生产能力为 259 L/年的以煎炸油为原料的生物柴油生产装置。截至 2014 年，日本的生物柴油生产能力为 48×10^7 L/年。2014 年，日本学者发掘了一种能源植物“象草”，高约 3 m，对生长环境要求不高，从亚热带到温带的广阔地区都能生长，而且无须施用化肥，仅凭根茎上庞大的根系就能有效地吸取土壤中的养分，尤其值得一提的是种植成本很低，还不到种菜成本的 1/3，但是用其提炼的生物柴油所产生的能量相当于用菜籽油提炼的生物柴油的 2 倍。

二、国内发展形势

与国外相比，由于对我国资源家底不十分清楚，社会大众对非粮柴油生物资源的认识和了解不够，致使生物柴油方面的研究和产业发展还有相当大差距。同时，随着新能源汽车的飞速发展，也对生物柴油产生了很大的冲击。因此，我国在面对经济高速发展和环境保护双重压力的背景下，加快高效清洁的生物柴油产业化进程显得更为迫切。

（一）国内生物柴油发展现状

我国生物柴油的研究与开发虽起步较晚，但发展速度很快，部分科研成果已达到国际先进水平。研究内容涉及油脂植物的分布、选择、培育、遗传改良及其加工工艺和设备。20世纪80年代，由上海内燃机研究所和贵州山地农机所联合承担的课题，对生物柴油的研发做了大量基础性的实验探索（丁声俊，2010）。许多科研院所和高校在植物油理化特性、酯化工艺、柴油添加剂和柴油机燃烧性能等方面开展了实验研究，同时，中国林业科学院根据天然油脂化学结构的特点，研究了生物柴油和高附加值的化工产品综合制备技术，使生物柴油的加工利用不仅技术可行，而且经济上可以实现产业化（王茂丽 等，2009）。但是与国外相比，我国在发展生物柴油方面还有一定的差距，产业化规模还较小（Qiu H G et al，2010）。虽然我国生物柴油的发展还处于初级阶段，但是我国政府对发展石油替代燃料非常重视，制定了多项促进其大力发展的政策，《"十五"规划纲要》将发展生物液体燃料确定为国家产业发展的方向。2004年，科技部启动"十五"国家科技攻关计划"生物燃料油技术开发"项目，发展改革委也明确将"工业规模生物柴油生产及过程控制关键技术"列入"节约和替代石油关键技术"中。"十一五"国家科技攻关计划中也将生物柴油等生物质能源的研发列在首位（赵群 等，2012）。2007年，我国在制定生物柴油标准方面也迈出了重要一步，出台了第一部国家标准《柴油机燃料调合用生物柴油B100》（GB/T 20828—2007），2010年又颁布了《生物柴油调合燃料（B5）》标准（GB/T 25199—2010），两个标准又于2014年进行了修订，增加了多个技术指标，逐渐接近欧美标准，在规范我国生物柴油市场的同时也推动了我国生物柴油行业健康发展。2017年又一次进行修订，出台了标准GB 25199—2017，此标准对生物柴油产品标准GB 25199—2015及GB/T 20828—2015进行了修订，将GB 25199和GB/T 20828合并为一个标准，标准名称修改为《B5柴油》，并将BD100生物柴油技术要求作为标准的附录。

为进一步促进生物柴油行业健康发展，2011年，我国对生物柴油企业出台了优惠政策，规定对以地沟油等废弃油脂作为主要原料生产生物柴油的企业免征其燃油消费税。我国2006—2014年生物柴油产量情况如图1-1所示。其中，2014年我国餐厨废弃物资源化利用和无害化处理试点工作已进行到第4批，全国共有83个城市纳入此项工作中，一定程度上改善了我国生物柴油油脂原料不足的问题。我国生物柴油的研究开发也取得了一些重大成果。海南正和、四川古杉和福建卓越等公司都已开发出拥有自主知识产权的技术，相继建成了规模超过 12×10^6 L的生产厂，特别是四川古杉以植物油下脚料为原料生产生物柴油，产品的使用性能与0号柴油相当，燃烧后废物排放指标达到德国DIN51606标准（何凤苗 等，2007）。这标志着生物柴油这一高新技术产业已在中国大地诞生。生物酶法制取生物柴油也取得了很大进步，2007年，河北秦皇岛领先科技投资建设国内首家年产 12×10^7 L生物酶法合成生物柴油的企业，该技术为国内领先水平。中国生物柴油产量2006—2009年一直处于高速增长的趋势，总体来看，我国生物柴油的发展状况良好，生物柴油已经受到越来越多的关注。

（二）国内生物柴油能源植物研究进展

我国是利用能源植物较早的国家，但在能源植物的大规模生产和开发利用方面起步较

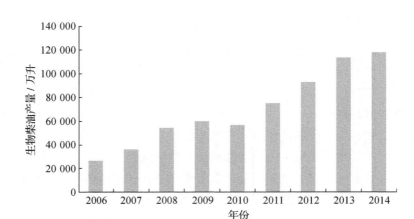

图 1-1　我国历年生物柴油产量（2006—2014 年）（USDA'S GAIN Reports，2015）

晚。1970 年年初，湖南省林业科学院开始从事油茶（*Camellia oleifera*）、油桐（*Vernicia fordii*）、核桃（*Juglans regia*）、光皮树（*Cornus wisoniana*）、油橄榄（*Olea europaea*）等木本油料树种的研究。"七五"期间，四川省计划委员会开展了"野生植物油作柴油代用燃料的开发应用示范"项目研究，四川省林业科学院等单位对攀西地区小桐子（*Jatropha carcas*，也称麻疯树）的适生地环境、栽培技术、生物柴油提取与应用等进行了较为深入的研究；"八五"期间，中国科学院开展了"燃料油植物的研究与应用技术"项目研究，湖南省林业科学院完成了光皮树油制取甲脂燃料油的工艺及其燃烧特性研究；"九五"期间，湖南省林业科学院完成了"植物油能源利用技术"和"能源树种绿玉树及其利用技术的引进"项目研究，编写了《能源植物（燃料油植物）种类资源量调查研究》报告，完成了《中国能源植物（燃料油植物）特征登记汇总表》的汇编，掌握了我国能源油科植物的种类分布特点及资源量，确定了选择利用原则，划分了燃料油植物类型（冯金朝 等，2008）；"十五"期间，中国林业科学研究院对我国的黄连木和文冠果等主要燃油木本植物进行了全国资源分布的调查（吴国江 等，2006）。

　　2009 年，由中国科学院华南植物园牵头的科技部国家科技基础性工作项专项重点项目"非粮柴油能源植物与相关微生物资源的调查、收集与保存"（2008FY110400）正式启动，来自全国 19 家对能源植物具有研究基础的科研、教学单位共计 100 多人在全国范围内开展工作，期间，中国科学院昆明植物所出版了《中国柴油植物》（龙春林 等，2012）。2013 年，国家林业局发布了《全国林业生物质能发展规划（2011—2020 年)》，规划分析了林业生物质能发展现状和趋势，阐述 2011—2020 年我国林业生物质能发展的指导思想、基本原则、发展目标、布局和工作重点，提出了保障措施和实施机制，是"十二五"时期我国林业生物质能产业发展的基本依据。2018 年，湖南省林业科学院出版了《油料植物资源培育与工业利用新技术》。

　　根据《中国油脂植物》（中国油脂植物编写委员会，1987），我国能源油料植物（种子植物）种类约为 151 科、697 属、1553 种，分别占全国种子植物科、属、种的 50.33%、23.39% 和 5.00%，其中油脂植物 138 科、1174 种，挥发性油植物 83 科、449 种，主要分布于大戟科、樟科、桃金娘科、夹竹桃科、菊科、豆科、山茱萸科和大风子科等科。目前，国内重点研究对象集中在木本植物，主要有小桐子、文冠果（*Xanthoceras sorbifolia*）、黄连木（*Pistacia chinensis*）、油桐、乌桕（*Sapium sebiferum*）、绿玉树（*Euphorbia tirucalli*）、光皮树、蓖麻（*Ricinus communis*）等。

2019 年 3 月，"非粮柴油能源植物与相关微生物资源的调查、收集与保存"项目著作《中国非粮柴油植物》正式出版（邢福武，2019）。该书以项目调查所得标本、图片和测定数据为依据，收录我国非粮柴油能源植物 151 科、877 属、2406 种，是一部编著权威、涉及范围广、收录种类齐全、检测数据丰富的大型著作，为我国能源植物基础研究及可再生能源植物的开发利用提供了夯实的基础资料。

按照中国生物柴油能源植物的初步评价标准，对于某些富油植物，往往由于油脂中脂肪酸组成不符合要求而被排除在生物柴油能源植物之外。例如，①松科、唇形科、胡桃科的胡桃属，以及大戟科与卫矛科的大多数植物的油脂中多不饱和脂肪酸含量过高；②无患子科的一些植物的油脂中含有过多的超长链饱和脂肪酸；③蓖麻油和桐油（油桐和木油桐的油脂）的主要成分由高黏度的蓖麻酸和反式酸 α - 桐酸组成（林铎清 等，2009）。

（三）我国生物柴油能源发展之路

在我国生物柴油生产成本中，油脂原料成本占到了 70% 左右。受油脂原料资源量和成本的限制，目前售价合理的生物柴油极为有限，但随着国家对油脂原料资源越来越重视，生产油脂原料的迅速发展和石油价格的不断增高，生物柴油市场潜力巨大。要实现生物柴油在我国的健康、规模化发展，除了按绿色化工要求生产和简化工艺继续降低成本外，更为重要的是如何提供和保证大量的、经济的原料供给。我国生物柴油产业发展应走多种原料之路，特别是选育、种植适合不同地域的高产含油树种将是我国生物柴油发展的必然趋势。开发和利用野生油料植物，对解决我国今后生物柴油产业可靠、大量、经济、高质量的原料来源意义重大。从长远利益看，进行野生油料植物种质资源评价和优异种源选择的研究，通过现代生物技术和传统育种技术培育性能优越的新品种或新品系，提高野生油料植物产油能力，在有限的土地上产生更多的原料油，将是我国生物柴油产业发展的必由之路。

我国野生油料植物资源丰富，具有开发和利用野生植物油脂得天独厚的优势。高等植物中有 1500 多种产油植物，其中许多可以作为燃料油植物加以利用。我国的各类山地面积达 498 000 万 hm²，约占国土面积的 51.8%，充分利用这些土地发展野生油料植物，可以为我国的生物柴油产业快速、健康发展提供可靠的原料保证。以湘西为核心的武陵山区是我国植物多样性最为丰富的地区之一，同时也是我国野生油料植物的重要产区。目前，关于湘西地区的野生油料植物的研究仍然较少，仅有对小溪国家级自然保护区、德夯等部分地区（陈珮珮 等，2007；邓阳陵 等，2007；谷忠村，1997）的油脂植物进行资源调查和对湘西地区非粮柴油能源植物资源的调查研究（王冰清 等，2017）。此外，湖南省林业科学院对光皮树种质资源收集、无性系选育、种子活性、产业化种植进行了较为系统的研究，并在湘西自治州、益阳市等地已经开始大规模种植（李昌珠 等，2012；李昌珠 等，2010；李昌珠 等，2009）。

虽然部分研究人员已对湘西地区的野生油料植物进行了一定研究，但作为武陵山区生物多样性的核心区域，其植物资源十分丰富，且针对野生油料植物的系统调查尚未全面开展。尽管已有对部分物种的含油量、油脂成分等的研究，但没有进行系统的科学评价，不能较准确地判断出该物种是否适合在湘西地区进行规模化种植和发展，所以仅仅这些调查还远远不够。因此，有必要对湘西地区野生油料植物进行详细的调查、综合评价与筛选，为该地区生物柴油产业发展提供参考依据。

参考文献

[1] 曹智. 国内食用油价格有望回落 [J]. 国际农产品贸易，2008（1）：9 – 11.

[2] 程国丽，杨云峰，王标兵，等. 蓖麻油生物柴油组成及其燃烧性能 [J]. 农业工程学报，2008，24（7）：171 – 175.

[3] 程欲晓，咸洋，马腾洲，等. 动植物油脂种类鉴别及其碘值测定的近红外光谱方法 [J]. 理化检验（化学分册），2013，49（12）：1405 – 1409.

[4] 陈晶晶. 世界生物柴油产业发展现状及趋势 [J]. 科协论坛，2013（10）：24 – 26.

[5] 陈珮珮，张世鑫，朱桂玉，等. 湖南小溪国家级自然保护区油脂植物资源调查 [J]. 中国油脂，2007（6）：9 – 12.

[6] 邓阳陵，程述庭，张敬平. 湘西州油脂植物研究 [J]. 湖南林业科技，2007（4）：12 – 16.

[7] 丁声俊. 国外生物柴油的发展状况、政策及趋势 [J]. 中国油脂，2010，35（7）：1 – 4.

[8] 费世民，张旭东，杨灌英，等. 国内外能源植物资源及其开发利用现状 [J]. 四川林业科技，2005，26（3）：20 – 26.

[9] 冯金朝，周宜君，石莎，等. 能源植物的开发利用 [J]. 中央民族大学学报（自然科学版），2008，17（3）：26 – 31.

[10] 高慧，杨艳，焦姣，等. 世界可再生能源发展态势 [J]. 石油科技论坛，2018，37（4）：62 – 67.

[11] 郭海霞，左月明，张虎. 生物质能利用技术的研究进展 [J]. 农机化研究，2011（6）：178 – 185.

[12] 国家统计局工业交通统计司. 能源经济统计指南 [M]. 北京：中国铁道出版社，1995.

[13] 谷忠村. 德夯野生淀粉植物和油脂植物资源的调查研究 [J]. 吉首大学学报（自然科学版），1997（4）：33 – 35.

[14] 华安增. 能源发展方向 [J]. 中国矿业大学学报，2002，31（1）：14 – 18.

[15] 何凤苗，雷昌菊，江香梅. 生物质能源：生物柴油研究进展 [J]. 江西林业科技，2007（1）：45 – 49.

[16] 亢世勇，刘海润. 现代汉语新词语词典 [M]. 上海：上海辞书出版社，2009.

[17] 李昌珠，蒋丽娟. 油料植物资源培育与工业利用新技术 [M]. 北京：中国林业出版社，2018.

[18] 李昌珠，李培旺，张良波，等. 光皮树无性系 ISSR-PCR 反应体系的建立 [J]. 经济林研究，2009，27（2）：6 – 9.

[19] 李昌珠，秦利军，李培旺，等. 光皮树优株遗传多样性的等位酶研究 [J]. 中国园艺文摘，2010（5）：31 – 33.

[20] 李昌珠，王丽华，陈建华，等. 光皮树花药愈伤组织原生质体分离的研究 [J]. 中南林业科技大学学报，2012（4）：135 – 139.

[21] 林铎清，邢福武. 中国非粮生物柴油能源植物资源的初步评价 [J]. 中国油脂，2009（11）：1 – 7.

[22] 蔺建民，张永光，杨国勋，等. 柴油机燃料调合用生物柴油国家标准的编制 [J]. 石油炼制与化工，2007，38（3）：27 – 32.

［23］林忠华．典型精细化学品质量控制分析检测［M］．杭州：浙江大学出版社，2015．

［24］李影．木本油料"新秀"山桐子产业大有可为［J］．中国林业产业，2017（s1）：98－100．

［25］龙春林，宋洪川．中国柴油植物［M］．北京：科学出版社，2012．

［26］王冰清，张洁，徐亮，等．湘西地区非粮生物柴油能源植物资源调查研究［J］．湖南林业科技，2017
（3）：38－48．

［27］王鸿雁，韩飞，王爱华．采用"癸二酸二异辛酯"作高压活塞式压力计工作介质鉴别力大幅提高
［J］．中国计量，2012（11）：108－110．

［28］王茂丽，周德翼，韩媛．世界生物柴油的发展现状及对中国油料市场的影响［J］．生态经济，2009
（4）：55－57．

［29］王瑞元．开发新型油料意义重大［J］．农产品市场周刊，2012（1）：13．

［30］吴国江．刘杰，娄治平，等．能源植物的研究现状及发展建议［J］．中国科学院院刊，2006，21
（1）：532－571．

［31］邢福武．中国非粮生物柴油植物［M］．北京：中国林业出版社，2019．

［32］杨秉珣，董廷旭．世界耕地面积变化态势及驱动因素分析：以21个国家为例［J］．世界农业，2017
（3）：51－58．

［33］姚娟．光伏产业：世界经济发展新引擎［J］．军民两用技术与产品，2011（3）：8－10．

［34］易富贤．中国大陆当下人口实证研究：2016年中国只有12.8亿人［J］．社会科学论坛，2017（12）：
4－23．

［35］国内外生物柴油开发现状及未来发展［EB/OL］．（2018－05－18）［2019－03－01］．https：//
wenku. baidu. com/view/10f1d1d66394dd88d0d233d4b14e852458fb390e. html. 2018.

［36］赵龙．柴油类燃料若干典型分子结构的燃烧反应动力学研究［D］．合肥：中国科学技术大学，2016．

［37］赵群，王红岩，刘德勋，等．世界生物柴油产业发展现状及我国生物柴油发展建议［J］．广州化工，
2012，40（17）：44－45．

［38］郑国香，刘瑞娜，李永峰．能源微生物学［M］．哈尔滨：哈尔滨工业大学出版社，2013．

［39］中国油脂植物编写委员会．中国油脂植物［M］．北京：科学出版社，1987．

［40］中华人民共和国国土资源部．2016中国国土资源公报［J］．国土资源通讯，2017（8）：24－30．

［41］周志伟．巴西"大国地位"的内部因素分析［J］．拉丁美洲研究，2005，27（4）：21－24．

［42］朱耀民．生物柴油研究进展［J］．山东工业技术，2016（10）：224．

［43］British Petroleum（BP）. BP Energy Outlook to 2035［EB/OL］.（2016－01－01）［2019－03－01］. http：//
www. bp. com/content/dam/bp/pdf/energy-economics/energy-outlook-2006/bp-energy-outlook-2016. pdf.

［44］FISCHER G，SCHRATTEN L. Global bioenergy potential through 2050［J］. Biomass and bioenergy，2001
（20）：151－159．

［45］柴油机燃料调合用生物柴油（BD100）：GB/T 20828—2007［S］．北京：中国标准出版社，2007．

［46］生物柴油调合燃料（B5）：GB/T 25199—2010［S］．北京：中国标准出版社，2010．

［47］B5柴油：GB 25199—2017［S］．北京：中国标准出版社，2017．

［48］HILLRING. Rural development and bioenergy-experiences from 20 years of development in Sweden［J］. Bio-
mass and bioenergy，2002，23（6）：443－451．

［49］QIU HG，HUANG JK，SUN LX，et al. Bioethanol development in China and the potential impacts on its ag-
ricultural economy［J］. Appl Energ，2010，87：76－83．

［50］RAMOS L P，WILHELM H M. Current status of biodiesel development in Brazil［J］. Applied biochemistry and biotechnology, 2005, 124: 807 – 820.

［51］ REN21. Renewables global status report ［R］. Paris, 2005—2018.

［52］ SAKA S, KUSDIANA D. Biodiesel fuel from rapeseed oil as prepared in supercritical methanol ［J］. Fuel, 2001, 80 (2): 225 – 231.

［53］ USDA'S GAIN Reports. China-peoples republic of biofuels annual 2014 ［EB/OL］. (2015 – 06 – 01) ［2019 – 03 – 01］. http: //gain. fas. usda. gov/Pages/Default. aspx.

［54］ YAMAMOTO H, FUJINO J, YAMAJI K. Evaluation of bioenergy potential with a multi-regional global-land-use-and-energy model ［J］. Biomass and bioenergy. 2001, 21 (3): 185 – 203.

第二章　自然环境概况及研究方案

通常所说的"湘西"有广义与狭义之分。广义的"湘西"俗称"大湘西",是指自石门—新化线以西的湖南西部广大山区,包括湘西自治州、张家界市、怀化市的全部,以及常德、邵阳的一部分。狭义的"湘西"主要指原湘西自治州所辖区域,包括现湘西自治州全部、张家界市大部,是武陵山区的腹地,有时甚至就以湘西自治州作为代名词。本书中的"湘西"采用狭义概念,范围包括湘西自治州所辖8县(市),也适当涉及周边,以此范围进行调查统计分析。

第一节　湘西自治州自然环境条件概况

一、湘西自治州的地理环境条件

(一)地理位置

湘西自治州位于湖南省西北部,酉水河中游和武陵山脉中部,地处北纬27°44.5′~29°38′和东经109°10′~110°22.5′,州内共辖保靖、凤凰、古丈、花垣、吉首、龙山、泸溪、永顺8个县(市)。在行政区域上,东连怀化市沅陵县,西邻贵州省铜仁市、重庆市秀山土家族苗族自治县,南接怀化市麻阳县、辰溪县,北抵张家界市,西北部与湖北省恩施州相邻,系湘鄂渝黔4省市交界之地。湘西自治州境域东西宽约170 km,南北长约240 km,全州面积15 462 km²,其中城区面积556 km²,占湖南省总面积的7.3%。该区是我国华中武陵山区的核心地带,也是物种资源保存的重要场所。

(二)地形地貌

湘西自治州地处云贵高原东北侧与鄂西山地西南端之结合部,武陵山脉由东北向西南斜贯全境,地势西北高、东南低,属中国由西向东逐步降低第二阶梯之东缘。西部与云贵高原相连,北部与鄂西山地交接,东南以雪峰山为屏障,武陵山脉蜿蜒于境内。地势由西北向东南倾斜,西北部多数海拔在800~1200 m,龙山县的大灵山海拔1736.5 m,为州内最高点;东南部为低山丘陵区,多数海拔在200~500 m,泸溪县上堡乡大龙溪出口河床海拔97.1m,为州内最低点。溪河纵横,两岸多冲积平原。地貌总体轮廓是一个以山原山地为主,兼有丘陵和小平原,并向西北突出的弧形山区。

湘西自治州西南石灰岩分布极广,岩溶发育充分,多溶洞、伏流;西北部石英砂岩密布,因地壳作用形成小片峰,以花垣排吾乡周围最为典型。有多处峡谷地貌,如龙山落塔、永顺猛洞河、吉首德夯等。

（三）土壤植被

根据全州土壤普查资料，成土母质以石灰岩和板页岩为主，占土地总面积的 75.6%。石灰岩在该州分布较广，各县（市）均有分布。其中花垣和保靖的白云岩、白云质灰岩分布面积较大；凤凰、吉首、龙山等县（市）的硅质灰岩分布面积较大，共 9.5 km²。板岩各县（市）均有分布，以古丈西部、永顺县南部、龙山县东南部为多，共 5420 km²。

土壤分为红壤、紫色土、黄红壤、黄壤、黄棕壤和山地草甸土六大类型。表土有机质丰富，土壤结构好，山地土壤（母岩为石灰岩、板页岩、紫色砂页岩等）呈中性至微酸性或微碱性，土层深厚肥沃，过酸过碱的土地极少，有利于多种植物的生长。

因土壤、气候、水文等自然条件适宜各种植物的生长，湘西自治州植被较好，森林覆盖率达 61%，境内还保存着成片的原始森林和原始次森林。树木种类繁多，以亚热带常绿混交林为主。

（四）气候特征

湘西自治州属中亚热带季风湿润气候，具有明显的大陆性气候特征。夏半年受夏季风控制，降水充沛，气候温暖湿润；冬半年受冬季风控制，降水较少，气候较寒冷干燥。既水热同季、暖湿多雨，又冬暖夏凉、四季分明，降水充沛，光热偏少。光热水基本同季，前期配合尚好，后期常有失调，气候类型多样，立体气候明显（表 2-1）。

表 2-1　湘西自治州各县气候情况一览

序号	行政区域	年平均气温/℃	最低月平均气温/℃	最高月平均气温/℃	年日照时数/时	年平均降雨量/mm	年均无霜期/天
1	吉首市	17.3	5.2	29.2	1429.6	1446.8	326
2	龙山县	15.8	4.4	26.5	1273.0	1357.1	275
3	永顺县	15.3			1305.8	1365.9	261
4	保靖县	16.1	3.6	27.0			288
5	古丈县	16.0			1304.0	1475.9	
6	花垣县	16.0	4.6	26.7	1219.2	1363.8	279
7	泸溪县	16.9			1432.0	1326.0	285
8	凤凰县	16.2	20.7	12.4	1254.5	1308.1	313

注：数据源于各县市官方网站（2018 年）。

1. 冬暖夏凉，四季分明

州境 8 县（市）的主要农耕区（指海拔 500 m 以下，下同）年平均气温 ≥ 0 ℃，积温虽然低于省内同纬度滨湖地区，但 1 月平均气温偏高。据 1961—1990 年气象资料统计：最冷月 1 月平均气温均在 4.4 ℃以上，最高为 5.2 ℃，比同纬度的滨湖区高 0.4 ~ 1.2 ℃，冬季寒冷日数仅 10 ~ 17 天，寒冷持续期短。盛夏多受地形雨影响，气温偏低，少酷热天气，最热月 7 月平均气温要比同纬度滨湖区低 1.8 ~ 2.0 ℃，最高气温 >35 ℃的天数仅 8 ~ 15 天。

各地春季始于 3 月中下旬，时间为 75 天左右；夏季始于 5 月下旬至 6 月中旬，时间 110 天左右；秋季始于 9 月中旬至 10 月初，时间 65 天左右，冬季则始于 11 月中下旬，时间 115 天左右，冬夏长、春秋短。其中，春季一般是阴雨连绵，气温逐渐回升；秋季前段是秋高气爽，后段多秋风秋雨。四季时间的长短，随着海拔的升高，夏季缩短，冬季延长。

2. 降水充沛，光热总量偏少

州境位于全国降水偏多地区，降水集中期为 4—6 月（俗称雨季），降水量占全年的 41%~47%。雨季自 4 月上旬由南向北逐渐开始，结束时间自 7 月初又由南向北逐渐结束，一般在 7 月下旬雨季基本结束。州境光热总量与全国、全省相比，要明显低于同纬度的东部地区，如龙山县比华容县、永顺县比常德市等都相对要低。由于州境 8 县（市）都地处山区，日照时数相对滨湖区也要少得多，如保靖县比平江县年日照时数少 520 h，其他县（市）与同纬度滨湖区相比同样偏少。

3. 光热水基本同季，前期配合尚好，后期常有失调

州境 8 县（市）4—9 月光热水所占全年比例，就平均而言分别为 68.9%、71.1% 和 73.0%。光热水的配合在 4—6 月尚好，这时气温逐月升高，日照逐月增强，降水逐月增多。从 7 月中下旬开始，随着雨季北移，副热带高压西伸北抬，降水明显减少。光照和气温全年高值期 7—9 月日照时数为 550 h，占全年的 43%；积温 2350 ℃，占全年的 40%，降水量却仅占全年的 29%，且降水往往是强度大，但有效性差，利用率低。所以光热水的配合在后期较差，容易发生夏秋干旱。

4. 气候类型多样，立体特征明显

州境气候立体特征明显。在垂直方向上，海拔每上升 100 m，年平均气温递减 0.55~0.60 ℃，雨量递增 30~50 mm，日照减少，无霜期缩短 5 d，喜温作物生长季缩短 6.5 d，从而形成不同层次的气候类型。在水平方向上，由于不同的地形、坡向，接收太阳辐射的多少不一，迎来的气流不同，光热水存在较大差异，一般南向坡或开阔地形光照强、气温高，空气较干燥，北向坡或峡谷山涧则反之。州境山涧盆地多，由于冬季冷空气难进或夜间逆辐射冷却的影响，某一层次容易产生逆温现象而生成暖带，许多地区生成小"暖区"。在冬季出现异常低温的情况下，暖区温度要比一般地区高出 2~9 ℃，暖带温度要比低层高出 2~8 ℃。

（五）水文条件

湘西自治州高山峡谷众多，溪河纵横，水域资源十分丰富。境内有酉水、沅水、澧水、武水等多条水系，干流长度大于 5 km 的河流共计 368 条，河网星罗棋布，纵横交错，年平均径流量达 1.32×10^{10} m³。境内河流有沅江、澧水两大水系，其中沅江在州境内流域面积为 1158.8 km²；澧水流域面积为 1246.7 km²。沅江干流从泸溪县过境，其一级支流酉水、武水横穿西东。酉水将整个湘西自治州分为南北两半，干流全长 477 km，流域面积 18 530 km²，其中，属湘西自治州境内的干流长度 222.5 km，流域面积 9098 km²，水能资源理论蕴藏量 118 万 kW，可开发量 74.83 万 kW；武水干流全长 141 km，流域面积 3676 km²，其中，州境内为 3624 km²，水能资源理论蕴藏量 21 万 kW，可能开发量 6.94 万 kW。州境内澧水主要一级支流有杉木河和贺虎溪，杉木河流域面积为 1070.7 km²，贺虎溪流域面积为 176 km²。

州境内河流坡降陡、落差大、水流急，水力资源丰富。岩溶地下水资源丰富，总量约为 2.737×10^9 m³，占年总水资源量的 20.6%，且地下水与地表水相互转化，对水质有很好的净化作用。

二、湘西自治州的自然资源概况

（一）土地资源

根据《湘西州 2016 年国民经济和社会发展统计公报》，湘西自治州实有耕地面积 19.99 万 hm²。与 2015 年相比，新增耕地 806.2 hm²，基本农田 15.7 万 hm²，耕地保有量 17 万 hm²，永久基本农田保护 15.55 万 hm²，建设用地供应总量 961.34 hm²，增长 15.8%，供地率 17.5%。实施土地开发项目 31 个，增长 63.2%。

（二）水利资源

根据 2013 年的湘西自治州政府资料，全州大部分区域地表水和地下水资源丰富，水质良好，且地表水与地下水相互转化，形成地表地下水综合利用的格局。截至 2014 年，州境内核算总水量 2.137×10^{10} m³，平均年径流量为 1.328×10^{10} m³；干流长 >5 km、流域面积在 10 km² 以上的河流共 444 条，主要河流有沅江、酉水、武水、猛洞河等。水能资源蕴藏量为 168 万 kW，可开发 108 万 kW，现仅开发 18 万 kW。

（三）矿产资源

根据 2013 年的湘西自治州政府资料，全州已发现苗矿 50 多种，探明或基本探明的有 34 种。已探明的汞金属远景储量居全省第 1 位，全国第 4 位；锰矿石工业储量 2969.81 万吨，居全省首位，全国第 2 位。花垣矿区属特大型矿床，工业储量 2262 万吨，平均品位 19.7%，系我国南方最大的锰矿床，有"东方锰都"之称；铝土矿工业储量为全省之冠，占全省储量的 72.8%；锌矿储量 1100 万吨。非金属矿有磷矿、陶土矿等，其中磷矿石储量达 1 亿吨。

（四）生物资源

湘西自治州特殊的地理位置和适宜的自然环境，孕育了丰富的植物多样性。全州境内共有蕨类植物、裸子植物和被子植物等维管植物 217 科、1039 属、3807 种，在华中植物区系中占有重要地位，占全省总属数的 72%，种数占全省种数的 51%（祁承经，1990）。同时，州境内资源植物也很丰富，有药用植物 985 种，其中，杜仲、银杏、天麻、樟脑、黄姜等 19 种属国家保护名贵药材。有油脂植物（种子含油量 >10%）230 余种，观赏植物 91 科、216 属、383 种，维生素植物 60 多种，色素植物 12 种，是我国油桐、油茶、生漆及中药材的重要产地。

湘西自治州野生动物种类繁多，有脊椎动物区系 28 目、64 科，属国家和省政府规定保护动物 201 种，其中一类保护动物有云豹、金钱豹、白鹤、白颈长尾雉 4 种，二类保护动物有猕猴、水獭、大鲵等 26 种，三类保护动物有华南兔、红嘴相思鸟等。湘西自治州是湖南省重要的绿色屏障和重点林区，洞庭湖及长江中下游流域的"江河源""生态源"，属全国生态文明示范工程试点，武陵山区生物多样性与水土保持生态功能区。

州境内生物资源的丰富程度，可以小溪国家级自然保护区为例。该保护区位于永顺县，有维管束植物 222 科、974 属、2702 种。纳入国家保护层面的珍稀濒危保护植物有 18 种，一级有珙桐，二级有巴东木莲、银杏、香果树、杜仲、鹅掌楸，三级有楠木、闽楠、黄杉、银鹊树、领春木、白辛树、华榛、长苞铁杉等。保护区内有脊椎动物 23 目、70 科、208 种，昆虫 19 目、144 科、738 种，有天敌昆虫 9 目、27 科、159 种，其中有金钱豹、云豹、白颈长尾雉等国家一、二级保护动物 36 种。国家重点保护动物，一级有黑麝；二级有林麝、虎纹蛙等。

全州拥有森林面积 7680 km²，其中，生态公益林 4667 km²，活立木蓄积量 3042 万 m³，森林覆盖率 61%。

（五）自然保护区、森林公园与地质公园

全州现有国家级和省级自然保护区 8 个（表 2-2）、国家级和省级森林公园 6 个（表 2-3）、国家湿地公园 2 个（保靖酉水国家湿地公园、吉首峒河国家湿地公园）、国家级和省级地质公园 6 个（表 2-4）、国家重点风景名胜区 2 处、国家 AAAA 级景区 3 个。这些自然保护区、森林公园和地质公园既是湘西自治州自然条件复杂的重要体现，也是湘西特色生物资源、特色旅游资源的主要场所。它们与该区独特的民族文化相互交融，共同构成了"神秘湘西""魅力湘西"品牌，为湘西社会经济的发展做出了重要贡献。

表 2-2　湘西自治州国家级和省级自然保护区

保护区名称	主要保护对象	类型	面积/km²	级别	始建时间	所在县（市）
小溪	低海拔常绿阔叶林、珍稀植物	森林生态	72.2	国家级	1982 年 1 月 1 日	永顺县
高望界	低海拔常绿阔叶林生态系统	森林生态	171.7	国家级	1993 年 9 月 1 日	古丈县
保靖白云山	森林及野生动植物	森林生态	201.6	国家级	1998 年 5 月 1 日	保靖县
两头羊	森林生态系统	森林生态	88.4	省级	1986 年 1 月 1 日	凤凰县
九重岩	常绿阔叶林生态系统	森林生态	85.0	省级	2002 年 4 月 8 日	凤凰县
天桥山	白颈长尾雉、榉木等濒危物种	森林生态	133.0	省级	1998 年 9 月 17 日	泸溪县
洛塔	水杉及其生境	野生植物	3.3	省级	1987 年 6 月 1 日	龙山县
印家界	森林生态系统	森林生态	102.1	省级	1999 年 8 月 1 日	龙山县

表 2-3　湘西自治州国家级和省级森林公园

森林公园名称	建园时间	面积/km²	级别	所在县（市）
南华山国家森林公园	1992 年 7 日	20.43	国家级	凤凰县
不二门国家森林公园	1993 年 5 日	53.37	国家级	永顺县
矮寨国家森林公园	2013 年 10 日	33.83	国家级	吉首市
坐龙峡国家森林公园	2012 年 1 日	23.71	国家级	古丈县
太平山森林公园	2001 年 8 日	25.33	省级	龙山县
红枫森林公园	2006 年 1 日	13.33	省级	吉首市

表 2-4　湘西自治州国家级和省级地质公园

名称	批准时间	面积/km²	级别	所在县（市）
古丈红石林国家地质公园	2005 年 8 日	261	国家级	古丈县
凤凰国家地质公园	2005 年 8 日	157	国家级	凤凰县
乌龙山国家地质公园	2009 年 8 日	305	国家级	龙山县
古苗河地质公园	2002 年 12 日	130	省级	花垣县
德夯地质公园	2002 年 12 日	164	省级	吉首市
猛洞河地质公园	2011 年 12 日	169	省级	永顺县

第二节　本研究的目的意义、研究内容和拟解决的关键问题

一、研究目的及意义

（一）科学意义

植物与环境密不可分，植物与环境之间的关系错综复杂。非粮柴油能源植物是具有特定用途的资源植物，它们的形成、分布及适应性关系是区域植物资源生态学研究的重要内容之一。通过对湘西非粮柴油能源植物的调查、收集、整理和评价，可进一步完善和丰富湘西非粮植物资源生态学基础资料，对全面揭示该地区非粮能源植物与环境之间的相互关系具有重要的促进作用。同时，我国是一个能源需求大国，能源短缺问题日益尖锐，开展对生物柴油的研究，在一定程度上对缓解我国的柴油紧张状况具有重要的推动作用。此外，在促进生物柴油产业可持续发展等方面也具有重要意义。

（二）经济与社会意义

原料问题一直是阻碍生物柴油发展的瓶颈，作为武陵山区核心地带的湘西地区是我国生物多样性丰富的关键地区之一，丰富的植物资源可以为生物柴油的发展提供更多的原料。通过对湘西非粮柴油能源植物的调查、收集、整理和评价，必能筛选出一部分优质高效并适合在该地区种植的能源植物。这对在湘西山区栽植生物柴油植物，拓宽农民脱贫致富的渠道、增加收入，促进区域经济社会发展都将具有重要意义。

（三）生态意义

湘西地区大部分属喀斯特地貌，土层薄，水土流失严重。每年雨季会引发大量的自然灾害，有时甚至引起泥石流，给当地居民的生产生活带来严重的影响。通过对湘西非粮柴油能源植物的调查、收集、整理、评价和筛选，不仅可直接为湘西发展生物能源产业服务。同时，由于非粮柴油树种可以在很多干旱贫瘠的山地、丘陵及边际性地带发展种植，对提高植被和森林覆盖率、防止水土流失、涵养水源、改良土壤等方面都有重要的生态意义。

二、主要研究内容

①在文献整理基础上，对湘西地区的非粮柴油能源植物进行调查，并采集其标本和含油器官（主要是种子），建立湘西地区主要非粮柴油能源植物标本、图片和信息采集数据库。

②实验室分析，对采集回来的含油器官进行含油量测试，以含油量超过 10% 的标准，作为筛选非粮柴油能源植物的初级指标。通过初步筛选获得湘西地区非粮柴油能源植物物种名录。并对含油量≥30% 的植物种子油脂的其他几项指标，即酸值、碘值、皂化值和脂肪酸分别进行测试，并通过实地调查和文献调查获得这些植物的分布、繁殖特性、生态适应性等方面的信息。

③运用统计学的分析方法和手段对湘西地区非粮柴油能源植物的产油潜能进行分析。运用层次分析法对含油量超过 30% 且目前研究较少的柴油植物从生态适应幅度、繁殖特性、含油量、油脂成分，油脂的酸值、碘值和皂化值等方面进行综合评价，从而筛选出最具潜力适合在湘西发展的非粮柴油能源植物物种。

④综合运用各学科知识，对湘西非粮柴油能源植物的开发利用问题进行初步探讨，提出有关开发利用的措施和建议。

三、拟解决的主要问题

由于目前湘西地区还缺少系统、全面的植物资源调查研究，大部分非粮柴油能源植物尚处于野生或半野生状态，开发利用程度非常低。因此，通过对湘西非粮柴油能源植物的调查、收集、整理、评价和筛选，拟解决以下几个问题。

①目前关于湘西地区非粮柴油能源植物的研究还非常少，也没有系统的非粮柴油能源植物资源的基础数据库，使得相关研究者对该地区非粮柴油能源植物资源的研究造成一定的困难，无法获得一些基本的数据，因此，本研究将建立湘西地区非粮柴油能源植物资源的基础数据库，为后期研究打下坚实的基础。

②在实地调查和实验检测基础上，综合评价筛选出一批具有开发潜力的非粮柴油能源植物。

③结合调查和研究结果，提出适合在湘西地区种植发展的非粮柴油能源植物名录。推广该名录中的非粮柴油能源植物种植，改善由化石燃料造成的环境污染问题。

四、主要工作步骤与技术路线

（一）工作步骤

①通过文献调查和资料整理、确定需要研究的目标物种，然后，对湘西地区的非粮柴油能源植物进行野外调查，野外调查的方法有实地调查和访谈调查。

实地调查是进行野外考察的重要和必要手段，在进行实地调查的时候，需要记录采集地的地理位置，一般采用 GPS 定位记录采集地的经纬度和海拔等重要信息，然后，采集标本和含油器官（主要是种子）。在野外调查工作中，除了实地调查外，还辅助于访谈调查。访谈的对象为当地群众，访谈的内容主要是当地群众对目标物种的利用情况及对乡土油料植物资源的利用情况，再结合相关文献资料，得到目标物种相关生态适应性信息，进一步补充适合在湘西地区发展的非粮柴油能源植物。

②野外采集的样品需进行实验初选，筛选出富含油脂植物资源的植物。

③对种子能源成分、油脂理化指标及种子含油量等各项指标进行分析，根据测定的相关结果制定筛选指标，筛选出一批具有开发潜力的非粮柴油能源植物。

④运用 AHP（层次分析法）进行综合评价分析，最终得到适合在湘西地区发展的非粮柴油能源植物。

（二）技术路线

技术路线如图 2-1 所示。

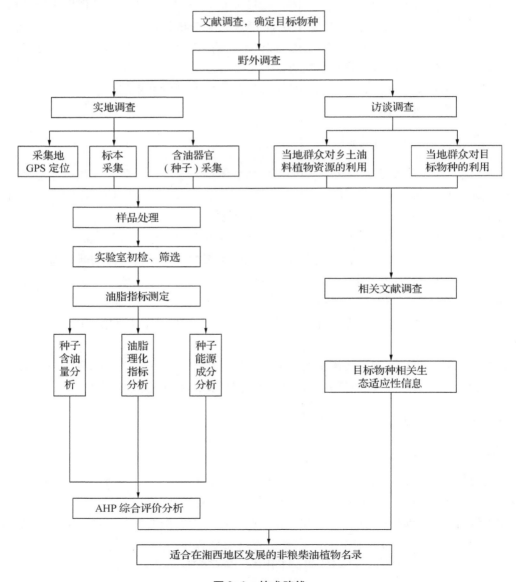

图 2-1 技术路线

第三节　湘西地区非粮柴油能源植物野外调查

野外调查是植物资源研究的基本方法之一，主要分为调查前的准备、调查过程、后期资料整理和总结3个阶段。调查的准备工作是顺利完成植物资源野外调查任务的重要基础，要明确调查的范围、调查内容，调查开始前要搜集和分析有关资料，准备调查工具，确定调查方法，制订调查的计划过程等；调查过程中先要进行野外初查，再采集标本和样品，最后室内测定；后期资料整理和总结，即在调查工作中，需要积累大量资料，当调查工作结束时，应该对这些资料进行整理和总结。整理的内容包括植物标本、样品整理、提出本地区各类野生植物资源名录、提出有开发价值的资源植物和提出本地区野生植物资源综合利用方案等。

一、调查前的准备

（一）野外调查区域的确定

在确定野外调查的区域时，一般选择本地有代表性的地方作为调查点。本研究调查区域主要为湘西自治州各县（市）的生物多样性重点保护区域，包括自然保护区、森林公园、地质公园、湿地公园、国有林场、林科所及植被保护较好的地区，如高望界国家级自然保护区、小溪国家级自然保护区、八仙湖省级自然保护区、万宝山林场、杉木河林场、吕洞山、八面山、羊峰山等。调查生境包括高山、河谷（峡谷）、丘陵、山地等。图2-2为调查采集地，基本情况如表2-5所示。

表2-5　调查采集地一览

序号	采集地名称	所在县（市）	经纬度	最高海拔/m	面积/hm²
1	万宝山林场		N29°32′24″ E109°40′12″	1074	4387
2	小河沟县级自然保护区		N29°25′36″ E109°18′60″	616	5800
3	塔泥省级自然保护区	龙山	N29°17′24″ E109°42′36″	490	
4	洛塔水杉自然保护区		N29°12′0″ E109°31′48″	921	4333
5	八面山		N28°58′48″ E109°42′36″	1310	5140
6	杉木河林场		N29°10′12″ E109°49′48″	790	37 100
7	羊峰山	永顺	N28°58′12″ E110°09′0″	1112	
8	小溪国家级自然保护区		N28°49′30″ E110°11′53″	663	24 800
9	白云山国家级自然保护区	保靖	N28°42′30″ E109°17′53″	848	17 555
10	吕洞山		N29°17′24″ E109°42′38″	939	17 000
11	高望界国家级自然保护区	古丈	N29°17′24″ E110°04′48″	873	17 170
12	古苗河省级自然保护区	花垣	N28°34′18″ E109°30′13″	284	11 000
13	摩天岭省级自然保护区		N29°17′24″ E109°48′36″	324	10 900

续表

序号	采集地名称	所在县（市）	经纬度	最高海拔/m	面积/hm²
14	德夯国家级风景名胜区	吉首	N28°34′12″ E109°28′48″	694	10 800
15	八仙湖省级自然保护区		N28°15′36″ E109°42′0″	194	7033
16	天桥山省级自然保护区	泸溪	N28°19′16″ E110°05′24″	478	13 878
17	两头羊省级自然保护区	凤凰	N29°57′0″ E109°36′0″	353	8838
18	九重岩省级自然保护区		N27°57′48″ E109°35′24″	459	8500

图 2-2　湘西地区非粮柴油能源植物资源调查采集地

（二）目标物种的确定

通过查阅 *Flora of China*、《中国植物志》、《中国油脂植物》、《湖南植物志》、《湖南树木志》、《湖南种子植物概览》、《湖南主要经济树种》、《燃料油植物选择与应用》等文献资料与野外实地调查相结合，确定目标植物，编制《湘西地区非粮柴油能源植物名录》。根据各种植物花期、果期、分布范围等信息，确定调查采集的时间、地点、路线。对采集回来的植物进行标本鉴定，并通过文献查阅，获得调查所得各植物种类的拉丁名、科名、属名、生境、生活型等信息。

（三）采集工具的准备

野外采集需要准备的采样器具，主要有以下几类。①工具类：枝剪、高枝剪、标本夹、暖风机等；②器材类：轨迹记录仪 Holus M 241 记录轨迹，佳能 EOS450D 数码相机等；③文具类：种子袋、塑料袋、蛇皮袋、记录本、号签、报纸、瓦楞纸、铅笔、资料夹等；④安全防护用品类：工作服、工作鞋、药品箱等；⑤野外采集标本车辆。

二、野外调查

（一）野外初查

在众多的野生植物中，究竟哪些是资源植物，又分别属于什么类型的资源植物，这在野外就必须初步确定下来。因此，野外初查是植物资源调查的第一步，而且是很重要的一步。野外初查对于不同类型的植物调查的具体方法也不一样。木本植物：可剥取枝条的皮部。草本植物：则摘取它的茎或叶，用手实验它们的拉力和扭力，并将纤维和其他组织分离，观察纤维束的长短、粗细和数量，初步判断它们的利用价值。芳香油植物：芳香油又叫精油，主要存在于植物的茎、叶、花、果中。在野外，采摘到植物后，用手揉搓，利用自己的嗅觉判断，如有某种芳香气味，即可初步确定它为芳香植物。淀粉植物：可利用淀粉遇碘变蓝这一特性进行检验，其方法是将用来检验的植物部分切开，在断面上滴 1～2 滴碘或碘化钾溶液，如果断面呈现蓝紫色，即可初步确定为淀粉植物。鞣料植物（单宁植物）：多含于木本植物的树皮、枝条、树叶和草本植物的茎秆中，特别在树皮中含量最高。在野外确定单宁植物最简单的方法，是用一把无锈的铁制小刀，切开要检验的材料，如果含有单宁，小刀及断面上很快变成蓝黑色，或用 1% 铁矾滴在含单宁的树皮切面上，很快呈现蓝绿色，证明有单宁的存在。橡胶植物：在野外初查橡胶植物时，首先应将植物砍伤或折断，看有无乳汁或细丝。如有乳汁，收集少许放在手中揉搓，借手的温度将水分蒸发，剩下的残余物如有弹性，说明有橡胶存在，如黏而无弹性即为其他物质。树脂树胶植物：可在树木的树干上寻找伤口的流出物或分泌物，按树脂树胶的特性进行鉴定。油脂植物：各种油脂都是植物体内的贮存物质，主要贮存于种子和果实中。在野外调查时，取 1～2 片脱脂滤纸，夹好果实或种子（或其他含油部位），用手或木板加力压榨，若见纸上留有油迹，即可初步确定有油脂存在，又从纸上所留油迹的大小和透明程度，可以初步确定其含油量的多少。

（二）标本采集

初查后，要对初步确定的资源植物进行标本和样品的采集。植物资源调查是一项科学性很强的工作，资源植物的名称一定要准确，而这就必须要采集标本，使调查工作有依据。对于所调查的资源植物，不管调查者是否认识，都要采集标本。采集标本时，要按照正确方法进行，必须填写采集记录卡，在标本制作好以后，定名务必准确。除按照一般方法进行采集外，还要采集产油的果实种子，在制作标本时，应将一定数量的果实种子放入种子袋中，再将种子袋粘贴在台纸上。

（三）样品采集

样品采集的部位、数量及规格要求，视资源植物的类型而异。例如，油脂植物的样品一般要采集果实（或种子）2000～3000 g，如果含油量较低，则应采集3000～4000 g。芳香油在植物体内存在的部位不同，采集方法和需要的数量也有不同。不要在夜晚及下过雨或通夜刮风的清晨采集，花朵宜在花初放时采摘，果实宜在将成熟时采摘。这些时期通常是含油量最高和质量最好的时期。干燥后的样品，重量应不少于2000 g。纤维植物则要采集其皮部或全部茎叶，重量则在1000 g左右。采集的样品要放在阴处风干保存，防止生霉腐烂。样品采集后，应填写"资源植物采集样品登记卡"，并拴好号牌。采集油脂样品时具体需要注意的事项有以下几项。

①选择成熟和完整的种子，最佳采集时间是种子的自然散布期。种子成熟后的各种变化参数可以提供最佳采集时间的参考，如果实颜色的变化：由绿变红、黄或橙色；种皮颜色的变化：由绿变成其他颜色；裂果的开裂程度；果实摇晃时发出响声；种子变干变硬；部分种子已经散播等均可以作为种子成熟的指标。

②为保证分析结果的普遍意义，选择采集位置时要兼顾植株不同位置的种子，如向阳与背光兼顾，上下不同部位兼顾等；采集无病虫害、含油量高、新鲜饱满、大小均匀的种子。

③种子样品的采集量＞500 g（干重），特殊情况除外。

④将采回来的样品在阴凉环境下自然风干，并经常翻动；避免高温，切忌过度曝晒及直接铺放在水泥地面或铁板上晾晒，避免油脂变质。

⑤样品晾干后，进行捣碎，除去硬壳和外皮，用压榨器进行压榨，得到流出的油脂。油脂要存放于暗色的玻璃瓶内，避免受高温和日晒。榨油时应取定量的样品，以记录压榨后的出油量。榨出的油脂留作室内测定时用。

（四）野外数据记录

1. 轨迹记录

考察开始时，核对相机与GPS的时间，使两者保持完全一致；考察开始后，如遇见代表群落，则分别从远、近不同角度拍摄群落外貌特征。所拍摄项目包括株形、花果枝、花果特写及其他识别特征，并记录目标物种的生境、伴生种、生活型、物候期、单株产量及单位面积株数等数据；考察结束后，保存GPS航迹数据。

2. 生物学特性

主要记录目标物种的生活型、光照适应性、对水分的要求、土壤条件适应性、繁殖特性等情况。

3. 产油潜能

主要观察和记录目标物种的单株结实量、分布范围、繁殖难易程度等信息。

第四节　非粮柴油能源植物的室内测定

室内测定是利用有关仪器设备，在实验室内对资源植物进行检验测定。室内测定有两个任务：一个是提取植物体中的有关成分，如芳香植物的芳香油，纤维植物的纤维；另一个是分析提取物的含量和质地，如芳香植物单位干重含芳香油的数量，芳香油的物理指标和化学指标的测定，纤维的化学分析，单纤维的长度和宽度等。通过室内测定，可以确定一个资源植物的产量、品质和利用价值，这是调查植物资源不可缺少的步骤。如果调查者缺乏室内测定的条件，可将一部分样品送交有关单位代为测定。

非粮柴油能源植物的室内测定统一采用国家标准方法，为保证分析检测结果的精确性，对于同一样品，重复检测 3 次，把实验误差限制在 0.5% 以内。

一、仪器与试剂

R-210 步琪旋转蒸发仪；FW100 型高速万能粉碎机：天津市泰斯特仪器有限公司；GR-30 热空气消毒箱：上海博迅实业有限公司医疗设备厂；FA21O4N 型分析天平；标准筛：长沙市思科仪器纱筛厂（孔径/丝径为 0.6 /0.25，网目为 30）；KQ-250DE 型数控超声波清洗器：昆山市超声仪器有限公司；GC-MS-QP2010 气相色谱 - 质谱联用仪：配 NIST05 标准质谱，日本岛津公司；其余均为实验室常规仪器。

无水乙醚、冰乙酸、正己烷、环己烷、硫代硫酸钠、三氯甲烷、甲醇、硫酸、无水乙醇、氢氧化钠、无水碳酸钠、氢氧化钾、盐酸、韦氏试剂、酚酞，淀粉指示剂等（均为分析纯）。

二、含油量测定

本研究在测定脂肪酸及含油量的时候，参照 GB/T 5512—2008 粮食中粗脂肪含量测定标准方法。该标准提取方法包括索式抽提法、直滴式抽提法、萃取仪法 3 种测定方法，本研究采用的是索氏提取法，该方法原理为：将粉碎分散且干燥的试样用有机溶剂回流提取，使试样中的脂肪被溶剂抽提出来，回收溶剂后所得到的残留物即为粗脂肪。操作步骤：称取50 g 左右的样品，溶剂选用正己烷，控制加热温度，使冷凝回流的正己烷滴速为120～150滴/min，提取的正己烷每小时回流 7 次以上，抽提时间为 8 h 以上。

计算公式为：

$$\omega = \frac{m_2 - m_1}{m} \times 100\%,\qquad(2-1)$$

式中：ω 含油量,%；m 试样质量，g；m_1 烧瓶质量，g；m_2 烧瓶与样品所含油质量，g。

三、理化性质及测定

为了鉴定非粮柴油能源植物所含油脂的应用价值，必须在实验室内对油脂的理化性质及油脂的脂肪酸组成进行测定，理化性质通常测定的项目有碘值、皂化值、酸值等。

（一）碘值

1. 碘值理化性质

碘值（iodine value；iodine number）是表示有机化合物不饱和程度的一种指标，指100 g物质中所能吸收（加成）碘的克数，主要用于油脂、蜡、脂肪酸等物质的测定。油脂的不饱和程度越大，碘值也越大。干性油的碘值大于非干性油的碘值。例如，干性油的碘值在130 g/100g以上；半干性油的碘值在100 ~ 130 g/100g；非干性油的碘值在100 g/100g以下；陆地动物油脂的碘值在80 g/100g以下；海洋动物油脂的碘值在100 g/100g以上。通过碘值的测定，可以计算出油脂中混合脂肪酸的平均双键数，而不饱和键的多少又与生物柴油的燃烧性能、运动黏度、冷滤点等有关，因此，碘值可以在一定条件下判断生物柴油的性质。

2. 碘值的测定

参照 GB/T 5532—2008 动植物油脂碘值测定的方法，该标准中碘值测定的原理为：在溶剂中溶解试样，加入韦氏（Wijs）试制反应一定时间后，加入碘化钾和水，用硫代硫酸钠溶液滴定析出的碘。操作步骤：先精确称取样品（0.1 ~ 1）g（精确至0.000 1 g），置于碘量瓶中，然后加入氯仿5 mL。待样品溶解后，再用移液管加入氯化碘溶液10 mL，充分摇匀，置于25 ℃左右的暗处30 min。接着取出碘量瓶，先后加入碘化钾溶液5 mL，蒸馏水30 mL，用硫代硫酸钠标准溶液滴定至溶液呈淡黄色时，加入淀粉指示剂，继续滴定到蓝色消失为终点。同时，在相同条件下做空白实验。

结果公式为：

$$I \cdot V = \frac{C \times (V_0 - V_1) \times M (1/2 I_2)}{m}, \tag{2-2}$$

式中：$I \cdot V$ 碘值，g/100 g；C 硫代硫酸钠标准溶液的实际浓度，mol/L；V_0 空白实验消耗硫代硫酸钠的体积，L；V_1 样品消耗硫代硫酸钠的体积，L；m 样品质量，g；M（1/2 I_2）碘的摩尔质量，g/mol。

（二）皂化值

1. 皂化值理化性质

皂化值是指水解1 g油脂所消耗的氢氧化钾毫克数。皂化值的大小与油脂所含甘油酯的化学成分有关，一般来说，甘油酯的相对分子质量越小，皂化值越高，反之则越低。另外，若游离脂肪酸含量增大，皂化值也随之增大。皂化值越高，油脂制备转化为生物柴油时消耗的催化剂也越多，成本越大。皂化值在一定程度上能体现生物柴油的品质。

2. 皂化值的测定

参照 GB/T 5534—2008 动植物油脂皂化值测定的方法，皂化值是测定油和脂肪酸中游离脂肪酸和甘油酯的含量，该标准下皂化值测定的原理为：在回流条件下将样品和氢氧化钾乙醇溶液一起煮沸，然后用标定的盐酸溶液滴定过量的氢氧化钾。操作步骤：先称取已除去水分和机械杂质的油脂样品3 ~ 5 g，然后置于250 mL锥形瓶中，接着准确放入50 mL氢氧化钾乙醇标准溶液，并置于沸水浴中加热回流0.5 h以上。最后，待其充分皂化后停止加热，稍冷却后，加酚酞指示剂 5~10 滴，然后用盐酸标准溶液滴定至红色消失为止。同时，在相同条件下做空白实验。

结果公式为：

$$SV = \frac{C \times (V_0 - V_1) \ M \ (KOH)}{m},\qquad (2-3)$$

式中：SV 皂化值，mg/g；C 盐酸标准溶液的实际浓度，mol/L；V_0 空白实验消耗盐酸标准溶液的体积，L；V_1 试样消耗盐酸标准溶液的体积，L；m 样品质量，g；M（KOH）氢氧化钾的摩尔质量，g/mol。

（三）酸值

1. 酸值理化性质

酸值是指中和 1 g 油品中的酸性物质所需要的氢氧化钾毫克数。植物油脂中用酸值来表示存在于油脂中的游离脂肪酸的量。生物柴油的酸值对发动机的工作状况影响很大，酸值大的生物柴油会使发动机内积炭增加，造成活塞磨损，使喷嘴结焦，影响雾化和燃烧性能；酸值大还会引起柴油的乳化现象。酸度和酸值是衡量油品腐蚀性和使用性能的重要依据，即可衡量生物柴油的腐蚀性和使用性能。

2. 酸值的测定

参照 GB/T 5530—2005 动植物油脂酸值和酸度测定的方法，该标准包括热乙醇测定法、冷溶剂法、电位计法 3 种。本研究采用的是热乙醇测定法，该方法的原理为：试样溶解在热乙醇中，用氢氧化钠或氢氧化钾水溶液滴定的方法来测定。操作步骤：先称取油脂样品 1 g 左右（称准至 0.001 g），然后加入 70 mL 中性乙醇，置水浴上加热至沸，再充分搅拌，最后滴加酚酞溶液 3~4 滴，当氢氧化钾标准溶液滴定至样品呈粉红色 30 s 内不褪色时，确定为终点。同时，在相同条件下做空白实验。

结果公式为：

$$A \cdot V = \frac{c \times V \times M \ (KOH)}{m},\qquad (2-4)$$

式中：$A \cdot V$ 酸值，mg/g；c 氢氧化钾乙醇溶液的实际浓度，mol/L；V 滴定消耗的体积，L；m 样品的质量，g；M（KOH）氢氧化钾的摩尔质量，g/mol。

四、脂肪酸组成及测定

脂肪酸可分为饱和脂肪酸和不饱和脂肪酸，含不饱和键的脂肪酸称为不饱和脂肪酸。分子比较小的饱和脂肪酸有挥发性。饱和脂肪酸的通式为 $CH_3(CH)_n$—COOH，其碳链是饱和的。植物油脂中常见的饱和脂肪酸有癸酸、月桂酸、肉豆蔻酸、棕榈酸和硬脂酸。植物油脂中所含的脂肪酸大多属于不饱和脂肪酸。不饱和脂肪酸主要包括 $C_{10} \sim C_{22}$ 的脂肪酸，性质不稳定，易与氢、氧、溴、碘等元素起化学反应。主要成分有油酸、亚油酸、棕榈酸、硬脂酸、花生酸、山嵛酸、二十碳烯酸、亚麻酸和芥酸等。除饱和脂肪酸和不饱和脂肪酸以外，还有环状脂肪酸、羟基脂肪酸及一些特殊结构的脂肪酸等。

通过检测植物油脂的脂肪酸组成情况，可以预测其制成的生物柴油性能。因此，根据德国生物柴油标准规定，亚麻酸含量应≤12%。本研究中非粮柴油能源植物的油脂脂肪酸组成测定，重点测定其 $C_{10} \sim C_{20}$ 的脂肪酸组成和所占的百分比。油样的甲酯化采用 GB/T 17377—1998 中的氢氧化钾甲醇法，该标准的工作原理为：甘油酯皂化后，释放的脂肪酸在三氟化硼存在下进行酯化，萃取得到脂肪酸甲酯用于气象色谱分析。操作过程大概参考彭密军等（2009）的方法，先将甲酯化的样品离心、过滤、稀释后，进行气相色谱分析。气相色谱分析在参照 GB/T 17377—2008 的基础上有所改进。条件为：Rtx–5ms 弹性石英毛细管柱（30 m×0.25 mm，0.25 μm）。程序升温：汽化室温度 250 ℃，柱初始温度 150 ℃，保留 2 min，以 4 ℃/min 上升到 260 ℃，保留 4 min。载气（He），流速 1 mL/min，压力 84.7 kPa，进样量 0.5 μL。接口温度 230 ℃，进样口温度 250 ℃，溶剂切除时间 3.0 min。电子轰击离子源，电子能量 70 eV，离子源温度 200 ℃，质量扫描范围 29 ~ 450 u。

数据处理及 MS 检索：参考此前（刘祝祥 等，2011）的做法，甲酯化样品经 GC—MS 分析，所得各组分峰的 MS 数据运用计算机谱库自动进行检索，并参照标准图谱进行核对，最后，对色谱峰用面积归一化法计算各组分的相对含量。

第五节　非粮柴油能源植物的综合评价

一、植物资源评价内容

植物资源综合分析与评价是在调查研究的基础上，对调查地区植物资源种类、贮量、开发利用现状和开发利用潜力等进行综合分析和评价，为进一步制定植物资源开发总体规划提供理论和技术依据。植物资源评价包括开发利用效率评价、利用潜力综合评价、受威胁状况评价、价值重要性评价 4 个方面。

1. 植物资源开发利用效率评价

植物资源开发利用效率有生产效率、经济效率和生态效率。生产效率是评价植物资源生产合理性的指标，也可作为控制年采收量的指标。当生产效率 =1 时，代表利用的资源可全部采收，充分开发；当生产效率 <1 时，表示资源利用不充分或实际需要量少，采收不多；当生产效率 >1 时，代表实际采收量超过每年允许采收的限度，是不合理的。经济效率 = 年实际采收量/上年总消耗量，当经济效率 =1 时，为最佳值，采收的植物全部销售而没有压力；当经济效率 >1 时，采收量超过实际需要量，造成浪费。生态效率 =（年允收量 – 年实际采收量 + 资源恢复或者更新量）/上年实际采收量。

2. 植物资源利用潜力综合评价

植物资源利用潜力综合评价最常用的是累加体系即指数和法。该方法是在分析植物资源自然和经济特点的基础上，选择评价项目，并对第一个被评价植物资源进行指标评价，分成等级，把等级分相加的和作为每种被评价植物资源可利用潜力的估计值。

3. 植物资源受威胁状况评价

主要从植物分类学意义、地理分布及生境要求、野生资源数量、野生资源减少速率、栽培状况、保护现状、综合性开发现状等方面来进行综合打分，得分越高的植物，则表示受威胁程度越高。

4. 植物资源价值重要性评价

参考王献溥（1989）《关于野生植物经济价值重要性确定的方法研究》，野生经济植物价值重要性评价方法主要考虑以下几个问题。

（1）判断植物经济价值重要程度的问题

判断植物经济价值重要程度主要围绕这几个方面进行：分布和利用地区范围大小、时间上的利用情况、对当地居民和社会的重要性、商业贸易或实物交换情况、发展成为一种世界商品的现实性和潜在的可能性、应用范围等。

（2）关于评分和资料综合整理问题

结合野生植物资源评价方法，针对湘西地区非粮柴油能源植物确立了一套特有的综合评价方法，主要包括植物产油潜能评估、植物的自然特性评估、种子油脂特性评估和种子油脂组成评估，采用 AHP 层次分析法对这几个指标进行综合评价。

二、产油潜能评估

参考刘慧娟（2013）的方法，对于含油量在 30% 以上的物种进行产油潜能评估，选取单株结实量、分布范围、繁殖难易程度作为非粮柴油能源植物的产油潜能评估指标。单株结实量按照野外调查情况的记录，分别按木本和草本植物进行归类，分为结实量高、中、低，分别记 3 分、2 分、1 分；分布范围大小分为 3 级，即分布广泛、一般、集中，分别记 3 分、2 分、1 分，栽培植物记 0 分；按照繁殖难易程度分，能进行种子繁殖且无性繁殖技术成熟，记 3 分，种子繁殖困难但无性繁殖技术成熟，记 2 分，种子繁殖困难且无性繁殖不易实现，记 1 分。

单株结实量得分、分布范围得分、繁殖难易程度三者得分之和为某种植物的产油潜能综合得分，分值越高，说明该物种的产油潜能越高，反之越低。选择 10 余种综合得分高且目前研究较少的物种作为有潜力的柴油植物物种，进行下一步综合评价。

三、综合评价体系的选择

对于能源植物的综合评价，我国目前还没有一套完整的评价体系，常采用的是 AHP 层次分析法（向祖恒 等，2010）。层次分析法被广泛应用于野生植物资源的筛选、绿化植物的评价、旅游资源价值评定，以及其他领域一些基础模型的建立。本研究拟采用此方法对湘西地区非粮柴油能源植物进行综合评价。基本评价步骤如下。

（一）建立层次结构模型

根据决策的目标、决策的准则和决策对象之间的相互关系分为最高层、中间层和最低层，建立出层次结构模型。最高层是指决策的目标、需要解决的问题；中间层是指需要考虑的因素、决策的准则；最低层是指决策时的备选方案。对于相邻的两层，称高层为目标层，低层为因素层。

（二）构造判断（成对比较）矩阵

在确定不同层次因素的权重时，如果只是定性的结果，往往不容易被他人接受，所以

Santy 等人提出一致矩阵法，即不将所有因素放在一起比较，而是两两因素之间相互比较。此时，采用相对标度以尽可能减少性质不同的因素相互比较的困难，以提高准确度。例如，对某一准则层，对其下的各因素进行两两对比，并按其重要性程度评定等级。α_{ij} 为要素 i 与要素 j 重要性比较结果，表 2-6 列出 Santy 给出的 9 个重要性等级及其赋值。按两两比较结果构成的矩阵称作判断矩阵。判断矩阵具有以下性质：$\alpha_{ij} = \dfrac{1}{\alpha_{ji}}$。

表 2-6　比例标度

因素 i 比因素 j	量化值
同等重要	1
稍微重要	3
较强重要	5
强烈重要	7
极端重要	9
两相邻判断的中间值	8，6，4，2

（三）层次单排序及其一致性检验

层次单排序是指根据判断矩阵计算对于上一层某因素而言，本层次与之有联系的因素的重要性次序的权值。层次单排序可以归结为计算判断矩阵的特征根和特征向量问题。对应于判断矩阵最大特征根 $\lambda_{\max}$ 的特征向量，经归一化（使向量中各元素之和 =1）后记为 W。W 的元素为同一层次因素对于上一层次某因素相对重要性的排序权值。确认判断矩阵结果是否具有一致性，则需要进行一致性检验，所谓一致性检验是指对 A 确定不一致的允许范围。其中，n 阶一致阵的唯一非零特征根为 n；n 阶正互反阵 A 的最大特征根 $\lambda \geq n$，当且仅当 $\lambda = n$ 时，A 为一致矩阵。

由于 λ 连续的依赖于 α_{ij}，则 λ 比 n 大的越多，A 的不一致性越严重，一致性指标用 CI 计算，CI 越小，说明越有满意的一致性。用最大特征值对应的特征向量作为被比较因素对上层某因素影响程度的权向量，其不一致程度越大，引起的判断误差越大。因此，可以用 $\lambda - n$ 数值的大小来衡量 A 的不一致程度。定义一致性指标为：

$$CI = \frac{\lambda - n}{n - 1}。 \tag{2-5}$$

显然，当判断矩阵具有完全一致性时，$CI = 0$；CI 越接近于 0，越有满意的一致性；CI 越大，不一致程度越严重。

为衡量 CI 的大小，引入随机一致性指标 RI：

$$RI = \frac{CI_1 + CI_2 + \cdots + CI_n}{n}。 \tag{2-6}$$

其中，随机一致性指标 RI 和判断矩阵的阶数有关，一般情况下，矩阵阶数越大，则出现一致性随机偏离的可能性也越大，其对应关系如表2-7所示。

表 2-7　平均随机一致性指标 *RI* 标准值

矩阵阶数	1	2	3	4	5	6	7	8	9	10
RI	0	0	0.58	0.90	1.12	1.24	1.32	1.41	1.45	1.49

注：标准不同，*RI* 的值也会有微小的差异。

考虑到一致性的偏离可能是由于随机原因造成的，因此，在检验判断矩阵是否具有满意的一致性时，还需将 *CI* 和随机一致性指标 *RI* 进行比较，得出检验系数 *CR*，公式如下：

$$CR = \frac{CI}{RI}。 \tag{2-7}$$

一般来说，如果 *CR* < 0.1，则认为该判断矩阵通过一致性检验，否则就不具有满意的一致性。

（四）层次总排序及其一致性检验

计算某一层次所有因素对于最高层（总目标）相对重要性的权值，称为层次总排序。层次总排序需要从上到下逐层顺序进行。

四、综合评价指标的确定

参照德国（1994）、美国（1999，2002）、欧盟（2003）制备生物柴油的相关性指标，制定了湘西地区非粮柴油能源植物的筛选指标，即产油潜能综合得分在 8 分以上（包括 8 分），含油量≥30%，酸值≤10 mg/g，碘值≤120 mg/100 g，亚麻酸含量≤12%。同时，结合植物的自然特性、种子油脂特性和种子油脂组成成分三大体系作为评价的主要参数。其中，植物的自然特性包括生态幅度、植物生长态势、单位面积产量、繁殖特性；种子油脂特性包括含油量、酸值、碘值和皂化值；种子油脂组成成分包括亚油酸、棕榈酸、硬脂酸、油酸和亚麻酸。

五、层次分析结构模型构建

层次分析结构模型的各层结构为结构模型的元素，除顶层和底层之外，各元素受上层某一元素或某些元素的支配，同时又支配下层的某些元素。根据前面确定的非粮柴油能源植物评价指标体系，构建层次分析结构模型。本研究选择第一层目标层为湘西地区非粮柴油能源植物树种的综合评分（A）。第二层为准则层，分别为物种的自然特性、种子的油脂特性及油脂的能源成分（分别为 B_1、B_2、B_3）。第三层为子准则层，为植物的生态幅度、繁殖特性、种子的含油量、酸值、碘值、皂化值、亚麻酸含量和 5 种主要脂肪酸的含量 8 个指标，来判断不同能源树种的相关属性（分别为 C_1、C_2、C_3、C_4、C_5、C_6、C_7、C_8）。第四层为方案层，为参加综合评价的植物物种（分别为 D_1、D_2、D_3、D_4……）。

六、数据分析

主要采用 Microsoft Excel 2003 对数据进行处理、分析并绘图。同时采用 AHP 分析软件进行权重分析。

参考文献

［1］陈功锡，廖文波，熊利芝，等．湘西药用植物资源开发与可持续利用［M］.成都：西南交通大学出版社，2015.

［2］刘慧娟．内蒙古非粮油脂植物资源调查及五种植物油脂理化性质分析［D］.呼和浩特：内蒙古农业大学，2013.

［3］刘祝祥，陈功锡，欧阳姝敏，等．华榛种仁油提取及 GC－MS 分析［J］.中国油脂，2011，36（9）：14－17.

［4］彭密军，彭胜，伍钢，等．杜仲籽油中 α－亚麻酸的甲酯化方法优化［J］.中国油脂，2009，34（1）：76－79.

［5］祁承经．湖南植被［M］.长沙：湖南科学技术出版社，1990.

［6］王献溥．关于野生植物经济价值重要性确定的方法研究［J］.生物学杂志，1989（5）：1－3，6.

［7］湘西州林业局．湘西自治州"十二五"林业发展规划［A］.2010.

［8］向祖恒，张日清，李昌珠．武陵山区北部野生光皮树资源调查初报［J］.湖南林业科技，2010（3）：1－5，12.

［9］杨珺．云南部分柴油植物的调查与评价［D］.昆明：云南农业大学，2012.

［10］自然资源［EB/OL］.（2018－12－04）［2019－03－01］.http：//www.xxz.gov.cn/zjxx/xxgk/zrzy/.

［11］粮食中粗脂肪含量测定的方法：GB/T 5512—2008［S］.北京：中国标准出版社，2008.

［12］动植物油脂酸值和酸度测定的方法：GB/T 5530—2005［S］.北京：中国标准出版社，2005.

［13］动植物油脂皂化值测定的方法：GB/T 5534—2008［S］.北京：中国标准出版社，2008.

［14］动植物油脂碘值测定的方法：GB/T 5532—2008［S］.北京：中国标准出版社，2008.

［15］动植物油脂脂肪酸甲醋制备：GB/T 17376—1998［S］.北京：中国标准出版社，1998.

［16］动植物油脂脂肪酸甲酯的气相色谱分析：GB/T 17377—2008［S］.北京：中国标准出版社，2008.

［17］Biodiesel Standard：DIN V51606［S］.Germany，1994.

［18］Biodiesel Standard：ASTM PS121［S］.USA，1999.

［19］Biodiesel Standard：ASTM D 6751［S］.USA，2002.

［20］Biodiesel Standard：EN 14214［S］.European Standard Organization，2003.

第三章 湘西地区非粮柴油能源植物资源调查分析

武陵山区是我国植物多样性最为丰富的地区之一，同时，也是我国非粮柴油能源植物的重要产区。湘西地区作为武陵山区植物的核心分布区，植物资源十分丰富，但目前对该地区非粮柴油能源植物的研究远远不够，此前仅开展了关于小溪国家级自然保护区、德夯风景区等地油脂植物资源的部分研究工作，而对于非粮柴油能源植物资源的整体情况并不清楚。因此，为了掌握湘西地区非粮柴油能源植物资源的整体情况，找到适合湘西地区产业发展的非粮柴油能源植物，有必要对湘西地区非粮柴油能源植物资源进行全面系统的调查分析。

第一节 非粮柴油能源植物的多样性特征

一、种类基本组成

经统计，湘西地区共有非粮柴油能源植物（含油器官油脂含量≥10%，含栽培）262 种（表3-1），隶属于 71 科、163 属，占全国油脂植物科、属、种的比例分别为 67.59%、38.34%、32.19%。其中，裸子植物 6 科、8 属、11 种，被子植物 65 科、155 属、251 种（表3-2），被子植物中双子叶植物 63 科、153 属、249 种，单子叶植物 2 科、2 属、2 种，调查结果表明，湘西地区是非粮柴油能源植物资源较为丰富的地区，且适合大部分柴油植物的生长。植物资源的分布情况是植物油脂资源研究的前提和基础，本调查结果对进一步开发湘西地区非粮柴油能源植物和发展植物资源产业具有十分重要的意义。

表 3-1 湘西地区非粮柴油能源植物基本情况一览

科名	种名	习性	用途	采集地	生境	采集海拔/m	采集部位	含油量/%
安息香科 Styracaceae	灰叶安息香 *Styrax calvescens*	乔木	种子油 工业用	保靖县 白云山	灌丛	550	种子	32.46
	白花龙 *Styrax faberi*	灌木	种子可榨油	保靖县 白云山	灌丛	450	种子	30.89
	野茉莉 *Styrax japonicus*	乔木	药用、种子可榨油、观赏	保靖县 白云山	林中	265	种子	40.24

续表

科名	种名	习性	用途	采集地	生境	采集海拔/m	采集部位	含油量/%
	栓叶安息香 *Styrax suberifolius*	乔木	药用、种子可榨油	永顺县小溪	林中	340	种子	42.56
	小叶白辛树 *Pterostyrax corymbosus*	乔木	用材	永顺县小溪	林中	364	果实	28.15
八角枫科 Alangiaceae	八角枫 *Alangium chinense*	乔木	药用、种子可榨油	永顺县小溪	疏林	240	种子	22.30
柏科 Cupressaceae	柏木 *Cupressus funebris*	乔木	观赏、种子可榨油、用材	古丈县高望界	疏林	538	种子	16.54
	侧柏 *Platycladus orientalis*	乔木	药用、种子可榨油、观赏、用材	吉首大学校园	栽培	239	种子	20.12
唇形科 Labiatae	荔枝草 *Salvia plebeia*	一、二年生草本	药用、种子可榨油	吉首市德夯	沟边	350	种子	14.56
	紫苏 *Perilla frutescens*	一年生草本	药用、种子可榨油	吉首市德夯	山坡路旁	553	种子	19.15
大风子科 Flacourtiaceae	山桐子 *Idesia polycarpa*	乔木	用材、观赏、种子可榨油	永顺县杉木河	林中	420	种子	14.65
大风子科 Flacourtiaceae	毛叶山桐子 *Idesia polycarpa* var. *vestita*	乔木	用材、观赏、种子可榨油	古丈县高望界	林中	654	种子	26.15
大戟科 Euphorbiaceae	蓖麻 *Ricinus communis*	多年生草本	药用、种子可榨油	保靖县毛沟镇	栽培	223	种子	46.15
	假多包叶 *Discocleidion rufescens*	灌木	种子可榨油	吉首市德夯	山坡灌丛	242	种子	16.25
	重阳木 *Bischofia polycarpa*	乔木	种子油工业用、用材	永顺县清坪	栽培	512	种子	20.90
	山麻杆 *Alchornea davidii*	灌木	种子可榨油	吉首市德夯	坡地灌丛	908	种子	23.56
	苍叶守宫木 *Sauropus garrettii*	灌木	种子可榨油	花垣县古苗河	灌木丛	370	种子	32.50

续表

科名	种名	习性	用途	采集地	生境	采集海拔/m	采集部位	含油量/%
	算盘子 *Glochidion puberum*	灌木	药用、种子可榨油	保靖县白云山	林缘	954	种子	51.05
	山乌桕 *Sapium discolor*	乔木	种子油工业用、用材	永顺县杉木河	疏林	814	种子	58.06
	乌桕 *Sapium sebiferum*	乔木	种子油工业用、用材、药用	保靖县白云山	疏林	372	种皮	31.46
	白背叶 *Mallotus apelta*	灌木	种子可榨油	保靖县白云山	灌丛	370	种子	21.15
	毛桐 *Mallotus barbatus*	乔木	种子油工业用、用材	永顺县小溪	灌丛	395	种子	11.50
	野桐 *Mallotus japonicus*	乔木	种子可榨油、用材	龙山县大安乡药场	林中	1356	种子	24.59
	野梧桐 *Mallotus japonicus* var. *subjaponicus*	乔木	种子可榨油	永顺杉木河	林中	570	种子	21.65
	粗糠柴 *Mallotus philippinensis*	灌木	树皮可提取栲胶、种子可榨油	永顺县小溪	林缘	670	种子	20.05
	油桐 *Vernicia fordii*	乔木	果皮可制活性炭、种子可榨油	永顺县小溪	丘陵山地	320	种仁	33.78
	木油桐 *Vernicia montana*	乔木	果皮可制活性炭	永顺县杉木河	疏林	560	种子	33.83
冬青科 Aquifoliaceae	大果冬青 *Ilex macrocarpa*	乔木	药用、种子可榨油	龙山县大安乡药场	山地林中	1344	种子	10.56
豆科 Leguminosae	刺槐 *Robinia pseudoacacia*	乔木	观赏、种子可榨油	龙山县八面山	栽培	1286	种子	20.10
	野大豆 *Glycine soja*	一年生草本	种子可榨油	保靖县白云山	草丛	357	种子	23.15

续表

科名	种名	习性	用途	采集地	生境	采集海拔/m	采集部位	含油量/%
	豆薯 *Pachyrhizus erosus*	草质藤本	块茎食用、种子可榨油及作杀虫剂	永顺县回龙	栽培	257	种子	31.26
	合欢 *Albizia julibrissin*	乔木	用材、观赏、种子可榨油	保靖县白云山	栽培	350	种子	27.45
	美丽胡枝子 *Lespedeza formosa*	灌木	种子可榨油	保靖县白云山	林缘灌丛	443	种子	12.45
	槐 *Sophora japonica*	乔木	药用、种子可榨油、用材	吉首大学	栽培	273	种子	30.60
	双荚决明 *Cassia bicapsularis*	灌木	绿肥、药用、种子可榨油	吉首市德夯	栽培	289	种子	16.35
	含羞草决明 *Cassia mimosoides*	多年生草本	种子可榨油	保靖县白云山	草丛	544	种子	26.98
	望江南 *Cassia occidentalis*	灌木	药用、种子可榨油	保靖县白云山	疏林	312	种子	22.49
	老虎刺 *Pterolobium punctatum*	灌木	种子可榨油	永顺县牛路河	石灰岩上	418	种子	21.97
	常春油麻藤 *Mucuna sempervirens*	木质藤本	药用、种子可榨油	永顺县吊井岩	灌木丛	336	种子	30.48
	厚果崖豆藤 *Millettia pachycarpa*	灌木	药用、种子可榨油	吉首市德夯	灌木丛	258	种子	21.65
	云实 *Caesalpinia decapetala*	木质藤本	药用、种子可榨油	吉首市德夯	河旁	357	种子	20.60
	紫荆 *Cercis chinensis*	灌木	药用、种子可榨油	保靖县白云山	石灰岩上	496	种子	27.55
	紫藤 *Wisteria sinensis*	木质藤本	观赏、种子可榨油	保靖县白云山	栽培	411	种子	26.45
杜英科 Elaeocarpaceae	褐毛杜英 *Elaeocarpus duclouxii*	乔木	种子可榨油、用材	永顺县杉木河	林中	602	种子	20.49
	秀瓣杜英 *Elaeocarpus glabripetalus*	乔木	种子可榨油、用材	吉首市德夯	林中	381	种仁	22.65

续表

科名	种名	习性	用途	采集地	生境	采集海拔/m	采集部位	含油量/%
	日本杜英 Elaeocarpus japonicus	乔木	用材	永顺县小溪	林中	620	种子	30.40
	猴欢喜 Sloanea sinensis	乔木	种子可榨油、用材	永顺县小溪	林中	425	假种皮	58.45
杜仲科 Eucommiaceae	杜仲 Eucommia ulmoides	乔木	皮药用、种子可榨油	古丈县高望界	栽培	821	种子	36.14
椴树科 Tiliaceae	刺蒴麻 Triumfetta rhomboidea	灌木	药用、种子可榨油	保靖县白云山	路边草丛	490	种子	21.32
	粉椴 Tilia oliveri	乔木	种子可榨油	保靖县白云山	林中	500	种子	21.00
番荔枝科 Annonaceae	凹叶瓜馥木 Fissistigma retusum	灌木	种子可榨油	保靖县白云山	林园	259	种子	23.16
海桐花科 Pittosporaceae	海桐 Pittosporum tobira	灌木	药用、种子可榨油	龙山县里耶镇	栽培	340	果实	25.97
禾本科 Gramineae	大狗尾草 Setaria faberii	一年生草本	种子可榨油	保靖县白云山	荒野	426	果实	12.54
红豆杉科 Taxaceae	南方红豆杉 Taxus chinensis var. mairei	乔木	用材、观赏	吉首大学校园	栽培	285	种子	20.60
胡桃科 Juglandaceae	枫杨 Pterocarya stenoptera	乔木	观赏、种子可榨油	龙山县里耶镇	河岸边	263	果实	20.42
	胡桃 Juglans regia	乔木	食用、种子可榨油	古丈县高望界	栽培	804	种子	48.56
	化香树 Platycarya strobilacea	乔木	种子可榨油	永顺县小溪	杂木林中	696	种子	36.12
	黄杞 Engelhardtia roxburghiana	乔木	用材	永顺县小溪	林中	340	种子	16.70
	湖南山核桃 Carya hunanensis	乔木	种子可榨油	永顺县小溪	疏林	421	果实	56.21
葫芦科 Cucurbitaceae	球果赤瓟 Thladiantha globicarpa	草质藤本	种子可榨油	吉首市德夯	水沟旁	1120	种子	32.61

科名	种名	习性	用途	采集地	生境	采集海拔/m	采集部位	含油量/%
	长叶赤瓟 *Thladiantha henryi*	草质藤本	种子可榨油	古丈县高望界	灌丛	822	种子	14.55
	南赤瓟 *Thladiantha nudiflora*	草质藤本	种子可榨油	龙山县八面山	林缘	890	种子	38.17
	木鳖子 *Momordica cochinchinensis*	草质藤本	药用、种子可榨油	龙山县他砂乡	林缘	471	种子	24.61
	王瓜 *Trichosanthes cucumeroides*	草质藤本	种子可榨油	龙山县八面山	灌丛	1297	种子	40.16
	栝楼 *Trichosanthes kirilowii*	草质藤本	药用、种子可榨油	古丈县高望界	林缘	1184	种子	48.21
虎耳草科 Saxifragaceae	扯根菜 *Penthorum chinense*	多年生草本	药用、种子可榨油	吉首市德夯	水边	180	种子	20.34
虎皮楠科 Daphniphyllaceae	交让木 *Daphniphyllum macropodum*	乔木	观赏、种子可榨油	永顺县杉木河	林中	712	种子	26.45
	虎皮楠 *Daphniphyllum oldhami*	乔木	观赏、种子可榨油	永顺县杉木河	林中	440	种子	31.70
桦木科 Betulaceae	雷公鹅耳枥 *Carpinus viminea*	乔木	种子可榨油	永顺县小溪	疏林	225	种子	28.78
	红桦 *Betula albosinensis*	乔木	用材	永顺县小溪	杂木林中	378	树皮	17.35
	桤木 *Alnus cremastogyne*	乔木	造纸、用材	龙山县八面山	栽培	1290	种子	16.87
	华榛 *Corylus chinensis*	乔木	食用、种子可榨油、用材	保靖县白云山	林中	398	果仁	46.15
金缕梅科 Hamamelidaceae	枫香树 *Liquidambar formosana*	乔木	药用、种子可榨油、观赏	吉首市德夯	次生林中	319	种子	13.24
	檵木 *Loropetalum chinense*	灌木	药用、种子可榨油、观赏	永顺县小溪	灌丛	386	种子	15.54
	瑞木 *Corylopsis multiflora*	灌木	种子可榨油	永顺县小溪	林中	352	种子	10.56

续表

科名	种名	习性	用途	采集地	生境	采集海拔/m	采集部位	含油量/%
	中华蚊母树 *Distylium chinense*	灌木	观赏、种子可榨油	吉首大学校园	河溪	239	种子	12.65
锦葵科 Malvaceae	湖南黄花稔 *Sida cordifolioides*	多年生草本	种子可榨油、观赏	保靖县白云山	路旁	509	果实	23.54
	苘麻 *Abutilon theophrasti*	一年生草本	药用、种子可榨油、观赏	吉首市沙子坳	草丛	214	种子	24.56
旌节花科 Stachyuraceae	西域旌节花 *Stachyurus himalaicus*	灌木	药用、种子可榨油、观赏	永顺县小溪	灌丛	231	种子	37.12
桔梗科 Campanulaceae	轮叶沙参 *Adenophora tetraphylla*	多年生草本	药用、种子可榨油	保靖县白云山	草地	550	种子	30.54
菊科 Compositae	苍耳 *Xanthium sibiricum*	一年生草本	药用、种子可榨油、观赏	吉首市德夯	田边	327	果实	12.70
	魁蒿 *Artemisia princeps*	多年生草本	药用、种子可榨油、观赏	保靖县白云山	山坡路旁	334	种子	23.15
	华麻花头 *Serratula chinensis*	多年生草本	药用、种子可榨油、观赏	永顺县小溪	林缘	335	种子	25.17
	牛蒡 *Arctium lappa*	二年生草本	药用、种子可榨油、观赏	龙山县八面山	草丛	1225	种子	37.37
	天名精 *Carpesium abrotanoides*	多年生草本	药用、种子可榨油	保靖县白云山	草丛	300	种子	20.15
	齿叶橐吾 *Ligularia dentata*	多年生草本	种子可榨油、观赏	永顺县羊峰山	林缘	829	种子	31.56
壳斗科 Fagaceae	港柯 *Lithocarpus harlandii*	乔木	种子可榨油	保靖县白云山	林中	480	种子	13.20
	光叶水青冈 *Fagus lucida*	乔木	种子可榨油	龙山县八面山	林中	1308	种子	20.40
苦木科 Simaroubaceae	苦树 *Picrasma quassioides*	乔木	药用、种子可榨油	保靖县毛沟镇	杂木林中	383	果实	50.90
蜡梅科 Calycanthaceae	蜡梅 *Chimonanthus praecox*	灌木	观赏、种子可榨油、药用、	吉首市德夯	林中	540	种子	36.00

科名	种名	习性	用途	采集地	生境	采集海拔/m	采集部位	含油量/%
蓝果树科 Nyssaceae	喜树 *Camptotheca acuminata*	乔木	观赏、种子可榨油、药用、	吉首市新桥村	栽培	270	种子	13.60
藜科 Chenopodiaceae	藜 *Chenopodium album*	一年生草本	药用、种子可榨油	保靖县白云山	田间	332	种子	12.60
	土荆芥 *Chenopodium ambrosioides*	多年生草本	药用、种子可榨油	保靖县白云山	路边	319	种子	23.40
	长鬃蓼 *Polygonum longisetum*	一年生草本	种子可榨油	保靖县白云山	河边	348	种子	16.34
	红蓼 *Polygonum orientale*	一年生草本	药用、种子可榨油	保靖县白云山	沟边湿地	601	种子	20.65
	杠板归 *Polygonum perfoliatum*	多年生草本	药用、种子可榨油	龙山县里耶镇	路旁	317	种子	62.76
	金荞麦 *Fagopyrum dibotrys*	多年生草本	药用、种子可榨油	吉首市德夯	山坡灌丛	476	种子	13.45
楝科 Meliaceae	楝 *Melia azedaeach*	乔木	药用、种子可榨油	吉首市乾州	栽培	235	种子	12.24
罗汉松科 Podocarpaceae	罗汉松 *Podocarpus macrophyllus*	乔木	材用、种子可榨油	永顺县小溪	栽培	771	种子	26.48
马鞭草科 Verbenaceae	臭牡丹 *Clerodendrum bungei*	灌木	药用、种子可榨油	吉首市德夯	路旁	328	种子	25.50
	海通 *Clerodendrum mandarinorum*	灌木	药用、种子可榨油	永顺县杉木河	溪边、路旁	706	种子	28.10
	灰毛牡荆 *Vitex canescens*	乔木	药用、种子可榨油	龙山县里耶镇	混交林中	257	种子	16.48
马桑科 Coriariaceae	马桑 *Coriaria nepalensis*	灌木	种子可榨油、药用、用材	吉首市马坳村	灌丛	236	种子	24.56
木兰科 Magnoliaceae	大八角 *Illicium majus*	乔木	药用、种子可榨油、用材	龙山县八面山	溪边	1284	种子	22.15
	白兰 *Michelia alba*	乔木	可提精油、用材	永顺县清坪	栽培	620	种子	36.70

续表

科名	种名	习性	用途	采集地	生境	采集海拔/m	采集部位	含油量/%
	乐昌含笑 *Michelia chapensis*	乔木	观赏、种子可榨油、用材	吉首大学校园	栽培	256	种子	32.14
	醉香含笑 *Michelia macclurei*	乔木	观赏、种子可榨油、用材	永顺县杉木河	栽培	808	种子	11.70
	深山含笑 *Michelia maudiae*	乔木	观赏、种子可榨油、用材	永顺县清坪	栽培	580	种子	34.56
	厚朴 *Magnolia officinalis*	乔木	药用、种子可榨油、观赏、用材	保靖县白云山	栽培	323	种子	34.60
	凹叶厚朴 *Magnolia officinalis* subsp. *biloba*	乔木	药用、种子可榨油、观赏、用材	保靖县白云山	栽培	1056	种子	30.65
	翼梗五味子 *Schisandra henryi*	木质藤本	药用、种子可榨油、用材	保靖县白云山	灌丛	977	种子	26.56
	华中五味子 *Schisandra sphenanthera*	木质藤本	药用、种子可榨油、用材	古丈县高望界	林缘	664	种子	20.56
木通科 Lardizabalaceae	猫儿屎 *Decaisnea insignis*	灌木	种子可榨油	龙山县大安乡药场	林缘	1342	种子	35.19
	黄蜡果 *Stauntonia brachyanthera*	木质藤本	种子可榨油	古丈县高望界	杂木林中	554	种子	26.15
木犀科 Oleaceae	清香藤 *Jasminum lanceolarium*	灌木	种子可榨油	龙山县塔泥乡	林缘	497	果实	20.41
	木犀 *Osmanthus fragrans*	乔木	药用、种子可榨油、观赏	吉首大学校园	栽培	245	种子	21.40
	女贞 *Ligustrum lucidum*	乔木	药用、种子可榨油	永顺县回龙乡	栽培	343	种子	10.56
	蜡子树 *Ligustrum molliculum*	灌木	观赏、种子可榨油	龙山县八面山	林下	1183	种子	27.99
	小叶女贞 *Ligustrum quihoui*	灌木	药用、种子可榨油	保靖县白云山	灌丛	322	种子	25.12

科名	种名	习性	用途	采集地	生境	采集海拔/m	采集部位	含油量/%
	小蜡 Ligustrum sinense	灌木	药用、种子可榨油	花垣县麻栗场	混交林中	567	种子	30.15
	多毛小蜡 Ligustrum sinense var. coryanum	乔木	种子可榨油	永顺县回龙乡	林缘	414	种子	30.46
葡萄科 Vitaceae	异叶地锦 Parthenocissus dalzielii	木质藤本	观赏、种子可榨油	吉首大学校园	栽培	268	种子	21.56
	绿叶地锦 Parthenocissus laetevirens	木质藤本	种子可榨油	保靖县复兴镇	山坡灌丛	298	种子	31.26
	桦叶葡萄 Vitis betulifolia	木质藤本	种子可榨油	龙山县大安乡药场	灌丛	1486	种子	35.49
	显齿蛇葡萄 Ampelopsis grossedentata	木质藤本	药用、种子可榨油	永顺县清坪	山坡灌丛	560	种子	18.90
漆树科 Anacardiaceae	黄连木 Pistacia chinensis	乔木	种子可榨油	花垣县古苗河	林缘	406	种子	30.25
	南酸枣 Choerospondias axillaris	乔木	药用、种子可榨油	永顺县清坪	沟谷林中	566	种仁	12.65
	毛脉南酸枣 Choerospondias axillaris var. pubinervis	乔木	药用、种子可榨油	永顺杉木河	沟谷林中	350	种子	13.56
	小漆树 Toxicodendron delavayi	灌木	种子可榨油	永顺县小溪	灌丛	224	种子	20.15
	野漆 Toxicodendron succedaneum	乔木	种子可榨油	永顺县杉木河	林中	431	种子	20.55
	盐肤木 Rhus chinensis	乔木	种子可榨油	保靖县白云山	灌丛	260	果实	16.15
	红麸杨 Rhus punjabensis var. sinica	乔木	种子可榨油	保靖县白云山	密林	476	果实	13.45
槭树科 Aceraceae	樟叶槭 Acer cinnamomifolium	乔木	种子可榨油	永顺县小溪	阔叶林中	1073	果实	30.45

续表

科名	种名	习性	用途	采集地	生境	采集海拔/m	采集部位	含油量/%
	青榨槭 *Acer davidii*	乔木	种子可榨油	古丈县高望界	疏林	741	果实	28.15
	罗浮槭 *Acer fabri*	乔木	种子可榨油	保靖县白云山	疏林	352	种子	30.47
	飞蛾槭 *Acer oblongum*	乔木	种子可榨油	永顺县小溪	林中	789	种子	35.15
	五裂槭 *Acer oliverianum*	乔木	种子可榨油、观赏	永顺县小溪	疏林	370	种子	27.16
茜草科 Rubiaceae	毛狗骨柴 *Diplospora fruticosa*	灌木	种子可榨油	永顺县小溪	灌丛	322	种子	12.86
蔷薇科 Rosaceae	细齿稠李 *Padus obtusata*	乔木	种子可榨油、观赏	永顺县杉木河	杂木林中	689	种子	21.60
	腺叶桂樱 *Laurocerasus phaeosticta*	乔木	种子可榨油、观赏	永顺县小溪	密林中	352	种子	20.66
	火棘 *Pyracantha fortuneana*	灌木	观赏、种子可榨油	保靖县白云山	灌丛草地	550	种子	12.65
	沙梨 *Pyrus pyrifolia*	乔木	种子可榨油、观赏	古丈县高望界	疏林	864	种子	24.65
	李 *Prunus salicina*	乔木	种子可榨油、观赏	保靖县白云山	疏林	885	种子	26.15
	枇杷 *Eriobotrya japonica*	乔木	食用、种子可榨油、观赏	保靖县野竹坪	栽培	231	种子	23.48
	野山楂 *Crataegus cuneata*	灌木	药用、种子可榨油	保靖县白云山	山坡灌丛	476	种子	26.45
	椤木石楠 *Photinia davidsoniae*	乔木	种子可榨油、观赏	龙山县隆头乡	疏林	293	种子	30.56
	光叶石楠 *Photinia glabra*	乔木	用材、种子可榨油、观赏	永顺县回龙乡	杂木林中	345	种子	26.45
	山桃 *Amygdalus davidiana*	乔木	种子可榨油、观赏	龙山县大安乡药场	疏林	1270	种子	16.15

科名	种名	习性	用途	采集地	生境	采集海拔/m	采集部位	含油量/%
	桃 *Amygdalus persica*	乔木	药用、种子可榨油、观赏	古丈县高望界	栽培	233	种子	24.56
	洪平杏 *Armeniaca hongpingensis*	乔木	观赏、种子可榨油、观赏	永顺县小溪	栽培	224	种子	20.60
清风藤科 Sabiaceae	泡花树 *Meliosma cuneifolia*	灌木	材用、种子可榨油、药用	永顺县杉木河	林中	555	种子	19.80
	红柴枝 *Meliosma oldhamii*	乔木	用材	永顺县清坪	山谷林间	369	种子	27.05
忍冬科 Caprifoliaceae	水红木 *Viburnum cylindricum*	灌木	种子可榨油	龙山县大安乡药场	灌丛	1279	种子	13.25
	直角荚蒾 *Viburnum foetidum* var. *rectangulatum*	灌木	种子可榨油	永顺县小溪	山坡林缘	375	种子	10.35
	日本珊瑚树 *Viburnum odoratissimum* var. *sessiliflorum*	灌木	药用、种子可榨油	吉首大学	灌丛	231	种子	20.48
	狭叶球核荚蒾 *Viburnum propinquum* var. *mairei*	灌木	种子可榨油	保靖县白云山	山坡灌丛	750	种子	14.56
	皱叶荚蒾 *Viburnum rhytidophyllum*	灌木	观赏、种子可榨油	龙山县八面山	林下	1272	种子	19.50
	茶荚蒾 *Viburnum setigerum*	灌木	种子可榨油	永顺县杉木河	疏林	513	果核	18.58
	烟管荚蒾 *Viburnum utile*	灌木	种子可榨油	花垣县古苗河	山坡林缘	240	果核	16.66
三尖杉科 Cephalotaxaceae	三尖杉 *Cephalotaxus fortunei*	乔木	药用、种子可榨油	保靖县白云山	沟谷林中	391	种子	39.45
	篦子三尖杉 *Cephalotaxus oliveri*	灌木	药用、种子可榨油	永顺县猛洞河	沟谷林缘	316	种子	42.56
伞形科 Umbelliferae	短毛独活 *Heracleum moellendorffii*	多年生草本	种子可榨油	永顺县小溪	林缘	524	果实	25.56

续表

科名	种名	习性	用途	采集地	生境	采集海拔/m	采集部位	含油量/%
	野胡萝卜 *Daucus carot*	二年生草本	药用、种子可榨油	花垣县古苗河	山坡路旁	300	果实	31.65
	小窃衣 *Torilis japonica*	多年生草本	药用、种子可榨油	保靖县白云山	溪边草丛	730	果实	16.54
山茶科 Theaceae	细枝柃 *Eurya loquaiana*	灌木	种子可榨油	永顺县杉木河	灌丛	760	种子	20.47
	木荷 *Schima superba*	乔木	可作防火树种、种子可榨油食用	古丈县高望界	栽培	907	种子	13.46
	尖连蕊茶 *Camellia cuspidata*	灌木	种子可榨油	永顺县杉木河	林缘	550	种仁	36.48
	油茶 *Camellia oleifera*	灌木	食用、种子可榨油	永顺县杉木河	栽培	537	种子	46.45
	西南红山茶 *Camellia pitardii*	灌木	种子可榨油	古丈县高望界	密林	628	种子	35.65
	川鄂连蕊茶 *Camellia rosthorniana*	灌木	种子可榨油	永顺县杉木河	林缘	349	种子	32.56
	茶梅 *Camellia sasanqua*	乔木	观赏、种子可榨油	吉首大学校园	栽培	212	种子	36.56
	南山茶 *Camellia semiserrata*	乔木	观赏、种子可榨油	古丈县高望界	栽培	448	种子	24.80
	茶 *Camellia sinensis*	灌木	食用、种子可榨油	永顺县杉木河	灌丛	537	种子	38.15
山矾科 Symplocaceae	白檀 *Symplocos paniculata*	灌木	药用、种子可榨油	龙山县大安乡药场	疏林	1387	种子	32.45
	厚皮灰木 *Symplocos crassifolia*	乔木	种子可榨油	永顺县小溪	林下	438	种子	26.64
	四川山矾 *Symplocos setchuensis*	乔木	种子可榨油	永顺杉木河	杂木林中	799	种子	28.91
	叶萼山矾 *Symplocos phyllocalyx*	乔木	种子油工业用	永顺县小溪	杂木林中	398	种仁	26.64

续表

科名	种名	习性	用途	采集地	生境	采集海拔/m	采集部位	含油量/%
山茱萸科 Cornaceae	灯台树 Bothrocaryum controversum	乔木	观赏、种子可榨油	保靖县毛沟镇	林中	730	果实	21.32
	毛梾 Swida walteri	乔木	种子可榨油	永顺县小溪	林中	273	种子	26.65
	小梾木 Swida paucinervis	灌木	种子可榨油	永顺县吊井岩	林中	450	种子	18.80
	梾木 Swida macrophylla	乔木	种子可榨油	永顺县小溪	林中	356	种子	30.56
	头状四照花 Dendrobenthamia capitata	乔木	药用、种子可榨油	保靖县白云山	林中	1080	种子	12.35
杉科 Taxodiaceae	柳杉 Cryptomeria fortunei	乔木	观赏、种子可榨油、用材	永顺县小溪	溪边灌丛	333	种子	12.65
	日本柳杉 Cryptomeria japonica	乔木	观赏、种子可榨油、用材	古丈县高望界	栽培	980	种子	23.65
	杉木 Cunninghamia lanceolata	乔木	用材	保靖县白云山	栽培	534	种子	20.65
商陆科 Phytolaccaceae	商陆 Phytolacca acinosa	多年生草本	药用、种子可榨油	永顺县小溪	路边	450	种子	16.46
	垂序商陆 Phytolacca americana	多年生草本	药用、种子可榨油	吉首大学校园	路边	214	种子	10.65
省沽油科 Staphyleaceae	硬毛山香圆 Turpinia affinis	乔木	种子可榨油	永顺县小溪	沟谷密林	355	种子	32.05
	瘿椒树 Tapiscia sinensis	乔木	种子可榨油	永顺县清坪	林中	535	种子	10.85
十字花科 Cruciferae	蔊菜 Rorippa indica	一年生草本	药用、种子可榨油	吉首大学	路旁、田边	262	种子	21.22
柿树科 Ebenaceae	罗浮柿 Diospyros morrisiana	乔木	种子可榨油	永顺县小溪	山谷疏林	348	种仁	10.23
	油柿 Diospyros oleifera	乔木	种子可榨油	永顺县小溪	密林	327	种子	13.21

续表

科名	种名	习性	用途	采集地	生境	采集海拔/m	采集部位	含油量/%
鼠李科 Rhamnaceae	长叶冻绿 *Rhamnus crenata*	灌木	药用、种子可榨油	永顺县小溪	灌丛	758	种子	27.01
	薄叶鼠李 *Rhamnus leptophylla*	灌木	药用、种子可榨油	龙山县大安乡药场	林缘	1345	种子	20.55
	冻绿 *Rhamnus utilis*	灌木	可作黄色染料、种子可榨油	永顺杉木河	疏林	690	种子	22.40
松科 Pinaceae	华山松 *Pinus armandii*	乔木	树干可割取树脂、种子可榨油	永顺县小溪	栽培	324	种子	53.54
	马尾松 *Pinus massoniana*	乔木	树干可割取松脂	保靖县白云山	栽培	398	种子	39.45
桃金娘科 Myrtaceae	赤楠 *Syzygium buxifolium*	灌木	观赏、种子可榨油	永顺县回龙	灌丛	414	种子	13.41
卫矛科 Celastraceae	苦皮藤 *Celastrus angulatus*	灌木	药用、种子可榨油	花垣县古苗河	山坡灌丛	385	果实	24.56
	大芽南蛇藤 *Celastrus gemmatus*	灌木	药用、种子可榨油	古丈县高望界	灌丛	865	果皮	35.45
	青江藤 *Celastrus hindsii*	木质藤本	种子可榨油	保靖县白云山	山地林中	296	种子	24.65
	短梗南蛇藤 *Celastrus rosthornianus*	木质藤本	药用、种子可榨油	保靖县白云山	林缘	550	种子	21.85
	刺果卫矛 *Euonymus acanthocarpus*	灌木	药用、种子可榨油	保靖县白云山	林缘	558	种子	50.15
	西南卫矛 *Euonymus hamiltonianus*	乔木	种子可榨油	龙山县八面山	山地林中	1296	种子	35.12
	大果卫矛 *Euonymus myrianthus*	灌木	药用、种子可榨油	永顺县小溪	沟谷林缘	326	果皮	34.46
无患子科 Sapindaceae	复羽叶栾树 *Koelreuteria bipinnata*	乔木	种子油工业用	吉首市乾州	疏林	251	种子	42.65

续表

科名	种名	习性	用途	采集地	生境	采集海拔/m	采集部位	含油量/%
	伞花木 *Eurycorymbus cavaleriei*	乔木	种子可榨油	吉首市德夯	林中	523	种子	18.20
	无患子 *Sapindus saponaria*	乔木	种子可榨油	龙山县洛塔乡	栽培	887	种子	36.18
梧桐科 Sterculiaceae	梧桐 *Firmiana simplex*	乔木	观赏、种子可榨油	保靖县白云山	疏林	419	种子	23.10
五加科 Araliaceae	棘茎楤木 *Aralia echinocaulis*	乔木	种子可榨油	永顺县小溪	林缘	623	种子	52.81
	白簕 *Acanthopanax trifoliatus*	灌木	药用、种子可榨油	永顺县回龙	路旁	398	种子	20.60
苋科 Amaranthaceae	牛膝 *Achyranthes bidentata*	多年生草本	种子可榨油	吉首市德夯	林缘	179	种子	21.47
	青葙 *Celosia argentea*	一年生草本	种子可榨油	永顺县小溪	草丛	213	种子	26.45
	尾穗苋 *Amaranthus caudatus*	一年生草本	观赏、种子可榨油	保靖县白云山	栽培	312	种子	12.49
	绿穗苋 *Amaranthus hybridus*	一年生草本	种子可榨油	保靖县白云山	草丛	432	种子	18.45
	刺苋 *Amaranthus spinosus*	一年生草本	药用、种子可榨油	吉首市德夯	河滩	312	种子	20.96
	苋 *Amaranthus tricolor*	一年生草本	食用、种子可榨油	龙山县湾塘镇	河滩	623	种子	22.56
小檗科 Berberidaceae	南天竹 *Nandina domestica*	灌木	观赏、种子可榨油	龙山县隆头乡	栽培	370	种子	21.48
	台湾十大功劳 *Mahonia japonica*	灌木	药用、种子可榨油	吉首市德夯	林下	569	种子	10.44
荨麻科 Urticaceae	艾麻 *Laportea cuspidata*	多年生草本	药用、种子可榨油	吉首市德夯	林下	303	种子	20.35
杨梅科 Myricaceae	杨梅 *Myrica rubra*	乔木	食用、种子可榨油	吉首大学校园	栽培	207	种子	23.40

续表

科名	种名	习性	用途	采集地	生境	采集海拔/m	采集部位	含油量/%
罂粟科 Papaveraceae	博落回 *Macleaya cordata*	多年生草本	药用、种子可榨油	古丈县高望界	草丛	330	种子	18.15
榆科 Ulmaceae	榉树 *Zelkova serrata*	乔木	药用、种子可榨油	保靖县白云山	疏林	490	种子	21.26
	朴树 *Celtis sinensis*	乔木	种子可榨油	永顺杉木河	林中	930	种子	10.24
	山油麻 *Trema cannabina* var. *dielsiana*	灌木	种子可榨油	龙山县八面山	林缘	469	种子	24.40
芸香科 Rutaceae	飞龙掌血 *Toddalia asiatica*	木质藤本	药用、种子可榨油	龙山县大安乡药场	灌丛	890	果实	10.52
	宜昌橙 *Citrus ichangensis*	灌木	药用、种子可榨油	吉首市德夯	河谷坡地	357	种子	30.42
	毛竹叶花椒 *Zanthoxylum armatum* var. *ferrugineum*	乔木	药用、种子可榨油	永顺县杉木河	林中	631	种子	11.20
	花椒 *Zanthoxylum bungeanum*	乔木	作香料、种子可榨油	永顺县小溪	栽培	780	种子	23.90
	蚬壳花椒 *Zanthoxylum dissitum*	木质藤本	药用、种子可榨油	永顺县小溪	灌丛	197	种子	35.20
	刺壳花椒 *Zanthoxylum echinocarpum*	木质藤本	种子可榨油	永顺县小溪	林缘	311	种子	38.45
	小花花椒 *Zanthoxylum micranthum*	乔木	种子可榨油	永顺县抚志乡	疏林	447	种子	35.18
	花椒簕 *Zanthoxylum scandens*	灌木	种子可榨油	永顺杉木河	林缘	905	种子	30.12
	野花椒 *Zanthoxylum simulans*	灌木	药用、种子可榨油	花垣县古苗河	灌丛	360	种子	37.66
	黄檗 *Phellodendron amurense*	乔木	材用、种子可榨油	龙山县八面山	林中	1206	果实	10.65

科名	种名	习性	用途	采集地	生境	采集海拔/m	采集部位	含油量/%
樟科 Lauraceae	石虎 Evodia rutaecarpa var. officinalis	乔木	药用、种子可榨油	永顺县小溪	栽培	201	种子	12.42
	密果吴萸 Evodia compacta	灌木	药用、种子可榨油	吉首市德夯	灌丛	1232	种子	32.14
	檫木 Sassafras tzumu	乔木	用材、观赏、种子可榨油	龙山县大安乡药场	密林	1294	种子	26.43
	红果黄肉楠 Actinodaphne cupularis	灌木	种子可榨油	吉首市德夯	沟谷林缘	392	种子	23.35
	毛豹皮樟 Litsea coreana var. Lanuginosa	乔木	种子可榨油	永顺县小溪	疏林	234	种子	62.60
	山鸡椒 Litsea cubeba	灌木	药用、种子可榨油	古丈县高望界	疏林	232	种子	21.18
	木姜子 Litsea pungens	乔木	种子油工业用	龙山县大安乡药场	杂木林中	1350	果实	19.37
	毛叶木姜子 Litsea mollis	灌木	种子油工业用	永顺县小溪	阔叶林下	748	种子	25.09
	湘楠 Phoebe hunanensis	乔木	种子可榨油	古丈县高望界	沟谷林中	752	果实	17.19
	楠木 Phoebe zhennan	乔木	用材、种子可榨油	永顺县石堤西	密林	560	种子	15.63
	绒毛钓樟 Lindera floribunda	乔木	种子可榨油	保靖县白云山	杂木林中	259	种子	40.35
	香叶子 Lindera fragrans	乔木	药用、种子可榨油	龙山县大安乡药场	山坡灌丛	1383	果实	42.10
	山胡椒 Lindera glauca	灌木	种子油工业用	永顺县回龙	林缘	403	种子	23.40
	毛黑壳楠 Lindera megaphylla f. touyunensis	乔木	种子可榨油	吉首市桐油坪	河边	320	种子	41.60

续表

科名	种名	习性	用途	采集地	生境	采集海拔/m	采集部位	含油量/%
	黑壳楠 *Lindera megaphylla*	乔木	种子可榨油	永顺县小溪	溪边林缘	198	种子	40.65
	绒毛山胡椒 *Lindera nacusua*	灌木	种子可榨油	永顺县猛洞河	疏林	305	种子	60.10
	绿叶甘橿 *Lindera neesiana*	灌木	种子可榨油	龙山县大安乡药场	林缘	1352	果实	43.68
	三桠乌药 *Lindera obtusiloba*	乔木	种子可榨油	永顺县小溪	疏林	224	种子	40.60
	川钓樟 *Lindera pulcherrima* var. *hemsleyana*	灌木	种子可榨油	永顺县杉木河	杂木林中	556	种子	46.15
	山橿 *Lindera reflexa*	灌木	药用、种子可榨油	保靖县白云山	山坡林下	1050	种子	62.80
	猴樟 *Cinnamomum bodinieri*	乔木	观赏、种子可榨油	古丈县高望界	栽培	915	种子	52.40
	沉水樟 *Cinnamomum micranthum*	乔木	用材、种子可榨油	保靖县毛烟村	疏林	372	种子	43.15
	黄樟 *Cinnamomum parthenoxylon*	乔木	药用、种子可榨油、观赏	永顺县小溪	密林	444	种子	26.70
	少花桂 *Cinnamomum pauciflorum*	乔木	药用、种子可榨油	吉首大学校园	栽培	250	种子	47.90
	银木 *Cinnamomum septentrionale*	乔木	药用、种子可榨油	龙山县八面山	栽培	297	种子	21.65
	川桂 *Cinnamomum wilsonii*	乔木	种子可榨油	吉首市德夯	疏林	944	种子	47.15
棕榈科 Palmae	棕榈 *Trachycarpus fortunei*	乔木	药用、种子可榨油、观赏	永顺县杉木河	栽培	520	种仁	14.25

表 3-2　植物类群统计

分类群		科		属		种	
		数量	比例/%	数量	比例/%	数量	比例/%
	裸子植物	6	8.45	8	4.91	11	4.20
被子植物	双子叶植物	63	88.73	153	93.87	249	95.04
	单子叶植物	2	2.82	2	1.22	2	0.76
总计		71	100.00	163	100.00	262	100.00

二、优势科的组成分析

湘西地区非粮柴油能源植物科属组成中，含种数大于 20 种的科有 1 个，即樟科（Lauraceae，6 属/24 种，下同）；含 10~19 种的科有 4 个，即豆科（Leguminosae，13/15）、大戟科（Euphorbiaceae，9/15）、蔷薇科（Rosaceae，10/12）、芸香科（Rutaceae，5/12）；含 5~9 种的科有 13 个，即木兰科（Magnoliaceae，4/9）、山茶科（Theaceae，3/9）、漆树科（Anacardiaceae，4/7）、木犀科（Oleaceae，3/7）、卫矛科（Celastraceae，2/7）、忍冬科（Caprifoliaceae，1/7）、菊科（Compositae，6/6）、苋科（Amaranthaceae，3/6）、葫芦科（Cucurbitaceae，3/6）、胡桃科（Juglandaceae，5/5）、山茱萸科（Cornaceae，3/5）、安息香科（Styracaceae，2/5）、槭树科（Aceraceae，1/5）等；含 2~4 种的科有 29 个，即金缕梅科（Hamamelidaceae，4/4）、葡萄科（Vitaceae，3/4）、杜英科（Elaeocarpaceae，2/4）、马鞭草科（Verbenaceae，2/3）、鼠李科（Rhamnaceae，1/3）、柿树科（Ebenaceae，1/2）等；单种科有 24 个，即八角枫科（Alangiaceae）、梧桐科（Sterculiaceae）、海桐花科（Pittosporaceae）、冬青科（Aquifoliaceae）、杜仲科（Eucommiaceae）等（图 3-1）。其中，樟科、豆科、大戟科、蔷薇科、芸香科共计有非粮柴油能源植物 78 种，占该区非粮柴油能源植物总数的 29.77%，可见这几个科是湘西地区非粮柴油能源植物的数量级优势科。

1. 樟科

樟科（Lauraceae）是双子叶植物纲、木兰亚纲的一科，产于热带和亚热带，主要分布在东南亚和巴西，全世界约有 45 属，2000 余种，我国约有 25 属、423 种，43 变种和 5 变型，其中有 2 属、316 种为中国特有，主要分布在长江以南地区（《中国植物志》，1982）。樟科植物稀落叶，叶互生、对生、近对生或轮生，革质，有时为膜质或纸质；花组成腋生或近顶生的圆锥花序、总状花序、近伞形花序或团伞花序；果为浆果状核果，含一粒种子，种子无胚乳。该科植物多为高大乔木、四季常绿，素以树形美、味芳香、材质优著称于世。

樟科植物具有重要经济和生态意义，是集工业用、药用、材用、生态环境建设于一身的多用途重要植物资源大家庭，在经济社会发展中具有重要地位。在工业用方面，樟科不少种类中富含芳香油，如玫瑰木、樟树、黄樟等的种子，山鸡椒、木姜子、香桂等的果实和枝叶，桂皮、香皮木姜子等的树皮；另外，很多樟科植物的种子或果肉中富含脂肪油，如樟属、木姜子属、山胡椒属、油果樟属、厚壳桂属、黄肉楠属等。在药用方面，樟科植物中还

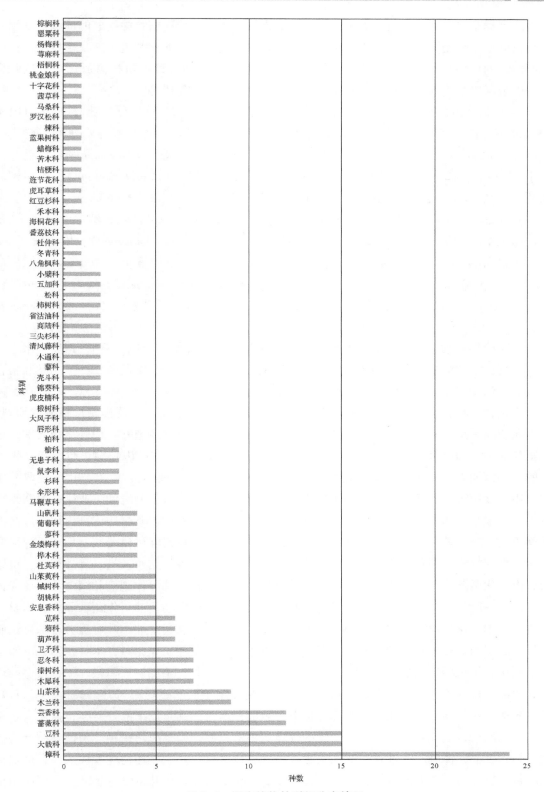

图 3-1　调查植物的科间分布情况

有许多种类是著名的中药材，如玉桂、乌药、肉桂；此外，樟科植物中提取的樟脑也多用于医药方面。在材用方面，樟科中有很多工艺用材的材用树种，如楠木自古就是名贵用材；樟木所制成的箱柜，不但美观而且防虫。在生态环境建设方面，樟科植物树形优美，枝叶繁茂，能吸附空中尘埃，深受人们喜爱，是城市绿化常选的优良树种。

　　湘西地区 262 种非粮柴油能源植物中，属于樟科的有 24 种，分别为檫木属的檫木（Sassafras tzumu），黄肉楠属的红果黄肉楠（Actinodaphne cupularis），木姜子属的毛豹皮樟（Litsea coreana var. lanuginosa）、山鸡椒（Litsea cubeba）、木姜子（Litsea pungens）、毛叶木姜子（Litsea mollis），楠属的湘南（Phoebe hunanensis）、楠木（Phoebe zhennan），山胡椒属的绒毛钓樟（Lindera floribunda）、香叶子（Lindera fragrans）、山胡椒（Lindera glauca）、毛黑壳楠（Lindera megaphylla f. touyunensis）、黑壳楠（Lindera megaphylla）、绒毛山胡椒（Lindera nacusua）、绿叶甘橿（Lindera neesiana）、三桠乌药（Lindera obtusiloba）、川钓樟（Lindera pulcherrima var. hemsleyana）、山橿（Lindera reflexa），樟属的猴樟（Cinnamomum bodinieri）、沉水樟（Cinnamomum micranthum）、黄樟（Cinnamomum parthenoxylon）、少花桂（Cinnamomum pauciflorum）、银木（Cinnamomum septentrionale）、川桂（Cinnamomum wilsonii）。

　　湘西樟科非粮柴油能源植物中檫木其木材材质优良、细致、耐久，多用于造船、水车及上等家具；根和树皮入药，功能活血散瘀，祛风去湿，治扭挫伤和腰肌劳伤；果、叶和根含芳香油，油主要成分为黄樟油素，可供工业用（《中国植物志》，1982）。山鸡椒材质中等，耐湿不蛀，但易劈裂，可供普通家具和建筑等用；花、叶和果皮是主要提制柠檬醛的原料，供医药制品和配制香精等用；根、茎、叶和果实均可入药，有祛风散寒、消肿止痛之效；核仁富含油脂，油可供工业用（中国植物物种信息数据库，2013）。把山鸡椒进行加工，生产出的山鸡椒油香料还可作为商品销售。木姜子和毛叶木姜子的果实、树皮、叶可提取芳香油，用作食用香精和化妆香精；种子含脂肪油，属不干性油，可供制皂和工业用；根和果还可入药，根治气痛、劳伤，果治腹泻、气痛、血吸虫病等。湘楠以其材质优良、用途广泛而著称于世；亦是著名的庭园观赏和城市绿化树种。香叶子树皮或叶可供药用，用于治疗风寒感冒，胃脘疼痛，消化不良，风湿痹痛等症状。山胡椒由于种子繁殖较易，管理简单，可以为城市绿化服务；木材可作家具；叶、果皮可提芳香油；种仁油可作肥皂和润滑油。黑壳楠种仁富含油脂，油为不干性油，为制皂原料；果皮、叶含芳香油，油可作调香原料；木材可作装饰薄木、家具及建筑用材。绿叶甘橿种子油可供制肥皂和润滑油；叶可提芳香油供调制香料、香精用。三桠乌药种子含油丰富，油脂可用于医药及轻工业原料；木材致密，可作细木工用材。川钓樟、山橿根可入药，祛风理气，止血，消肿，杀虫。猴樟根、干、枝、叶均含挥发油；枝叶含芳香油；果仁含脂肪；果可药用，用于风寒感冒，风湿痹痛，吐泻腹痛，腹中痞块，疝气疼痛等症状。沉水樟可提取芳香油；木材纤维是造纸的好材料；树体含水量高、根系发达，是涵养水源、保持水土的优良树种，可用作园林绿化树种。黄樟其枝叶可提供樟脑和樟油，樟脑和樟油被广泛用于工业医药、化工行业；少花桂树皮及根入药，树皮在四川常作桂皮用，功能开胃健脾，散热，可治肠胃病及腹痛；枝叶富含芳香油，主要应用于香料行业。银木根含樟脑量较高，可蒸馏樟脑；根材美丽，可用作美术品；木材纹理直结构细，可制樟木箱及作建筑用材；叶可作纸浆黏合剂；其根、叶可药用。川桂枝叶和果均含芳香油，油供作食品或皂用香精的调合原料；树皮入药，治风湿筋骨痛、跌打及腹痛吐泻等症。

2. 豆科

豆科（Leguminosae）为双子叶植物纲、蔷薇目支下的一科，世界广泛分布，全世界约650属，18 000种，在中国有172属、1485种，13亚种，153变种，16变型，各省区分布极为广泛，生长环境各式各样，无论平原、高山、荒漠、森林、草原直至水域，几乎都可见到豆科植物的踪迹。豆科植物叶常绿或落叶，通常互生，稀对生，常为一回或二回羽状复叶；花两性，稀单性，辐射对称或两侧对称，通常排成总状花序、聚伞花序、穗状花序、头状花序或圆锥花序；果为荚果，形状种种，成熟后沿缝线开裂或不裂，或断裂成含单粒种子的荚节；种子通常具革质或有时膜质的种皮，胚大，内胚乳无或极薄。该科植物属于乔木、灌木、亚灌木或草本，直立或攀缘，常有能固氮的根瘤植物（《中国植物志》，1988）。

豆科植物具有重要的经济意义，它是人类食品中淀粉、蛋白质、油和蔬菜的重要来源之一。在食用方面，豆类作物有大豆、花生、蚕豆、豌豆、赤豆、绿豆、豇豆、四季豆和扁豆等。在饲用和绿肥方面，豆科植物的根部常有固氮作用的根瘤，是优良的绿肥和饲料作物，如苜蓿、紫云英、田菁、三叶草、黄花草木犀、苕子等。在药用方面，豆科中作为药用植物的有儿茶、决明、甘草、黄芪、葛、苦参、鸡血藤等。在工业用途方面，有些种类的枝干和树皮常含有单宁、树胶及染料，用于医药、印染及其他工业中，如黑荆、金合欢、阿拉伯树胶、苏木等。在生态环境建设方面，绿化造林树种中有台湾相思、楹树、铁刀木、凤凰木、格木、刺槐、槐等。在材用方面，木材可供建筑、家具、农具等用，如刺槐、合欢、黄檀等（《中国植物志》，1988）。

湘西地区262种非粮柴油能源植物中，属于豆科的非粮柴油能源植物占15种，分别为刺槐属的刺槐（*Robinia pseudoacacia*），大豆属的野大豆（*Glycine soja*），豆薯属的豆薯（*Pachyrhizus erosus*），合欢属的合欢（*Albizia julibrissin*），胡枝子属的美丽胡枝子（*Lespedeza formosa*），槐属的槐（*Sophora japonica*），决明属的双荚决明（*Cassia bicapsularis*）、含羞草决明（*Cassia mimosoides*）、望江南（*Cassia occidentalis*），老虎刺属的老虎刺（*Pterolobium punctatum*），黧豆属的常春油麻藤（*Mucuna sempervirens*），崖豆藤属的厚果崖豆藤（*Millettia pachycarpa*），云实属的云实（*Caesalpinia decapetala*），紫荆属的紫荆（*Cercis chinensis*），紫藤属的紫藤（*Wisteria sinensis*）。

豆科中刺槐属的刺槐根系浅而发达，易风倒，适应性强，为优良固沙保土树种；树冠高大，叶色鲜绿，可作为行道树、庭荫树；木材坚硬，耐腐蚀，宜作枕木、车辆、建筑、矿柱等多种用材；生长快，萌芽力强，是速生薪炭林树种；叶含粗蛋白，可做饲料；花是优良的蜜源植物；种子榨油可做肥皂及油漆原料。大豆属的野大豆，全株为家畜喜食的饲料，可作牧草、绿肥和水土保持植物；茎皮纤维可织麻袋；种子富含蛋白质、油脂，供食用、制酱、酱油和豆腐等，又可榨油，豆粕是优良饲料和肥料；全草还可药用，有补气血、强壮、利尿等功效。豆薯属的豆薯块根可生食或熟食；种子含鱼藤酮可作杀虫剂，防治蚜虫有效。合欢属的合欢木材纹理直结构细，可制家具、枕木等；树皮可提制栲胶。胡枝子属的美丽胡枝子适应性强，是荒山绿化、水土保持和改良土壤的先锋树种，可作薪材、菌菇材、药材，也可作蜜源植物和观赏植物，具有较高的开发利用价值，发展潜力巨大（徐高福 等，2010）。槐属的槐是庭院常用的特色树种，枝叶茂密，绿荫如盖，是庭院常用的特色庭荫树种，在中国北方多用作行道树；夏秋可观花，并为优良的蜜源植物；花蕾可作染料，果肉能入药，种子可作饲料等。决明属的双荚决明树姿优美，枝叶茂盛，花色艳丽迷人，同时具有防尘、防烟雾的作用，可作庭院绿化及行道树种，也作盆花。含羞草决明常生长于荒地上，耐旱又耐瘠，是良好的覆盖植物和改土植物，同时又是良好的绿肥；其幼嫩茎叶可以代茶；根可治痢疾。望江南可用作缓泻剂，种子炒后治疟疾；根有利尿功效；鲜叶捣碎可治毒蛇、毒虫咬伤，但有微毒。虎刺属的老虎刺根、叶药用，常用于肺热咳嗽，咽喉肿痛，风湿痹痛，牙痛，风疹瘙痒，疮疖，跌打损伤。黧豆属的常春油麻藤茎藤药用，有活血去瘀，舒筋活络之效；茎皮可织草袋及造纸，枝条可编箩筐，块根可提取淀粉，种子可食用和榨油；作为一种适应性强、生长快、绿化优良、观赏性较强的木质藤本植物，常春油麻藤还具有良好的生态防护功能（高靖，2012）。崖豆藤属的厚果崖豆藤种子和根含鱼藤酮，磨粉可作杀虫药，能防治多种粮棉害虫；茎皮纤维可供利用。云实属的云实根、茎及果药用，性温，味苦、涩，无毒，有发表散寒、活血通经、解毒杀虫之效，治筋骨疼痛、跌打损伤；果皮和树皮含单宁，种子含油丰富，油脂可制肥皂及润滑油；又常栽培作为绿篱。紫荆属的紫荆树皮可入药，可治产后血气痛、疔疮肿毒、喉痹；花可治风湿筋骨痛；木材纹理直结构细，可供家具、建筑等用；可用于小区的园林绿化，具有较好的观赏效果。紫藤属的紫藤栽培作庭园棚架植物；同时，紫藤对二氧化硫和氧化氢等有害气体有较强的抗性，对空气中的灰尘有吸附能力，可达到绿化、美化降温、减尘等效果；花可以提炼芳香油，可作调香原料；紫藤茎皮、花及种子可入药，花可以解毒、止吐泻，皮可以杀虫、止痛，可以治风痹痛、蛲虫病，种子有小毒，可治筋骨疼等。

3. 大戟科

大戟科（Euphorbiaceae）是被子植物门，双子叶植物纲，大戟目或金虎尾目的一科，广布于全世界，以热带地区为多，但主产于热带和亚热带地区，全世界约300属，5000余种，我国有70余属，约460种，我国主产长江流域以南各地。大戟科植物叶互生，少有对生或轮生，单叶，稀为复叶；花单性，雌雄同株或异株，单花或组成各式花序，穗状或圆锥状花序；果为蒴果，或为浆果或核果状；种子常有显著种阜，胚乳丰富、肉质或油质，胚大而直或弯曲。该科植物多为乔木、灌木或草本，植物体常有乳状汁液（《中国植物志》，1994）。

大戟科以盛产橡胶、油料、药材、鞣料、淀粉、木材等著称，是重要的经济植物。在工业用途方面，橡胶树属是主要产橡胶的植物；油桐属主要产干性油。在药用方面，大戟科的大戟属植物作为药用植物历史悠久，该属植物含有的化学成分，如二萜脂类、乙酸间三酚、黄酮类、三萜等都有特定的药理作用。在食用方面，大戟科中的木薯是热带重要的食用植物之一，其肥厚的块状根极富淀粉，也是工业用淀粉主要原料之一。在园林绿化方面，大戟科中的大戟属植物观赏价值极高，如大戟属的猩猩草、高山积雪（银边翠）、铁海棠和紫锦木等，该属植物在我国大多数地区均有栽培，常见于植物园、公园等处（《中国植物志》，1994）。

湘西地区 262 种非粮柴油能源植物中，属于大戟科的非粮柴油能源植物占 15 种，分别为蓖麻属的蓖麻（*Ricinus communis*），假奓包叶属的假奓包叶（*Discocleidion rufescens*），秋枫属的重阳木（*Bischofia polycarpa*），山麻杆属的山麻杆（*Alchornea davidii*），守宫木属的苍叶守宫木（*Sauropus garrettii*），算盘子属的算盘子（*Glochidion puberum*），乌桕属的山乌桕（*Sapium discolor*）、乌桕（*Sapium sebiferum*），野桐属的白背叶（*Mallotus apelta*）、毛桐（*Mallotus barbatus*）、野桐（*Mallotus japonicus*）、野梧桐（*Mallotus japonicus var. subjaponicus*）、粗糠柴（*Mallotus philippinensis*），油桐属的油桐（*Vernicia fordii*）、木油桐（*Vernicia montana*）。

大戟科中蓖麻属的蓖麻根、叶可药用；蓖麻种子油脂含量丰富，油黏度高，凝点低，既耐严寒又耐高温，具有其他油脂所不及的特性，为化工、轻工、冶金、机电、纺织、印刷、染料等工业和医药的重要原料；榨油饼粉中富含氮、磷、钾，为良好的有机肥，经高温脱毒后可作饲料；茎皮富含纤维，为造纸和人造棉原料。秋枫属的重阳木树姿优美，冠如伞盖，是良好的庭园和行道树种；重阳木在水土保持、净化空气方面有自身的独特优势（彭艳，2013）；木材是散孔材，心材与边材明显且美观，木质素含量高，是很好的建筑、造船、车辆、家具用材，常替代紫檀木制作贵重木器家具；重阳木全身是宝，其根、叶可入药，能行气活血，消肿解毒；果肉可酿酒；种子含油量丰富，油有香味，可供食用，也可作润滑油和肥皂油；枝叶对二氧化硫有一定抗性；落叶量大，可培肥增加地力，也可以作为能源树种开发（周雁 等，2013）。山麻杆属的山麻杆树形秀丽，茎干丛生，茎皮紫红，是良好的观茎、观叶树种；茎皮纤维可供造纸或纺织用，种子榨油供工业用，叶片可入药。算盘子属的算盘子果实可供药用，具有清热除湿，解毒利咽，行气活血之功效。乌桕属的山乌桕、乌桕根皮、树皮、叶入药；种子外被之蜡质称为"柏蜡"，可提制"皮油"，供制高级香皂、蜡纸、蜡烛等；种仁榨取的油称"柏油"或"青油"，供油漆、油墨等用，假种皮为制蜡烛和肥皂的原料，经济价值极高；其木也是优良木材；树冠整齐，叶形秀丽，具有极高的观赏价值。野桐属的白背叶、毛桐、野梧桐树皮、根、叶或茎皮可入药，具有活血、解毒、消肿之功效。野桐种子含油量丰富，可作工业原料；小材质地轻软，可作小器具用材；根可入药。油桐属的油桐、木油桐种仁含油丰富，是最佳干性油之一，在工业上有广泛的用途，可制造油漆和涂料，经济价值极高；桐油是优良的生物能源树种，可将其加工成生物柴油，具有较好的开发利用前景（朱积余 等，2006）。

4. 蔷薇科

蔷薇科（Rosaceae）是双子叶植物纲的一科，分布于全世界，北温带较多，全世界约有 124 属、3300 余种，我国约有 51 属、1000 余种，全国各省区都有分布。蔷薇科植物有刺或无刺，有时攀缘状；叶互生，常有托叶；花两性，辐射对称，颜色各种，花托壶形，中空；果为核果或聚合果，或为多数的瘦果藏于肉质或干燥的花托内，稀蒴果；种子通常不含胚乳，极稀具少量胚乳。蔷薇科植物多为草本、灌木或小乔木（《中国植物志》，1974）。

蔷薇科中许多种都有重要的经济价值。在食用方面，温带的果品大多属于本科，如苹果、沙果、海棠、梨、桃、李、杏、梅、樱桃、枇杷、楂梓、山楂、草莓和树莓等是著名的水果，扁桃仁和杏仁等是著名的干果；不少种类的果实中富含维生素、糖和有机酸，可作果干、果脯、果酱、果酒、果糕、果汁、果丹皮等果品加工原料。在工业用途方面，桃仁、杏仁和扁核木仁等可以榨油，供食用和工业用，玫瑰、香水月季等的花可以提取芳香挥发油。在药用方面，地榆、龙牙草、翻白草、郁李仁、金樱子和木瓜等可以入药；各种悬钩子、野蔷薇和地榆的根可以提取单宁。在材用方面，蔷薇科乔木种类的木材多坚硬，具有多种用途。在园林绿化方面，本科植物作观赏用的种类则更多，它们或具美丽的枝叶和花朵，或具鲜艳多彩的果实，在世界各地庭园中占有重要位置（《中国植物志》，1974）。

湘西地区 262 种非粮柴油能源植物中，属于蔷薇科的非粮柴油能源植物占 12 种，分别为稠李属的细齿稠李（*Padus obtusata*），桂樱属的腺叶桂樱（*Laurocerasus phaeosticta*），火棘属的火棘（*Pyracantha fortuneana*），梨属的沙梨（*Pyrus pyrifolia*），李属的李（*Prunus salicina*），枇杷属的枇杷（*Eriobotrya japonica*），山楂属的野山楂（*Crataegus cuneata*），石楠属的椤木石楠（*Photinia davidsoniae*）、光叶石楠（*Photinia glabra*），桃属的山桃（*Amygdalus davidiana*）、桃（*Amygdalus persica*），杏属的洪平杏（*Armeniaca hongpingensis*）。

蔷薇科中火棘属的火棘根、果、叶可药用，具有止泻、散瘀、消食等功效；果实含有丰富的有机酸、蛋白质、氨基酸、维生素和多种矿质元素，可鲜食，也可加工成各种饮料；其果实秋季成熟，似火把，可作行道树或庭院栽植；其根皮、茎皮、果实含丰富的单宁，可用来提取鞣料；树叶可制茶，具有清热解毒，生津止渴，收敛止泻的作用。梨属的沙梨果实、果皮可食用，有清热生津，润燥化痰的功效。李属的李果实中含有多种营养成分，有养颜美容、润滑肌肤的作用；果实味酸，能促进胃酸和胃消化酶的分泌，并能促进胃肠蠕动，因而有改善食欲、促进消化的作用；新鲜李肉中的丝氨酸、甘氨酸、脯氨酸、谷酰胺等氨基酸，有利尿消肿的作用，对肝硬化有辅助治疗效果。枇杷属的枇杷成熟果实味道甜美，营养颇丰，含有各种果糖、葡萄糖、钾、磷、铁、钙及维生素 A、维生素 B、维生素 C 等；枇杷叶亦是中药的一种，以大块枇杷叶晒干入药，有清肺胃热、降气化痰的功用。山楂属的野山楂果实多肉，可供生食、酿酒或制果酱，入药有健胃、消积化滞之效；嫩叶可以代茶，茎叶煮汁可洗漆疮。石楠属的椤木石楠、光叶石楠叶供药用，有解热、利尿、镇痛作用；种子榨油，可制肥皂或润滑油；木材坚硬致密，可作器具、船舶、车辆等用材；枝叶优美，适宜栽培做篱垣及庭园树。桃属的山桃抗旱耐寒，又耐盐碱土壤，在华北地区主要作桃、梅、李等果树的砧木，也可供观赏；木材质硬而重，可做各种细工及手杖；果核可做玩具或念珠；种仁可榨油供食用。桃花可以观赏，果实多汁，可以生食或制桃脯、罐头等，核仁也可以食用；树干上分泌的胶质，俗称桃胶，可用作黏结剂等，为一种聚糖类物质，可食用，也供药用，有破血、和血、益气之效。

5. 芸香科

芸香科（Rutaceae）是被子植物亚门、双子叶植物纲、无患子目的一科，全世界分布，主要产于热带和亚热带，少数生温带，全世界约 150 属、1600 种，我国约 28 属、151 种、28 变种，南北各地均有，主产西南和华南。芸香科植物通常有油点，有或无刺，无托叶，叶互生或对生，单叶或复叶；花两性或单性，稀杂性同株，辐射对称，很少两侧对称，聚伞花序，稀总状或穗状花序；果为蓇葖、蒴果、翅果、核果，或具革质果皮，或具翼，或果皮稍近肉质的浆果；种子有或无胚乳，胚直立或弯生，很少多胚。该科植物多为常绿或落叶乔木、灌木或攀缘藤本或草本，全体含挥发油，叶具透明油腺点，植物体内通常有储油细胞或有分泌腔（《中国植物志》，1997）。

芸香科植物有较大的经济价值。在医药方面，该科植物大多数是民间草药，如花椒、吴茱萸、黄檗、白鲜、枳、陈皮等；从所含化学成分而论，普遍含生物碱、黄酮苷类化合物和香豆素，迄今已知含有 300 多种生物碱，其中将近半数是该科植物所特有。在食用方面，一些属的果可生食或是清凉饮料的原料，如柚、橙、黄皮、金橘、柑橘类均为重要果树。在材用方面，芸香科植物部分种类生长快、材质坚硬、纹理美观，供上等家具、造船、航空等工业用材（《中国植物志》，1997）。

湘西地区 262 种非粮柴油能源植物中，属于芸香科的非粮柴油能源植物占 12 种，分别为飞龙掌血属的飞龙掌血（*Toddalia asiatica*），柑橘属的宜昌橙（*Citrus ichangensis*），花椒属的毛竹叶花椒（*Zanthoxylum armatum* var. *ferrugineum*）、花椒（*Zanthoxylum bungeanum*）、蚬壳花椒（*Zanthoxylum dissitum*）、刺壳花椒（*Zanthoxylum echinocarpum*）、小花花椒（*Zanthoxylum micranthum*）、花椒簕（*Zanthoxylum scandens*）、野花椒（*Zanthoxylum simulans*），黄檗属的黄檗（*Phellodendron amurense*），吴茱萸属的石虎（*Evodia rutaecarpa* var. *officinalis*）、密果吴萸（*Evodia compacta*）。

芸香科中飞龙掌血属的飞龙掌血全株可入药，具有散瘀止血、祛风除湿、消肿解毒的功效；成熟的果味甜，但果皮含麻辣成分；木质坚实，桂林一带用其茎枝制烟斗出售。花椒属的花椒可药用，具有温中散寒、除湿、止痛、杀虫、解鱼腥毒之功效；花椒果皮是香精和香料的原料，种子是优良的木本油料，油饼可用作肥料或饲料，叶可代果做调料、食用或制作椒茶；同时，花椒也是干旱半干旱山区重要的水土保持树种。刺壳花椒、小花花椒根药用，有小毒，用于风湿麻木，跌打损伤，外伤出血。花椒簕种子含油，可制作润滑油和肥皂。黄檗属的黄檗木栓层是制造软木塞的材料；木材坚硬，是枪托、家具、装饰的优良材，亦为胶合板材；果实可作驱虫剂及染料；种子含油，可制作肥皂和润滑油；树皮内层经炮制后入药，主治急性细菌性痢疾、急性肠炎、急性黄疸型肝炎、泌尿系统感染等炎症，外用治火烫伤、中耳炎、急性结膜炎等。

第二节　非粮柴油能源植物的地理成分特征

一、科的地理成分

科的分布区类型是植物区系分析的重要组成部分，能说明植物区系间悠久的历史渊源。对湘西地区非粮柴油能源植物科的区系成分进行分析，能够更好地了解调查区域内物种的起源、演化、发生与迁移。根据科分布型划分方案（吴征镒，2006），湘西地区非粮柴油能源植物科的分布型包括 8 个分布型，详见表 3-3。

由表 3-3 可知，世界分布科有 17 科，占总科数的 23.94%，主要有菊科、豆科、蔷薇科、木犀科、鼠李科、蓼科、唇形科、伞形科等广布性的大科。热带性质的科（2~7 分布型）有 35 科，占非世界分布科的 64.82%（下同），所占比例较大。其中，泛热带分布有

（2 型）21 科，热带亚洲和热带美洲间断分布有 9 科，占 16.67%，旧世界热带分布有 3 科，占 5.56%，热带亚洲分布有 2 科，占 3.70%。主要有樟科、大戟科、山茶科、卫矛科、漆树科、大风子科（Flacourtiaceae）、山矾科（Symplocaceae）、安息香科、葫芦科、清风藤科（Sabiaceae）等。温带性质的科（8 ～ 14 分布型）有 17 科，占非世界分布科总数的31.48%。其中，北温带分布有 14 科，占 25.92%，东亚分布有 3 科，占 5.56%。主要有胡桃科、桦木科、槭树科、杉科（Taxodiaceae）、三尖杉科（Cephalotaxaceae）、山茱萸科等。中国特有分布科仅有 2 科，占非世界分布科总数的 3.70%，分别为蜡梅科和杜仲科。

　　综上，湘西地区非粮柴油能源植物"科"这一级的地理成分，集中在泛热带分布、北温带分布这 2 个分布区类型中，其他 5 个分布区类型只占较小比例。

表 3-3　湘西地区非粮柴油能源植物科的分布区类型

分布区类型	科数	占非世界分布科比例/%
1. 世界分布	17	—
2. 泛热带分布	21	38.89
3. 热带亚洲和热带美洲间断分布	9	16.67
4. 旧世界热带分布	3	5.56
5. 热带亚洲至热带大洋洲分布	0	0
6. 热带亚洲至热带非洲分布	0	0
7. 热带亚洲分布	2	3.70
8. 北温带分布	14	25.92
9. 东亚及北美间断分布	0	0
10. 旧世界温带分布	0	0
11. 温带亚洲分布	0	0
12. 地中海、西亚至中亚分布	0	0
13. 中亚分布	0	0
14. 东亚分布	3	5.56
15. 中国特有分布	2	3.70
总计	71	100.00

二、属的地理成分

　　在植物区系学上，属被认为是进化过程中分类学特征相对稳定，并占有一定比较稳定分布区的单位，随着地理环境的分异而有比较明显的地区差异。因此，属的分布区类型比科能更好地反映出植物系统发育过程中的进化分化情况和地区性特征，是进一步研究植物区系的起源、演化和分布区形成的起点或楔子（武吉华 等，2005）。根据吴征镒（2006）、王荷生（1992）属分布型划分方案，湘西地区非粮柴油能源植物属可划分为 14 个分布区类型，详见表 3-4。

表3-4　湘西地区非粮柴油能源植物属的分布区类型

分布区类型	属数	占非世界分布属比例/%
1. 世界分布	11	—
2. 泛热带分布	25	16.45
3. 热带亚洲和热带美洲间断分布	11	7.24
4. 旧世界热带分布	7	4.60
5. 热带亚洲至热带大洋洲分布	7	4.60
6. 热带亚洲至热带非洲分布	3	1.97
7. 热带亚洲分布	13	8.55
8. 北温带分布	24	15.79
9. 东亚及北美间断分布	20	13.16
10. 旧世界温带分布	12	7.89
11. 温带亚洲分布	2	1.32
12. 地中海、西亚至中亚分布	1	0.66
13. 中亚分布	0	0
14. 东亚分布	20	13.16
15. 中国特有分布	7	4.61
总计	163	100.00

由表3-4可知,世界分布有11属,占湘西非粮柴油能源植物属总数的6.75%,代表有槐属(*Sophora*)、卫矛属(*Euonymus*)、梾木属(*Swida*)、鼠李属(*Rhamnus*)等木本,苋属(*Amaranthus*)、藜属(*Chenopodium*)、蔊菜属(*Rorippa*)等草本。热带分布(2~7型)有66属,占非世界分布属总数的43.41%(下同,省略),主要有乌桕属(*Sapium*)、山麻杆属(*Alchornea*)、老虎刺属(*Pterolobium*)、算盘子属(*Glochidion*)、山茶属(*Camellia*)等木本,狗尾草属(*Setaria*)、苘麻属(*Abutilon*)等草本,崖豆藤属(*Millettia*)、栝楼属(*Trichosanthes*)、赤瓟属(*Thladiantha*)等藤本植物。其中,泛热带分布(2型)25属,占16.45%;热带亚洲和热带美洲间断分布(3型)11属,占7.24%;旧世界热带分布(4型)7属,占4.60%;热带亚洲至热带大洋洲分布(5型)7属,占4.60%;热带亚洲至热带非洲分布3属,占1.97%,热带亚洲分布(7型)13属,占8.55%。温带分布(8~14型)有79属,占非世界分布属总数的51.98%,主要有柏木属(*Cupressus*)、蜡瓣花属(*Corylopsis*)、山核桃属(*Carya*)、枫香树属(*Liquidambar*)、榛属(*Corylus*)、黄连木属(*Pistacia*)、荚蒾属(*Viburnum*)等木本,窃衣属(*Torilis*)、荞麦属(*Fagopyrum*)、牛蒡属(*Arctium*)等草本,地锦属(*Parthenocissus*)、紫藤属(*Wisteria*)、野木瓜属(*Stauntonia*)等藤本。其中,北温带分布(8型)24属,占15.79%;东亚和北美洲间断分布(9型)20属,占13.16%;旧世界温带分布(10型)12属,占7.89%;温带亚洲分布(11型)2属,占1.32%;地中海、西亚至中亚分布(12型)1属,占0.66%;东亚分布(14型)20

属，占 13.16%。中国特有分布属有 7 属，占非世界分布属的 4.61%，代表种类有伞花木属（*Eurycorymbus*）、喜树属（*Camptotheca*）、杉木属（*Cunninghamia*）、瘿椒树属（*Tapiscia*）等。

相对"科"一级而言，湘西地区非粮柴油能源植物属的地理成分有了较多分化，除了有 14 个分布区类型以外，主要集中在泛热带分布、北温带分布、东亚及北美间断分布、东亚分布 4 个分布区类型，体现了一定程度的东亚成分趋势。

三、种的地理成分

种是植物分类最基本的单位，是物种存在的客观形式，也是植物区系中最基本的组成成分，它的分布与外界环境密切相关。因此，对于种的区系分析能更加准确、具体地反映植物区系的特点。参考吴征镒关于中国种子植物属的分布类型的定义和范围（吴征镒，2006）及 *Flora of China* 中的分布地，可将湘西地区 262 种非粮柴油能源植物种的分布型划分为 14 个分布区正型，2 个亚型，详见表 3-5。

表 3-5　湘西地区非粮柴油能源植物种的分布区类型

分布区类型	种数	占非世界分布种比例/%
1. 世界分布	6	—
2. 泛热带分布	21	8.20
3. 热带亚洲和热带美洲间断分布	6	2.34
4. 旧世界热带分布	3	1.17
5. 热带亚洲至热带大洋洲分布	4	1.56
6. 热带亚洲至热带非洲分布	6	2.34
7. 热带亚洲分布	13	5.08
8. 北温带分布	12	4.69
9. 东亚和北美洲间断分布	10	3.91
10. 旧世界温带分布	2	0.78
11. 温带亚洲分布	2	0.78
12. 地中海、西亚至中亚分布	1	0.39
13. 中亚分布	0	0
14. 东亚分布	25	9.77
14SH 中国—喜马拉雅分布	13	5.08
14SJ 中国—日本分布	18	7.03
15. 中国特有分布	120	46.88
总计	262	100.00

由表3-5可知，世界广布（1型）的种有6种，占总种数的2.29%，代表草本植物如菊科的牛蒡（*Arctium lappa*），藜科的藜（*Chenopodium album*），苋科的尾穗苋（*Amaranthus caudatus*）、刺苋（*Amaranthus spinosus*）等。热带分布（2~7型）有53种，占总种数的20.2%，其中泛热带分布（2型）21种，占8.20%；热带亚洲和热带美洲间断分布（3型）6种，占2.34%；旧世界热带分布（4型）3种，占1.17%；热带亚洲至热带大洋洲分布（5型）4种，占1.56%；热带亚洲至热带非洲分布6种，占2.34%；热带亚洲分布（7型）13种，占5.08%。代表植物如八角枫科的八角枫（*Alangium chinense*），大戟科的乌桕（*Sapium sebiferum*）、山乌桕（*Sapium discolor*），木兰科的白兰（*Michelia alba*）等木本，唇形科的荔枝草（*Salvia plebeia*）、苋科的青葙（*Celosia argentea*）、十字花科的蔊菜（*Rorippa indica*）等草本，木犀科的清香藤（*Jasminum lanceolarium*），葫芦科的栝楼（*Trichosanthes kirilowii*）、王瓜（*Trichosanthes cucumeroides*）等藤本。温带分布（8~14型）有83种，占非世界分布种的32.42%，其中北温带分布（8型）12种，占4.69%；东亚和北美洲间断分布（9型）10种，占3.91%；旧世界温带分布（10型）2种，占0.78%。温带亚洲分布（11型）2种，占0.78%；地中海、西亚至中亚分布（12型）1种，占0.39%；东亚分布（14型）25种，占9.77%，中国—喜马拉雅分布（14SH型）13种，占5.08%；中国—日本分布（14SJ型）18种，占7.03%。中国特有分布（15型）120种，占46.88%。代表植物如安息香科的野茉莉（*Styrax japonicus*）、大戟科的毛桐（*Mallotus barbatus*）、漆树科的盐肤木（*Rhus chinensis*）、樟科的山胡椒（*Lindera glauca*）等木本，唇形科的紫苏（*Perilla frutescens*）、禾本科的大狗尾草（*Setaria faberii*）、菊科的天名精（*Carpesium abrotanoides*）等草本，豆科的常春油麻藤（*Mucuna sempervirens*）、紫藤（*Wisteria sinensis*）、卫矛科的青江藤（*Celastrus hindsii*）等藤本。

　　相对"科""属"两级，湘西地区非粮柴油能源植物种的地理成分分化更为强烈，尤其东亚趋势化更加突出。东亚成分，包括泛东亚型、中国—日本和中国—喜马拉雅两个亚型、中国特有型（归根结底也属于东亚成分），共有176种，占该区总种数的68.76%。其他成分除了泛热带分布比例略高（8.20%）以外，所起到的作用都非常微弱。表明湘西地区现代非粮柴油能源植物是从古老泛热带和北温带成分演化而来以中国特有分布为主体的东亚分布成分。

　　值得一提的是，这些植物中还有许多是国家重点保护野生植物，如属于国家一级保护植物的南方红豆杉（*Taxus chinensis*），在其分布区内种群数量稀少，若不加以保护，有处于濒危状态的危险。属于国家二级保护植物有胡桃（*Juglans regia*）、喜树（*Camptotheca acuminata*）、乐昌含笑（*Michelia chapensis*）、厚朴（*Magnolia officinalis*）等。由此可见，湘西地区非粮柴油能源植物不仅有极大的开发前景，而且有极大的保护价值。

第三节　非粮柴油能源植物的分布特点

　　湘西地区植物区系成分复杂，多样性较高，非粮柴油能源植物在不同县（市）、不同植被类型（如常绿阔叶林、落叶阔叶林、针阔混交林等）、不同生境区（如高山、山地、河谷等）和不同海拔高度（海拔 200~1800 m）的分布不尽相同，体现了其在湘西地区特定的分布格局规律。湘西地区非粮柴油能源植物主要采自永顺县、保靖县、吉首市、龙山县、古丈县、花垣县 6 个县（市）。由于泸溪县、凤凰县海拔较低，本身植物资源较其他地区稀少，加上野外采集季节把握等因素，这两县在野外没有采集检测到符合条件（即含油量≥10%）的非粮柴油能源植物，故此处分析暂不包括这两县域。

一、水平分布

在水平分布上，从采集数量来看，各县的分布数量具有一定差异，具体情况如图 3-2 所示。采自永顺县的有 98 种，占 37.41%，代表植物如栓叶安息香（*Styrax suberifolius*）、山乌桕、木油桐、化香树（*Platycarya strobilacea*）、虎皮楠（*Daphniphyllum oldhami*）、多毛小蜡（*Ligustrum sinense* var. *coryanum*）、梾木（*Swida walteri*）、花椒簕、三桠乌药、川钓樟（*Lindera pulcherrima* var. *hemsleyana*）等；采自保靖县的有 58 种，占 22.14%，代表植物如灰叶安息香（*Styrax calvescens*）、乌桕、华榛（*Corylus chinensis*）、轮叶沙参（*Adenophora tetraphylla*）、厚朴（*Magnolia officinalis*）、三尖杉（*Cephalotaxus fortunei*）、马尾松（*Pinus massoniana*）、刺果卫矛（*Euonymus acanthocarpus*）、绒毛钓樟、山橿等；采自吉首市有 43 种，

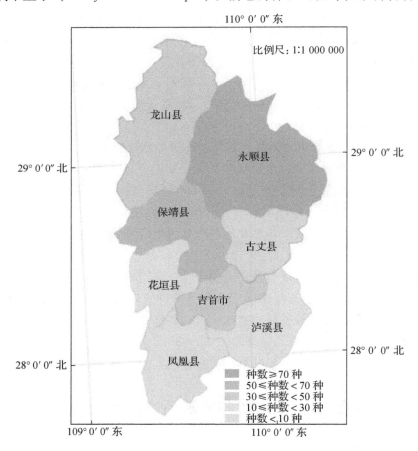

图 3-2　湘西地区非粮柴油能源植物水平分布

占 16.41%，代表植物如槐、球果赤瓟（*Thladiantha globicarpa*）、蜡梅、木犀（*Osmanthus fragrans*）、茶梅（*Camellia sasanqua*）、复羽叶栾树（*Koelreuteria bipinnata*）、密果吴萸、毛黑壳楠、少花桂、川桂等；采自龙山县有 36 种，占 13.74%，代表植物如野桐、牛蒡（*Arctium lappa*）、杠板归（*Polygonum perfoliatum*）、猫儿屎（*Decaisnea insignis*）、白檀（*Symplocos paniculata*）、无患子（*Sapindus saponaria*）、南天竹（*Nandina domestica*）、山油麻（*Trema cannabina* var. *dielsiana*）、檫木、香叶子、绿叶甘橿等；采自古丈县有 20 种，占 7.63%，代表植物如杜仲（*Eucommia ulmoides*）、胡桃（*Juglans regia*）、栝楼（*Trichosanthes kirilowii*）、华中五味子（*Schisandra sphenanthera*）、青榨槭（*Acer davidii*）、西南红山茶（*Camellia pitardii*）、日本柳杉（*Cryptomeria japonica*）、博落回（*Macleaya cordata*）、山鸡椒、猴樟等；采自花垣县的有 7 种，占 2.67%，代表植物如苍叶守宫木（*Sauropus garrettii*）、小蜡（*Ligustrum sinense*）、黄连木（*Pistacia chinensis*）、烟管荚蒾（*Viburnum utile*）、野胡萝卜（*Daucus carota*）、苦皮藤（*Celastrus angulatus*）、野花椒。

　　其中，永顺县主要采自小溪国家级自然保护区及杉木河林场内，保靖县主要采自白云山国家级自然保护区及其周边区域，这是由于这些地区植被保存较好，生境复杂，分布着武陵山地区大部分植物种类。吉首市主要采自德夯国家级风景名胜区、矮寨国家级森林公园等地区，植被虽然没有自然保护区丰富，但其特殊的峡谷生境区孕育着很多特殊的物种，加上引种栽培植物众多、工作容易开展等原因，故采集物种数较多。龙山县与湖北恩施地区接壤，海拔差异大，植物垂直分布明显，油脂植物资源较为丰富。由此可看出，自然保护区、风景名胜区、森林公园等植物多样性较高的区域，同时也是湘西地区非粮柴油能源植物分布较为集中的区域，二者之间存在一定的相关性。

二、垂直分布

　　就采集地海拔来看，所采集的非粮柴油能源植物在湘西地区的海拔分布范围非常广，主要集中在 179~1486 m 海拔范围内。为了弄清楚所采集的非粮柴油能源植物在湘西地区不同海拔高度上的分布情况，对湘西地区非粮柴油能源植物的垂直分布做了统计汇总，如图 3-3 所示（以 100 m 作为一个海拔梯度进行统计）。

　　由图 3-3 可知，所采集的湘西地区非粮柴油能源植物的海拔分布情况总体呈现单峰形态，植物的丰富度在低海拔区随着海拔的升高而升高，当海拔为 300~400 m 时，丰富度最大，达到 69 种，占湘西地区非粮柴油能源植物总数的 26.34%，当海拔超过 400 m 后，随着海拔的升高，非粮柴油能源植物的丰富度逐渐减低。海拔 1000~1200 m 时，非粮柴油能源植物物种丰富度较低，究其原因可能是由于调查条件的限制，在这一海拔区域内展开的调查较少。

　　所采集的湘西地区非粮柴油能源植物主要集中在海拔 200~600 m 的中低山地林中，该海拔区域共有亚麻酸资源植物 180 种，占湘西地区非粮柴油能源植物总数的 68.70%。该区域以红壤、黄壤为主，阳光充足，降水充沛，适合非粮柴油能源植物生长，植物类型丰富，不仅有乔木、灌木，还有藤本和草本。代表植物如乔木栓叶安息香（*Styrax suberifolius*）、油桐、乌桕等，灌木老虎刺（*Pterolobium punctatum*）、蜡梅、野花椒等，藤本常春油麻藤、刺

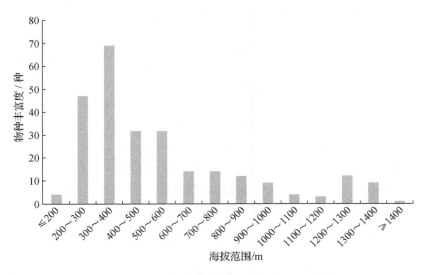

图 3-3　湘西地区非粮柴油能源植物垂直分布

壳花椒、绿叶地锦（*Parthenocissus laetevirens*）等，草本轮叶沙参（*Adenophora tetraphylla*）、魁蒿（*Artemisia princeps*）、杠板归（*Polygonum perfoliatum*）等。在低于 200 m 的低海拔地区及超过 1400 m 的高海拔地区，非粮柴油能源植物分布很少，仅有 5 种，仅占湘西地区非粮柴油能源植物总数的 1.91%，主要以藤本和草本植物为主，代表植物如木质藤本桦叶葡萄（*Vitis betulifolia*）、蚬壳花椒，多年生草本扯根菜（*Penthorum chinense*）、牛膝（*Achyranthes bidentata*）及乔木黑壳楠。该区域非粮柴油能源植物较少的原因是受湘西地区整体海拔的影响。

　　湘西地区海拔区间为 100 ~ 1700 m，但绝大部分地区的海拔集中在 200 ~ 800 m，这一区域内环境气候条件适宜，加上采集工作容易开展，因此，分布了大多数的资源植物，采集到的非粮柴油能源植物相应也较丰富。而低于 200 m 的低海拔地区及超过 1400 m 的高海拔地区分布的资源植物比较少，因此，采集到的非粮柴油能源植物也相应较少。

三、生境及生活习性分析

1. 主要生境分析

　　采集地生境主要可分为四大类，包括林中林缘、草地灌丛、田间路旁、河谷溪边。就采集地生境来看，采自林中林缘的植物有 133 种，主要是一些高大的乔木、灌木，乔木代表植物如日本杜英（*Elaeocarpus japonicus*）、猴欢喜（*Sloanea sinensis*）、华榛（*Corylus chinensis*）、樟叶槭（*Acer cinnamomifolium*）等，灌木代表植物如蜡梅、小蜡（*Ligustrum sinense*）、皱叶荚蒾（*Viburnum rhytidophyllum*）、小梾木（*Swida paucinervis*）、毛叶木姜子等。采自草地灌丛的植物有 53 种，主要是一些比较矮小的乔木、灌木和草本，乔木代表植物如灰叶安息香（*Styrax calvescens*）、毛桐、盐肤木（*Rhus chinensis*）等，灌木如白背叶（*Mallotus apelta*）、檵木（*Loropetalum chinense*）、小叶女贞（*Ligustrum quihoui*）、茶（*Camellia sinensis*）等，草本有苘麻（*Abutilon theophrasti*）、轮叶沙参、青葙（*Celosia argentea*）、绿穗苋（*Amaranthus* hybridus）等。采自田间路旁的植物有 17 种，主要是一些比较常见的草本植物，如苍耳（*Xanthium sibiricum*）、紫苏（*Perilla frutescens*）、土荆芥（*Chenopodium ambrosioides*）、大狗尾草（*Setaria faberii*）、杠板归（*Polygonum perfoliatum*）、商陆（*Phytolacca acinosa*）、垂序商陆（*Phytolacca americana*）、蔊菜（*Rorippa indica*）、白簕（*Acanthopanax trifoliatus*）等。采自河谷溪边的植物有 12 种，主要是一些水生或湿生植物，代表植物如荔枝草（*Salvia plebeia*）、长鬃蓼（*Polygonum longisetum*）、红蓼（*Polygonum orientale*）、藜（*Chenopodium album*）、扯根菜（*Penthorum chinense*）、小窃衣（*Torilis japonica*）、刺苋（*Amaranthus spinosus*）、苋（*Amaranthus tricolor*）等。栽培植物有 47 种，主要是一些高大的行道风景树，代表植物如侧柏（*Platycladus orientalis*）、合欢（*Albizia julibrissin*）、胡桃、白兰（*Michelia alba*）、木犀、木荷（*Schima superba*）、马尾松、杨梅（*Myrica rubra*）、猴樟（*Cinnamomum bodinieri*）、棕榈（*Trachycarpus fortunei*）等。

2. 生活习性分析

生活习性是植物长期适应所在环境而在生活和外貌上的表现，一般可把高等植物分为乔木、灌木、藤本、草本等生活习性。为了更好地对湘西地区非粮柴油能源植物进行统计分析，根据其生活习性进行归类，初步划分为乔木、灌木、藤本、草本四大类。根据研究目的，为了筛选出适合开发利用的非粮柴油能源植物，可进一步将藤本和草本细分为草质藤本、木质藤本，以及一、二年生草本，多年生草本（表 3-6）。

表 3-6　植物生活习性统计

类别	乔木	灌木	藤本		草本	
			木质	草质	一、二年生	多年生
种数	130	75	15	7	17	18
总计	130	75	22		35	
占总种数的比例/%	49.62	28.63	8.39		13.36	
总计			262			

本研究所调查的 262 种非粮柴油能源植物中，共有乔木 130 种，占总种数的 49.62%，代表植物如野茉莉（*Styrax japonicus*）、八角枫（*Alangium chinense*）、山乌桕（*Sapium discolor*）、檫木（*Sassafras tzumu*）、猴欢喜（*Sloanea sinensis*）、湖南山核桃（*Carya hunanensis*）、杜仲（*Eucommia ulmoides*）、黄连木（*Pistacia chinensis*）、硬毛山香圆（*Turpinia affinis*）、毛豹皮樟（*Litsea coreana* var. *lanuginosa*）等。灌木 75 种，占总种数的 28.63%，代表植物如算盘子（*Glochidion puberum*）、紫荆（*Cercis chinensis*）、小蜡（*Ligustrum sinense*）、油茶（*Camellia oleifera*）、白檀（*Symplocos paniculata*）、绿叶甘橿（*Lindera neesiana*）、蜡梅（*Chimonanthus praecox*）、猫儿屎（*Decaisnea insignis*）、尖连蕊茶（*Camellia cuspidate*）、山胡椒（*Lindera glauca*）等。藤本 22 种，占总种数的 8.39%，其中木质藤本 15 种，代表植物如常春油麻藤（*Mucuna sempervirens*）、绿叶地锦（*Parthenocissus laetevirens*）、桦叶葡萄（*Vitis betulifolia*）、青江藤（*Celastrus hindsii*）、刺壳花椒（*Zanthoxylum echinocarpum*）等，草质藤本

7 种，代表植物如球果赤瓟（*Thladiantha globicarpa*）、南赤瓟（*Thladiantha nudiflora*）、王瓜（*Trichosanthes cucumeroides*）、栝楼（*Trichosanthes kirilowii*）、木鳖子（*Momordica cochinchinensis*）等。草本植物 35 种，占总种数的 13.36%，其中一、二年生草本 17 种，代表植物如荔枝草（*Salvia plebeia*）、紫苏（*Perilla frutescens*）、牛蒡（*Arctium lappa*）、野胡萝卜（*Daucus carota*）、青葙（*Celosia argentea*）等，多年生草本 18 种，代表植物如蓖麻（*Ricinus communis*）、齿叶橐吾（*Ligularia dentata*）、杠板归（*Polygonum perfoliatum*）、博落回（*Macleaya cordata*）、商陆（*Phytolacca acinosa*）等。湘西地区非粮柴油能源植物种类以木本植物（乔木、灌木、木质藤本）居多，共 220 种，占该地区非粮柴油能源植物总数的 84.00%，其次是草本植物（草质藤本、草本），共 42 种，占该地区非粮柴油能源植物总数的 16.00%，其中木本植物中主要为乔木和灌木。

第四节 小 结

一、湘西地区非粮柴油能源植物资源的基本特点

通过系统调查分析，湘西地区非粮柴油能源植物资源的基本特点可以归纳为以下几点。

①湘西地区共有非粮柴油能源植物 262 种（含油量≥10%），隶属于 71 科、163 属，其中裸子植物 6 科、8 属、11 种，被子植物 65 科、155 属、251 种，是武陵山区非粮柴油能源植物资源较为丰富的地区。

②所调查的 262 种非粮柴油能源植物主要分布于樟科（24 种）、大戟科（15 种）、豆科（15 种）、芸香科（12 种）、蔷薇科（12 种）、木兰科（9 种）、山茶科（9 种）、木犀科（7 种）、漆树科（7 种）、忍冬科（7 种）、卫矛科（7 种）、葫芦科（6 种）、菊科（6 种）、苋科（6 种）、安息香科（5 种）、胡桃科（5 种）、槭树科（5 种）、山茱萸科（5 种）中。其中，樟科、大戟科、豆科、芸香科、蔷薇科等共拥有非粮柴油能源植物 78 种，占该区植物总数的 29.77%，这些科是湘西地区非粮柴油能源植物的数量优势科。

③湘西地区非粮柴油能源植物的地理成分复杂，科的分布区类型有 8 个，属的分布区类型有 14 个，种的分布区类型有 14 个正型，2 个亚型，这体现了湘西地区非粮柴油能源植物分布区类型的多样性。

④湘西地区非粮柴油能源植物在全州都有分布，但中北部较为密集，南部较为稀疏。其中，永顺县有 98 种，占 37.41%；保靖县有 58 种，占 22.14%；吉首市有 43 种，占 16.41%；龙山县有 36 种，占 13.74%；古丈县有 20 种，占 7.63%；花垣县 7 种，占 2.67%。自然保护区、风景名胜区、森林公园等区域是湘西地区非粮柴油能源植物分布较为集中的区域。在海拔 179～1486 m 都有，但以 200～600 m 的中低山地林中较多。

⑤所调查的 262 种非粮柴油能源植物中，采自林缘的植物最多，有 133 种，其次是采自草地灌丛的植物，有 53 种，采自田间路旁的植物有 17 种，采自河谷溪边的最少，仅有 12 种，另外，栽培植物有 47 种。在生活习性中，共有乔木 130 种，灌木 75 种，木质藤本 15 种，草质藤本 7 种，一、二年生草本 17 种，多年生草本 18 种。其中木本植物共有 220 种，

占该地区非粮柴油能源植物总数的 84.00%，其次是草本植物，共 42 种，占该地区非粮柴油能源植物总数的 16.00%，木本非粮柴油能源植物占绝对优势。

二、几点思考与认识

①我国人多地少，大规模的利用粮食来充当生物柴油原料或者用耕地来种植能源植物都不现实。因此，在选择生物柴油生产原料时，必须遵循"不与人争粮，不与粮争地"的原则，充分利用荒山、荒地及边际性土地来发展非粮柴油能源植物，以满足生物柴油产业对油脂原料的需求。湘西地区是湖南省石漠化较为严重的地区之一，拥有大量的荒山、荒地、荒草地及边际性土地资源，有必要通过野外调查，重点摸清该地区分布范围广、适应性强的植物种类，并对其含油器官及油脂成分进行检测和评价。

②对于野生油脂植物的开发利用，应选择生长周期短、产量高、适应性强、含油量及油脂成分高的油脂植物种类作为生物柴油的主要培育目标（杨怀 等，2010）。例如，油桐为湘西地区的本地物种，含油量高达 33.78%，但其油脂性质中碘值为 124.53 g/100g，高于欧盟生物柴油 120 g/100 g 的标准，也不适合作为生物柴油的原料。

③大戟科、山茶科、樟科、葫芦科、芸香科、卫矛科、桃金娘科、夹竹桃科、豆科、菊科、山茱萸科、大风子科和萝藦科为我国的富油植物大科，主要分布于热带及亚热带地区。湘西地处亚热带季风气候区，非粮柴油能源植物的优势科主要集中在樟科、山茶科、芸香科等富油科属，与我国的富油科属分布一致，因此，在开发利用时可优先加大对这些富油科的栽培，并加以综合利用。

④在分布区类型中，"科"级地理成分以泛热带分布、北温带分布类型占优势；"属"级地理成分主要集中在泛热带分布、北温带分布、东亚及北美间断分布、东亚分布 4 个分布区类型；"种"级的地理成分分化更为强烈，尤其东亚趋势化更加突出。东亚成分，包括泛东亚型、中国—日本和中国—喜马拉雅两个亚型、中国特有型（归根结底也属于东亚成分），共有 176 种，占该区总种数的 68.76%。其他成分除了泛热带分布比例略高（8.20%）以外，所起到的作用都非常微弱。表明湘西地区现代非粮柴油能源植物的主体是从古老泛热带和北温带成分演化而来以中国特有分布为主体的东亚分布成分。这与我们此前武陵山地区种子植物区系是在古热带区系的基础上蜕化演变而成的温带性亚热带植物区系的研究结论是一致的（陈功锡 等，2001）。

⑤在生境中，采自林缘地最多，生活习性以木本占绝对优势，这也符合木本植物主要生活在山地、林缘处这一分布规律。在种的生活习性类型中，木本和草本植物所占的比例差异较大，这可能与草本种子细小很难收集或草本植物果期短暂容易错过最佳采种时机有关（王亚平，2014）。但从柴油植物资源开发和利用的角度分析，生活型的多样化使开发利用的角度、空间、方法更广阔，更有利于对其的深入研究和产业化发展。因此，对湘西地区而言，所筛选出来的非粮柴油能源植物应包括木本和草本两种类型为宜。

参考文献

[1] 陈功锡，廖文波，敖成齐，等. 武陵山地区种子植物性质与特征研究 [J].植物研究，2001，21（4）：

527 – 535.

[2] 高靖. 常春油麻藤的开发优势和应用研究 [J]. 绿色科技, 2012 (6): 115 – 116.

[3] 彭艳. 论重阳木的园林特性与开发应用 [J]. 现代园艺, 2013 (14): 169.

[4] 肖珍泉. 黄樟在园林绿化中的地位及其栽培技术 [J]. 广东建材, 2008 (2): 180 – 181.

[5] 王冰清, 张洁, 徐亮, 等. 湘西地区非粮油脂植物资源调查研究 [J]. 湖南林业科技, 2017, 44 (3): 38 – 48.

[6] 王荷生. 植物区系地理 [M]. 北京: 科学出版社, 1992.

[7] 王宁果. 陕西大戟属植物茎叶的形态结构及红外光谱的比较分析 [D]. 西安: 西北大学, 2011.

[8] 王亚平. 河南省非粮柴油能源植物资源调查及播娘蒿遗传多样性研究 [D]. 郑州: 河南农业大学, 2014.

[9] 武吉华, 张绅, 江源, 等. 植物地理学 [M]. 北京: 高等教育出版社, 2005.

[10] 吴征镒, 周浙昆, 孙航, 等. 种子植物分布区类型及其起源和分化 [M]. 昆明: 云南科技出版社, 2006.

[11] 徐高福, 洪利兴, 柏明娥. 美丽胡枝子栽培技术及其在困难立地植被恢复中的应用 [J]. 防护林科技, 2010 (4): 63 – 65, 69.

[12] 杨怀, 李培学, 戴慧堂. 鸡公山国家级自然保护区油脂植物资源 [J]. 中国林副特产, 2010, 12 (6): 64 – 68.

[13] 中国油脂植物编写委员会. 中国油脂植物 [M]. 北京: 科学出版社, 1987.

[14] 中国科学院中国植物志编辑委员会. 中国植物志 (第 7 ~ 80 卷) [M]. 北京: 科学出版社, 1978—1999.

[15] 中国科学院中国植物志编辑委员会. 中国植物志第 31 卷 [M]. 北京: 科学出版社, 1984.

[16] 中国科学院中国植物志编辑委员会. 中国植物志第 36 卷 [M]. 北京: 科学出版社, 1974.

[17] 中国科学院中国植物志编辑委员会. 中国植物志第 39 卷 [M]. 北京: 科学出版社, 1988.

[18] 中国科学院中国植物志编辑委员会. 中国植物志第 43 卷第 2 分册 [M]. 北京: 科学出版社, 1997.

[19] 中国科学院中国植物志编辑委员会. 中国植物志第 44 卷第 1 分册 [M]. 北京: 科学出版社, 1994.

[20] 中国植物物种信息数据库 [DB/OL]. [2019 – 03 – 01]. http://db.kib.ac.cn.

[21] 朱积余, 廖培来. 广西名优经济树种 [M]. 北京: 中国林业出版社, 2006.

[22] 周雁, 李晓铁. 重阳木育苗技术 [J]. 现代农业科技, 2013 (12): 151, 156.

第四章　湘西地区非粮柴油能源植物的含油量及理化性质

含油量与油的理化性质是非粮柴油能源植物资源研究的核心内容，只有物种中含油量相对丰富，同时油的理化性质大体上符合制备生物柴油的要求，才有可能作为产业开发的植物物种，加以推广和发展。为了筛选出适合湘西地区发展的非粮柴油能源植物，本章对所采集的 262 种植物的含油量测定数据进行统计整理，并对检测结果中含油量≥30% 的 90 种物种进一步开展油脂中酸值、碘值、皂化值及脂肪酸组成等理化性质的分析，为下一步综合评价提供基础数据。

第一节　非粮柴油能源植物的含油量统计

含油量的高低直接关系到原料植物的产油量和开发潜力，因此，含油量是选择柴油植物的首要指标（林铎清 等，2009）。但含油量受多种因素影响，如受地理气候条件、生境环境、营养条件、生长发育阶段的影响较大（刘慧娟，2013；王鹏冬 等，2002），测定结果仅代表每种植物在采集地、当时环境下所表现的数据。因此，需要对不同采集地、不同生理期的种子，甚至同株植物不同部位的种子，分别进行测定，才能获取每种植物更翔实的参数。同时，出于对油脂植物作为生物柴油原料的考虑，对油脂植物的评价也应综合进行。含油量与种子产量应同时考虑，种子产量高的植物含油量不一定就高；反之，含油量高的植物其种子产量也可能不高（韩宝强，2014）。为便于非粮柴油能源植物应用和产业化，在此特将种子含油量在 30% 以上的物种都作为富油种，以此为基础进一步分析其生物柴油相关品质。

一、含油量等级结构

非粮柴油能源植物含油量等级结构是根据植物种子中油脂含量多少来进行划分的。为了更好地了解湘西地区非粮柴油能源植物油脂含量情况，对所采集的 262 种植物含油量的检测结果按照种子中油脂含量≥50%、40%~50%、30%~40%、20%~30%、10%~20% 的含量情况加以区分。

所采集的 262 种植物的含油量分布于 10.23%~62.80%，具体分布等级结构如图 4-1 所示，详细含量如表 4-1 所示。

进一步统计发现：含油量在 50% 以上的物种有 13 种，占总数的 4.96%。其中，含油量最高的是山橿（*Lindera reflexa*），为 62.8%；其次是杠板归（*Polygonum perfoliatum*）为

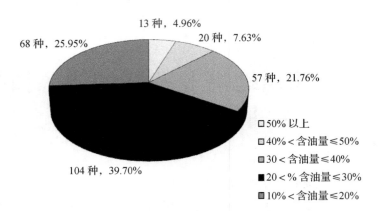

13 种, 4.96%
20 种, 7.63%
68 种, 25.95%
57 种, 21.76%
104 种, 39.70%

□50% 以上
□40% < 含油量≤50%
□30 < 含油量≤40%
■20 < % 含油量≤30%
■10% < 含油量≤20%

图 4-1　湘西地区 262 种非粮柴油能源植物种子含油量分布

62. 76% 、毛豹皮樟（*Litsea coreana* var. lanuginose）为 62.6% 、绒毛山胡椒（*Lindera nacusua*）为 60.1% 、猴欢喜（*Sloanea sinensis*）为 58.45% 、山乌桕（*Sapium discolor*）为 58.06% 、湖南山核桃（*Carya hunanensis*）为 56.21% 、华山松（*Pinus armandii*）为 53.54% 、棘茎楤木（*Aralia echinocaulis*）为 52.81% 、猴樟（*Cinnamomum bodinieri*）为 52.40% 等。含油量 40%~50% 的物种有 20 种，占总数的 7.63% 。代表植物如胡桃（*Juglans regia*）为 48.56% 、栝楼（*Trichosanthes kirilowii*）为 48.21% 、少花桂（*Cinnamomum pauciflorum*）为 47.90% 、川桂（*Cinnamomum wilsonii*）为 47.15% 、油茶（*Camellia oleifera*）为 46.45% 、华榛（*Corylus chinensis*）为 46.15% 、复羽叶栾树（*Koelreuteria bipinnata*）为 42.65% 、栓叶安息香（*Styrax suberifolius*）为 42.56% 、香叶子（*Lindera fragrans*）为 42.10% 、三桠乌药（*Lindera obtusiloba*）为 40.60% 等。含油量 30%~40% 的物种有 57 种，占总数的 21.76% ，代表植物如三尖杉（*Cephalotaxus fortunei*）为 39.45% 、马尾松（*Pinus massoniana*）为 39.45% 、牛蒡（*Arctium lappa*）为 37.37% 、杜仲（*Eucommia ulmoides*）为 36.14% 、蜡梅（*Chimonanthus praecox*）为 36.00% 、西南红山茶（*Camellia pitardii*）为 35.65% 、猫儿屎（*Decaisnea insignis*）为 35.19% 、油桐（*Vernicia fordii*）为 33.78% 、乌桕（*Sapium sebiferum*）为 31.46% 、梾木（*Swida macrophylla*）为 30.56% 等。含油量 20%~ 30% 的物种有 104 种，占总数的 39.70% ，代表植物如四川山矾（*Symplocos setchuensis*）为 28.91% 、小叶白辛树（*Pterostyrax corymbosus*）为 28.15% 、蜡子树（*Ligustrum molliculum*）为 27.99% 、含羞草决明（*Cassia mimosoides*）为 26.98% 、黄樟（*Cinnamomum parthenoxylon*）为 26.70% 、毛梾（*Swida walteri*）为 26.65% 、青葙（*Celosia argentea*）为 26.45% 、毛叶山桐子（*Idesia polycarpa* var. vestita）为 26.15% 、南山茶（*Camellia semiserrata*）为 24.80% 、野漆（*Toxicodendron succedaneum*）为 20.55% 等。含油量 10%~20% 的物种有 68 种，占总数的 25.95% ，代表物种有泡花树（*Meliosma cuneifolia*）为 19.80% 、皱叶荚蒾（*Viburnum rhytidophyllum*）为 19.50% 、小梾木（*Swida paucinervis*）为 18.80% 、桤木（*Alnus cremastogyne*）为 16.87% 、黄杞（*Engelhardtia roxburghiana*）为 16.87% 、商陆（*Phytolacca acinosa*）为 16.46% 、盐肤木（*Rhus chinensis*）为 16.15% 、棕榈（*Trachycarpus fortu-*

nei）为 14. 25%、赤楠（*Syzygium buxifolium*）为 13. 41%、火棘（*Pyracantha fortuneana*）为 12. 65% 等。

本研究选择含油量≥30% 作为筛选湘西地区非粮柴油原料植物的标准，根据这一标准共筛选出 90 种符合标准的非粮柴油能源植物，这 90 种即为湘西地区富油植物。

二、富油植物科属结构

所采集的 262 种非粮柴油能源植物中，有 90 种为湘西地区富油种。为进一步了解这 90 种富油植物的科属结构分布，现对其科属组成情况进行分析。

从科级层面看，樟科（Lauraceae）最多，有 14 种，分别为山橿、毛皮钓樟、绒毛山胡椒、猴樟、少花桂、川桂、川钓樟（*Lindera pulcherrima* var. *hemsleyana*）、绿叶甘橿（*Lindera neesiana*）、沉水樟（*Cinnamomum micranthum*）、香叶子、毛黑壳楠（*Lindera megaphylla* f. *touyunensis*）、黑壳楠（*Lindera megaphylla*）、三桠乌药、绒毛钓樟（*Lindera floribunda*）。大戟科（Euphorbiaceae）和芸香科（Rutaceae）次之，均有 7 种，大戟科分别为山乌桕（*Sapium discolor*）、算盘子（*Glochidion puberum*）、蓖麻（*Ricinus communis*）、木油桐（*Vernicia montana*）、油桐、苍叶守宫木（*Sauropus garrettii*）、乌桕，芸香科分别为刺壳花椒（*Zanthoxylum echinocarpum*）、野花椒（*Zanthoxylum simulans*）、蚬壳花椒（*Zanthoxylum dissitum*）、小花花椒（*Zanthoxylum micranthum*）、密果吴萸（*Evodia compacta*）、宜昌橙（*Citrus ichangensis*）、花椒簕（*Zanthoxylum scandens*）。山茶科（Theaceae）有 6 种，分别为油茶、茶（*Camellia sinensis*）、茶梅（*Camellia sasanqua*）、尖连蕊茶（*Camellia cuspidata*）、西南红山茶、川鄂连蕊茶（*Camellia rosthorniana*）。木兰科（Magnoliaceae）有 5 种，分别为白兰（*Michelia alba*）、厚朴（*Magnolia officinalis*）、深山含笑（*Michelia maudiae*）、乐昌含笑（*Michelia chapensis*）、凹叶厚朴（*Magnolia officinalis* subsp. *biloba*）。安息香科（Styracaceae）、葫芦科（Cucurbitaceae）和卫矛科（Celastraceae）均有 4 种，安息香科分别为栓叶安息香（*Styrax suberifolius*）、野茉莉（*Styrax japonicus*）、灰叶安息香（*Styrax calvescens*）、白花龙（*Styrax faberi*），葫芦科分别为栝楼（*Trichosanthes kirilowii*）、王瓜（*Trichosanthes cucumeroides*）、南赤瓟（*Thladiantha nudiflora*）、球果赤瓟（*Thladiantha globicarpa*），卫矛科分别为刺果卫矛（*Euonymus acanthocarpus*）、大芽南蛇藤（*Celastrus gemmatus*）、西南卫矛（*Euonymus hamiltonianus*）、大果卫矛（*Euonymus myrianthus*）。豆科（Leguminosae）、胡桃科（Juglandaceae）和槭树科（Aceraceae）均有 3 种，豆科分别为豆薯（*Pachyrhizus erosus*）、槐（*Sophora japonica*）、常春油麻藤（*Mucuna sempervirens*），胡桃科分别为湖南山核桃、胡桃（*Juglans regia*）、化香树（*Platycarya* strobilacea），槭树科分别为飞蛾槭（*Acer oblongum*）、罗浮槭（*Acer fabri*）、樟叶槭（*Acer cinnamomifolium*）。此外，还有杜英科（Elaeocarpaceae）、菊科（Compositae）、木犀科（Oleaceae）、葡萄科（Vitaceae）、三尖杉科（Cephalotaxaceae）、松科（Pinaceae）、无患子科（Sapindaceae）、杜仲科（Eucommiaceae）、虎皮楠科（Daphniphyllaceae）、桦木科（Betulaceae）、蜡梅科（Calycanthaceae）、山茱萸科（Cornaceae）等科中也有分布，可以发现富油植物主要分布于常见的几个含油大科中，详见图 4-2。

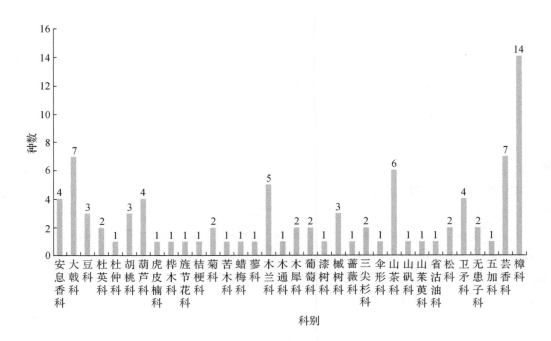

图4-2　湘西地区富油植物科构成

从属级层面看，山胡椒属（*Lindera*）所含种数最多，有9种，分别为山橿、绒毛山胡椒、川钓樟、绿叶甘橿、香叶子、毛黑壳楠、黑壳楠、三桠乌药、绒毛钓樟。其次为山茶属（*Camellia*），有6种，分别为油茶、茶、茶梅、尖连蕊茶、西南红山茶、川鄂连蕊茶。花椒属（*Zanthoxylum*）有5种，分别为刺壳花椒、野花椒、蚬壳花椒、小花花椒、花椒簕。安息香属（*Styrax*）和樟属（*Cinnamomum*）均有4种，安息香属分别为栓叶安息香、野茉莉、灰叶安息香、白花龙，樟属分别为猴樟、少花桂、川桂、沉水樟。槭属（*Acer*）、卫矛属（*Euonymus*）和含笑属（*Michelia*）均有3种，槭属分别为飞蛾槭、罗浮槭、樟叶槭，卫矛属分别为刺果卫矛、西南卫矛、大果卫矛，含笑属分别为白兰、深山含笑、乐昌含笑。此外，还有乌桕属（*Sapium*）、油桐属（*Vernicia*）、栝楼属（*Trichosanthes*）、松属（*Pinus*）、木兰属（*Magnolia*）、女贞属（*Ligustrum*）、蓖麻属（*Ricinus*）、守宫木属（*Sauropus*）、算盘子属（*Glochidion*）、槐属（*Sophora*）、杜英属（*Elaeocarpus*）、杜仲属（*Eucommia*）、胡桃属（*Juglans*）、黄连木属（*Pistacia*）等属中也有分布，详见图4-3。

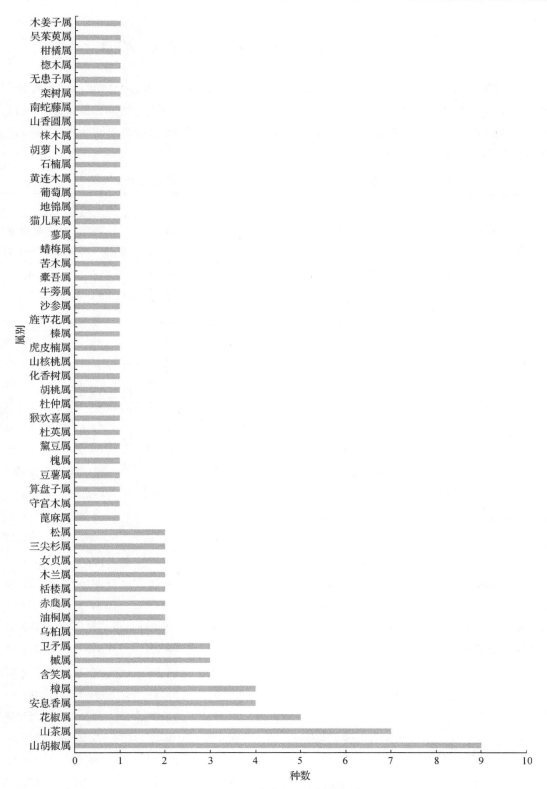

图 4-3　湘西地区富油植物属构成

第二节 非粮柴油能源植物籽油的理化性质

除了含油量以外，油的理化性质直接决定该植物油是否具有作为生物柴油的潜在价值，是非粮柴油能源植物应用基础研究的重点。为了进一步促进对湘西地区非粮柴油能源植物资源的科学认识，在此重点测试 90 种含油量 ≥30% 的非粮柴油能源植物的油脂理化性质，主要包括酸值、碘值、皂化值，测试结果详见表 4-1。

表 4-1 湘西地区 90 种富油非粮柴油能源植物含油量及油脂理化性质

科名	植物名称	含油量/%	理化性质		
			酸值/ （mg/g）	碘值/ （g/100 g）	皂化值/ （mg/g）
安息香科 Styracaceae	灰叶安息香 *Styrax calvescens*	32.46	6.62	66.20	261.37
	白花龙 *Styrax faberi*	30.89	2.10	83.55	174.06
	野茉莉 *Styrax japonicus*	40.24	15.16	79.29	199.61
	栓叶安息香 *Styrax suberifolius*	42.56	11.36	49.22	212.53
大戟科 Euphorbiaceae	蓖麻 *Ricinus communis*	46.15	2.27	97.73	229.69
	苍叶守宫木 *Sauropus garrettii*	32.50	1.09	124.53	176.07
	算盘子 *Glochidion puberum*	51.05	1.83	85.25	189.13
	山乌桕 *Sapium discolor*	58.06	4.91	78.62	184.96
	乌桕 *Sapium sebiferum*	31.46	11.47	66.05	161.60
	油桐 *Vernicia fordii*	33.78	1.09	124.53	176.07
	木油桐 *Vernicia montana*	33.83	1.30	132.37	176.11
豆科 Leguminosae	豆薯 *Pachyrhizus erosus*	31.26	4.91	78.62	184.96
	槐 *Sophora japonica*	30.60	20.6	30.75	314.67
	常春油麻藤 *Mucuna sempervirens*	30.48	9.10	100.88	223.74
杜英科 Elaeocarpaceae	日本杜英 *Elaeocarpus japonicus*	30.40	4.28	74.60	171.65
	猴欢喜 *Sloanea sinensis*	58.45	3.48	34.85	187.64
杜仲科 Eucommiaceae	杜仲 *Eucommia ulmoides*	36.14	16.93	15.65	193.87
胡桃科 Juglandaceae	胡桃 *Juglans regia*	48.56	8.23	91.85	208.51
	化香树 *Platycarya strobilacea*	36.12	4.00	88.21	119.92
	湖南山核桃 *Carya hunanensis*	56.21	9.35	111.97	189.96
葫芦科 Cucurbitaceae	球果赤瓟 *Thladiantha globicarpa*	32.61	3.09	55.64	165.48
	南赤瓟 *Thladiantha nudiflora*	38.17	9.10	77.27	576.16
	王瓜 *Trichosanthes cucumeroides*	40.16	61.63	138.09	128.62
	栝楼 *Trichosanthes kirilowii*	48.21	18.25	32.01	202.37

续表

科名	植物名称	含油量/%	理化性质		
			酸值/ （mg/g）	碘值/ （g/100 g）	皂化值/ （mg/g）
虎皮楠科 Daphniphyllaceae	虎皮楠 *Daphniphyllum oldhami*	31.70	0.85	105.25	171.53
桦木科 Betulaceae	华榛 *Corylus chinensis*	46.15	5.05	5.48	185.39
旌节花科 Stachyuraceae	西域旌节花 *Stachyurus himalaicus*	37.12	5.41	64.23	153.65
桔梗科 Campanulaceae	轮叶沙参 *Adenophora tetraphylla*	30.54	11.42	33.84	195.13
菊科 Compositae	牛蒡 *Arctium lappa*	37.37	3.02	20.39	281.70
	齿叶橐吾 *Ligularia dentata*	31.56	7.04	119.71	191.17
苦木科 Simaroubaceae	苦树 *Picrasma quassioides*	50.90	1.52	62.22	396.81
蜡梅科 Calycanthaceae	蜡梅 *Chimonanthus praecox*	36.00	2.40	83.39	314.35
蓼科 Polygonaceae	杠板归 *Polygonum perfoliatum*	62.76	14.72	5.01	290.02
木兰科 Magnoliaceae	白兰 *Michelia alba*	36.70	6.57	105.85	146.30
	乐昌含笑 *Michelia chapensis*	32.14	22.70	78.19	362.04
	深山含笑 *Michelia maudiae*	34.56	7.14	24.62	207.71
	厚朴 *Magnolia officinalis*	34.60	1.52	59.36	170.61
	凹叶厚朴 *Magnolia officinalis* subsp. *Biloba*	30.65	15.37	17.79	151.50
木通科 Lardizabalaceae	猫儿屎 *Decaisnea insignis*	35.19	8.64	78.79	168.10
木犀科 Oleaceae	小蜡 *Ligustrum sinense*	30.15	2.75	21.88	205.38
	多毛小蜡 *Ligustrum sinense* var. *coryanum*	30.46	3.95	123.72	184.22
葡萄科 Vitaceae	绿叶地锦 *Parthenocissus laetevirens*	31.26	10.86	47.08	140.14
	桦叶葡萄 *Vitis betulifolia*	35.49	5.94	32.12	189.04
漆树科 Anacardiaceae	黄连木 *Pistacia chinensis*	30.25	10.27	98.25	200.52
槭树科 Aceraceae	樟叶槭 *Acer cinnamomifolium*	30.45	4.59	81.61	138.21
	罗浮槭 *Acer fabri*	30.47	11.42	14.67	130.83
	飞蛾槭 *Acer oblongum*	35.15	3.29	121.82	157.36
蔷薇科 Rosaceae	椤木石楠 *Photinia davidsoniae*	30.56	101.50	3.97	202.35
三尖杉科 Cephalotaxaceae	三尖杉 *Cephalotaxus fortunei*	39.45	40.78	98.47	273.36
	篦子三尖杉 *Cephalotaxus oliveri*	42.56	92.14	154.94	214.23
伞形科 Umbelliferae	野胡萝卜 *Daucus carota*	31.65	3.58	84.04	167.12

续表

科名	植物名称	含油量/%	理化性质		
			酸值/ (mg/g)	碘值/ (g/100 g)	皂化值/ (mg/g)
山茶科 Theaceae	尖连蕊茶 *Camellia cuspidata*	36.48	2.04	95.42	210.59
	油茶 *Camellia oleifera*	46.45	10.52	33.43	160.34
	西南红山茶 *Camellia pitardii*	35.65	19.34	116.30	214.56
	川鄂连蕊茶 *Camellia rosthorniana*	32.56	5.78	71.52	198.57
	茶梅 *Camellia sasanqua*	36.56	4.75	104.40	191.30
	茶 *Camellia sinensis*	38.15	112.38	67.79	215.95
山矾科 Symplocaceae	白檀 *Symplocos paniculata*	32.45	3.48	95.50	201.38
山茱萸科 Cornaceae	梾木 *Swida macrophylla*	30.56	1.30	132.37	176.11
省沽油科 Staphyleaceae	硬毛山香圆 *Turpinia affinis*	32.05	2.41	110.90	286.10
松科 Pinaceae	华山松 *Pinus armandii*	53.54	18.26	156.77	268.15
	马尾松 *Pinus massoniana*	39.45	2.51	91.85	239.09
卫矛科 Celastraceae	大芽南蛇藤 *Celastrus gemmatus*	35.45	10.63	80.25	200.11
	刺果卫矛 *Euonymus acanthocarpus*	50.15	13.30	9.18	136.57
	西南卫矛 *Euonymus hamiltonianus*	35.12	9.33	8.12	90.79
	大果卫矛 *Euonymus myrianthus*	34.46	7.25	20.15	211.36
无患子科 Sapindaceae	复羽叶栾树 *Koelreuteria bipinnata*	42.65	6.20	17.27	70.72
	无患子 *Sapindus saponaria*	36.18	12.97	5.59	210.40
五加科 Araliaceae	棘茎楤木 *Aralia echinocaulis*	52.81	5.07	118.45	184.24
芸香科 Rutaceae	宜昌橙 *Citrus ichangensis*	30.42	14.04	24.37	185.86
	蚬壳花椒 *Zanthoxylum dissitum*	35.20	13.89	10.32	175.80
	刺壳花椒 *Zanthoxylum echinocarpum*	38.45	18.13	1.85	143.21
	小花花椒 *Zanthoxylum micranthum*	35.18	6.24	6.44	170.81
	花椒簕 *Zanthoxylum scandens*	30.12	14.62	12.84	187.39
	野花椒 *Zanthoxylum simulans*	37.66	15.02	41.46	165.34
	密果吴萸 *Evodia compacta*	32.14	24.65	66.63	392.49
樟科 Lauraceae	毛豹皮樟 *Litsea coreana* var. *Lanuginosa*	62.60	2.15	42.37	522.05
	绒毛钓樟 *Lindera floribunda*	40.35	12.22	187.88	189.57
	香叶子 *Lindera fragrans*	42.10	9.10	77.27	576.16

科名	植物名称	含油量/%	理化性质		
			酸值/（mg/g）	碘值/（g/100 g）	皂化值/（mg/g）
	毛黑壳楠 *Lindera megaphylla f. touyunensis*	41.60	15.56	30.51	162.27
	黑壳楠 *Lindera megaphylla*	40.65	9.83	288.26	128.29
	绒毛山胡椒 *Lindera nacusua*	60.10	7.66	126.08	114.47
	绿叶甘橿 *Lindera neesiana*	43.68	15.47	14.67	520.60
	三桠乌药 *Lindera obtusiloba*	40.60	6.55	18.40	146.05
	川钓樟 *Lindera pulcherrima var. hemsleyana*	46.15	8.34	20.99	477.15
	山橿 *Lindera reflexa*	62.80	0.87	45.79	405.88
	猴樟 *Cinnamomum bodinieri*	52.40	7.15	16.80	255.23
	沉水樟 *Cinnamomum micranthum*	43.15	15.63	66.86	503.39
	少花桂 *Cinnamomum pauciflorum*	47.90	0.63	3.19	545.92
	川桂 *Cinnamomum wilsonii*	47.15	22.56	28.05	78.51

一、酸值

酸值是指中和 1 g 油脂中游离脂肪酸所需要氢氧化钾的毫克数，其值大小反映了所测定的油分中游离脂肪酸的多少，是评价油脂品质优劣和计算油脂脱酸时加碱量的依据（赵伟华，2011）。酸值是控制油品腐蚀性能和使用性能的主要指标之一，酸值大的生物柴油会使发动机内积炭增加，造成活塞磨损，使喷嘴结焦，影响雾化和燃烧性能，还会引起柴油的乳化现象，因此，应尽量降低生物柴油原油脂的酸值。吴道银等（2011）、Ramadhas A S 等（2005）及 Sha shikant V G 等（2006）也认为，制备生物柴油的原油脂的酸值越小，越有利于减少脱酸处理工序、降低成本且增加酯交换反应的效率。本研究选择酸值≤10 mg/g 作为筛选湘西地区非粮柴油原料植物的标准。

重点对含油量≥30% 的物种进行了测试，酸值结果详见表 4-1。在所测试的 90 种植物中，种子油分的酸值分布在 0.63~112.38 mg/g。按照酸值≤1 mg/g、酸值介于 1~5 mg/g、酸值介于 5~10 mg/g 和酸值>10 mg/g 的划分方式，对 90 种非粮柴油能源植物物种酸值分布情况进行统计分析，其中酸值≤1 mg/g 的物种有 3 种，占 3.33%；酸值介于 1~5 mg/g 的物种有 28 种，占 31.11%；酸值介于 5~10 mg/g 的物种有 24 种，占 26.67%；酸值>10 mg/g 的物种有 35 种，占 38.89%（图 4-4）。根据原油酸值≤10 mg/g 的指标，共有 55 种植物物种符合标准，但在实际的原油生产工艺中，酸值越小油质越优，因此，还需增加脱酸的步骤，促使油脂的酸值更低。

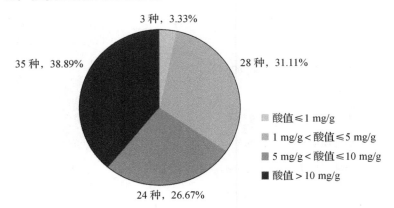

图 4-4　湘西地区 90 种富油植物酸值分布

酸值≤1 mg/g 的有 3 种植物，占 3.33%，分别为樟科的少花桂、山橿，虎皮楠科的虎皮楠。这 3 种植物油的酸值比较小，十分符合制备生物柴油的酸值标准，且无须进行脱酸处理。

酸值介于 1~5 mg/g 的有 28 种植物，占 31.11%，分别为安息香科的白花龙，大戟科的苍叶守宫木、油桐、木油桐、算盘子、蓖麻、山乌桕，豆科的豆薯，杜英科的猴欢喜（*Sloanea sinensis*）、日本杜英（*Elaeocarpus japonicus*），胡桃科的化香树，葫芦科的球果赤瓟，菊科的牛蒡（*Arctium lappa*），苦木科的苦树（*Picrasma quassioides*），蜡梅科的蜡梅（*Chimonanthus praecox*），木兰科的厚朴，木犀科的小蜡（*Ligustrum sinense*）、多毛小蜡（*Ligustrum sinense* var. *coryanum*），槭树科的飞蛾槭、樟叶槭，伞形科的野胡萝卜（*Daucus carota*），山茶科的尖连蕊茶、茶梅，山矾科的白檀（*Symplocos paniculata*），山茱萸科的梾木（*Swida macrophylla*），省沽油科的硬毛山香圆（*Turpinia affinis*），松科的马尾松（*Pinus massoniana*），樟科的毛豹皮樟（图 4-5）。这 28 种植物由于酸值较小，作为生物柴油原料植物开发时可以不进行脱酸处理。

酸值介于 5~10 mg/g 的有 24 种植物，占 26.67%，分别为安息香科的灰叶安息香，豆科的常春油麻藤，胡桃科的胡桃、湖南山核桃，葫芦科的南赤瓟，桦木科的华榛（*Corylus chinensis*），旌节花科的西域旌节花（*Stachyurus himalaicus*），木兰科的白兰、深山含笑，木通科的猫儿屎（*Decaisnea insignis*），葡萄科的桦叶葡萄（*Vitis betulifolia*），山茶科的川鄂连蕊茶，卫矛科的大果卫矛、西南卫矛，无患子科的复羽叶栾树（*Koelreuteria bipinnata*），五加科的棘茎楤木（*Aralia echinocaulis*），芸香科的密果吴萸、小花花椒，樟科的三桠乌药、猴樟、绒毛山胡椒、川钓樟、香叶子和黑壳楠（图 4-6）。这 24 种植物油脂中酸值较高，作为生物柴油原料植物开发时需增加脱酸处理。

酸值 >10 mg/g 的有 35 种植物，占总种数的 38.89%，分别为安息香科的栓叶安息香、野茉莉，大戟科的乌桕，豆科的槐，杜仲科的杜仲（*Eucommia ulmoides*），葫芦科的栝楼、

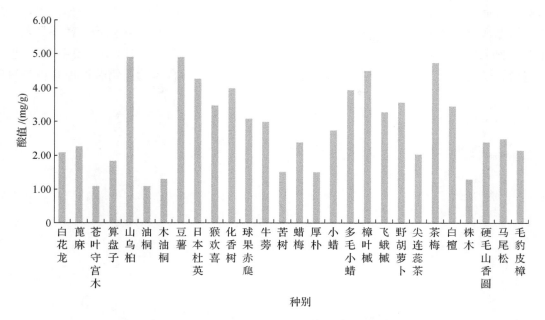

图 4-5　湘西地区酸值为 1～5 mg/g 的富油植物种构成

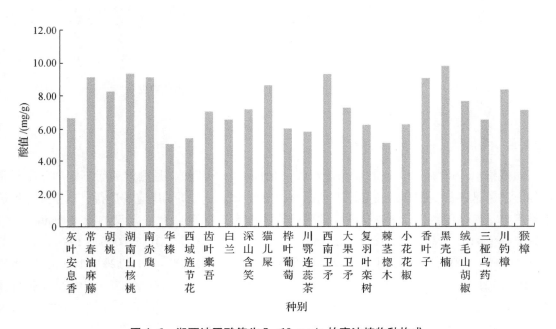

图 4-6　湘西地区酸值为 5～10 mg/g 的富油植物种构成

王瓜，桔梗科的轮叶沙参（*Adenophora tetraphylla*），蓼科的杠板归（*Polygonum perfoliatum*），木兰科的凹叶厚朴、乐昌含笑，葡萄科的绿叶地锦（*Parthenocissus laetevirens*），漆树科的黄连木（*Pistacia chinensis*），槭树科的罗浮槭，蔷薇科的椤木石楠（*Photinia davidsoniae*），三尖杉科的三尖杉（*Cephalotaxus fortunei*）、篦子三尖杉（*Cephalotaxus oliveri*），山茶科的油茶、

西南红山茶和茶，松科的华山松（*Pinus armandii*），卫矛科的大芽南蛇藤、刺果卫矛，无患子科的无患子（*Sapindus saponaria*），芸香科的宜昌橙、蚬壳花椒、花椒簕、密果吴萸、野花椒和刺壳花椒，樟科的绒毛钓樟、绿叶甘橿、毛黑壳楠、沉水樟和川桂（图4-7）。这35种植物的酸值太高，不符合制备生物柴油的酸值标准，不适合作为生物柴油原料植物进行开发。

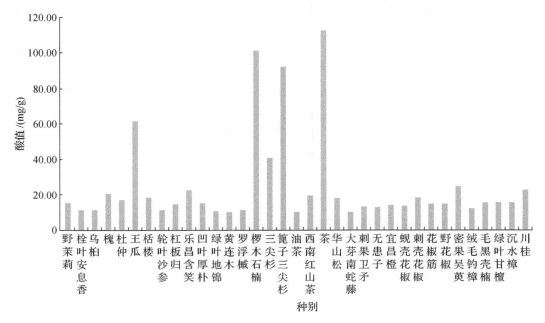

图4-7 湘西地区酸值＞10 mg/g 的富油植物种构成

二、碘值

碘值指100g物质（油脂）中所能吸收（加成）碘的克数，是测定油脂不饱和程度最常用的方法，是评价生物柴油及其原料油标准的重要指标。为便于反应的进行，通常测定碘值不是用碘，而是用氯化碘或溴化碘，常用的方法有韦氏（Wige）法与汉纳斯（Hanus）法，本研究碘值测定方法按照韦氏（Wige）法进行。目前，德国（DIN51606）（1994）和欧盟（EN14214）（2003）规定，生物柴油中碘值分别应≤115 g/100 g 和≤120 g/100 g，而美国（ASTMPS121，ASTMD6751）（1999；2002）和我国（BD100，B/T 20828—2014）（张春化等，2010）的生物柴油标准暂未对其做出规定。本研究参照欧盟生物柴油碘值≤120 g/100 g 的标准，对湘西地区非粮柴油原料植物进行筛选。

重点对含油量≥30%的物种进行了测试，碘值结果详见表4-1。90种含油量≥30%的植物中，种子油分碘值分布于1.85～288.26 g/100 g。按照碘值＜80 g/100 g、碘值介于80～120 g/100 g、碘值大于120 g/100g的划分方式，对90种非粮柴油能源植物物种碘值分布情况进行统计分析，其中碘值＜80 g/100 g 的物种有55 种，占61.11%；碘值介于80～120 g/100 g 的物种有23 种，占25.56%；碘值＞120 g/100g 的物种有12 种，占13.33%。根据原油碘值≤120 g/100g 的标准，共有 78 种植物符合标准（图 4-8）。

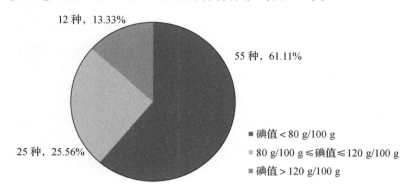

图 4-8　湘西地区 90 种富油植物碘值分布

　　碘值<80 g/100 g 的植物有 55 种，占 61.11%，分别为樟科的少花桂、绿叶甘橿、猴樟、三桠乌药、川钓樟、川桂、毛黑壳楠、毛豹皮樟、山橿、沉水樟、香叶子，芸香科的刺壳花椒、小花花椒、蚬壳花椒、花椒簕、宜昌橙、野花椒、密果吴萸，木兰科的凹叶厚朴、深山含笑、厚朴、乐昌含笑，安息香科的栓叶安息香、灰叶安息香、野茉莉，山茶科的油茶、茶、川鄂连蕊茶，卫矛科的西南卫矛、刺果卫矛、大果卫矛，葫芦科的球果赤瓟、南赤瓟、栝楼，大戟科的乌桕、山乌桕，豆科的槐、豆薯，杜英科的猴欢喜、日本杜英，葡萄科的桦叶葡萄（*Vitis betulifolia*）、绿叶地锦（*Parthenocissus laetevirens*），无患子科的无患子（*Sapindus saponaria*）、复羽叶栾树（*Koelreuteria bipinnata*），杜仲科的杜仲，桦木科的华榛（*Corylus chinensis*），旌节花科的西域旌节花（*Stachyurus himalaicus*），桔梗科的轮叶沙参，菊科的牛蒡，苦木科的苦树（*Picrasma quassioides*），蓼科的杠板归，木通科的猫儿屎（*Decaisnea insignis*），木犀科的小蜡，槭树科的罗浮槭，蔷薇科的椤木石楠。这 55 种植物种子油的碘值<80 g/100 g，为不干性油脂，由于具备在空气中不被氧化干燥形成固态膜的优良性质，在涂料工业中主要用于制备合成树脂和增塑剂，也可用于肥皂、医药和润滑油等工业，亦可作为生产生物柴油的原料植物油。

　　碘值介于 80～120 g/100 g 的植物有 23 种，占 25.56%，分别为山茶科的西南红山茶、茶梅、尖连蕊茶，胡桃科的湖南山核桃、胡桃、化香树，大戟科的蓖麻、算盘子，安息香科的白花龙，豆科的常春油麻藤，虎皮楠科的虎皮楠（*Daphniphyllum oldhami*），菊科的齿叶橐吾（*Ligularia dentata*），蜡梅科的蜡梅，木兰科的白兰，漆树科的黄连木，槭树科的樟叶槭，三尖杉科的三尖杉，伞形科的野胡萝卜，山矾科的白檀（*Symplocos paniculata*），省沽油科的硬毛山香圆（*Turpinia affinis*），松科的马尾松，卫矛科的大芽南蛇藤，五加科的棘茎楤木。这 23 种植物种子油的碘值符合制作生物柴油碘值≤120 g/100 g 的标准，从碘值来看，可作为生物柴油的原料植物进行开发（图 4-9）。

　　碘值>120 g/100 g 的植物有 12 种，占 13.33%，分别为大戟科的油桐、木油桐和苍叶守宫木，葫芦科的王瓜，木犀科的多毛小蜡，槭树科的飞蛾槭，三尖杉科的篦子三尖杉（*Cephalotaxus oliveri*），山茱萸科的梾木（*Swida macrophylla*），松科的华山松（*Pinus arman-*

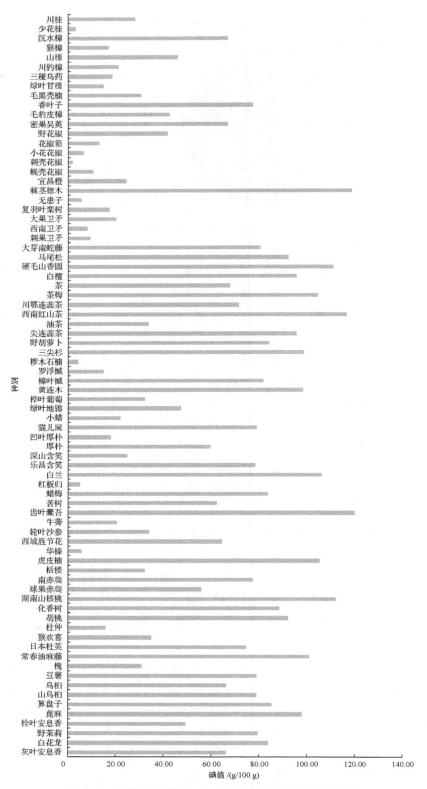

图 4-9　湘西地区碘值≤120 g/100g 的富油植物种构成

dii），樟科的绒毛山胡椒、绒毛钓樟和黑壳楠。这12种植物油的碘值不符合制备生物柴油的碘值标准，不适合作为生物柴油原料植物进行开发。

三、皂化值

皂化值是完全皂化1 g油脂所需要氢氧化钾的毫克数（苏宜香，2003），能反映油脂中各种脂肪酸混合物的平均分子量大小，皂化值越高，脂肪酸混合物的平均分子量就越小，即碳链长度越短，黏稠度越低；反之，皂化值越低，脂肪酸碳链长度就越长。这对鉴定和评定油脂品质及对油脂的脂肪酸分析都很重要。皂化值越高，在转化制备生物柴油时消耗催化剂越多，后处理难度越大，成本越高（TriwaIi A K et al，2007；Foidl N et al，1996）。1991年，德国凯姆瑞亚·凯斯特公司对生物柴油菜籽油的皂化值要求为187～191 mg/g（赵伟华，2011），但各国生物柴油国家标准未对皂化值做出明确规定。

本研究将皂化值作为衡量油脂质量的一个重要参考指标，将皂化值的标准放宽至160～220 mg/g。重点对含油量≥30%的植物皂化值进行了测试，结果详见表4-1。90种含油量≥30%的植物中，种子油分皂化值分布介于70.72～576.16 mg/g。按照皂化值<160mg/g、皂化值介于160～220 mg/g、皂化值>220 mg/g的划分方式，对90种非粮柴油能源植物物种皂化值分布情况进行统计分析，其中皂化值<160 mg/g的物种有17种，占18.89%；皂化值介于160～220 mg/g的物种有50种，占55.56%；皂化值>220 mg/g的物种有23种，占25.55%（图4-10）。按照原油皂化值介于160～220 mg/g的标准，90种植物中共有50种符合标准。

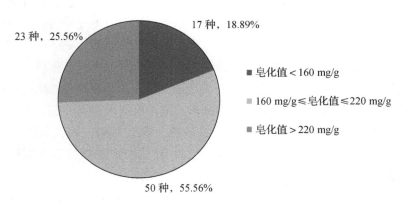

图4-10　湘西地区90种富油植物皂化值分布

皂化值<160 mg/g的植物有17种，占18.89%，分别为胡桃科的化香树，葫芦科的王瓜，旌节花科的西域旌节花，木兰科的白兰花、凹叶厚朴，葡萄科的绿叶地锦，槭树科的樟叶槭、罗浮槭、飞蛾槭，卫矛科的刺果卫矛、西南卫矛，无患子科的复羽叶栾树（*Koelreuteria bipinnata*），芸香科的刺壳花椒，樟科的黑壳楠、绒毛山胡椒、三桠乌药、川桂。这17种植物种子油的皂化值偏低，不适合作为生物柴油原料植物进行开发。

皂化值介于160～220 mg/g的有50种植物，占55.56%，不均匀地分布于以下各科中

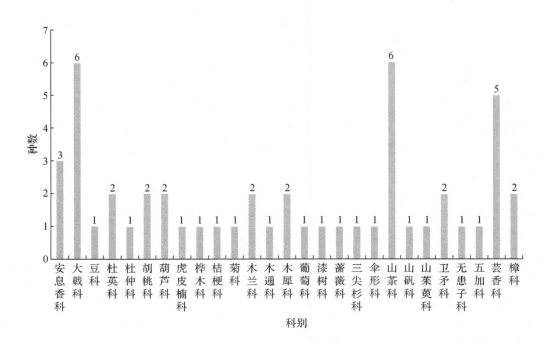

图 4-11　湘西地区皂化值为 160 ~ 220 mg/g 的富油植物科构成

（图 4-11），分别为安息香科的白花龙、野茉莉、栓叶安息香，大戟科的苍叶守宫木、算盘子、山乌桕、乌桕、油桐、木油桐，豆科的豆薯，杜英科的猴欢喜、日本杜英，杜仲科的杜仲，胡桃科的胡桃、湖南山核桃，葫芦科的球果赤瓟、栝楼，虎皮楠科的虎皮楠，桦木科的华榛，桔梗科的轮叶沙参，菊科的齿叶橐吾，木兰科的深山含笑、厚朴，木通科的猫儿屎，木犀科的小蜡、多毛小蜡，葡萄科的桦叶葡萄，漆树科的黄连木，蔷薇科的椤木石楠，三尖杉科的篦子三尖杉，伞形科的野胡萝卜，山茶科的尖连蕊茶、油茶、西南红山茶、川鄂连蕊茶、茶梅、茶，山矾科的白檀，山茱萸科的楝木，卫矛科的大芽南蛇藤、大果卫矛，无患子科的无患子，五加科的棘茎楤木，芸香科的宜昌橙、蚬壳花椒、小花花椒、花椒簕、野花椒，樟科的绒毛钓樟、毛黑壳楠（图 4-12）。这 50 种植物种子油的皂化值符合制备生物柴油的皂化值标准，适合作为生物柴油原料植物进行开发。

　　皂化值 > 220 mg/g 有 23 种，占 25.55%，分别为安息香科的灰叶安息香，大戟科的蓖麻，豆科的常春油麻藤（*Mucuna sempervirens*）、槐，葫芦科的南赤瓟，菊科的牛蒡，苦木科的苦树，蜡梅科的蜡梅，蓼科的杠板归，木兰科的乐昌含笑，三尖杉科的三尖杉，省沽油科的硬毛山香圆，松科的马尾松、华山松，芸香科的密果吴萸，樟科的少花桂、山橿、毛豹皮樟、猴樟、川钓樟、香叶子、沉水樟、绿叶甘檀。这 23 种植物的种子油皂化值过高，综合成本和处理难度考虑，不适合作为生产生物柴油原料植物进行开发。

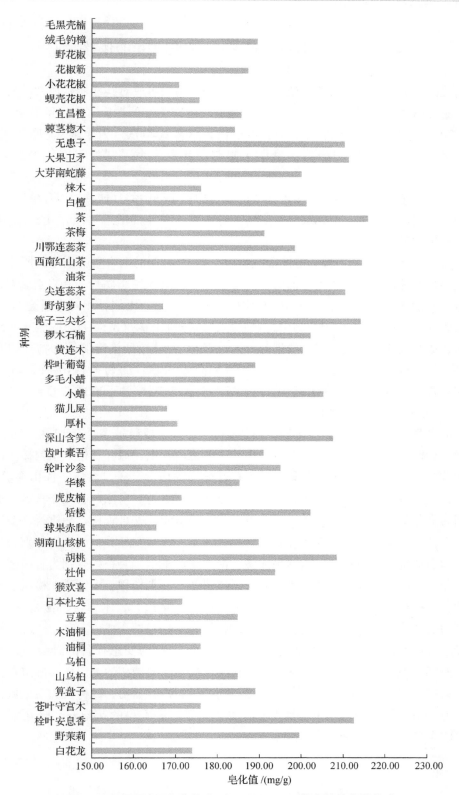

图 4-12 湘西地区皂化值为 160～220 mg/g 的富油植物种构成

第三节　非粮柴油能源植物油脂脂肪酸组成

生物柴油作为一类燃料，能源植物种子油脂的脂肪酸组成对其性能有很大影响。通过检测植物油脂的脂肪酸组成情况，可以预测其制成的生物柴油的性能（Rashid U et al, 2008；吴开金，2008）。为了防止油脂的不饱和度过高，欧盟（2003）和德国（1994）生物柴油标准中都对多元不饱和脂肪酸的含量做了限制，其中一个限制为亚麻酸的含量不能超过12%。

重点对含油量≥30%的90种非粮柴油能源植物种子油中的月桂酸、肉豆蔻酸、棕榈酸、棕榈油酸、硬脂酸、油酸、亚油酸、亚麻酸、花生酸、花生烯酸10种脂肪酸含量进行了测试，测试结果详见表4-2。

通过对湘西地区90种非粮柴油能源植物中上述10种脂肪酸含量的测定，所测得的植物油脂中主要含有棕榈酸、硬脂酸、油酸、亚油酸和亚麻酸5种脂肪酸，相对含量超过90%，其中油酸、亚油酸、亚麻酸这3种不饱和脂肪酸占绝大部分比例，相对含量超过50%。在所测定的含油量≥30%的90种植物中，亚麻酸含量分布于0~63.93%。按照亚麻酸相对含量≤12%、亚麻酸相对含量>12%的划分方式，对90种非粮柴油能源植物物种的亚麻酸相对含量分布情况进行统计分析，其中亚麻酸相对含量≤12%的物种有67种，占74.44%；亚麻酸相对含量>12%的物种有23种，占25.56%。根据原油亚麻酸含量≤12%的标准，90种植物中共有67种符合标准。

亚麻酸含量≤12%的植物有67种，占74.44%，其中樟科最多，有12种，分别为毛皮钓樟、绒毛钓樟、香叶子、毛黑壳楠、黑壳楠、绒毛山胡椒、绿叶甘橿、川钓樟、山橿、沉水樟、少花桂、川桂；其次为木兰科，有5种，分别为白兰、乐昌含笑、深山含笑、厚朴、凹叶厚朴；大戟科和卫矛科均有4种，大戟科分别为算盘子、乌桕、苍叶守宫木、油桐，卫矛科分别为大芽南蛇藤、刺果卫矛、西南卫矛、大果卫矛；安息香科、胡桃科、葫芦科和芸香科均有3种，安息香科分别为灰叶安息香、白花龙、栓叶安息香，胡桃科分别为胡桃、化香树、湖南山核桃，葫芦科分别为球果赤瓟、南赤瓟、王瓜，芸香科分别为宜昌橙、蚬壳花椒、小花花椒；此外，豆科、杜英科、菊科、槭树科、三尖杉科、山茶科、松科、无患子科等有2种；杜仲科、桦木科、苦木科、蜡梅科、蓼科、木通科、木犀科、葡萄科、漆树科、蔷薇科、山矾科、山茱萸科、省沽油科、五加科等有1种（图4-13）。

亚麻酸含量>12%的植物有23种，占25.56%，分别为安息香科的野茉莉，大戟科的木油桐、蓖麻、山乌桕，豆科的豆薯，葫芦科的栝楼，虎皮楠科的虎皮楠，旌节花科的西域旌节花，桔梗科的轮叶沙参，木犀科的小蜡，葡萄科的桦叶葡萄，槭树科的飞蛾槭，伞形科的野胡萝卜，山茶科的茶梅、川鄂连蕊茶、油茶、茶，芸香科的花椒簕、野花椒、刺壳花椒，樟科的密果吴萸、三桠乌药、猴樟。

表4-2　湘西地区90种富油植物油脂脂肪酸组成情况

科名	中文名	学名	脂肪酸组成/%									
			月桂酸	肉豆蔻酸	棕榈酸	棕榈油酸	硬脂酸	油酸	亚油酸	亚麻酸	花生酸	花生烯酸
安息香科 Styracaceae	灰叶安息香	Styrax calvescens	0.02	0.10	18.50	0.16	4.83	35.16	14.80	0.12	3.04	0.38
	白花龙	Styrax faberi	0.08	0.42	14.00	1.23	5.35	34.10	25.30	0.07	5.67	0.16
	野茉莉	Styrax japonicus	0.02	0.14	7.13	0.77	3.23	12.74	49.20	18.94	0.51	0.09
	栓叶安息香	Styrax suberifolius	0.12	0.29	6.57	0.15	3.69	15.35	29.90	0.02	40.03	0.12
大戟科 Euphorbiaceae	蓖麻	Ricinus communis	—	0.03	12.00	0.22	3.23	8.28	43.20	30.66	0.16	0.05
	苍叶守宫木	Sauropus garrettii	4.97	0.29	18.60	0.75	2.59	52.34	5.41	1.43	0.16	0.04
	算盘子	Glochidion puberum	0.02	0.06	7.75	—	6.42	20.64	4.35	0.13	0.19	0.44
	山乌桕	Sapium discolor	—	—	22.30	25.17	2.71	—	27.00	19.06	1.51	2.27
	乌桕	Sapium sebiferum	6.98	—	—	16.35	—	55.55	—	8.65	18.49	—
	油桐	Vernicia fordii	—	—	2.48	—	71.36	—	11.00	10.30	—	4.84
	木油桐	Vernicia montana	—	—	3.11	—	—	15.80	9.35	13.82	—	57.93
豆科 Leguminosae	豆薯	Pachyrhizus erosus	0.93	0.24	13.74	2.58	1.80	5.90	21.98	22.86	0.83	0
	槐	Sophora japonica	0.10	0.13	0.21	0.05	11.33	34.00	34.00	2.08	0.07	—
	常春油麻藤	Mucuna sempervirens	—	0.10	7.25	0.21	1.42	51.60	29.00	0.75	0.67	—
杜英科 Elaeocarpaceae	日本杜英	Elaeocarpus japonicus	0.07	0.16	18.10	0.36	2.12	29.40	20.50	0.90	0.23	0.14
杜仲科 Eucommiaceae	猴欢喜	Sloanea sinensis	—	0.20	16.70	—	2.15	37.63	32.70	7.16	—	—
	杜仲	Eucommia ulmoides	0.19	0.68	22.80	1.27	3.60	14.22	39.40	5.36	0.97	0.19
胡桃科 Juglandaceae	胡桃	Juglans regia	0.06	0.63	39.90	0.12	4.95	23.25	10.90	1.38	0.29	0.12
	化香树	Platycarya strobilacea	—	0.83	13.90	—	2.65	34.47	33.40	1.19	0.14	0.36
	湖南山核桃	Carya hunanensis	0.39	0.70	16.70	—	0.94	56.16	4.71	0.23	0.18	10.21

续表

科名	中文名	学名	脂肪酸组成/%									
			月桂酸	肉豆蔻酸	棕榈酸	棕榈油酸	硬脂酸	油酸	亚油酸	亚麻酸	花生酸	花生烯酸
葫芦科 Cucurbitaceae	球果赤瓟	Thladiantha globicarpa	—	0.28	12.40	—	3.80	40.01	29.60	6.02	0.79	0.57
	南赤瓟	Thladiantha nudiflora	—	0.05	15.00	0.34	0.49	12.26	25.40	0.06	0.14	0.31
	王瓜	Trichosanthes cucumeroides	0.17	71.27	5.52	0.17	0.92	7.00	11.90	0.74	0.34	0.79
	栝楼	Trichosanthes kirilowii	—	0.07	6.97	0.09	3.32	23.98	42.80	14.84	1.46	0.09
虎皮楠科 Daphniphyllaceae	虎皮楠	Daphniphyllum oldhami	—	—	12.30	49.73	—	—	—	37.94	—	—
桦木科 Betulaceae	华榛	Corylus chinensis	0.17	0.16	55.10	0.07	2.29	23.42	5.72	2.50	0.17	0.13
旌节花科 Stachyuraceae	西域旌节花	Stachyurus himalaicus	—	—	5.29	—	3.26	21.94	45.00	21.59	1.08	1.08
桔梗科 Campanulaceae	轮叶沙参	Adenophora tetraphylla	0.21	0.09	0.04	2.23	11.91	4.85	29.50	17.25	6.09	0.68
菊科 Compositae	牛蒡	Arctium lappa	57.85	2.61	4.70	0.16	0.68	25.47	6.62	0.36	—	1.56
	齿叶橐吾	Ligularia dentata	0.11	0.17	6.99	—	1.27	20.54	64.80	1.38	0.99	—
苦木科 Simaroubaceae	苦树	Picrasma quassioides	0.02	0.03	3.10	0.64	2.78	83.68	5.94	2.91	0.32	0.58
蜡梅科 Calycanthaceae	蜡梅	Chimonanthus praecox	0.05	0.11	13.60	—	3.12	26.16	53.40	0.34	0.38	2.84

续表

科名	中文名	学名	脂肪酸组成/%									
			月桂酸	肉豆蔻酸	棕榈酸	棕榈油酸	硬脂酸	油酸	亚油酸	亚麻酸	花生酸	花生烯酸
蓼科 Polygonaceae	杠板归	*Polygonum perfoliatum*	89.46	1.99	0.76	—	0.19	5.40	2.00	0	—	—
木兰科 Magnoliaceae	白兰	*Michelia alba*	—	0.12	12.90	0.55	3.50	17.09	59.90	1.16	0.60	0.30
	乐昌含笑	*Michelia chapensis*	0.24	0.36	5.53	0.10	3.16	55.45	55.50	1.95	0.41	0.16
	深山含笑	*Michelia maudiae*	—	0.26	5.38	0.12	2.45	30.36	50.60	4.03	2.31	0.22
	厚朴	*Magnolia officinalis*	—	0.10	13.60	0.24	1.56	42.50	37.10	1.22	0.54	0.38
	凹叶厚朴	*Magnolia officinalis* subsp. *biloba*	1.63	0.61	8.86	0.41	2.87	28.81	50.00	0.62	0.82	0.33
木通科 Lardizabalaceae	猫儿屎	*Decaisnea insignis*	0.18	0.73	12.70	0.96	1.87	21.48	51.70	1.51	0.41	0.18
木犀科 Oleaceae	小蜡	*Ligustrum sinense*	—	0.26	1.13	31.80	2.34	5.94	16.80	18.07	2.32	1.52
	多毛小蜡	*Ligustrum sinense* var. *coryanum*	—	0	4.95	1.41	1.08	55.41	31.00	0.70	0.29	0.07
葡萄科 Vitaceae	绿叶地锦	*Parthenocissus laetevirens*	0.13	0.53	9.28	0.65	1.37	15.51	36.80	1.08	0.28	0.13
	桦叶葡萄	*Vitis betulifolia*	—	0.25	16.80	—	7.07	26.89	10.30	28.27	0.41	0.48
漆树科 Anacardiaceae	黄连木	*Pistacia chinensis*	—	0.06	6.07	0.27	1.36	59.91	29.90	0.13	0.12	0.08
槭树科 Aceraceae	樟叶槭	*Acer cinnamomifolium*	2.12	0.40	15.20	1.26	3.10	21.07	39.90	3.39	1.43	0.75
	罗浮槭	*Acer fabri*	0.39	0.09	6.79	0.13	1.98	14.03	72.50	0.92	0.12	0.06
	飞蛾槭	*Acer oblongum*	0.89	0.18	9.17	0.12	0.26	3.23	15.70	63.93	1.73	0.29

续表

科名	中文名	学名	脂肪酸组成/%									
			月桂酸	肉豆蔻酸	棕榈酸	棕榈油酸	硬脂酸	油酸	亚油酸	亚麻酸	花生酸	花生烯酸
蔷薇科 Rosaceae	椤木石楠	*Photinia davidsoniae*	38.72	0.85	7.09	2.52	0.86	17.00	3.23	0.37	0.07	0.07
三尖杉科 Cephalotaxaceae	三尖杉	*Cephalotaxus fortunei*	—	—	9.43	—	2.81	16.84	55.70	11.91	0.26	0.13
	篦子三尖杉	*Cephalotaxus oliveri*	—	—	6.36	0.31	1.60	20.16	67.30	0.85	0.16	0.11
伞形科 Umbelliferae	野胡萝卜	*Daucus carota*	0.09	0.64	10.50	0.29	5.20	10.14	26.70	18.23	5.71	0.19
山茶科 Theaceae	尖连蕊茶	*Camellia cuspidata*	—	—	10.00	0.24	1.90	13.73	69.90	1.95	0.20	0.11
	油茶	*Camellia oleifera*	—	—	21.10	—	—	5.51	35.10	26.01	12.32	—
	西南红山茶	*Camellia pitardii*	—	0.20	8.35	0.19	1.92	25.14	52.90	4.09	0.72	0.53
	川鄂连蕊茶	*Camellia rosthorniana*	—	0.40	7.38	0.23	2.17	13.93	14.50	59.12	0.29	0.11
	茶梅	*Camellia sasanqua*	—	0.09	13.40	0.14	3.06	11.99	48.80	18.14	1.24	0.45
	茶	*Camellia sinensis*	—	0.24	12.20	1.55	4.11	13.90	44.50	18.24	0.97	0.19
山矾科 Symplocaceae	白檀	*Symplocos paniculata*	—	—	12.70	0.36	3.35	26.70	50.90	1.45	0.62	0.27
山茱萸科 Cornaceae	梾木	*Swida macrophylla*	—	—	1.73	—	0.73	50.94	45.00	0.29	—	0.16
省沽油科 Staphyleaceae	硬毛山香圆	*Turpinia affinis*	0.41	1.67	13.30	0.39	2.45	22.51	45.10	5.23	0.68	0.58
松科 Pinaceae	华山松	*Pinus armandii*	—	0.11	9.85	0.09	5.35	47.40	21.60	0.31	0.50	0.39
	马尾松	*Pinus massoniana*	—	0.11	6.66	0.12	3.43	30.96	52.10	1.79	1.04	0.50

续表

科名	中文名	学名	脂肪酸组成/%									
			月桂酸	肉豆蔻酸	棕榈酸	棕榈油酸	硬脂酸	油酸	亚油酸	亚麻酸	花生酸	花生烯酸
卫矛科 Celastraceae	大芽南蛇藤	*Celastrus gemmatus*	0.14	0.07	7.47	0.07	2.88	9.82	73.10	1.61	0.42	0.47
	刺果卫矛	*Euonymus acanthocarpus*	0.12	0.47	8.27	0.45	1.20	13.74	33.00	0.96	0.21	0.13
	西南卫矛	*Euonymus hamiltonianus*	—	—	6.39	—	4.60	15.52	71.20	0.37	0.19	0.12
	大果卫矛	*Euonymus myrianthus*	—	0.07	15.20	0.70	1.49	40.53	37.70	1.26	0.16	0.27
无患子科 Sapindaceae	复羽叶栾树	*Koelreuteria bipinnata*	1.69	0.23	4.39	0.09	12.10	8.82	4.82	10.36	1.16	0.21
	无患子	*Sapindus saponaria*	0.39	0.43	5.91	0.15	1.91	23.44	62.00	0	0.58	0.62
五加科 Araliaceae	楤茎楤木	*Aralia echinocaulis*	—	0.02	12.60	0.19	5.40	52.13	27.80	0.47	0.82	0.65
芸香科 Rutaceae	宜昌橙	*Citrus ichangensis*	—	—	—	—	—	—	—	0	—	—
	蚬壳花椒	*Zanthoxylum dissitum*	0.01	0.04	3.87	0.08	2.63	11.25	80.20	0.99	0.74	0.14
	刺壳花椒	*Zanthoxylum echinocarpum*	—	0.02	6.57	0.04	0.19	18.96	10.30	63.10	0.56	0.23
	小花花椒	*Zanthoxylum micranthum*	—	0.06	8.24	0.04	3.15	17.33	70.00	0.71	0.19	0.31
	花椒簕	*Zanthoxylum scandens*	0.02	0.04	2.57	0.46	9.63	24.97	8.16	52.78	0.84	0.52
	野花椒	*Zanthoxylum simulans*	—	0.03	5.58	0.05	1.47	42.21	34.30	15.66	0.11	0.60
	密果吴萸	*Evodia compacta*	—	—	—	—	—	—	—	22.03	—	—

续表

科名	中文名	学名	脂肪酸组成/%									
			月桂酸	肉豆蔻酸	棕榈酸	棕榈油酸	硬脂酸	油酸	亚油酸	亚麻酸	花生酸	花生烯酸
	毛豹皮樟	Litsea coreana var. Lanuginosa	—	51.64	6.04	0.14	1.84	26.58	12.60	0.24	0.14	0.75
	绒毛钓樟	Lindera floribunda	0.05	0.36	20.20	0.20	1.79	8.81	67.10	1.07	0.20	0.19
	香叶子	Lindera fragrans	0.60	0.68	8.99	0.23	1.83	6.21	80.80	0.34	0.28	0.09
	毛黑壳楠	Lindera megaphylla f. touyunensis	—	—	—	—	—	—	—	0	—	—
	黑壳楠	Lindera megaphylla	—	0.03	6.09	—	1.48	8.53	75.30	7.38	0.26	0.15
	绒毛山胡椒	Lindera nacusua	47.90	1.57	11.00	3.20	2.15	26.13	6.73	0.91	0.18	0.18
	绿叶甘橿	Lindera neesiana	0.19	0.75	12.90	0.90	1.91	21.68	52.10	1.52	0.37	0.19
	三桠乌药	Lindera obtusiloba	0.01	0.04	3.27	0.12	1.15	13.64	41.40	38.98	0.80	0.61
樟科 Lauraceae	川钓樟	Lindera pulcherrima var. hemsleyana	0.48	0.24	18.80	—	7.60	26.13	29.80	8.47	2.45	0.16
	山橿	Lindera reflexa	—	14.50	27.20	—	2.00	31.94	20.70	0	0.18	3.58
	猴樟	Cinnamomum bodinieri	0.01	0.10	8.54	0.33	2.18	41.21	28.50	18.44	0.44	0.31
	沉水樟	Cinnamomum micranthum	0.02	0.03	3.39	0.05	1.18	70.81	23.80	0.39	0.16	0.23
	少花桂	Cinnamomum pauciflorum	—	51.94	0.13	0.50	4.21	1.73	36.90	2.00	0.38	2.17
	川桂	Cinnamomum wilsonii	—	0.05	8.14	0.09	3.31	12.70	74.50	0.73	0.49	0.05

注："—"代表未测出，"0"代表测出值为零。

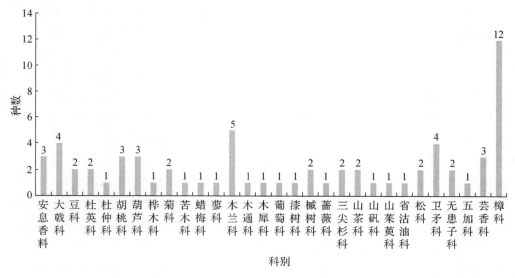

图 4-13　湘西地区亚麻酸含量≤12% 的富油植物科构成

第四节　小　结

为解决湘西地区植物资源虽然丰富，但针对野生油料植物的系统调查尚未开展，且对湘西地区非粮柴油能源植物筛选研究更是少之又少的情况，更为筛选出适合湘西地区发展的非粮柴油能源植物，本章对采集到的 262 种植物的含油量数据结果进行统计分析，重点分析了含油量≥30% 的 90 个物种的酸值、碘值、皂化值及脂肪酸成分等理化性质，得出的主要结论如下。

①湘西地区非粮柴油能源植物的含油量分布于 10.23% ~ 62.80%，其中含油量在 50% 以上的有 13 种，占总种数的 4.96%，含油量介于 40% ~ 50% 的有 20 种，占 7.63%，含油量介于 30% ~ 40% 的有 57 种，占 21.76%，含油量介于 20% ~ 30% 的有 104 种，占 39.70%，含油量介于 10% ~ 20% 的有 68 种，占 25.95%。含油量≥30% 的科主要有樟科（14 种）、大戟科（7 种）、芸香科（7 种）、山茶科（6 种）、木兰科（5 种）、安息香科（4 种）、葫芦科（4 种）、卫矛科（4 种）等；含油量≥30% 的属主要有山胡椒属（9 种）、山茶属（6 种）、花椒属（5 种）、安息香属（4 种）、樟属（4 种）、槭属（3 种）、卫矛属（3 种）和含笑属（3 种）等。

②含油量≥30% 的 90 种非粮柴油能源植物的酸值分布于 0.63 ~ 112.38 mg/g。其中，酸值≤1 mg/g 的仅有 3 种，占总种数的 3.33%；酸值介于 1 ~ 5 mg/g 的有 28 种，占 31.11%；酸值介于 5 ~ 10 mg/g 的物种有 24 种，占 26.67%；酸值 >10 mg/g 的物种有 35 种，占 38.89%。根据原油酸值≤10 mg/g 的标准，共有 55 种植物符合标准。含油量 >30% 的 90 种非粮柴油能源植物中，葫芦科的栝楼和漆树科的黄连木酸值较高，分别为 18.25 mg/g、10.27 mg/g，但其含油量（栝楼为 48.21%，黄连木为 30.25%）、碘值、皂化

值、亚麻酸含量基本符合生物柴油标准，且栝楼具有药用、食用等多种用途，黄连木适合在石灰岩地区生长，种子产量大，所以也将其作为重点潜力物种，进行下一步分析。

③含油量≥30%的90种非粮柴油能源植物的碘值分布于1.85～288.26 g/100 g。其中，碘值<80 g/100 g的物种有55种，占61.11%；碘值介于80～120 g/100 g的物种有23种，占25.56%；碘值>120 g/100g的物种有12种，占13.33%。根据原油碘值≤120 g/100g的标准，共有78种植物符合标准。含油量≥30%的90种非粮柴油能源植物中，山茱萸科的梾木碘值为132.37 g/100 g，略高于欧盟的标准，但考虑到其含油量较高（为30.56%）、生长速度快、种子产量大等因素，所以也将其纳入重点潜力物种。

④含油量≥30%的90种非粮柴油能源植物的皂化值分布于70.72～576.16 mg/g。其中，皂化值<160 mg/g的物种有17种，占18.89%；皂化值介于160～220 mg/g的物种有50种，占55.56%；皂化值>220 mg/g的物种有23种，占25.55%。根据原油皂化值介于160～220 mg/g的标准，共有50种植物符合标准。

⑤含油量≥30%的90种非粮柴油能源植物油脂脂肪酸成分中，亚麻酸含量分布在0～63.93%。其中，亚麻酸相对含量≤12%的物种有67种，占74.44%；亚麻酸相对含量>12%的物种有23种，占25.56%。根据原油亚麻酸含量≤12%的标准，90种植物中共有67种符合标准。其中，栝楼亚麻酸含量为14.84%，略高于生物柴油标准，但综合考虑栝楼药用、食用多方面的价值，所以也将其纳入重点潜力物种。

参考文献

[1] 韩宝强.河北省生物柴油能源植物种质资源研究[D].秦皇岛：河北科技师范学院，2014.
[2] 林铎清，邢福武.中国非粮生物柴油能源植物资源的初步评价[J].中国油脂，2009（11）：1-7.
[3] 刘慧娟.内蒙古非粮油脂植物资源调查及五种植物油脂理化性质分析[D].呼和浩特：内蒙古农业大学，2013.
[4] 苏宜香，郭艳.膳食脂肪酸构成及适宜推荐比值的研究概况[J].中国油脂，2003，28（1）：31-34.
[5] 吴道银，许金柱.不同酸价原料油生产生物柴油方法探讨[J].粮食与油脂，2011（1）：9-10.
[6] 王冰清，张洁，徐亮，等.湘西地区88种非粮油脂植物理化性质及评价筛选[J].林产化学与工业，2018，38（2）：94-104.
[7] 吴开金，万泉，林冠烽，等.不同地区麻风树籽油的理化性质及脂肪酸组成[J].福建林学院学报，2008，28（4）：361-364.
[8] 王鹏冬，杨新元，白冬梅.油葵杂交种含油量与地理位置的关系研究[J].中国油料作物，2002，24（4）：38-41.
[9] 张春化，吴占文，边耀璋，等.生物柴油性能标准分析及建立健全标准体系的建议[J].农业工程学报，2010，26（3）：298-303.
[10] 赵伟华.山东省非粮柴油能源植物资源调查及苍耳遗传多样性分析[D].北京：中国农业科学院，2011.
[11] Biodiesel Standard：DIN V 51606 [S].Germany，1994.
[12] Biodiesel Standard：EN 14214 [S].European Standard Organization，2003.
[13] Biodiesel Standard：ASTM PS 121 [S].USA，1999.
[14] Biodiesel Standard：ASTM D 6751 [S].USA，2002.

[15] FOIDL N, FOIDL G, SANCHEZ M, et al. *Jatraopha curcas L.* as a source for the production of bifulel in Nicaragua [J]. Bioresource technology, 1996, 58 (1): 77 – 82.

[16] RAMADHAS A S, JAYARAJ S, MURALEEDHARAN C. Boodiesel production from high FFA rubber seed oil [J]. Fuel, 2005, 84: 335 – 340.

[17] RASHID U, ANWAE F. Prdduction of biodiesel through optimized alkaline-catalyed transesterification of rapeseed oil [J]. Fuel, 2008, 87 (3): 265 – 273.

[18] SHA SHIKANT V G, HIFJUR R. Process optimization for biodiesel production from mahua (Madhucaindica) oil using surface methodology [J]. Bioresource Technology, 2006, 97: 379 – 384.

[19] TRIWALI A K, KUMAR A, RAHEMALL H. Biodiesel production from jatropha oil (*Jatraopha curcas*) with high fatty acids: an optimized process [J]. Biomass and bioenergy, 2007, 31 (8): 569 – 575.

第五章　湘西地区非粮柴油能源
植物的综合评价筛选

植物源生物柴油是我国生物质能源发展的重要方向，而制约该产业发展的瓶颈是植物源油脂原料资源（万泉，2012）。因此，筛选适合本地区发展的生物柴油树种意义十分重大。本章首先对含油量≥30%的非粮柴油能源植物进行了产油潜能分析，计算其产油潜能综合得分，筛选出适合本地区发展的非粮柴油能源植物名录；然后采用层次分析法对综合得分高的物种从自然特性、种子油脂特性和油脂成分3个方面进行综合评价，从而得出本地区应优先重点发展的非粮柴油树种。

第一节　非粮柴油能源植物的产油潜能分析

产油潜能在一定程度上能衡量柴油植物开发利用前景的大小，但是产油潜能并不是评价一种非粮油脂植物的唯一标准，其评价还应结合油脂成分、市场前景、成本核算等多方面的因素（贾佳 等，2010）。因此，本研究在野外调查和查阅相关文献资料的基础上，对含油量≥30%的90种植物进行了产油潜能分析，通过计算产油潜能综合得分，初步筛选出了湘西地区分布范围广、易繁殖、含油量高、油脂理化性质及脂肪酸成分适合的物种作为生物柴油物种。

一、木本非粮柴油能源植物产油潜能

选用木本柴油植物发展生物柴油具有诸多优点，木本植物种类丰富，分布广泛，含油量高，种子产量大，同时，能与国家退耕还林等营造林工程相结合，更加有利于产业化、规模化建设（马超 等，2009）。

据统计发现，90种含油量≥30%的非粮柴油能源植物中，木本植物有79种。分别从物种的单株结实量、分布范围、繁殖难易程度3个方面对木本非粮柴油能源植物的产油潜能进行打分。其中，产油潜能综合得分最高（8分）的共有14种，分别是湖南山核桃（*Carya hunanensis*）、算盘子（*Glochidion puberum*）、猴欢喜（*Sloanea sinensis*）、华榛（*Corylus chinensis*）、蜡梅（*Chimonanthus praecox*）、猫儿屎（*Decaisnea insignis*）、黄连木（*Pistacia chinensis*）、尖连蕊茶（*Camellia cuspidata*）、复羽叶栾树（*Koelreuteria bipinnata*）、乌桕（*Sapium sebiferum*）、油桐（*Vernicia fordii*）、白檀（*Symplocos paniculata*）、梾木（*Swida macrophylla*）和山橿（*Lindera reflexa*），这14种非粮柴油能源植物产油潜能综合得分较高，说明这些植物具有较大的生产油脂的潜能，是值得关注的非粮柴油能源植物；得分为7分的有

12 种，分别是栓叶安息香（*Styrax suberifolius*）、野茉莉（*Styrax japonicus*）、苍叶守宫木（*Sauropus garrettii*）、山乌桕（*Sapium discolor*）、日本杜英（*Elaeocarpus japonicus*）、化香树（*Platycarya strobilacea*）、虎皮楠（*Daphniphyllum oldhami*）、樟叶槭（*Acer cinnamomifolium*）、椤木石楠（*Photinia davidsoniae*）、大果卫矛（*Euonymus myrianthus*）、绒毛山胡椒（*Lindera nacusua*）和黑壳楠（*Lindera megaphylla*），这些植物产油潜能得分也较高，也可给予重点关注；得分为 6 分的有 24 种，分别是灰叶安息香（*Styrax calvescens*）、常春油麻藤（*Mucuna sempervirens*）、西域旌节花（*Stachyurus himalaicus*）、小蜡（*Ligustrum sinense*）、绿叶地锦（*Parthenocissus laetevirens*）、罗浮槭（*Acer fabri*）、飞蛾槭（*Acer oblongum*）、油茶（*Camellia oleifera*）、西南红山茶（*Camellia pitardii*）、茶（*Camellia sinensis*）、硬毛山香圆（*Turpinia affinis*）、华山松（*Pinus armandii*）、马尾松（*Pinus massoniana*）、大芽南蛇藤（*Celastrus gemmatus*）、无患子（*Sapindus saponaria*）、棘茎楤木（*Aralia echinocaulis*）、宜昌橙（*Citrus ichangensis*）、蚬壳花椒（*Zanthoxylum dissitum*）、刺壳花椒（*Zanthoxylum echinocarpum*）、毛豹皮樟（*Litsea coreana* var. *lanuginosa*）、绒毛钓樟（*Lindera floribunda*）、香叶子（*Lindera fragrans*）、绿叶甘橿（*Lindera neesiana*）、猴樟（*Cinnamomum bodinieri*）；得分为 5 分的有 20 种，分别是白花龙（*Styrax faberi*）、木油桐（*Vernicia montana*）、槐（*Sophora japonica*）、杜仲（*Eucommia ulmoides*）、苦树（*Picrasma quassioides*）、白兰（*Michelia alba*）、多毛小蜡（*Ligustrum sinense* var. *coryanum*）、三尖杉（*Cephalotaxus fortunei*）、篦子三尖杉（*Cephalotaxus oliveri*）、川鄂连蕊茶（*Camellia rosthorniana*）、刺果卫矛（*Euonymus acanthocarpus*）、西南卫矛（*Euonymus hamiltonianus*）、小花花椒（*Zanthoxylum micranthum*）、花椒簕（*Zanthoxylum scandens*）、密果吴萸（*Evodia compacta*）、毛黑壳楠（*Lindera megaphylla* f. *touyunensis*）、三桠乌药（*Lindera obtusiloba*）、川钓樟（*Lindera pulcherrima* var. *hemsleyana*）、少花桂（*Cinnamomum pauciflorum*）、川桂（*Cinnamomum wilsonii*）；得分 ≤ 4 分的有 9 种，分别是乐昌含笑（*Michelia chapensis*）、深山含笑（*Michelia maudiae*）、厚朴（*Magnolia officinalis*）、凹叶厚朴（*Magnolia officinalis* subsp. *biloba*）、桦叶葡萄（*Vitis betulifolia*）、茶梅（*Camellia sasanqua*）、野花椒（*Zanthoxylum simulans*）、沉水樟（*Cinnamomum micranthum*）、胡桃（*Juglans regia*）（图 5-1 和表 5-1）。

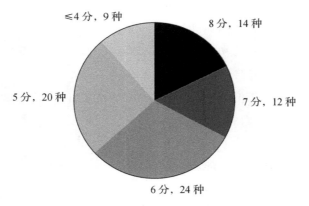

图 5-1　湘西地区木本非粮柴油能源植物产油潜能分布

表 5-1　湘西地区木本非粮柴油能源植物产油潜能

科名	种名	单株结实量	分布范围	繁殖难易程度	综合得分
安息香科 Styracaceae	灰叶安息香 Styrax calvescens	2	2	2	6
	白花龙 Styrax faberi	2	1	2	5
	野茉莉 Styrax japonicus	3	2	2	7
	栓叶安息香 Styrax suberifolius	3	2	2	7
大戟科 Euphorbiaceae	苍叶守宫木 Sauropus garrettii	3	1	3	7
	算盘子 Glochidion puberum	3	3	2	8
	山乌桕 Sapium discolor	3	2	2	7
	乌桕 Sapium sebiferum	2	3	3	8
	油桐 Vernicia fordii	3	2	3	8
	木油桐 Vernicia montana	1	2	2	5
豆科 Leguminosae	*槐 Sophora japonica	3	0	2	5
	常春油麻藤 Mucuna sempervirens	2	1	3	6
杜英科 Elaeocarpaceae	日本杜英 Elaeocarpus japonicus	3	2	2	7
	猴欢喜 Sloanea sinensis	3	2	3	8
杜仲科 Eucommiaceae	*杜仲 Eucommia ulmoides	2	0	3	5
胡桃科 Juglandaceae	*胡桃 Juglans regia	2	0	1	3
	化香树 Platycarya strobilacea	2	2	3	7
	湖南山核桃 Carya hunanensis	3	2	3	8
虎皮楠科 Daphniphyllaceae	虎皮楠 Daphniphyllum oldhami	3	2	2	7
桦木科 Betulaceae	华榛 Corylus chinensis	3	2	3	8
旌节花科 Stachyuraceae	西域旌节花 Stachyurus himalaicus	2	2	2	6
苦木科 Simaroubaceae	苦树 Picrasma quassioides	3	1	1	5
蜡梅科 Calycanthaceae	蜡梅 Chimonanthus praecox	3	2	3	8
木兰科 Magnoliaceae	*白兰 Michelia alba Candolle	3	0	2	5
	*乐昌含笑 Michelia chapensis	2	0	2	4
	*深山含笑 Michelia maudiae	3	0	1	4
	*厚朴 Magnolia officinalis	2	0	2	4
	*凹叶厚朴 Magnolia officinalis ssp. biloba	2	0	2	4
木通科 Lardizabalaceae	猫儿屎 Decaisnea insignis	3	2	3	8
木犀科 Oleaceae	小蜡 Ligustrum sinense	2	2	2	6

续表

科名	种名	单株结实量	分布范围	繁殖难易程度	综合得分
	多毛小蜡 *Ligustrum sinense* var. *coryanum*	2	1	2	5
葡萄科 Vitaceae	绿叶地锦 *Parthenocissus laetevirens*	2	2	2	6
	桦叶葡萄 *Vitis betulifolia*	1	1	2	4
漆树科 Anacardiaceae	黄连木 *Pistacia chinensis*	3	3	2	8
	樟叶槭 *Acer cinnamomifolium*	2	3	2	7
	罗浮槭 *Acer fabri*	2	2	2	6
	飞蛾槭 *Acer oblongum*	3	2	1	6
蔷薇科 Rosaceae	椤木石楠 *Photinia davidsoniae*	3	2	2	7
三尖杉科 Cephalotaxaceae	三尖杉 *Cephalotaxus fortunei*	2	2	1	5
	篦子三尖杉 *Cephalotaxus oliveri*	2	1	2	5
山茶科 Theaceae	尖连蕊茶 *Camellia cuspidata*	3	3	2	8
	*油茶 *Camellia oleifera*	3	0	3	6
	西南红山茶 *Camellia pitardii*	2	2	2	6
	川鄂连蕊茶 *Camellia rosthorniana*	2	1	2	5
	*茶梅 *Camellia sasanqua*	2	0	2	4
	茶 *Camellia sinensis*	2	2	2	6
山矾科 Symplocaceae	白檀 *Symplocos paniculata*	3	3	2	8
山茱萸科 Cornaceae	梾木 *Swida macrophylla*	3	2	3	8
省沽油科 Staphyleaceae	硬毛山香圆 *Turpinia affinis*	2	2	2	6
松科 Pinaceae	华山松 *Pinus armandii*	2	2	2	6
	马尾松 *Pinus massoniana*	1	3	2	6
卫矛科 Celastraceae	大芽南蛇藤 *Celastrus gemmatus*	2	3	1	6
	刺果卫矛 *Euonymus acanthocarpus*	1	2	2	5
	西南卫矛 *Euonymus hamiltonianus*	2	1	2	5
	大果卫矛 *Euonymus myrianthus*	2	3	2	7
无患子科 Sapindaceae	复羽叶栾树 *Koelreuteria bipinnata*	2	3	3	8
	无患子 *Sapindus saponaria*	3	1	2	6
五加科 Araliaceae	棘茎楤木 *Aralia echinocaulis*	2	2	2	6
芸香科 Rutaceae	宜昌橙 *Citrus ichangensis*	2	2	2	6
	蚬壳花椒 *Zanthoxylum dissitum*	1	3	2	6

续表

科名	种名	单株结实量	分布范围	繁殖难易程度	综合得分
樟科 Lauraceae	刺壳花椒 *Zanthoxylum echinocarpum*	2	2	2	6
	小花花椒 *Zanthoxylum micranthum*	3	1	1	5
	花椒簕 *Zanthoxylum scandens*	1	2	2	5
	野花椒 *Zanthoxylum simulans*	1	1	2	4
	密果吴萸 *Evodia compacta*	2	1	2	5
	毛豹皮樟 *Litsea coreana* var. *Lanuginosa*	3	1	2	6
	绒毛钓樟 *Lindera floribunda*	2	2	2	6
	香叶子 *Lindera fragrans*	2	2	2	6
	毛黑壳楠 *Lindera megaphylla*	2	1	2	5
	黑壳楠 *Lindera megaphylla*	3	2	2	7
	绒毛山胡椒 *Lindera nacusua*	2	3	2	7
	绿叶甘橿 *Lindera neesiana*	2	2	2	6
	三桠乌药 *Lindera obtusiloba*	2	1	2	5
	川钓樟 *Lindera pulcherrima* var. *hemsleyana*	1	2	2	5
	山橿 *Lindera reflexa*	2	3	3	8
	*猴樟 *Cinnamomum bodinieri*	3	0	3	6
	沉水樟 *Cinnamomum micranthum*	2	1	1	4
	*少花桂 *Cinnamomum pauciflorum*	3	0	2	5
	川桂 *Cinnamomum wilsonii*	2	1	2	5

注："＊"表示栽培植物。

二、草本非粮柴油能源植物产油潜能

相对于木本柴油植物而言，草本柴油植物也具有自身的优势：投资收益周期短，育种改良周期相对较短，在山区发展时更易于收运，利于降低成本（危文亮 等，2008）。

据统计发现，90 种含油量≥30% 的非粮柴油能源植物中，草本植物有 11 种。分别从物种的单株结实量、分布范围、繁殖难易程度 3 个方面对草本非粮柴油能源植物的产油潜能进行打分。其中，产油潜能综合得分为 8 分的有 2 种，分别是牛蒡（*Arctium lappa*）、栝楼（*Trichosanthes kirilowii*），这两种植物产油潜能综合得分较高，是值得关注的非粮柴油草本植物；得分为 7 分的有 2 种，分别为王瓜（*Trichosanthes cucumeroides*）、齿叶橐吾（*Ligularia dentata*），也值得重点关注；得分为 6 分的有 2 种，分别是球果赤瓟（*Thladiantha globicarpa*）、杠板归（*Polygonum perfoliatum*）；得分为 5 分的有 3 种，分别是豆薯（*Pachyrhizus erosus*）、南赤瓟（*Thladiantha nudiflora*）、野胡萝卜（*Daucus carota*）；得分≤4 分的有 2 种，分别是蓖麻（*Ricinus communis*）、轮叶沙参（*Adenophora tetraphylla*）（图 5-2 和表 5-2）。

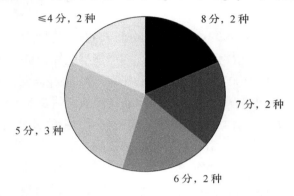

图 5-2　湘西地区草本非粮柴油能源植物产油潜能分布

表 5-2　湘西地区草本非粮柴油能源植物产油潜能

科名	种名	单株结实量	分布范围	繁殖难易程度	综合得分
大戟科 Euphorbiaceae	*蓖麻 *Ricinus communis*	1	0	3	4
豆科 Leguminosae	*豆薯 *Pachyrhizus erosus*	2	0	3	5
葫芦科 Cucurbitaceae	球果赤瓟 *Thladiantha globicarpa*	2	2	2	6
	南赤瓟 *Thladiantha nudiflora*	2	1	2	5
	王瓜 *Trichosanthes cucumeroides*	2	2	3	7
	栝楼 *Trichosanthes kirilowii*	2	3	3	8
桔梗科 Campanulaceae	轮叶沙参 *Adenophora tetraphylla*	1	1	2	4
菊科 Compositae	牛蒡 *Arctium lappa*	2	3	3	8
	齿叶橐吾 *Ligularia dentata*	3	2	2	7
蓼科 Polygonaceae	杠板归 *Polygonum perfoliatum*	2	3	1	6
伞形科 Umbelliferae	野胡萝卜 *Daucus carota*	1	2	2	5

注："*"表示栽培植物。

根据产油潜能综合得分≥8 分的标准，结合木本和草本非粮柴油能源植物的产油潜能综合评分结果，14 种木本及 2 种草本共 16 种植物符合标准，分别为湖南山核桃、算盘子、猴欢喜、华榛、蜡梅、猫儿屎、黄连木、尖连蕊茶、复羽叶栾树、乌桕、油桐、白檀、楝木、山楂、牛蒡和栝楼。产油潜力综合得分只能为评价柴油植物提供参考，综合评价还需要进一步衡量其自然特性、种子油脂特性和油脂成分。因此，想要筛选出适合在湘西地区大力发展的非粮柴油能源植物，必须制定一套完整系统的筛选体系，以筛选出具备开发利用潜力的非粮柴油能源植物。

第二节　非粮柴油能源植物的评价筛选

参照德国（1994）、美国（1999；2002）、欧盟（2002）制备生物柴油的相关性能标准，制定出湘西地区非粮柴油能源植物的筛选指标，即产能潜能综合得分≥8 分，含油量≥30%，酸值≤10 mg/g，碘值≤120 g/100 g，皂化值介于 160 ~ 220 mg/g，亚麻酸含量≤12% 。

对野外调查获得的 262 种植物，通过物种产油量潜能评估及 5 项油脂指标（含油量、酸值、碘值、皂化值、脂肪酸）详细测定筛选，最终得出 14 种最具潜力的非粮柴油能源植物，分别为湖南山核桃、算盘子、猴欢喜、华榛、蜡梅、猫儿屎、黄连木、尖连蕊茶、复羽叶栾树、白檀、楝木、山楂、牛蒡和栝楼。为确定它们在湘西地区能否大力发展的优先次序，还需要对初步筛选的这 14 种最具潜力的非粮柴油能源植物做进一步综合分析评价。本研究采用层次分析法来选出湘西地区最应先重点发展的非粮柴油能源植物物种。

一、层次分析法的概念与应用

（一）层次分析法的概念

层次分析法（AHP）是美国运筹学家匹兹堡大学教授 T. L. Saaty 在 20 世纪 70 年代初提出的一种简单、灵活、实用的层次权重决策分析方法，主要是对一些简单而模糊的问题做出决策的方法，它特别适用于具有交错评价指标的目标系统，而且目标值难以定量描述的决策问题（许树柏，1988）。

层次分析法是指将复杂的多目标决策问题作为一个系统分解为多个目标或准则，进而分解为多指标的若干层次，通过定性指标模糊量化的方法计算出各层次所占的权重，以作为目标（多指标）、多方案优化决策的系统方法（张海平，2015）。它根据总体目标、子目标、评估标准和具体的准备计划将决策问题分解为不同的层次结构，然后，使用求解判断矩阵的特征向量的方法来求得每个层次的元素对上一层次某元素的优先权重，最后，再用加权和的方法递阶归并出各备选方案对总目标的最终权重，最终权重最大者即为最优方案。

（二）层次分析法的基本原理

层次分析法首先将决策的问题视为一个受多种因素影响的大系统。这些相互关联、相互制约的因素，可以根据其隶属关系，从高到低分为若干个层次，称为构造递阶层次结构。然后，邀请专家、学者和权威人士对各因素的重要性进行两两比较，并采用数学方法，对各因素进行分层排序。最后，对排序结果进行分析，以辅助决策。层次分析法的基本原理也即排序的原理，最终将各方法（或措施）排出优劣次序，作为决策的依据，其主要特点是将定性与定量相结合，以定量的形式表达人的主观判断，进行科学的处理。这种方法虽然有着深刻的理论基础，但其形式非常简单，易于被人理解和接受，因此，得到了广泛的应用。

（三）层次分析法的优点

1. 系统性的分析方法

层次分析法将研究对象作为一个系统，按照分解、比较、判断、综合的思维方式进行决策，成为继机制分析和统计分析之后发展起来的系统分析的重要工具。该系统的思想在于不切断各因素对结果的影响，而层次分析过程中各层的权重设置将直接或间接地影响结果，而且各因素对各层次结果的影响程度是量化的，非常清晰和明确。该方法尤其可用于对无结构特性及多目标、多准则、多周期等的系统评价。

2. 简洁实用的决策方法

层次分析法既不单纯追求高深数学，也不片面地注重行为、逻辑、推理，而是将定性和定量方法有机地结合起来分解复杂的系统。它能将人们的思维过程数学化、系统化，使人们容易接受，它还可以将多目标、多准则、难以量化的决策问题转化为多层次单目标的问题。通过成对比较，确定同一层次要素与上层要素之间的定量关系，最后进行简单的数学运算。计算简单，所得结果简单明了，决策者易于理解和掌握。

3. 所需定量数据信息较少

层次分析法主要是基于评价者对评价问题的性质和要素的理解，比一般的定量方法更注重定性分析和判断。由于层次分析法是一种模拟人在决策过程中的思维方式的一种方法，它把判断各要素的相对重要性的步骤留给了大脑，只保留了人脑对要素的印象，化为简单的权重进行计算。这种思想可以解决许多传统优化技术无法解决的实际问题（赵静，2000）。

（四）应用层次分析法的注意事项

如果选择的要素不合理，含义混乱，或者要素之间的关系不正确，将降低层次分析法结果的质量，甚至导致层次分析过程的决策失败（赵静，2000）。为保证层次结构的合理性，应把握以下原则：①在分解和简化问题时，要把握主要因素，不漏不多；②应注意比较要素之间的强度关系，差异太大的元素不能在同一级别进行比较。

（五）层次分析法的应用

人们在对自然、社会、经济及管理领域的问题进行系统分析时，面临的经常是一个由相互关联、相互制约的众多因素构成的复杂系统。层次分析法则为研究这类复杂的系统提供了一种新的、简洁的、实用的决策方法。

层次分析法主要应用于安全科学、环境科学及园林园艺领域。在安全生产科学技术方面主要应用于煤矿安全研究、危险化学品评价、油库安全评价、城市灾害应急能力研究及交通安全评价等；在环境保护研究中的应用主要包括水安全评价、水质指标和环境保护措施研究、生态环境质量评价指标体系研究及水生野生动物保护区污染源确定等；在园林园艺中的应用主要包括景观价值、资源优选、品种性状、观赏价值等的综合评价。除此之外，层次分析法更多地可以用于指导和解决个人生活中遇到的问题，如专业的选择、工作的选择及买房的选择等，可以通过建立层次结构及衡量指标，来厘清工作思路和思考问题的层面（郭金

玉 等，2008）。

二、湘西地区非粮柴油能源植物的综合评价筛选

（一）建立层次结构模型

为确定如何选择、优先选择哪种非粮柴油能源植物在湘西地区大力发展，本研究采用层次分析法，分别从物种的自然特性、种子的油脂特性和油脂的能源成分（准则层 B_1、B_2、B_3）3 个方面，以植物的生态幅度、繁殖特性、种子的含油量、酸值、碘值、皂化值、亚麻酸含量和 5 种主要脂肪酸的含量 8 个评价指标（子准则层 C_1、C_2、C_3、C_4、C_5、C_6、C_7、C_8）构建模型（图 5-3），对筛选出来的 14 个物种（方案层 D）进行综合评价（目标层 A），选出湘西地区最应先重点发展的非粮柴油能源植物种类。

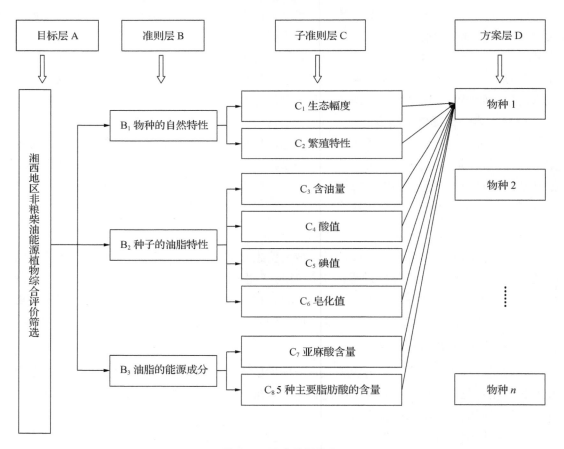

图 5-3　层次分析流程

（二）判断矩阵的构建

层次结构反映了因素间的关系，但准则层中的各准则在目标衡量中所占的比重不一定相同，所以，利用 Saaty 提出的用 1 ~ 9 及其倒数作为标度的方法来表示重要性（王平 等，2008；Satty T L，1998），具体见表 5-3。

表 5-3　判断矩阵标度定义

标度	含义
1	两个要素相比，具有同样重要性
3	两个要素相比，前者比后者稍微重要
5	两个要素相比，前者比后者明显重要
7	两个要素相比，前者比后者强烈重要
9	两个要素相比，前者比后者极端重要
2，4，6，8	上述相邻判断的中间值
倒数	两个要素相比，后者比前者的重要性标度

（三）层次单排序及一致性检验

在实际操作中，由于客观事物的复杂性及人们对事物判断比较时的模糊性，很难构造出完全一致的判断矩阵。Satty 在构造层次分析法时，提出满意一致性的概念，以及用 $\lambda_{\max}$ 与 n 的接近程度来作为一致性程度的尺度，其检验步骤（Bertolini M et al，2006）如下。

（1）求一致性指标（consistency index，CI）

计算公式为：

$$CI = \frac{\lambda_{\max} - n}{n - 1}。 \tag{5-1}$$

（2）查表求相应的平均随机一致性指标（rondo index，RI）（表 5-4）

表 5-4　Sattty 的判断矩阵 RI 值

n	2	3	4	5	6	7	8	9	10
RI	0	0.58	0.94	1.12	1.24	1.32	1.41	1.5	1.5

（3）计算一致性比率（consistency ratio，CR）

计算公式为：

$$CR = \frac{CI}{RI}。 \tag{5-2}$$

（4）判断

当 $CR < 0.1$ 时，认为判断矩阵有满意的一致性；当 $CR \geq 0.1$ 时，应考虑修正判断矩阵。

根据前面所构建的评价指标体系和已构建的层次结构模型（图 5-3），建立递阶层次结构，采用 1~9 标度法，构造两两比较判断矩阵。针对目标层与准则层建立 A-B 判断矩阵（表 5-5），表中 W_i 为准则层元素 B_i 对目标层 A 的权重值；针对准则层与子准则层建立 B_1-C、B_2-C、B_3-C 判断矩阵（表 5-6 至表 5-8），表中 W_i 为子准则层元素 C_i 对准则层 B_i 的权重值；针对子准则层与方案层之间建立相关 C-D 判断矩阵，以 C_1-D 为例（表 5-9），其余 C-D 矩阵在此省略，表中 W_i 为方案层元素 D_i 对子准则层 C_i 的权重值。用层次分析法软件 yaahp 进行数据处理。

表5-5　A-B判断矩阵及特征

A-B	B_1	B_2	B_3	W_i
B_1	1.000 0	0.500 0	0.500 0	0.195 8
B_2	2.000 0	1.000 0	0.500 0	0.310 8
B_3	2.000 0	2.000 0	1.000 0	0.493 4

$\lambda_{max} = 3.059\ 8$；$CI = 0.029\ 9$；$RI = 0.580\ 0$；$CR = 0.051\ 6 < 0.1$，层次单排序具有满意一致性。

表5-6　B_1-C判断矩阵及特征

B_1-C	C_1	C_2	W_i
C_1	1.000 0	0.200 0	0.166 7
C_2	5.000 0	1.000 0	0.833 3

$\lambda_{max} = 2.000\ 0$；$CI = 0.000\ 0$；$RI = 0.000\ 0$；$CR = 0.000\ 0 < 0.1$，层次单排序具有满意一致性。

表5-7　B_2-C判断矩阵及特征

B_2-C	C_3	C_4	C_5	C_6	W_i
C_3	1.000 0	4.000 0	5.000 0	5.000 0	0.581 1
C_4	0.250 0	1.000 0	3.000 0	3.000 0	0.225 1
C_5	0.200 0	0.333 3	1.000 0	3.000 0	0.122 9
C_6	0.200 0	0.333 3	0.333 3	1.000 0	0.070 9

$\lambda_{max} = 4.265\ 8$；$CI = 0.088\ 6$；$RI = 0.940\ 0$；$CR = 0.094\ 3 < 0.1$，层次单排序具有满意一致性。

表5-8　B_3-C判断矩阵及特征

B_3-C	C_7	C_8	W_i
C_7	1.000 0	7.000 0	0.875 0
C_8	0.142 9	1.000 0	0.125 0

$\lambda_{max} = 2.000\ 0$；$CI = 0.000\ 0$；$RI = 0.000\ 0$；$CR = 0.000\ 0 < 0.1$，层次单排序具有满意一致性。

（四）层次总排序结果及一致性检验

通过计算结果可以看出，所构造的各个判断矩阵均具有满意的一致性，说明权数分配是合理的。进而计算出目标层 A 下，C 层 $C_1 \sim C_8$ 的组合权重（表5-10）。按加权法计算可得到

表5-9 C₁-D 判断矩阵及特征

C_1-D	D_1	D_2	D_3	D_4	D_5	D_6	D_7	D_8	D_9	D_{10}	D_{11}	D_{12}	D_{13}	D_{14}	W_i
D_1	1.000 0	0.333 3	1.000 0	1.000 0	1.000 0	1.000 0	0.333 3	0.333 3	0.333 3	0.333 3	1.000 0	0.333 3	0.333 3	0.333 3	0.033 5
D_2	3.000 0	1.000 0	3.000 0	3.000 0	3.000 0	3.000 0	1.000 0	1.000 0	1.000 0	1.000 0	3.000 0	1.000 0	1.000 0	1.000 0	0.100 5
D_3	1.000 0	0.333 3	1.000 0	1.000 0	1.000 0	1.000 0	0.333 3	0.333 3	0.333 3	0.333 3	1.000 0	0.333 3	0.333 3	0.333 3	0.033 5
D_4	1.000 0	0.333 3	1.000 0	1.000 0	1.000 0	1.000 0	0.333 3	0.333 3	0.333 3	0.333 3	1.000 0	0.333 3	0.333 3	0.333 3	0.033 5
D_5	1.000 0	0.333 3	1.000 0	1.000 0	1.000 0	1.000 0	0.333 3	0.333 3	0.333 3	0.333 3	1.000 0	0.333 3	0.333 3	0.333 3	0.033 5
D_6	1.000 0	0.333 3	1.000 0	1.000 0	1.000 0	1.000 0	0.333 3	0.333 3	0.333 3	0.333 3	1.000 0	0.333 3	0.333 3	0.333 3	0.036 2
D_7	3.000 0	1.000 0	3.000 0	3.000 0	3.000 0	3.000 0	1.000 0	1.000 0	1.000 0	1.000 0	3.000 0	1.000 0	1.000 0	1.000 0	0.100 5
D_8	3.000 0	1.000 0	3.000 0	3.000 0	3.000 0	3.000 0	1.000 0	1.000 0	1.000 0	1.000 0	3.000 0	1.000 0	1.000 0	1.000 0	0.092 9
D_9	3.000 0	1.000 0	3.000 0	3.000 0	3.000 0	3.000 0	1.000 0	1.000 0	1.000 0	1.000 0	3.000 0	1.000 0	1.000 0	1.000 0	0.100 5
D_{10}	3.000 0	1.000 0	3.000 0	3.000 0	3.000 0	3.000 0	1.000 0	1.000 0	1.000 0	1.000 0	3.000 0	1.000 0	1.000 0	1.000 0	0.100 5
D_{11}	1.000 0	0.333 3	1.000 0	1.000 0	1.000 0	1.000 0	0.333 3	0.333 3	0.333 3	0.333 3	1.000 0	0.333 3	0.333 3	0.333 3	0.033 5
D_{12}	3.000 0	1.000 0	3.000 0	3.000 0	3.000 0	3.000 0	1.000 0	1.000 0	1.000 0	1.000 0	3.000 0	1.000 0	1.000 0	1.000 0	0.100 5
D_{13}	3.000 0	1.000 0	3.000 0	3.000 0	3.000 0	3.000 0	1.000 0	1.000 0	1.000 0	1.000 0	3.000 0	1.000 0	1.000 0	1.000 0	0.100 5
D_{14}	3.000 0	1.000 0	3.000 0	3.000 0	3.000 0	3.000 0	1.000 0	1.000 0	1.000 0	1.000 0	3.000 0	1.000 0	1.000 0	1.000 0	0.100 5

表 5-10　A-C 层次总排序权重计算

层次	B₁	B₂	B₃	W
	W₁	W₂	W₃	
C₁	0. 166 7			0. 032 6
C₂	0. 833 3			0. 163 2
C₃		0. 581 1		0. 180 6
C₄		0. 225 1		0. 070 0
C₅		0. 122 9		0. 038 2
C₆		0. 070 9		0. 022 1
C₇			0. 875 0	0. 431 7
C₈			0. 125 0	0. 061 7

C 层相对于目标层 A 的相对重要性权值，即表中 W 向量。计算结果表明，层次总排序的一致性比率 $CR = 0.000\ 0 < 0.1$，可见层次总排序满足一致性要求。

$CR = 0.000\ 0 < 0.1$，层次单排序具有满意一致性。

由表 5-10 的计算结果可知，8 个评价指标（子准则层元素）的权重分别为 0. 032 6、0. 163 2、0. 180 6、0. 070 0、0. 038 2、0. 022 1、0. 431 7、0. 061 7。

（五）非粮柴油物种各评价指标间的无纲量化及综合评价

为消除评价指标之间的量纲和量纲单位之间的差异所带来的不可公度性，以及便于优选分析，在评分前对评价指标进行规格化处理，将绝对量转化为相对量及相对隶属度（龙川，2008）。

对于越大越优的指标，隶属公式为：

$$r_{ij} = \frac{x_{ij} - \min x_{ij}}{\max x_{ij} - \min x_{ij}}。 \tag{5-3}$$

对于越小越优的指标，隶属公式为：

$$r_{ij} = \frac{\max x_{ij} - x_{ij}}{\max x_{ij} - \min x_{ij}}。 \tag{5-4}$$

式中：r_{ij} 为方案指标 i 的隶属度；$\max x_{ij}$，$\min x_{ij}$ 分别为决策方案集中决策指标 i 的最大、最小特征值。通过上述规格化处理后，指标特征值矩阵转化为指标隶属矩阵。通过式（5-3）、式（5-4）对各指标进行处理，结果如表 5-11 所示。

由表 5-11 可知，湘西地区非粮柴油能源植物物种的综合评分大小依次为：山橿（0. 128 4）>算盘子（0. 105 3）>湖南山核桃（0. 097 3）>牛蒡（0. 075 9）>蜡梅（0. 073 8）>黄连木（0. 069 8）>猴欢喜（0. 067 0）>楝木（0. 065 6）>华榛（0. 063 0）>猫儿屎（0. 054 0）>栝楼（0. 052 9）>白檀（0. 051 9）>尖连蕊茶（0. 049 4）>复羽叶栾树（0. 045 8）。

表 5-11 非粮柴油能源植物物种品质指标的无量纲化结果与综合评分

	C_1	C_2	C_3	C_4	C_5	C_6	C_7	C_8	综合评分
权重值	0.032 6	0.163 2	0.180 6	0.070 0	0.038 2	0.022 1	0.431 7	0.061 7	
湖南山核桃 Carya hunanensis	0.033 5	0.083 3	0.162 2	0.022 2	0.020 2	0.117 6	0.102 0	0.071 4	0.097 3
算盘子 Glochidion puberum	0.100 5	0.083 3	0.112 5	0.121 6	0.038 5	0.117 6	0.118 3	0.071 4	0.105 3
猴欢喜 Sloanea sinensis	0.033 5	0.083 3	0.153 1	0.070 7	0.113 4	0.117 6	0.019 3	0.071 4	0.067 0
华榛 Corylus chinensis	0.033 5	0.083 3	0.078 6	0.049 1	0.078 3	0.117 6	0.047 8	0.071 4	0.063 0
蜡梅 Chimonanthus praecox	0.033 5	0.083 3	0.030 6	0.101 1	0.043 4	0.025 4	0.092 4	0.071 4	0.073 8
猫儿屎 Decaisnea insignis	0.036 2	0.083 3	0.021 3	0.026 1	0.048 9	0.054 4	0.060 5	0.071 4	0.054 0
黄连木 Pistacia chinensis	0.100 5	0.027 8	0.011 8	0.019 1	0.025 6	0.092 6	0.118 3	0.071 4	0.069 8
尖连蕊茶 Camellia cuspidata	0.092 9	0.027 8	0.025 3	0.101 1	0.031 2	0.068 8	0.053 5	0.071 4	0.049 4
梾木 Swida macrophylla	0.100 5	0.083 3	0.013 6	0.134 3	0.017 0	0.056 6	0.075 8	0.071 4	0.065 6
山橿 Lindera reflexa	0.033 5	0.083 3	0.184 6	0.152 6	0.092 3	0.013 5	0.137 3	0.071 4	0.128 4
复羽叶栾树 Sapindus mukorossi	0.100 5	0.083 3	0.050 3	0.036 5	0.176 7	0.021 8	0.013 1	0.071 4	0.045 8
白檀 Symplocos paniculata	0.100 5	0.027 8	0.015 7	0.069 8	0.031 2	0.088 1	0.066 8	0.071 4	0.051 9
牛蒡 Arctium lappa	0.100 5	0.083 3	0.033 0	0.083 3	0.155 5	0.034 7	0.083 7	0.071 4	0.075 9
栝楼 Trichosanthes kirilowii	0.100 5	0.083 3	0.107 4	0.012 4	0.127 8	0.073 8	0.011 2	0.071 4	0.052 9

　　对产油潜能综合得分高的 14 个物种进行了综合评价，根据综合评分结果来看，樟科的山橿无论是从自然属性、种子油脂的相关理化特征，还是种子油脂的脂肪酸组成成分均优于其他树种，因此，山橿在 14 个物种中是最适合在湘西地区发展的非粮柴油树种。大戟科的算盘子综合评分排在第二位，在湘西地区分布范围广，也较为适合发展，但其种子容易被虫子损坏，故需在繁殖时加以注意。胡桃科的湖南山核桃综合评分排在第三位，其含油量、油脂性质及脂肪酸成分都非常适合作为柴油植物发展，但在采集过程中发现其种子空瘪现象较为常见，需在引种驯化过程中进一步研究。菊科的牛蒡的适应性广，又能作为药用植物利用，但其种子产量有待进一步提高。蜡梅科的蜡梅和漆树科的黄连木在湘西石灰岩地区能较好地生长，前者还能作为观赏植物栽培，但其皂化值较高，会增加生产成本。葫芦科的栝楼属草质藤本植物，生命周期短，便于繁殖，且能作为药用、食用植物利用，能在较短时间内获得较大的利益。山茶科的尖连蕊茶单株结实量多，分布范围广，且根能药用，但目前其引种栽培还未形成规模，开发比较困难。至于杜英科的猴欢喜、山茱萸科的梾木、榛科的华榛和无患子科的复羽叶栾树虽然在种子结实量和油品质上有一定的优势，但它们都属于乔木，生长周期相对较长；木通科的猫儿屎、山矾科的白檀常分布在海拔较高的区域，含油量相对不是很高，这些植物对于今后的大规模开发利用还有较多的不利因素。

第三节　小　结

　　①在 90 种含油量≥30% 的非粮柴油能源植物中，木本植物有 79 种，草本植物有 11 种。其中，木本植物产油潜能综合得分≥8 分的有 14 种，草本植物有 2 种。根据植物产油潜能≥8 分的标准，共有 16 种植物符合。因此，湘西地区最有潜力的非粮柴油能源植物分别为湖南山核桃、算盘子、猴欢喜、华榛、蜡梅、猫儿屎、黄连木、尖连蕊茶、复羽叶栾树、乌桕、油桐、白檀、梾木、山橿、栝楼和牛蒡。

　　②根据湘西地区非粮柴油能源植物筛选指标，即产能潜能综合得分≥8 分，含油量≥30%，酸值≤10 mg/g，碘值≤120 g/100 g，皂化值介于 160～220 mg/g，亚麻酸含量≤12%，筛选出以下 14 种最具开发潜力的非粮柴油能源植物，分别为湖南山核桃、算盘子、猴欢喜、华榛、蜡梅、猫儿屎、黄连木、尖连蕊茶、复羽叶栾树、白檀、梾木、山橿、牛蒡和栝楼。

　　③采用层次分析法从物种的自然特性、种子的油脂特性和油脂的能源成分 3 个方面，选取 8 个评价指标对筛选出的 14 种非粮柴油能源植物进行综合评价分析，得出这 14 种非粮柴油物种的综合得分排序为：山橿＞算盘子＞湖南山核桃＞牛蒡＞蜡梅＞黄连木＞猴欢喜＞梾木＞华榛＞猫儿屎＞栝楼＞白檀＞尖连蕊茶＞复羽叶栾树。从利用方式、生态效益等方面综合判断分析，认为适合在湘西地区发展的非粮柴油能源植物物种为山橿、湖南山核桃、牛蒡、蜡梅、黄连木、栝楼和白檀，其中以山橿、湖南山核桃、黄连木、栝楼为优选、首选物种。

参考文献

[1] 郭金玉，张忠彬，孙庆云. 层次分析法的研究与应用 [J]. 中国安全科学学报，2008，18 (5)：148 –

153.

［2］贾佳，张晶，杨磊. 水枸子种仁挥发性成分和脂肪酸的 GC – MS 分析［J］. 黑龙江医药，2010（2）：167 – 169.

［3］龙川. 生物柴油原料树种综合评价及乌桕基 FAME 的开发利用［D］. 福州：福建农林大学，2008.

［4］马超，尤幸，王广东. 中国主要木本油料植物开发利用现状及存在问题［J］. 中国农学通报，2009，25（24）：330 – 333.

［5］危文亮，金梦阳. 42 份非木本油料植物资源的能源利用潜力评价［J］. 中国油脂，2008，33（5）：73 – 76.

［6］王冰清，张洁，徐亮，等. 湘西地区 88 种非粮油脂植物理化性质及评价筛选［J］. 林产化学与工业，2018，38（2）：94 – 104.

［7］王平. 福建生物能源树种的调查和筛选研究［D］. 福州：福建农林大学，2008.

［8］万泉. 生物柴油树种评价与筛选［J］. 福建林学院学报，2012，32（2）：151 – 155.

［9］许树柏. 实用决策方法：层次分析法原理［M］. 天津：天津大学出版社，1988.

［10］张海平. 银川市三种园林花卉引种及抗逆性评价［D］. 杨凌：西北农林科技大学，2015.

［11］赵静. 数学建模与数学实验［M］. 北京：高等教育出版社，2000.

［12］BERTOLINI M，BRAGLIA M，CARMIGNANI G. Application of the AHP methodology in making a proposal for a public work contract［J］. International journal of project management，2006，24（5）：422 – 430.

［13］Biodiesel Standard：DIN V 5160［S］. Germany，1994.

［14］Biodiesel Standard：ASTM PS 121［S］. USA，1999.

［15］Biodiesel Standard：ASTM D 6751［S］. USA，2002.

［16］Biodiesel Standard：EN 14214［S］. European Standard Organization，2003.

［17］SATTY T L. The analytic hierarchy process：planning，priority setting［M］. New York：Mcgraw-Hill，1998.

第六章　湘西地区部分常见非粮柴油能源植物油脂提取技术及成分探析

为更好地了解湘西地区非粮柴油能源植物的品质，特选取 7 种在湘西地区分布较广、野外适应性强且种子产量大的物种，即桦木科的华榛，樟科的山橿，蜡梅科的蜡梅，蔷薇科的桃，漆树科的黄连木、盐肤木、野漆，以及 1 种新发现的潜在能源物种，即山茶科的西南红山茶为研究对象，对上述 8 种植物的种子含油量和种子油脂肪酸成分进行检测和分析，以探讨这些植物中油脂的组成及其最佳提取工艺，为该地区野生植物油脂资源的进一步深入研究和开发利用提供科学依据。

第一节　实验方法

一、种子油脂提取及成分分析方法

在生产实践中，能够多快好省、高效率地完成任务，虽然是理想的，但却很难实现。所以，在现有设备和原材料条件下，如何合理设计生产工艺，使产品产量达到最高、质量最好；在保证产品的产量和质量的前提下，如何使消耗最少；在工程设计中，如何选取合适的设计参数，使质量最好或者用料最省；在科学实验中，如何安排实验，使费用最省或者效果最好等，都是为了实现这一目标要仔细考虑的问题。想要解决这一系列问题，就有必要对实验方法设计进行优化，而单因素实验法结合正交实验设计或响应面分析法则是解决这一系列问题的不错选择。因此，在实验中为寻求最优条件或寻找最优区域，需通过单因素实验结合正交实验或响应面优化法优化实验参数，以得到实验的最佳工艺参数，在此条件下，实验的收率最高。

（一）单因素实验

1. 单因素实验的概念

实验中只有一个影响因素，或虽有多个影响因素，但在安排实验时只考虑一个对指标影响最大的因素，其他因素尽量保持不变的实验，即为单因素实验。单因素实验只对一个因素进行分析，而将其他因素都看作没有影响或者影响固定不变。实际上，只受单因素影响的情况并不多见。

2. 优选法的概念

在生产和科学实验中，为了达到优质、高产、低耗的目的，需要对有关因素的最佳点进行选择，对这些最佳点选择的问题被称为优选问题。利用数学原理，合理地安排实验点，减少实验次数，从而迅速找到最佳点的一类科学方法被称为优选法。20 世纪 60 年代初，华罗庚教授（1910—1985 年）在我国倡导与普及的"优选法"（亦称为"裴波那契法"），就是单因素实验的最佳调试法。单因素优选法的实验设计包括均分法、对分法、黄金分割法、分数法等。

3. 单因素实验优选法实验设计

（1）均分法

均分法是在实验范围内，根据精度要求和实际情况，均匀地安排实验点，在每个实验点上进行实验并相互比较以求得最优点的方法。在对目标函数的性质没有全面掌握的情况下，均分法是最常用的方法，可以作为了解目标函数的前期工作，同时也可以确定有效实验范围。均分法的优点是得到的实验结果可靠、合理，适用于各种实验目的；缺点是实验次数较多，工作量较大。

（2）对分法

对分法也被称为等分法、平分法，也是一种简单方便、广泛应用的方法。对分法总是在实验范围 $[a,b]$ 的中点 $x_1 = \dfrac{(a+b)}{2}$ 上安排实验，根据实验结果判断下一步的实验范围，并在新范围的中点进行实验。如结果显示 x_1 取大了，则去掉大于 x_1 的一半，第二次实验范围为 $[a,x_1]$，实验点在其中点 $x_2 = \dfrac{a+x_1}{2}$ 上。重复以上过程，每次实验就可以把查找的目标范围减小一半，这样通过 7 次实验就可以将目标范围缩小到实验范围的 1% 之内，10 次实验就可以将目标范围缩小到实验范围的 1‰ 之内。对分法的优点是每次实验能去掉实验范围的 50%，取点方便，实验次数大大减少；缺点是适用范围较窄，要根据上一次实验结果得到下一次实验范围（王云海 等，2013）。

（3）黄金分割法

黄金分割法也称为 0.618 法，适用于实验指标或目标函数是单峰函数的情况，即在实验范围内只有一个最优点，且距最优点越远的实验结果越差。具体步骤是每次在实验范围内选取两个对称点做实验，这两个点（记为 x_1、x_2）分别位于实验范围 $[a,b]$ 的 0.382 和 0.618 的位置。其中：$x_1 = a + 0.382(b-a)$，$x_2 = a + 0.618(b-a)$，对应的实验结果记为 y_1、y_2。

如果 y_1 优于 y_2，则 x_1 是好点，把实验范围 $[x_2,b]$ 划去，新的实验范围是 $[a,x_2]$，再重新进行黄金分割，选取两个对称点（记为 x_3、x_4），其中：$x_3 = a + 0.328(x_2 - a) = a + 0.618 \times 0.382(b-a) = a + 0.236(b-a) = a + x_2 - x_1$，$x_4 = a + 0.618(x_2 - a) = a + 0.618 \times 0.618(b-a) = a + 0.382(b-a) = x_1$。

重复以上步骤，直到找到满意的、符合要求的实验结果和最佳点。同理，如果 y_2 优于 y_1，则 x_2 是好点，新的实验范围是 $[x_1,b]$；如果 y_1 与 y_2 效果一样，则去掉两端，新的实验范围是 $[x_1,x_2]$，之后继续进行实验。用黄金分割法做实验时，第一步需要做两个实验，以后每步只需要再做一个实验，每步实验划去实验范围的 0.382 倍，保留 0.618 倍。

（4）分数法

分数法又称为斐波纳契数列法，是利用斐波纳契数列进行单因素优化实验设计的一种方法。斐波纳契数列可由下列递推式确定：$F_0 = F_1 = 1, F_n = F_{n-1} + F_{n-2}(n \geqslant 2)$。即以下数列：1，1，2，3，5，8，13，21，34，55，89，144，233，…，当实验点只能取整数，或者限制实验次数的情况下，较难采用 0.618 法进行优选，这时可采用分数法。任何小数都可以用分数表示，因此，0.618 也可近似地用 $\dfrac{F_n}{F_{n+1}}$ 来表示。例如，只进行 4 次实验，选出最好的实验结果，就以 5/8 代替 0.618，第一次实验点 x_1 在 5/8 处，第二个实验点 x_2 选在其对称点 3/8 处。然后，通过比较实验结果，选取新的实验范围进行实验，经过重复调试便可找到满意的结果。

分数法确定各实验点的位置，可用下列公式求得：第一个实验点 =（大数 – 小数）× $\dfrac{F_n}{F_{n+1}}$ + 小数，新实验点 =（大数 – 中数）+ 小数，中数为已实验点数值。

又由于新实验点（x_2, x_3，…）安排在余下范围内与已实验点相对称的点上，因此，不仅新实验点到余下范围的中点的距离等于已实验点到中点的距离，而且新实验点到左端点的距离也等于已实验点到右端点的距离（图 6-1），即新实验点 – 左端点 = 右端点 – 已试点。

图 6-1 分数法确定实验点位置示意

在使用分数法进行单因素优选时，应根据实验范围选择合适的分数，所选择的分数不同，实验次数和精度也不一样，如表 6-1 所示。

表 6-1 分数法实验点位置与精度

分数法实验点位置与精度								
实验次数	2	3	4	5	6	7	…	n
等分实验范围的份数	3	5	8	13	21	34	…	F_{n+1}
第一次实验点的位置	2/3	3/5	5/8	8/13	13/21	21/34	…	$\dfrac{F_n}{F_{n+1}}$
精度	1/3	1/5	1/8	1/13	1/21	1/34	…	$\dfrac{1}{F_{n+1}}$

在实际问题中，各因素相互独立的情况也是极为少见的，所以，在使用优选法时需要根据经验选择一个最主要的因素进行实验，而将其他因素都固定。因此，优选法还不是一个很精确的近似方法。单因素实验是只对一个因素进行实验，而将其他因素都固定。采用这种方法必须首先假定各因素间没有交互作用。如果各因素间存在交互作用，利用这种方法往往会得出错误的结论，需要进行进一步的实验，减少这种交互作用的影响。

（二）正交实验

1. 正交实验的概念

在改进设计参数和工艺条件中，必不可少地要进行科学实验，那么就存在实验次数和实验因素的搭配问题，这就是实验安排。特别对于指标多、影响因素多、各种因素所处的状态又多的情况，如何做好实验安排就成为一件十分重要的工作。如果实验安排得当，就能使实验的次数少，各种因素状态之间的关系考虑周全，取得事半功倍的效果。正交实验就是一种科学地安排和分析实验的方法，在各个专业的设计和实验中都得到广泛应用。正交实验的主要优点是合理安排实验，减少实验次数；找出较好的实验方案；找出质量指标与影响因素的关系；找到进一步改进产品质量的实验方向等。

2. 正交实验设计

当实验涉及的因素在 3 个或 3 个以上，而且因素间可能有交互作用时，实验工作量就会变得很大，甚至难以实施。针对这个困扰，正交实验设计无疑是一种更好的选择。正交实验设计（orthogonal experimental design）是研究多因素、多水平的一种设计方法，它是根据正交性从全面实验中挑选出部分有代表性的点进行实验，这些有代表性的点具备了"均匀分散，齐整可比"的特点。正交实验设计的主要工具是正交表，实验者可根据实验的因素数、因素的水平数及是否具有交互作用等需求查找相应的正交表，再依托正交表的正交性从全面实验中挑选出部分有代表性的点进行实验，可以实现以最少的实验次数达到与大量全面实验等效的结果。因此，应用正交表设计实验是一种高效、快速而经济的多因素实验设计方法（周健民，2013）。

3. 正交实验设计表

（1）正交表

是一整套规则的设计表格，用 L 为正交表的代号，n 为实验的次数，t 为水平数，c 为列数，也就是可能安排最多的因素个数（陈远方 等，2011）。例如，$L_9(3^4)$ 表示需做 9 次实验，最多可观察 4 个因素，每个因素均为 3 水平。一个正交表中也可以各列的水平数不相等，称为混合型正交表，如 $L_8(4^1 \times 2^4)$，此表的 5 列中，有 1 列为 4 水平，4 列为 2 水平。

（2）正交表的性质

每一列中，不同数字出现的次数是相等的。例如，在 2 水平正交表中，任何一列都有数码 "1" 与 "2"，且任何一列中它们出现的次数是相等的；又如，在 3 水平正交表中，任何一列都有 "1""2""3"，且在任一列的出现次数均相等。任意 2 列中数字的排列方式齐全而且均衡。例如，在 2 水平正交表中，任何两列（同一横行内）有序对子共有 4 种：（1，1）、（1，2）、（2，1）、（2，2）。每种对数出现次数相等。在 3 水平情况下，任何两列（同一横行内）有序对共有 9 种：（1，1）、（1，2）、（1，3）、（2，1）、（2，2）、（2，3）、（3，1）、（3，2）、（3，3），且每对出现次数也均相等。以上两点充分地体现了正交表的两大优越性，即"均匀分散性，整齐可比"。通俗地说，每个因素的每个水平与另一个因素各水平各碰一次，这就是正交性。正交表的获得有专门的算法。

4. 正交表结果分析

（1）极差或方差分析

在完成实验数据收集后，需要进行极差分析（也称方差分析）。极差分析就是在考虑 A 因素时，认为其他因素对结果的影响是均衡的，从而认为 A 因素各水平的差异是由于 A 因素本身引起的。用极差法分析正交实验结果应引出以下几个结论：①在实验范围内，各列对实验指标的影响从大到小排列。某列的极差最大，表示该列的数值在实验范围内变化时，使实验指标数值的变化最大。所以，各列对实验指标的影响从大到小排列，就是各列极差 D 的数值从大到小排列。②实验指标随各因素的变化趋势。③使实验指标达到最优的适宜的操作条件（适宜的因素水平搭配）。④对所得结论和进一步研究方向的讨论。

（2）最优条件选择

理论上，如果各因素都不受其他因素水平变动的影响，那么，把各因素的优化水平简单地组合起来就是较好的实验条件。但是，实际上选取较好生产条件时，还要考虑因素的主次，以便在同样满足指标要求的情况下，对于一些比较次要的因素按照优质、高产、低消耗的原则选取水平，得到更为适合实验实际要求的较好生产条件。在分析各因素水平变动对指标的影响时，如果需要讨论某因素，则不管其他因素处在什么水平，只从该因素的极差就可判断它所起作用的大小，对其他因素也可做同样的分析。通过各因素分析后，便可选取得出各因素的较优水平。实践中发现，有时不仅因素的水平变化对指标有影响，而且有些因素间各水平的联合搭配也对指标产生影响，这种联合搭配作用称为交互作用，需要在实验设计时充分考虑到。

（三）响应面分析法

1. 响应面分析法的概念

响应面分析法，即响应曲面设计方法（response surface methodology，RSM），是利用合理的实验设计方法并通过实验得到一定数据，采用多元二次回归方程来拟合因素与响应值之间的函数关系，通过对回归方程的分析来寻求最优工艺参数，解决多变量问题的一种统计方法。

2. 实验设计

实验设计与优化方法，都未能给出直观的图形，因而不能凭直觉观察其最优化点，虽然能找出最优值，但难以直观地判别优化区域，为此，响应面分析法（也称响应曲面法）应运而生。响应面分析也是一种最优化方法，它是将体系的响应（如萃取化学中的萃取率）作为一个或多个因素（如萃取剂浓度、酸度等）的函数，运用图形技术将这种函数关系显示出来，以供实验者凭借直观的观察来选择实验设计中的最优化条件。

显然，要构造这样的响应面并进行分析以确定最优条件或寻找最优区域，首先必须通过大量的量测实验数据建立一个合适的数学模型（建模），然后再用此数学模型作图。

3. 优化方法

建模最常用和最有效的方法之一就是多元线性回归方法。对于非线性体系可做适当处理化为线性形式。设有 m 个因素影响指标取值，通过 n 次量测实验，得到 n 组实验数据。假设指标与因素之间的关系可用线性模型表示，则可将各系数写成矩阵式。应用最小二乘法即可求出模型参数矩阵，将矩阵代入原假设的回归方程，就可得到响应关于各因素水平的数学模型，进而通过图形的方式绘出响应与因素的关系图。模型中如果只有一个因素（或自变量），响应（曲）面是二维空间中的一条曲线；当有两个因素时，响应面是三维空间中的曲面。下面简要讨论二因素响应面分析的大致过程，在化学量测实践中，一般不考虑三因素及三因素以上间的交互作用。

假设二因素响应（曲）面的数学模型为二次多项式模型。通过 n 次测量实验（实验次数应大于参数个数，一般认为至少应是它的 3 倍），以最小二乘法估计模型各参数，从而建立模型；求出模型后，以二因素水平为 x 坐标和 y 坐标，以相应的响应为 z 坐标做出三维空间的曲面（二因素响应曲面）。应当指出，上述求出的模型只是最小二乘解，不一定与实际体系相符，也即，计算值与实验值之间的差异不一定符合要求。因此，求出系数的最小二乘估计后，应进行检验。一个简单实用的检验方法就是以响应的计算值与实验值之间的相关系数是否接近于 1 或观察其相关图是否所有的点都基本接近直线进行判别。

二、油脂脂肪酸组成分析方法

脂肪酸是指一端含有一个羧基的长的脂肪族碳氢链。低级的脂肪酸是无色液体，有刺激性气味，高级的脂肪酸是蜡状固体，无可明显嗅到的气味。脂肪酸是最简单的脂，是许多更复杂的脂类物质的组成成分。脂肪酸在有充足氧供给的情况下，可氧化分解为 CO_2 和 H_2O，释放大量能量，因此，脂肪酸是机体主要能量来源之一。脂肪酸的检测参照国家标准方法及各种文献将脂肪酸衍生化成脂肪酸甲酯，使用十九酸内标，用正己烷提取，经稀释后用气相色谱-质谱联用仪（GC-MS），外标法结合内标法定量分析。

（一）GC-MS 的定义及其原理

气相色谱-质谱联用仪（GC-MS），是一种测量离子荷质比（电荷-质量比）的分析仪器，它能结合气相色谱和质谱的特性，在试样中鉴别出不同种类的物质。在这类仪器中，由于质谱仪工作原理不同，又分气相色谱-四极质谱仪，气相色谱-飞行时间质谱仪，气相色谱-离子阱质谱仪等。

1. GC 及其原理

气相色谱（gas chromatography，GC）是一种把混合物分离成单个组分的实验技术，被用来对样品组分进行鉴定和定量测定。它是一种以气体为流动相的柱色谱法，根据所用固定相状态的不同可分为气-固色谱（GSC）和气-液色谱（GLC），气相色谱的流动相为惰性气体，气-固色谱法中以表面积大且具有一定活性的吸附剂作为固定相，气-液色谱法中以蒸汽压低、热稳定性好、操作温度下呈液态的物质作为固定相。

气相色谱的工作原理是当多组分的混合样品进入色谱柱后，由于吸附剂对每个组分的吸附力不同，经过一定时间后，各组分在色谱柱中的运行速度也就不同。吸附力弱的组分容易被解吸下来，最先离开色谱柱进入检测器，而吸附力最强的组分最不容易被解吸下来，因此最后离开色谱柱。如此，各组分得以在色谱柱中彼此分离，顺序进入检测器中被检测、记录下来。样品经过检测器后，被记录的就是色谱图，每一个峰代表最初混合样品中的不同的组分（傅若农，2009）。典型色谱图如图 6-2 所示，峰出现的时间称为保留时间，可以用来对每个组分进行定性，而峰的大小（峰高或峰面积）则是组分含量大小的度量。

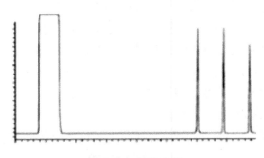

图 6-2　典型色谱

2. MS 及其原理

质谱法（mass spectrometry，MS）是一种测量离子质荷比（质量－电荷比）的分析方法，通过测出离子准确质荷比来确定离子的化合物组成。其基本原理是使试样中各组分在离子源中发生电离，生成不同核质比的带电荷的离子，经加速电场作用，形成离子束，进入质量分析器。在质量分析器中，再利用电场和磁场使离子发生相反的速度色散——离子束中速度较慢的离子通过电场后偏转大，速度快的偏转小；在磁场中离子发生角速度矢量相反的偏转，即速度慢的离子依然偏转大，速度快的偏转小；当两个场的偏转作用彼此补偿时，它们的轨道便相交于一点。与此同时，在磁场中还能发生质量的分离，这样就使具有同一质荷比而速度不同的离子聚焦在同一点上，不同质荷比的离子聚焦在不同的点上，将它们分别聚焦而得到质谱图，从而确定其质量。

（二）GC-MS 功能应用

质谱成像（imaging mass spectrometry，IMS）能够同时获取样品的化学成分信息和样品表面化学成分空间分布信息，并以图像的形式直观地反映被测目标的物质与空间分布情况。IMS 的应用包括从半导体表面污染物分析到生物组织上的蛋白分析，以及药物分析、法证鉴定、字画鉴定等。常用的质谱成像技术 MALDI（ma-trix-assisted laser desorption/ionization）、SIMS（secondary ion mass spectrometry）需要在真空环境下进行，在一定程度上限制质谱成像的应用范围。

（三）GC-MS 的基本流程

GC-MS 方法有其基本流程，每个流程都不可缺少，只要有一部分流程出错就可能会影响 GC-MS 结果。GC-MS 的总体基本流程如图 6-3 所示。

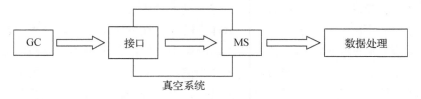

图 6-3　GC-MS 的总体基本流程

1. GC 流程图（图6-4）

（1）载气源

载气必须是纯净的。污染物可能与样品或色谱柱反应，产生假峰，进入检测器使基线噪声增大等。载气的气体种类较多，如氮、氦、氢、氩等。目前，国内实际应用最多的是氮气和氢气。

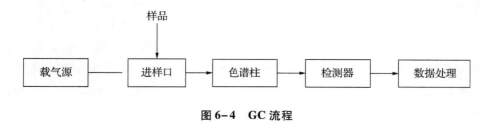

图6-4 GC 流程

（2）进样口

将挥发后的样品引入载气流，最常用的进样装置是注射进样口和进样阀。注射进样口用于气体和液体进样，常用来加热使液体样品蒸发。用气体或液体注射器穿透隔垫将样品注入载气流。

（3）色谱柱

分离在色谱柱中进行。在测定样品时可以选择不同的色谱柱，所以用一台仪器就能够进行许多不同的分析。

（4）检测器

从色谱柱里出来的含有分离组分的载气流通过检测器而产生电信号。检测器的输出信号经过转化后成为色谱柱。

2. MS 流程图（图6-5）

（1）进样系统

可分直接注入、气相色谱、液相色谱、气体扩散4种方法。固体样品通过直接进样杆将样品注入，加热使固体样品转为气体分子。对不纯的样品可经气相或液相色谱预先分离后，通过接口引入。

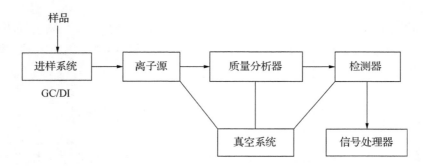

图6-5 MS 流程

（2）真空系统

质谱仪必须在高真空下才能工作。真空系统能够提供足够的平均自由程，提供无碰撞的离子轨道，减少离子 – 分子反应，减少背景干扰，延长灯丝寿命，消除放电，增加灵敏度。确保离子由离子源转移至检测器。

（3）离子源

离子源是使样品电离产生带电粒子（离子）束的装置。在 GC—MS 中一般采用的是电子电离源（EI）和化学电离源（CI）。EI 是最常用的气相电离源，常带有标准谱库。当分子受到电子（70 eV）轰击时，就会在较低能量的化学键处发生断裂。CI 可获得准分子离子，具体过程是在系统抽真空之后，先充入大量甲烷气体（100～1000 Pa），与少量样品分子混合，电子束与甲烷气体作用概率大，得到稳定的烷类离子产物（CH_5^+，$C_2H_5^+$），但能量较低，与样品分子结合后，经过一系列反应即可得到样品离子。

（4）质量分析器

①磁质量分析器：磁质量分析器是根据离子束在一定场强的磁场中运动时，其运动的曲率半径 Rm 与离子的质荷比 m/z 和加速度电压 V 有关。当加速电压固定时，不同质荷比的离子的曲率半径不同，于是，不同质荷比的离子在空间有不同的位置，得到了空间位置上的分离。

②飞行时间质量分析器：飞行时间质量分析器是一个长度一定的无场空间，离子经加速电压加速而进入分析器时，由于不同质量的离子飞行速度不同，它们飞过一定距离所需的时间也不同，质量小的离子飞行速度快，先到达检测器，质量大的离子飞行速度慢，后到达检测器，因而可获得质量分离。

③四级杆质量分析器：四级杆质量分析器由 4 根平行的圆柱形电极组成，电极分为两组，分别加上一个直流电压和一个射频交流电压。当离子由电极间轴线方向进入电场后，会在极性相反的电极间产生振荡。只有质荷比在一定范围内的离子，才可以围绕电极间轴线做有限振幅的稳定振荡运动，并到达接收器。只要有规律地改变所加电压或频率，就可使不同质荷比的离子依次到达检测器，实现分离的目的。四级杆质量分析器的优点是具有经典的质谱图，再现性好，扫描速度快，离子流通量大，结构简单，易操作，因此应用较广；其缺点是对高质量数离子有质量歧视效应，分辨率较低，适用的质量范围也较小。

（5）检测器

检测器的作用是将来自质量分析器的粒子束进行放大并进行检测。质谱仪的检测器有很多种，其中，电子倍增管及其阵列、离子计数器、感应电荷检测器、法拉第收集器等是比较常见的检测器。

第二节　华榛种仁油提取及油脂组成

华榛（*Corylus chinensis* Franch）又名山白果、榛树，为桦木科落叶乔木，野生植株为国家三级保护植物。主要分布于河南、陕西、四川、云南、湖北、湖南等地，常生于湿润山坡林中，为亚热带阔叶林中的重要树种，木材供建筑和制器具，坚果供食用（李沛琼 等，

1979）。作为一种重要的木本资源植物，此前国内外对华榛的研究主要集中在分类和生理方面，尚无以果实为原料提取油脂的报道。本研究采用超声波法（左笑 等，2007）提取种仁油，并用气相色谱－质谱（GC-MS）联用仪分析华榛种仁油的成分，探索华榛种仁油在超声波条件下的最佳提取工艺参数，分析其脂肪酸组成，为该植物的开发利用提供科学依据。

一、材料与方法

（一）实验材料

华榛种子采自湖南保靖白云山国家级自然保护区，果实经自然风干后，取种仁粉碎备用。

（二）仪器、试剂

超声波萃取仪，GC-MS-QP2010 气相色谱－质谱联用仪（配 NIST05 标准质谱，日本岛津公司）。主要试剂为石油醚（沸程 60～90 ℃）、正己烷、乙醚、乙酸乙酯、苯、KOH、甲醇、NaCl、无水硫酸钠，均为国产分析纯。

（三）油脂的提取工艺实验设计

1. 提取溶剂的选择

准确称取华榛种仁粉 10 g，分别加入石油醚、正己烷、乙醚、乙酸乙酯 70 mL，浸泡 12 h，在超声强度 300 W、温度 75 ℃下提取 30 min。处理结束后，在 4000 r/min 下离心 10 min，吸取上层提取液用旋转蒸发仪回收溶剂，然后将提取物放入（105±1）℃的鼓风干燥箱中，烘至前后 2 次质量之差不超过 0.001 g，按下式计算油脂提取率：油脂提取率 = 油脂质量/华榛种仁质量×100%。

2. 正交实验设计

参考文献（刘世彪 等，2010）中超声波辅助提取法提取华中木兰和乐昌含笑种子油单因素实验结果，并且结合上述溶剂选择实验结果选取油脂提取率前三的溶剂（A）、料液比（B）、提取时间（C）、超声强度（D）作为考察因素，设计正交实验优化华榛种仁油提取工艺条件。处理结束后，记录实验数据，用 SPSS 软件对实验数据进行统计分析，得出华榛种仁油最佳提取工艺条件，并在最佳条件下重复 3 次实验，计算油脂的平均提取率。

（四）油脂样品甲酯化

参考彭密军等（2009）的做法，用 2 mL 石油醚－苯（体积比 1∶1）为溶剂将 0.2 g 油脂样品溶解，加入 5 mL 0.2 mol/L 的氢氧化钾－甲醇溶液，于 50 ℃水浴 30 min，冷却，加入 2 mL 饱和 NaCl 溶液，静置 10 min 分层，取上清液，加入少量无水硫酸钠，密封，冷藏备用。

（五）脂肪酸的 GC-MS 分析

GC-MS 分析条件：参考梁惠等（2005）的分析条件，采用 Rtx-5ms 弹性石英毛细管柱（30 m×0.25 mm，0.25 μm）。程序升温：汽化室温度 250 ℃，柱初始温度 150 ℃，保留 2 min，以 4 ℃/min 上升到 260 ℃，保留 4 min。载气（He），流速 1 mL/min，压力

84.7 kPa，进样量 0.5 μL。接口温度 230 ℃，进样口温度 250 ℃，溶剂切除时间 3.0 min。电子轰击离子源，电子能量 70 eV，离子源温度 200 ℃，质量扫描范围 29～450 u。

数据处理及 MS 检索：甲酯化样品经 GC-MS 分析，所得各组分峰的 MS 数据运用计算机谱库自动进行检索，并参照标准图谱进行核对，最后对色谱峰用面积归一化法计算各组分相对含量。

二、结果与分析

（一）溶剂选择

按照前述方法用 4 种不同溶剂提取华榛种仁油，结果如图 6-6 所示。

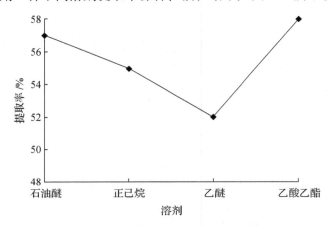

图6-6　不同溶剂对油脂提取率的影响

由图 6-6 可知，石油醚、正己烷、乙酸乙酯对华榛种仁油有较好的提取率，乙醚相比其他溶剂提取率偏低，可能是因为乙醚沸点太低，为 34.5 ℃，在 75 ℃下易挥发，减少了溶剂量，影响油脂的提取率。

（二）正交实验结果

为考察多个因素的综合效应，设计正交实验提取华榛种仁油。正交实验设计和结果如表 6-2 所示，方差分析结果如表 6-3 所示。

表6-2　正交实验设计和结果

实验号	因素				提取率/%
	A 溶剂种类	B 料液比（g：mL）	C 提取时间/min	D 超声强度/W	
1	1（石油醚）	1（1：7）	1（20）	1（200）	55.43
2	1	2（1：9）	2（30）	2（250）	57.83
3	1	3（1：11）	3（40）	3（300）	56.33
4	2（正己烷）	1	2	3	53.24

续表

实验号	因素				提取率/%
	A 溶剂种类	B 料液比（g∶mL）	C 提取时间/min	D 超声强度/W	
5	2	2	3	1	54.84
6	2	3	1	2	53.20
7	3（乙酸乙酯）	1	3	2	55.76
8	3	2	1	3	57.19
9	3	3	2	1	55.99
k_1	56.530	54.810	55.273	55.420	
k_2	53.760	56.620	55.687	55.597	
k_3	56.313	55.173	55.643	55.587	
极差 R	2.770	1.810	0.414	0.177	

表 6-3　方差分析结果

变异来源	偏差平方和	自由度	F 比	显著性
A	14.239	2	241.339	＊＊
B	5.501	2	93.237	＊
C	0.310	2	5.254	
D	0.059	2	1.000	

注：$F_{0.05}=19.000$，$F_{0.01}=99.000$。

由表 6-2 可知，各因素对油脂提取率影响存在一定差异，顺序依次为 $A>B>C>D$，即溶剂种类 > 料液比 > 提取时间 > 超声强度。最佳组合为 $A_1B_2C_2D_2$，即以石油醚为溶剂、料液比 1∶9、提取时间 30 min、超声强度 250 W，此条件下油脂提取率为 57.83%。从表 6-3 方差分析结果可以看出，在影响华榛种仁油提取率的各因素中，溶剂种类达到极显著水平，料液比达到显著水平，提取时间和超声强度影响不显著。

（三）最佳提取条件下的油脂平均提取率

在最佳提取条件下，即以石油醚为溶剂，料液比 1∶9，提取时间 30 min，超声强度 250 W 进行 3 次平行提取实验，结果如表 6-4 所示。从表 6-4 可以看出，平均提取率达到 57.84%。

表 6-4　平行实验结果

实验号	1	2	3	平均值
提取率/%	57.84	57.85	57.83	57.84

（四）GC-MS 分析

对华榛种仁油进行甲酯化，利用 GC-MS 联用仪对其进行分析，得到华榛种仁油总离子流图，如图 6-7 所示。

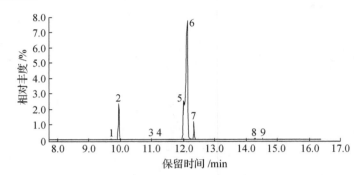

图 6-7　华榛种仁油的 GC-MS 分析

经 NIST05 质谱库检索，共鉴定了 9 种脂肪酸成分，用面积归一化法计算各组分的相对含量，其主要成分和相对含量如表 6-5 所示。

表 6-5　华榛种仁油脂肪酸组成及相对含量

峰号	保留时间/min	名称	相对含量/%	相似程度/%
1	9.705	9-十六碳烯酸	0.22	96
2	19.952	棕榈酸	9.01	95
3	10.896	2-己基环丙烷辛酸	0.14	90
4	11.157	十七烷酸	0.09	94
5	12.019	亚油酸	16.09	95
6	12.131	油酸	69.54	96
7	12.337	硬脂酸	4.44	95
8	14.270	11-二十烯酸	0.24	96
9	14.526	花生酸	0.23	93

由表 6-5 可看出，华榛种仁油中含有 9 种脂肪酸成分，相对含量较高的为油酸 69.54%、亚油酸 16.09%、棕榈酸 9.01% 和硬脂酸 4.44%。华榛种仁油中不饱和脂肪酸含量高达 86.09%，饱和脂肪酸含量较低，仅为 13.91%。华榛种仁油中油酸和亚油酸含量分别为 69.54% 和 16.09%，且榛属植物的坚果长期被人类食用，安全无毒，因此，从应用角度而言，华榛种仁油具有很高的营养及药用价值，可考虑做保健品和食用油开发。

三、小结

①经研究，利用超声波辅助提取华榛种仁油并经优化得到的最佳提取工艺条件为：以石

油醚为萃取溶剂，料液比 1∶9，超声强度 250 W，提取 30 min，油脂的平均提取率为57.84%。所得油脂橙黄清亮，且有榛类油脂的香味。

②利用气相色谱－质谱（GC-MS）联用技术对华榛种仁油脂肪酸成分进行分析，其脂肪酸成分为油酸 69.54%、亚油酸 16.09%、棕榈酸 9.01%、硬脂酸 4.44%、花生酸 0.23%、11-二十烯酸 0.24%、9-十六碳烯酸 0.22%、2-己基环丙烷辛酸 0.14%、十七烷酸 0.09%。

③综上结果来看，华榛种仁油脂含量丰富，达到 50% 以上，种仁油脂肪酸主要成分为油酸、亚油酸（不饱和脂肪酸含量高达 86.09%，饱和脂肪酸含量仅为 13.91%），油脂特性符合制备生物柴油的标准，可作为生物柴油原料植物开发。此外，由于华榛种仁油中丰富的不饱和脂肪酸含量，该植物还可作为食用油脂资源开发，为优质级食用油脂。由于华榛种仁肥白而圆，有香气，含油脂量很大，亦可供食用，为优质的坚果类食品。

第三节　山橿籽油提取及油脂组成

山橿（*Lindera reflexa* Hemsl）又名副山苍、大叶山、米珠、钓樟、土沉香、香棍等，系樟科山胡椒属落叶灌木。山橿主要以根入药，具有理气止痛、祛风解表、杀虫、止血之功效，被广泛用于治疗胃痛、腹痛、风寒感冒、风疹疥癣、刀伤出血等症（吴贻谷，1986）。以山橿根制成的中成药制剂"胃痛宁片"已作为国家基本药物品种在临床上用于治疗慢性胃炎、胃溃疡等症（陈随清，2009）。山橿籽油含量丰富，但其提取及脂肪酸组成成分尚未见报道，开发价值难以评价。本研究拟采用超声波辅助提取山橿籽油，采用响应面法优化提取工艺条件，并采用气相色谱－质谱（GC-MS）法对其脂肪酸组成进行分析，以期为山橿籽油开发利用提供科学依据。

一、材料与方法

（一）实验材料

1. 原料与试剂

样品采自湖南湘西土家族苗族自治州龙山县白羊乡，经鉴定为山橿的果实。正己烷、硫酸、甲醇、无水硫酸钠均为分析纯。

2. 仪器与设备

KQ-250DE 数控超声波清洗器，SHB-H 循环水式多用真空泵，旋转蒸发仪，GC-MS-QP2010 气相色谱－质谱联用仪（日本岛津）。

（二）实验方法

1. 山橿籽油的提取与单因素实验

将山橿果实去皮后于 50 ℃低温干燥，并粉碎过 60 目筛后用正己烷浸提 3 h，然后在一定功率下超声辅助提取一定时间，过滤回收溶剂后于 50 ℃下干燥至恒重，计算山橿籽油提取率。山橿籽油提取率 = 山橿籽油质量/山橿籽粉末质量×100%。其中，单因素涉及料液比、超声功率和超声提取时间。

2. 山櫔籽油脂肪酸组成分析

样品甲酯化：称取 0.1 g 山櫔籽油，加入 3 mL 1% 的硫酸–甲醇溶液，80 ℃ 水浴 30 min，冷却后，加入 3 mL 正己烷，摇匀，静置 10 min 分层，取上清液，加入少量无水硫酸钠，密封，待 GC-MS 分析。

GC-MS 分析条件：DB-5MS 色谱柱（30 mm×0.25 mm×1.25 μm）；柱初始温度 80 ℃，保留 2 min，以 10 ℃/min 上升到 160 ℃，保留 10 min，再以 8 ℃/min 上升到 280 ℃，保留 5 min；汽化室温度 250 ℃；载气（He）流速 1 mL/min；电子轰击离子源，电子能量 70 eV，发射电流 0.3 mA，分辨率 500，分流比 80∶1，进样量 0.1 μL。

数据处理及检索：甲酯化样品经 GC-MS 分析，所得各组分峰运用计算机谱库自动进行检索，并参照标准图谱进行核对，最后对色谱峰用面积归一化法计算各组分相对含量。

二、结果与分析

（一）单因素实验

1. 料液比对山櫔籽油提取率的影响

以正己烷为提取溶剂，在超声功率 320 W、超声提取时间 10 min 的条件下，考察料液比对山櫔籽油提取率的影响，结果如图 6-8 所示。由图可知，随着料液比的增大，山櫔籽油提取率逐步提高，当料液比为 1∶15 时山櫔籽油提取率达到 42.28%，随后，再增加料液比山櫔籽油提取率基本保持不变。因此，本实验取料液比 1∶15 为最佳。

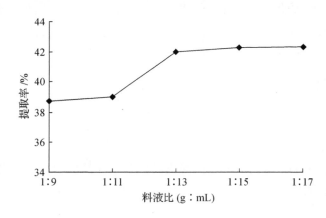

图 6-8　料液比对山櫔籽油提取率的影响

2. 超声功率对山櫔籽油提取率的影响

以正己烷为提取溶剂，在料液比 1∶15、超声提取时间 10 min 的条件下，考察超声功率对山櫔籽油提取率的影响，结果如图 6-9 所示。由图可知，随着超声功率的增大，山櫔籽油提取率先增加后下降。在超声功率为 224 W 时山櫔籽油提取率最高。这可能与超声功率产生的空化作用和机械作用有关，超声可使得媒质粒子的速度和加速度发生变化，从而提高界面扩散层上的分子扩散速度（苏辉 等，2011），但超声波的传播将随着功率增大而衰减，从而导致山櫨籽油提取率增加缓慢甚至下降（陈健，2011）。因此，本实验取超声功率 224 W 为最佳。

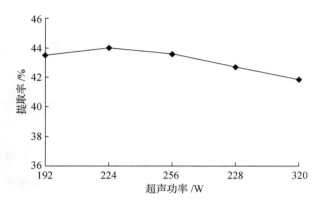

图 6-9　超声功率对山櫨籽油提取率的影响

3. 超声提取时间对山櫨籽油提取率的影响

以正己烷为提取溶剂，在料液比 1∶15、超声功率 224 W 的条件下，考察超声提取时间对山櫨籽油提取率的影响，结果如图 6-10 所示。由图可知，随着超声提取时间的延长，山櫨籽油提取率呈现先上升后略下降的趋势，在超声提取时间 20 min 时山櫨籽油提取率最高。因此，本实验取超声提取时间 20 min 为最佳。

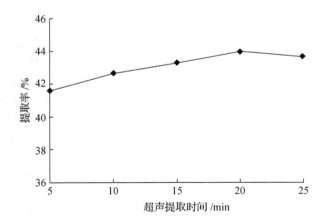

图 6-10　超声提取时间对山櫨籽油提取率的影响

（二）响应面实验

1. 响应面优化

根据单因素实验结果，以正己烷为提取溶剂，采用 Box-Behnken 法（贺建武 等，2011），选取料液比、超声功率、超声提取时间为主要因素进行响应面实验设计，因素、水平如表 6-6 所示，响应面实验设计和结果如表 6-7 所示。

表 6-6　响应面实验因素、水平

水平	因素		
	X_1 料液比（g：mL）	X_2 超声功率/W	X_3 超声提取时间/min
-1	1：13	192	15
0	1：15	224	20
1	1：17	256	25

表 6-7　响应面实验设计和结果

实验号	因素			山橿籽油提取率/%	
	X_1	X_2	X_3	实测值	预测值
1	-1	1	0	43.34	43.47
2	1	0	-1	44.65	44.67
3	0	-1	-1	44.23	44.11
4	-1	-1	0	43.69	43.68
5	0	1	1	43.56	41.78
6	0	0	0	44.22	42.66
7	0	0	0	42.52	42.30
8	0	1	-1	43.72	45.32
9	1	-1	0	42.06	43.38
10	1	1	0	43.18	42.97
11	-1	0	-1	44.87	44.97
12	1	0	1	44.37	44.53
13	-1	0	1	43.67	43.50
14	0	-1	1	44.64	45.09
15	0	0	0	44.68	44.66

通过 Design Expert 软件对实验数据进行回归分析，方差分析如表 6-8 所示，得到的回归方程为：$Y = 61.704 - 7.056X_1 + 0.4012X_2 - 0.152X_3 - 5.6256X_1X_2 + 0.020X_1X_3 - 2.053X_2X_3 + 0.258X_1^2 - 2.336X_2^2 - 0.030X_3^2$。

表 6-8　方差分析

方差来源	平方和	自由度	均方和	F	P
模型	9.64	9	1.07	9.01	0.003 1**
X_1	0.17	1	0.17	1.46	0.253 2

续表

方差来源	平方和	自由度	均方和	F	P
X_2	0.62	1	0.62	5.21	0.056 3
X_3	1.07	1	1.07	8.99	0.016 5*
X_1X_2	0.52	1	0.52	4.37	0.079 3
X_1X_3	0.16	1	0.16	1.35	0.282 6
X_2X_3	0.43	1	0.43	3.63	0.081 2
X_1^2	4.50	1	4.50	37.86	0.000 5**
X_2^2	1.79	1	1.79	15.09	0.006 0**
X_3^2	0.73	1	0.73	6.11	0.041 8*
残差	0.83	7	0.12		
失拟项	0.83	3	0.28	3.18	0.164 3
纯误差	1.79	4	0.45		

注：** 表示极显著水平（$P<0.01$）；* 表示显著水平（$P<0.05$）。

由表 6-8 可知，模型 $P<0.01$ 达到了极显著水平，失拟项不显著，表明该模型是合适的。其中 X_3、X_3^2、X_1^2 和 X_2^2 表现为显著或极显著水平。相关系数 $R^2=0.918\ 1$，表明该方程拟合程度较好。影响山橿籽油提取率的各因素的顺序是：超声提取时间 > 超声功率 > 料液比。

2. 正己烷提取山橿籽油的最佳工艺

对回归方程中各自变量求一阶偏导数，得到三元一次方程组，求解得出山橿籽油提取的最佳工艺条件为：料液比 1∶18、超声功率 201.84 W、超声提取时间 16.56 min，模型预测响应值为 45.10%。考虑到实际操作的可行性，各因素分别取整数，修正为料液 1∶18、超声功率 200 W、超声提取时间 16 min。

3. 模型验证实验

根据模型预测的山橿籽油最佳提取工艺条件对拟合方程进行验证，进行 3 次平行实验，结果分别为 44.5%、44.9%、44.7%，平均值为 44.7%，与模型预测响应值接近。

（三）山橿籽油脂肪酸组成分析

经 GC-MS 分析共检测出 20 个色谱峰，经 NIST2011 质谱库检索，共鉴定了 9 种脂肪酸成分，其总离子流图如图 6-11 所示。按峰面积归一化法（曹建华 等，2008），求得山橿籽油脂肪酸各组分的相对含量（表 6-9）。

表 6-9　山橿籽油脂肪酸组成及相对含量

保留时间/min	名称	相对含量/%	相似程度/%
7.096	癸酸	0.45	97
9.737	5-十二碳烯酸	33.66	98

续表

保留时间/min	名称	相对含量/%	相似程度/%
10.064	十二碳酸	30.48	96
14.925	5-十四碳烯酸	8.29	97
15.714	十四碳酸	15.51	98
22.326	棕榈酸	1.54	95
24.932	亚油酸	0.71	98
25.015	油酸	5.69	96
28.256	硬脂酸	0.48	98

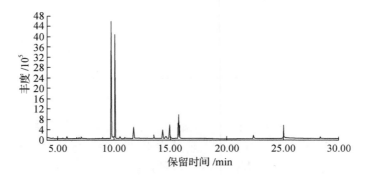

图6-11 山橿籽油脂肪酸的GC-MS分析

由表6-9可知，从山橿籽油中共鉴定出9种脂肪酸，这9种脂肪酸占脂肪酸总量的96.81%，含量较高的脂肪酸有5-十二碳烯酸（33.66%）、十二碳酸（30.48%）、十四碳酸（15.51%）、5-十四碳烯酸（8.29%）、油酸（5.69%）、棕榈酸（1.54%）。癸酸、十二碳酸、十四碳酸、硬脂酸和棕榈酸等为饱和脂肪酸，占脂肪酸总量的48.46%，不饱和脂肪酸有4种，为5-十二碳烯酸、5-十四碳烯酸、亚油酸、油酸，占脂肪酸总量的48.35%。

三、小结

①本研究以山橿籽为原料，以正己烷为提取溶剂，通过单因素实验和响应面实验，建立了山橿籽油提取工艺中超声提取时间、超声功率和料液比3个影响因素与山橿籽油提取率之间相互影响的模型，并得到最佳提取工艺条件为：料液比1∶18、超声功率200 W、超声提取时间16 min；在此条件下山橿籽油提取率可达44.7%。

②利用气相色谱-质谱（GC-MS）分析了山橿籽油脂肪酸组成，共鉴定出癸酸、5-十二碳烯酸、十二碳酸、5-十四碳烯酸、十四碳酸、棕榈酸、亚油酸、油酸和硬脂酸9种脂肪酸成分，占脂肪酸总量的96.81%。其中饱和脂肪酸占48.46%，不饱和脂肪酸占48.35%。

③综上结果来看，山檔籽中油脂含量丰富，达到44.7%，是一种具有开发潜力的油脂资源植物。山檔籽油中十二碳酸、十四碳酸等饱和脂肪酸含量丰富，达到总脂肪酸的48.46%，油脂特性符合制备生物柴油的标准。除了作为生物柴油原料植物开发利用外，其油脂成分还可用作表面活性剂的原料，用于生产消泡剂、增香剂，还可用于配制各种食用香料，作为工业用油脂广泛应用于化工领域。

第四节　蜡梅籽油提取及油脂组成

蜡梅［*Chimonanthus praecox*（Linn.）Link］属蜡梅科蜡梅属落叶灌木，原产我国中部诸省，具有重要观赏价值和药用价值。作为传统的名贵观赏植物，针对蜡梅花挥发性成分的研究屡见报道（沈强 等，2009）。蜡梅种子俗称土巴豆，富含脂肪油。湘西有大量零散和一定成片蜡梅林，了解蜡梅籽油的脂肪酸成分，对这一地区蜡梅资源合理开发利用、促进湘西地区特色产业发展十分有益。本研究对蜡梅籽油的提取工艺进行优化，并用GC-MS技术对其油脂脂肪酸成分进行检测，以期为蜡梅籽油的开发利用提供科学依据。

一、材料与方法

（一）材料

1. 供试材料

蜡梅籽采自吉首德夯风景区蜡梅林景点，经鉴定为蜡梅科蜡梅属蜡梅种子。蜡梅籽在干燥箱中于60 ℃干燥至恒重，再将蜡梅籽分为种仁和种皮，分别将种仁和种皮粉碎，过40目筛，收集粉末，放置干燥避光处密封保存备用。

2. 仪器与试剂

气质联用仪：GC-MS（QP2010）（日本岛津，配NIST2005标准质谱库）。实验所用试剂均为国产分析纯。

（二）方法

1. 蜡梅籽脂肪酸的提取与单因素实验

称取适量蜡梅籽种仁样品，加入一定量的提取溶剂，用索氏提取法，改变提取条件，以提取率（提取率 = $m_1/m \times 100\%$，其中：m_1 为油的质量，m 为样品的质量）为考察指标，考察不同提取溶剂、料液比、提取温度和提取时间对抽取率的影响，以确定提取因素变化范围及各因素的最佳值，然后进行正交工艺设计和优化。实验均重复3次，取平均值，以下实验均相同。其中涉及的单因素有提取溶剂选择、提取料液比、提取温度和提取时间。

（1）提取溶剂选择

脂肪酸易溶于石油醚、氯仿、乙酸乙酯、乙醚、正己烷等有机溶剂，因此，用这5种试剂作为提取试剂，分别称取蜡梅籽种仁粉末样品，按照料液比1∶10（g∶mL）和提取温度75 ℃，用脂肪测定仪提取脂肪酸，提取时间2 h，考察不同溶剂对提取率的影响。

（2）提取料液比

称取蜡梅籽种仁粉末，按石油醚 1∶5、1∶10、1∶15、1∶20（g∶mL）的料液比和提取温度 75 ℃，用脂肪测定仪对蜡梅籽种仁油提取脂肪酸，考察料液比对提取率的影响。

（3）提取温度

称取蜡梅籽种仁粉末，按料液比 1∶10（g∶mL）加入石油醚，分别考察提取温度为：55 ℃、60 ℃、65 ℃、70 ℃、75 ℃对提取率的影响。

（4）提取时间

称取蜡梅籽种仁粉末，按料液比 1∶10（g∶mL）加入石油醚，提取温度 70 ℃，分别考察提取时间为 1 h、2 h、3 h、4 h 对提取率的影响。

2. 影响脂肪酸提取率主要单因素的选择及优化

通过单因素实验，选择 3 个主要因素作为考察对象，选择 $L_9(3^4)$ 正交实验优化蜡梅籽脂肪酸的提取工艺。正交实验因素、水平如表 6-10 所示。

表 6-10　正交实验因素、水平

水平	因素		
	A 提取时间/h	*B* 料液比（g∶mL）	*C* 提取温度/℃
1	2	1∶5	60
2	3	1∶10	70
3	4	1∶15	80

3. 蜡梅籽种仁和种皮中脂肪酸含量的确定

采用正交实验得到的最优工艺条件对种仁和种皮所含脂肪酸进行提取，并计算出种仁和种皮的脂肪酸含量。

4. 脂肪酸的甲酯化衍生处理

称取约 0.1 g 蜡梅籽油于 25 mL 具塞试管中，加入 2 mL 石油醚 - 苯（V∶V=1∶1）溶解，再加入 5 mL 0.2 mol/L 的 KOH - 甲醇溶液，于 50 ℃水浴 30 min，冷却，加入 2 mL 饱和 NaCl 溶液，静置 10 min 分层，取上清液，加入少量无水硫酸钠，密封，冷藏备用（刘志伟 等，2008；彭密军 等，2009）。

5. 脂肪酸成分的 GC-MS 分析

GC-MS 色谱柱：Rtx-5ms 弹性石英毛细管柱（25 m×0.25 mm×0.25 μm）。程序升温：初始温度 100 ℃，保持 2 min，再以 4 ℃/min 升到 250 ℃，保持 2 min，再以 5 ℃/min 的速率升至 260 ℃，保持 5 min。载气：氦气（He），流速 1 mL/min，压力 84.7 kPa，进样量 0.5 μL，分流比 20∶1。电子轰击离子源，电子能量 70 eV，汽化室温度 250 ℃，接口温度 230 ℃，离子源温度 200 ℃，质量扫描范围 40~500 u。对采集到的图谱对照 NIST2005 标准质谱库进行解析，并采用峰面积归一法，计算各峰相对含量。

二、结果与分析

（一）单因素优化实验

1. 提取溶剂选择

如表 6-11 所示，乙酸乙酯和三氯甲烷提取出来的脂肪酸含量相对较高，但油质不佳，均有少量杂质。综合比较提取溶剂的价格、沸点、毒性及其提取脂肪酸的油质和提取率，选择石油醚（本研究用石油醚沸程均为 30～60 ℃）为最佳的提取溶剂。

表 6-11　不同溶剂对蜡梅籽脂肪酸提取率的影响

溶剂	提取率/%	油质
正己烷	35.76	亮黄色
石油醚	36.56	淡亮黄色
乙醚	35.40	亮黄色
乙酸乙酯	37.37	黄褐色，有杂质
三氯甲烷	37.19	黄褐色，有杂质

2. 最佳提取料液比的选择

由图 6-12 可知，当料液比达到 1：10（g：mL）时，蜡梅籽脂肪酸的提取率达到 37.25%，为最高值；料液比继续增加时，蜡梅籽的提取率不再增加。因此，料液比为 1：10 时为最佳。

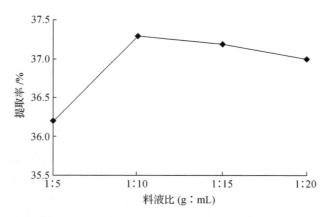

图 6-12　料液比对脂肪酸提取率的影响

3. 提取温度对提取率的影响

由图 6-13 可知，提取率开始随提取温度升高而增加，当温度增加至 70 ℃时，提取率为 37.36%，达到最高；继续升高温度，提取率不再随温度升高而增加。这说明 70 ℃为最佳提取温度。

4. 提取时间对提取率的影响

从图 6-14 可以看出，蜡梅籽种仁的提取率随提取时间的增加而增加，当提取时间增加至 3 h 后，提取率不再随时间的增加而增加，此时提取率为 37.21%。因此，3 h 为最佳提取时间。

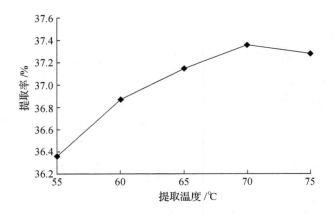

图 6-13　提取温度对脂肪酸提取率的影响

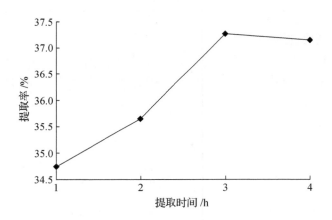

图 6-14　提取时间对脂肪酸提取率的影响

（二）正交实验

如表 6-12 所示，正交实验的 3 个变量中，因素 B（料液比）的极差为 1.04，在 3 个因素中极差最大，说明因素 B 的水平改变对提取率影响最大，因素 B 是要考虑的主要因素。因素 B 的 3 个水平所对应的提取率以第二水平对应平均值 37.26% 为最大，所以选取 B_2 为最佳。因素 A（提取时间）的极差为 0.67，仅次于因素 B，它的 3 个水平所对应的提取率平均值分别为 36.47%、37.14%、36.75%，以第二水平对应的平均值 37.14% 为最大，所以选取 A_2 为最佳。因素 C（提取温度）的极差为 0.4，在 3 个极差中最小，说明它的水平发生改变时对提取率影响最小，它的 3 个水平所对应的提取率平均值以第二水平对应的值 37.02% 为最大，所以选取 C_2 为最佳。

表 6-12　正交实验设计和结果

实验号	因素			提取率/%
	A 提取时间/h	B 料液比（g:mL）	C 提取温度/℃	
1	1 (2)	1 (1:5)	1 (60)	35.56
2	1	2 (1:10)	2 (70)	37.44
3	1	3 (1:15)	3 (80)	36.59
4	2 (3)	1	2	36.89
5	2	2	3	37.37
6	2	3	1	37.16
7	3 (4)	1	3	36.22
8	3	2	1	37.14
9	3	3	2	36.90
k_1	36.47	36.22	36.62	
k_2	37.14	37.26	37.02	
k_3	36.75	36.88	36.73	
极差 R	0.67	1.04	0.4	

从以上分析可以得出结论：各因素对提取率的影响按大小排序为 $B>A>C$，最优工艺条件是 $A_2B_2C_2$，即提取温度 70 ℃、料液比 1:10（g/mL）、提取时间 3 h。最佳提取工艺条件在正交表中没有出现，因此必须进行验证实验。

（三）正交实验验证及蜡梅籽种仁、种皮中脂肪酸含量分析

将蜡梅籽的种仁和种皮粉末按最优提取工艺提取脂肪酸，考察蜡梅籽不同部分脂肪酸含量和对正交实验进行验证，种仁和种皮的提取率分别为 39.82%、7.1%，这说明蜡梅籽脂肪酸绝大部分富集在种仁部位。以最优提取条件对种仁中脂肪酸进行提取，种仁中脂肪酸含量达到 39.82%，比正交表内出现的最高提取率组还要高，说明正交实验得到的结果是可靠的。

（四）脂肪酸 GC-MS 分析结果

采用上述方法对蜡梅籽脂肪酸甲酯化后用 GC-MS 进行分析，其总离子流图如图 6-15

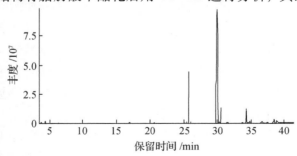

图 6-15　蜡梅籽脂肪酸的 GC-MS 分析

所示。甲酯化后的蜡梅籽脂肪酸经过 GC-MS 分离，共得到 16 个色谱峰，通过 NIST2005 标准谱库检索和 WLEY 质谱库比较，鉴定了其中 13 个色谱峰，并按峰面积归一化法确定各组分相对含量，脂肪酸的主要组成和相对含量如表 6-13 所示。

表 6-13 蜡梅籽脂肪酸组成及相对含量

峰号	保留时间/min	名称	化学分子式	分子量	相对含量/%	相似程度/%
1	20.64	肉豆蔻酸	$C_{14}H_{28}O_2$	228	0.16	96
2	23.27	十五碳酸	$C_{15}H_{30}O_2$	242	0.04	94
3	25.17	9-十六烯酸	$C_{16}H_{30}O_2$	254	0.24	97
4	25.84	棕榈酸	$C_{16}H_{32}O_2$	256	6.59	96
5	28.22	十七碳烷酸	$C_{17}H_{34}O_2$	270	0.07	98
6	29.98	亚油酸	$C_{18}H_{32}O_2$	280	53.47	94
7	30.10	油酸	$C_{18}H_{34}O_2$	282	27.22	95
8	30.57	硬脂酸	$C_{18}H_{36}O_2$	284	2.83	96
9	34.15	10，13-二十碳二烯酸	$C_{20}H_{36}O_2$	308	0.07	95
10	34.36	11-二十碳烯酸	$C_{20}H_{38}O_2$	310	3.14	94
11	34.90	花生酸	$C_{20}H_{40}O_2$	312	0.51	94
12	38.78	13-二十二碳烯酸	$C_{22}H_{42}O_2$	338	0.12	93
13	38.91	二十二碳酸	$C_{22}H_{44}O_2$	340	0.74	95

由表 6-13 可知，蜡梅籽油中含有棕榈酸、亚油酸、油酸、硬脂酸、11-二十碳酸等 13 种脂肪酸。饱和脂肪酸总的相对含量为 10.94%，其中饱和脂肪酸以棕榈酸（6.59%）和硬脂酸（2.83%）为主。蜡梅籽油中含有 9-十六烯酸、油酸、亚油酸、11-二十碳烯酸、10，13-二十碳二烯酸、13-二十二碳烯酸等多种不饱和脂肪酸，总的相对含量达到 84.29%，其中不饱和脂肪酸主要为亚油酸（53.47%）、油酸（27.22%）和 11-二十碳烯酸（3.14%）。

三、小结

①通过单因素和正交实验考察得到的索氏提取法提取蜡梅籽脂肪酸最佳工艺条件，即提取温度为 70 ℃，提取溶剂为石油醚，料液比为 1：10（g/mL），提取时间为 3 h。按上述提取条件对蜡梅籽脂肪酸提取工艺进行了验证，蜡梅籽种仁提取率达到 39.82%。

②采用 GC-MS 对蜡梅籽脂肪酸的组分进行了分析和鉴定，结果表明，蜡梅籽油中含有棕榈酸、亚油酸、油酸、硬脂酸、11-二十碳酸等 13 种脂肪酸，不饱和脂肪酸总的相对含量达到 84.29%，饱和脂肪酸总的相对含量仅为 10.94%。

③综上结果，蜡梅籽种仁中含油量丰富，达到了 39.82%，显然是一种优良的生物柴油能源植物。蜡梅种仁油中富含油酸、亚油酸等不饱和脂肪酸，总相对含量达到 84.29%，不饱和脂肪酸丰富，具有重要的开发价值，但根据刘志雄等（2008）发现，蜡梅籽中存在大

量的蜡梅碱和蜡梅二碱等有毒物质，因此，蜡梅籽油资源不能直接作为人和动物食用油脂利用。

第五节　野生桃种仁油提取及油脂组成

桃仁系指蔷薇科植物桃（*Amygdalus persica* L. ）的干燥成熟种子，传统药用，其性味苦、甘，平，具有扩张血管、增加血流量、降低心肌耗氧量、抗血栓、抗炎镇痛、抗过敏、抗肿瘤、增强免疫力、抗氧化等功效，用于经闭、痛经、痞块、跌打损伤、肠燥便秘（林小明，2007；梅全喜，2008）。桃仁所含油脂也是重要的资源。虽然，目前已有关于桃仁主要化学成分和桃仁油中脂肪酸构成的研究（姜波 等，2008；修春 等，2007），但均是以栽培种为对象，对野生桃种仁油成分的研究此前尚无报道。实际上，即便是栽培种，其不同品种、不同产地的桃种仁油中的油酸、亚油酸及棕榈酸 3 种脂肪酸成分也存在一定差异（裴瑾 等，2009）。

湘西拥有丰富的野生桃资源，它们常常是山地疏林、灌丛中的常见种甚至优势种，种仁产量十分巨大，但除了少量用于药用外，绝大多数被废弃。本研究拟采用超声波辅助法探讨最佳提取工艺条件参数，使用气质联用法测定湘西野生桃种仁油成分，以为该地区野生桃资源开发利用提供参考。

一、材料与方法

（一）实验材料

实验原料为野生桃的种仁，采集自古丈县高望界国家级自然保护区内，地理坐标为 110°30′06″E，28°24′37″N，海拔 822 m，主要伴生植物有檫木（*Sassafras tzumu*）、盐肤木（*Rhus chinensis*）、野漆树（*Toxicodendron sylvestre*）、半边月（*Weigela japonica* var. *sinica*）、五节芒（*Miscanthus floridulus*）、木姜子（*Litsea mollis*）、小白酒草（*Conyza canadensis*）等。所采果实经剥去果皮和自然风干后，用粉碎机粉碎、过筛，得到种仁粉后干燥备用。

（二）材料、试剂

超声波萃取仪，GC-MS-QP2010 气相色谱 - 质谱联用仪（配 NIST05 标准质谱，日本岛津公司），R-210 步琪旋转蒸发仪，FW100 型高速万能粉碎机，KQ-250DE 型数控超声波清洗器。石油醚（60 ~ 90 ℃）、正己烷、丙酮、三氯甲烷、乙酸乙酯、乙醚、甲醇均为分析纯，氢氧化钠。

（三）油脂的提取工艺实验设计

1. 单因素实验设计

称取适量野生桃种仁粉放入 400 mL 广口瓶中，加入一定量的提取溶剂，浸泡 12 h，在一定超声功率，温度 75 ℃的条件下超声辅助提取一定时间。处理结束后，在 4000 r/min 下离心 10 min，吸取上层提取液用旋转蒸发仪回收溶剂，然后将提取物放入（105 ±1）℃的鼓风干燥箱中，烘至前后 2 次质量之差不超过 0.001 g，计算油脂提取率。油脂提取率 = 油脂质量/野生桃种仁质量×100% 。其中，涉及的单因素有提取溶剂的选择、料液比、提取时间和超声功率。

（1）提取溶剂的选择

为确定最佳提取溶剂，以乙酸乙酯、石油醚、正己烷、丙酮、三氯甲烷为提取剂，在超声功率 150 W，料液比 1∶10，提取时间 10 min 条件下进行超声波辅助提取。

（2）料液比对提取率的影响

为确定最佳料液比，以正己烷为提取剂，在提取时间 10 min，超声功率 150 W 条件下进行提取。

（3）提取时间对提取率的影响

为确定最佳提取时间，以正己烷为提取剂，在料液比 1∶11，超声功率 150 W 条件下进行提取。

（4）超声功率对提取率的影响

为确定最佳超声功率，以正己烷为提取剂，在料液比 1∶11，提取时间 15 min 条件下进行提取。

2. 正交实验设计

参照文献，根据超声波辅助法提取野生桃种仁油的单因素实验结果（刘祝祥 等，2011），选取油脂提取率前三的溶剂（A）、料液比（B）、提取时间（C）、超声功率（D）作为考察因素，设计正交实验优化野生桃种仁油提取工艺条件。处理结束后，记录实验数据，用 SPSS 软件对实验数据进行统计分析，得出野生桃种仁油最佳提取工艺条件，并在最佳条件下重复 3 次实验，计算油脂的平均提取率。

（四）野生桃种仁油理化指标测定

透明度、气味、滋味：GB/T 5525—1985；酸值：GB/T 5009.37—2003。

（五）脂肪酸的 GC-MS 分析

1. 样品甲酯化

参考彭密军等（2009）的做法，准确称取 0.2 g 野生桃种仁油于 10 mL 容量瓶中，加入 1 mL 乙醚-正己烷溶液（2∶1）溶解，振荡后，用水定容到 10 mL，静置 30 min，取上清液。为了不使样品浓度过大，将所得的样品处理液用正己烷稀释 50 倍，密封冷藏备用。

2. GC-MS 分析条件

参照梁惠等（2005）的分析条件，色谱柱为 RTX-5MS（0.25 mm×30 mm，0.25 μm）毛细管柱；程序升温：气化室温度 250 ℃，柱初始温度 100 ℃，持续保留 2 min，以 4 ℃/min 上升到 260 ℃，保留 4 min。载气为氦气（He），流速 1 mL/min。压力：84.7 kPa，进样量 1.0 μm。接口温度 230 ℃，进样口温度 250 ℃，溶剂切除时间 3.00 min。电子轰击离子源，电子能量 70 eV，离子源温度 200 ℃，质量扫描范围 29~500 u。

3. 数据处理及 MS 检索

甲酯化样品经 GC-MS 分析，所得各组分峰的 MS 数据运用计算机谱库自动进行检索，并参照标准图谱进行核对，最后对色谱峰用面积归一化法进行计算。

二、结果及分析

（一）单因素实验

1. 提取溶剂对野生桃种仁油提取率的影响

为确定最佳提取溶剂，以乙酸乙酯、石油醚、正己烷、丙酮、三氯甲烷为提取剂，在超声功率 150 W，料液比 1：10，提取时间 10 min 条件下进行超声波辅助提取，提取结果如图 6-16 所示。由图 6-16 可知，乙酸乙酯、正己烷、丙酮、三氯甲烷、石油醚的提取率依次为 34.7%、36.2%、34.2%、33.4%、33.9%。正己烷、乙酸乙酯、丙酮的提取率较高，因此，选择这 3 种溶剂。而三氯甲烷有毒性，易挥发，回收困难；石油醚在提取油脂同时会将部分种皮中的色素提取出来，使油的颜色偏重，也不宜选用。

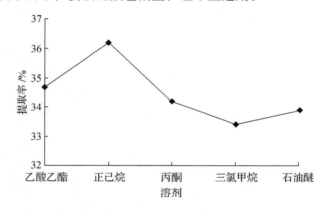

图 6-16　溶剂种类对野生桃种仁油提取率的影响

2. 料液比对野生桃种仁油提取率的影响

为确定最佳料液比，以正己烷为提取剂，料液比分别为 1：9、1：10、1：11、1：12、1：13，提取时间 10 min，超声功率 150 W 条件下进行提取，结果如图 6-17 所示。由图 6-17 可知，在料液比分别为 1：9、1：10、1：11、1：12、1：13 时的提取率依次为 38.3%、38.5%、39.3%、37.3%、36.8%。随着料液比增大提取率提高，在料液比为 1：11 时提取率最高；料液比超过 1：11 时，提取率反而下降。因此，选择料液比 1：11 为宜。

3. 提取时间对野生桃种仁提取率的影响

为确定最佳提取时间，以正己烷为提取剂，在料液比 1：11，提取时间分别为 5 min、10 min、15 min、20 min、25 min，超声功率为 150 W 条件下进行提取，结果如图 6-18 所录。由图 6-18 可知，提取时间分别为 5 min、10 min、15 min、20 min、25 min 时的提取率依次为 36.2%、38.7%、39.8%、39.1%、38.5%。随着提取时间的延长，提取率呈现先上升后下降的趋势，在提取时间 15 min 时提取率最高。因此，提取时间选择 15 min 为宜。

4. 超声功率对野生桃种仁油提取率的影响

为确定最佳超声功率，以正己烷为提取剂，在料液比 1：11、提取时间 15 min，超声功率分别为 150 W、175 W、200 W、225 W、250 W 条件下进行提取，结果如图 6-19 所示。

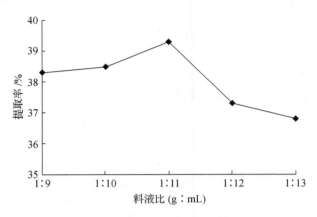

图 6-17　料液比对野生桃种仁油提取率的影响

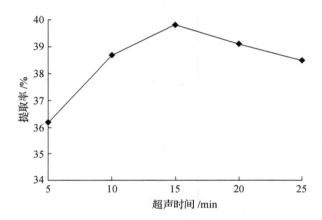

图 6-18　超声时间对野生桃种仁油提取率的影响

由图 6-19 可知，在超声功率分别为 150 W、175 W、200 W、225 W、250 W 时提取率依次为 39.4%、39.7%、39.6%、38.5%、37.3%。随着超声功率的增大，野生桃种仁油的提取率先略有增加，200 W 以后逐步下降。因此，选取 200 W 为较佳超声功率。

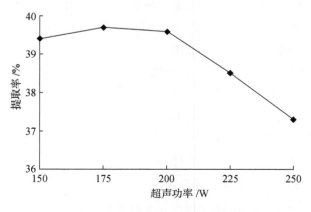

图 6-19　超声功率对野生桃种仁油提取率的影响

（二）正交实验结果

为考察多个因素的综合效应，以溶剂、料液比、提取时间、超声功率为因素，正交实验设计和结果如表6-14所示，方差分析结果如表6-15所示。

表6-14　正交实验设计和结果

实验号	因素				提取率/%
	A 溶剂	*B* 料液比（g∶mL）	*C* 提取时间/min	*D* 超声功率/W	
1	1（正己烷）	1（1∶10）	1（10）	1（150）	39.6
2	1	2（1∶11）	2（15）	2（200）	39.8
3	1	3（1∶12）	3（20）	3（250）	38.3
4	2（乙酸乙酯）	1	2	3	37.2
5	2	2	3	1	34.8
6	2	3	1	2	36.5
7	3（丙酮）	1	3	2	38.8
8	3	2	1	3	36.3
9	3	3	2	1	33.4
k_1	39.23	38.53	37.47	35.93	
k_2	36.17	36.97	36.80	38.37	
k_3	36.17	36.07	37.30	37.27	
极差 *R*	3.06	2.46	0.67	2.44	

表6-15　方差分析结果

方差来源	离均差平方和	自由度	均方	*F*
A	2.08	2	1.04	1.00
B	1.03	2	0.16	0.12
C	0.11	2	0.55	0.51
D	0.99	2	0.49	0.45
误差	0.08	2	0.04	

注：$F_{0.01}$ （2，2） ＝99.00，$F_{0.05}$ （2，2） ＝19.00，$F_{0.1}$ （2，2） ＝9.00。

由表6-14可看出，各因素对超声波辅助提取野生桃种仁油影响的主次顺序依次为：$A>D>B>C$，即溶剂种类＞超声功率＞料液比＞提取时间。从表6-14得到最佳组合为$A_1B_1C_1D_2$，即以正己烷为提取剂，提取时间为10 min、超声功率为200 W、料液比为1∶10，此条件下油脂提取率为45.7%。从表6-15方差分析结果可以看出，各因素对影响野生桃种仁油提取率均不显著。

（三）最佳提取条件下的油脂平均提取率

按最佳条件进行实验，重复3次实验，进行验证，结果如表6-16所示。由表6-16的结果可以看出，野生桃种仁油的提取率平均为45.97%。

表6-16　验证实验结果

工艺条件	实验号	提取率/%	平均提取率/%
$A_1B_1C_1D_2$	1	45.7	45.97
	2	44.8	
	3	47.4	

（四）野生桃种仁油理化指标

在最佳提取条件下，对超声波辅助提取到的野生桃种仁油样品进行分析，结果如表6-17所示。

表6-17　野生桃种仁油的理化指标

指标	透明度	滋味	酸值/（mgNaOH/g）
结果	透明	正常	4.88

（五）野生桃种仁油脂肪酸组成及含量分析

野生桃种仁油脂肪酸甲酯的GC-MS分析如图6-20所示（去除了溶剂峰），野生桃种仁油的脂肪酸成分及相对含量如表6-18所示。

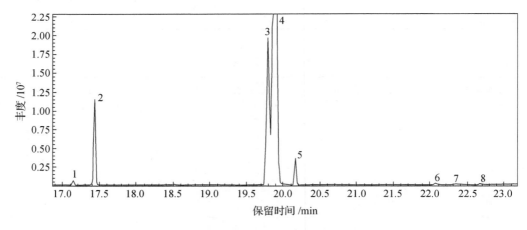

图6-20　桃种仁油的GC-MS分析

表6-18　桃种仁油中脂肪酸成分及相对含量

峰号	保留时间/min	名称	分子量	相对含量/%	相似程度/%
1	17.149	十六碳烯酸	268	0.69	96
2	17.441	棕榈酸	270	11.06	95

峰号	保留时间/min	名称	分子量	相对含量/%	相似程度/%
3	19.792	亚油酸	294	19.08	96
4	19.911	油酸	284	65.21	94
5	20.167	硬脂酸	298	3.39	90
6	22.071	7，10－十八烷二烯酸	294	0.23	96
7	22.314	3－辛基环氧化乙烷辛酸	312	0.13	88
8	22.665	花生酸	326	0.23	89

通过分析可知，超声波辅助提取野生桃种仁油中主要含有油酸（65.21%）、亚油酸（19.08%）、棕榈酸（11.06%）、硬脂酸（3.39%）、十六碳烯酸（0.69%）、7，10－十八烷二烯酸（0.23%）、花生酸（0.23%）、3－辛基环氧化乙烷辛酸（0.13%）。

三、小结

①利用超声波辅助提取野生桃种仁油并经优化得到的最佳提取工艺参数为：提取剂正己烷，提取时间10 min，超声功率200 W，料液比1∶10，提取率为45.97%。各因素对野生桃种仁油提取率影响的主次顺序为溶剂种类＞超声功率＞料液比＞提取时间。

②利用气相色谱－质谱（GC-MS）联用技术对野生桃种仁油的脂肪酸成分进行分析，其脂肪酸成分为组成为：油酸（65.21%）、亚油酸（19.08%）、棕榈酸（11.06%）、硬脂酸（3.39%）、十六碳烯酸（0.69%）、7，10－十八烷二烯酸（0.23%）、花生酸（0.23%），3－辛基环氧化乙烷辛酸（0.13%）。

③综上结果来看，野生桃种仁中油脂含量丰富，达到45.97%，种仁油中富含油酸、亚油酸等不饱和脂肪酸，平均总含量高达85.21%，饱和脂肪酸含量较低，仅为14.45%，种仁可直接食用。由于野生桃仁油含有丰富的不饱和脂肪酸，且无毒害成分，营养丰富，相比于作为生物柴油能源植物，也许更适合作为食用类油脂资源进行开发。

第六节　西南山茶种仁油提取及油脂组成

西南山茶（*Camellia pitardii* Coh. St.）别名西南红山茶，为山茶科山茶属灌木或小乔木，主产我国四川、湖南、广西、贵州等省区，宜在园林中栽培观赏，花、叶、根亦可入药。2010年，在野外调查采集种质资源过程中，发现该种结实量较大，单株鲜果采集量可达30~50 kg，当地百姓常将其采收后同油茶（*Camellia oleifera* Abel.）混合压榨后食用。目前，对西南山茶的化学成分、生理学方面已有一些探讨，对其种仁油成分尚不明确。本研究采用超声波辅助提取西南山茶种仁油，并对西南山茶种仁油脂肪酸组成进行分析，以期为其开发利用提供参考。

一、材料与方法

(一) 实验材料

1. 原料与试剂

西南山茶果实采自湖南省古丈县高望界国家级自然保护区，所采果实经剥皮和自然风干后，粉碎，过筛，得到种仁粉，干燥至恒重，备用。石油醚（60~90 ℃）、甲醇、正己烷、无水硫酸钠、氯化钠、氢氧化钠等，均为分析纯。

2. 仪器与设备

KQ-250DE 超声波萃取仪，GC-MS-QP2010 气相色谱－质谱联用仪（日本岛津），R-210 旋转蒸发仪（瑞士 Buchi），FW100 型高速万能粉碎机，KQ-250DE 型数控超声波清洗器。

(二) 实验方法

1. 西南山茶种仁油的提取

称取 10 g 西南山茶种仁粉放入 400 mL 广口瓶中，加入一定量的石油醚，在瓶口处涂抹凡士林加盖密封浸泡 12 h，在一定超声功率、一定温度下提取一定时间。然后在 4000 r/min 下离心 10 min，吸取上层液旋蒸回收溶剂，然后在（105±1）℃下烘至前后两次质量之差不超过 0.001 g，得到西南山茶种仁油。按下式计算提取率：提取率＝西南山茶种仁油质量/西南山茶种仁粉质量×100%。

2. 西南山茶种仁油脂肪酸组成分析

（1）脂肪酸甲酯化

参考彭密军等（2009）的做法，称取 0.1 g 西南山茶种仁油于 50 mL 具塞试管中，加入 8 mL 0.5 mol/LNaOH 甲醇溶液，放入 70 ℃水浴加热 1 h，冷却后加入 8 mL 正己烷，振荡，再加入 5 mL 饱和 NaCl 溶液，振荡，静置分层，取上层清液于加入适量无水 Na_2SO_4 的 5 mL 具塞试管中，静置 5 min，取上层清液进行 GC-MS 分析。

（2）GC-MS 条件

参考梁惠等的条件（2005），色谱柱为 RTX-5MS 毛细管柱（0.25 mm×30 mm，0.25 μm）；程序升温，柱温初始温度 100 ℃，保持 2 min，以 4 ℃/min 上升到 260 ℃，保持 4 min；载气为氦气，流速 1 mL/min；压力 84.7 kPa，进样量 1.0 μL；汽化室温度 250 ℃；接口温度 230 ℃；溶剂延迟时间 3.00 min。MS 条件：电子轰击离子源，电子能量 70 eV；离子源温度 200 ℃；质量扫描范围 29~500 u；扫描周期 1 s。

（3）数据处理及 MS 检索

甲酯化样品经 GC-MS 分析，所得各组分峰的 MS 数据运用计算机谱库自动进行检索，并参照标准谱图进行核对，然后对色谱峰用面积归一化法进行定量。

二、结果与分析

（一）单因素实验

1. 料液比对西南山茶种仁油提取率的影响

在超声功率为 150 W、提取时间为 30 min、提取温度为 35 ℃ 条件下，研究料液比对西南山茶种仁油提取率的影响，结果如图 6-21 所示。

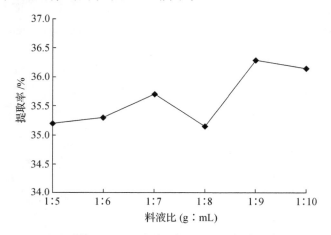

图 6-21　料液比对西南山茶种仁油提取率的影响

由图 6-21 可知，随着料液比的增大提取率逐步提高，当料液比为 1∶9 时提取率最高，这是因为随着料液比的增加，种仁粉与溶剂接触越来越充分，有利于油脂从固相扩散到液相的缘故；当料液比超过 1∶9 后，油脂已基本全部被提取出来，再增加溶剂用量，也不能有效地提高提取率。因此，选择料液比 1∶9 为宜。

2. 超声功率对西南山茶种仁油提取率的影响

在料液比为 1∶9、提取时间为 30 min、提取温度为 35 ℃ 条件下，研究超声功率对西南山茶种仁油提取率的影响，结果如图 6-22 所示。

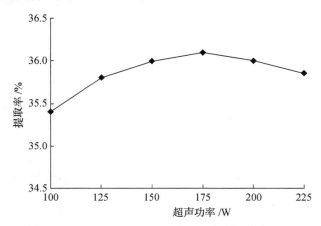

图 6-22　超声功率对西南山茶种仁油提取率的影响

由图 6-22 可知，当超声功率小于 175 W 时，随着超声功率的增大，西南山茶种仁油的提取率逐步提高；当超声功率超过 175 W 时，超声波产生的空化作用达到一定限度，提取率不再上升。因此，选择超声功率 175 W 为宜。

3. 提取时间对西南山茶种仁油提取率的影响

在料液比为 1 : 9、提取温度为 35 ℃、超声功率为 175 W 的条件下，研究提取时间对西南山茶种仁油提取率的影响，结果如图 6-23 所示。理论上讲，提取时间越长，提取率越高，但随着提取时间的延长，石油醚挥发也会增多。由图 6-23 可知，提取率呈现先上升后下降的趋势，在提取时间 40 min 时提取率最高。因此，选择提取时间 40 min 为宜。

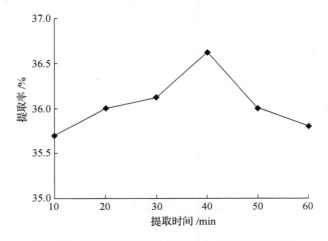

图 6-23 　提取时间对西南山茶种仁油提取率的影响

4. 提取温度对西南山茶种仁油提取率的影响

在料液比为 1 : 9、超声功率为 175 W、提取时间为 40 min 的条件下，研究提取温度对西南山茶种仁油提取率的影响，结果如图 6-24 所示。

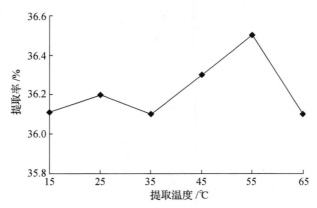

图 6-24 　提取温度对西南山茶种仁油提取率的影响

由图 6-24 可知，提取温度升高，有效增加了溶剂分子和种仁粉运动剧烈程度，提高了油脂的传质扩散，提取率逐步提高；但当提取温度较高时，石油醚挥发速度随之增加，从而降低了溶剂和种仁粉的有效接触，提取率也随即下降。因此，选择提取温度 55 ℃为宜。

（二）正交实验

1. 正交实验设计

按照此前的方法（刘祝祥 等，2011），选取料液比（A）、超声功率（B）、提取时间（C）、提取温度（D）作为考察因素，提取率为考察指标，设计 4 因素 3 水平的正交实验，优化西南山茶种仁油超声波辅助提取工艺条件。正交实验设计和结果如表 6-19 所示，方差分析结果如表 6-20 所示。

从表 6-19 可知，各因素对超声波辅助提取西南山茶种仁油影响的主次顺序为 $B > C > D > A$，即超声功率 > 提取时间 > 提取温度 > 料液比。最佳工艺条件为 $A_2B_3C_3D_3$，即料液比（1 : 9）、超声功率 200 W、提取时间 50 min、提取温度 55 ℃。从表 6-20 方差分析结果可以看出，在影响西南山茶种仁油提取率的各因素中，超声功率达到显著水平，料液比、提取时间和提取温度均不显著。

表 6-19　正交实验设计和结果

实验号	因素				提取率/%
	A 料液比（g : mL）	B 超声功率/W	C 提取时间/min	D 提取温度/℃	
1	1(1 : 8)	1(150)	1(30)	1(35)	35.05
2	1	2(175)	2(40)	2(45)	35.56
3	1	3(200)	3(50)	3(55)	36.59
4	2(1 : 9)	1	2	3	35.97
5	2	2	3	1	35.88
6	2	3	1	2	36.17
7	3(1 : 10)	1	3	2	36.01
8	3	2	1	3	35.54
9	3	3	2	1	35.98
k_1	35.73	35.68	35.59	35.64	
k_2	36.01	35.66	35.84	35.91	
k_3	35.84	36.25	36.16	36.03	
极差 R	0.28	0.59	0.57	0.39	

表 6-20　方差分析结果

方差来源	偏差平方和	自由度	F	显著性
A	0.113	2	1.000	
B	0.669	2	5.920	显著
C	0.496	2	4.389	

续表

方差来源	偏差平方和	自由度	F	显著性
D	0.248	2	2.195	
误差	0.110	2		

2. 验证实验

在正交实验最佳条件下进行 3 次验证实验。结果显示，西南山茶种仁油平均提取率为 36.74%，所提取油脂澄清、透明，为橙黄色，具有油茶固有的气味。

（三）西南山茶种仁油脂肪酸组成分析

经 NIST05 质谱库检索，西南山茶种仁油共鉴定出 7 种脂肪酸组分，用面积归一化法计算各组分的相对含量，结果如表 6-21 所示。

表 6-21　西南山茶种仁油脂肪酸组成及相对含量

脂肪酸类别	相对含量/%
花生酸	0.19
亚麻酸	1.17
棕榈酸	8.59
亚油酸	2.43
油酸	78.68
硬脂酸	0.81
十六碳三烯酸	7.92

由表 6-21 可知，西南山茶种仁油中主要脂肪酸组成及相对含量分别为油酸 78.68%、棕榈酸 8.59%、十六碳三烯酸 7.92%、亚油酸 2.43%、亚麻酸 1.17%、硬脂酸 0.81%、花生酸 0.19%。其中，不饱和脂肪酸含量达到 90.20%。

（四）西南山茶种仁含油量及油脂脂肪酸组成与山茶属其他种类的比较

为便于分析，将西南山茶与山茶属其他种类的含油量（即本文的提取率）及油脂脂肪酸组成进行了比较，结果如表 6-22 所示。

从表 6-22 可以看出，包括西南山茶在内的山茶属 14 种植物的含油量均很丰富，但不同植物的种子（仁）含油量和脂肪酸组成存在一定差别。大多数山茶属植物的种子（仁）含油量在 30% 以上，不饱和脂肪酸总含量在 68% 以上，具有较高的应用价值。

三、小结

①利用超声波辅助提取西南山茶种仁油，正交实验优化得到最佳提取工艺条件为：料液比 1∶9，超声功率 200 W，提取时间 50 min，提取温度 55 ℃；在最佳条件下，西南山茶种仁油的提取率为 36.74%。

表6-22　西南山茶种仁含油量及油脂脂肪酸组成与山茶属其他种类比较

种类	含油量/%	不饱和脂肪酸/%					饱和脂肪酸/%			
		油酸	亚油酸	亚麻酸	十六碳烯酸	总含量	棕榈酸	硬脂酸	花生酸	总含量
西南山茶	36.74	78.68	2.43	1.17	7.92	90.20	8.59	0.81	0.19	9.59
油茶（姚小华 等,2011）	33.39~62.42	76.72~82.67	6.59~9.71	0.16~1.18	—	88.52	7.16~8.86	1.42~2.78	0.29~0.79	10.65
红花油茶（郭华 等,2010）	60.13	75.27	5.68	0.14	0.07	81.16	9.13	4.03	0.07	13.23
小果油茶（谢一青 等,2013）	46.00~59.00	78.94~82.11	7.45~9.63	0.38~0.49	—	90.00	6.87~8.14	1.50~1.78	—	3.10
浙江红花油茶（胡哲森,1987）	62.00	84.10	6.50	—	—	90.60	7.10	1.50	—	8.60
威宁短柱油茶（严梅和 等,1984）	51.40	74.90	7.60	0.70	—	83.20	—	2.30	—	2.30
荔波瘤果茶（张卫方 等,2010）	27.24	77.67	7.94	0.38	—	85.99	10.96	2.31	0.55	13.82
茶（王园园 等,2007）	23.60	44.20	25.20	—	—	69.40	0.20	3.14	—	3.34
窄叶短柱（王园园 等,2007）	45.00	77.60	5.23	—	—	82.83	0.29	2.64	—	2.93
香花糙果茶（王园园 等,2007）	41.00	63.21	10.53	—	—	73.74	—	3.22	—	3.22
大白山茶（王园园 等,2007）	25.60	69.32	13.97	—	—	83.29	—	2.54	—	2.54
博白油茶（王园园 等,2007）	29.00	64.01	12.12	—	—	76.13	0.22	3.48	—	3.70
越南油茶（王园园 等,2007）	42.00	68.62	6.92	—	—	75.54	—	5.59	—	5.59
大果红山茶（王园园 等,2007）	26.00	54.17	14.30	—	—	68.47	—	10.11	—	10.11

注:总含量为各脂肪酸含量的平均值之和。

②利用气相色谱－质谱（GC-MS）联用技术对西南山茶种仁油脂肪酸组成进行分析，其脂肪酸组成主要为油酸（78.68%）、棕榈酸（8.59%）、十六碳三烯酸（7.92%）、亚油酸（2.43%）、亚麻酸（1.17%）、硬脂酸（0.81%）、花生酸（0.19%），其中不饱和脂肪酸含量高达90.20%，饱和脂肪酸含量仅为9.59%。

③与山茶属其他种类相比，西南山茶的含油量虽然不高，但其油脂的脂肪酸组成与油茶很接近，且不饱和脂肪酸含量（90.20%）高于油茶不饱和脂肪酸的平均含量（88.52%），同时还含有一定的亚麻酸（1.17%）。由于西南山茶的优良油脂特性，除了可作为生物柴油原料植物开发利用以外，还可考虑作为油茶以外的备选油料植物进行开发。

第七节　3种漆树科植物籽油提取及油脂组成

漆树科在我国共有16属、54种，主要分布于长江以南各省，该科植物具有重要的经济价值，可用于食用（如杜果）、观赏（如黄栌）、重要工业原料来源（如五倍子、生漆、油脂）等。湘西漆树科植物丰富，尤以黄连木（*Pistacia chinensis* Bunge）、盐肤木（*Rhus chinensis* Mill.）和野漆树 [*Toxicodendron succedaneum*（L.）O. Kuntze] 最为常见，分布广、数量多并都有较高应用价值。从油脂植物的角度来看，黄连木的种子油成分与普通柴油主要成分的碳链长度极为接近，可作为生物柴油的替代品（王涛，2005）。盐肤木其皮部和种子可榨油，是一种具有开发前景的新油源油料树种（胡小泓 等，2008）。野漆树从其种子中提取的油脂还具有食用和一定的保健功能（张飞龙 等，2007）。

目前，国内已有对黄连木（钱建军 等，2000；陈隆升 等，2009；侯新村 等，2010）、盐肤木（王岚 等，2014）和野漆树（唐丽 等，2011；王森 等，2011）种子油的理化性质及脂肪酸组成方面的研究报道，但这3种植物在我国均分布较广，不同种源间种子含油量和脂肪酸组成可能存在一定的差异。因此，有必要对湘西地区的黄连木、盐肤木和野漆树3种植物的种子含油量及油脂组成进行研究，并与其他地区分布的上述3种植物的种子油含油量和脂肪酸组成进行比较，以期为它们的开发利用、种质资源改良和遗传育种提供参考依据。

一、材料和方法

（一）材料

黄连木种子采自湖南省吉首市人民南路团结广场（疑似栽培植株），盐肤木种子采自吉首大学沙子坳校区后山，野漆种子采自吉首市德夯风景区盘古峰。所采种子经自然风干后，用粉碎机粉碎，过筛，得到种仁粉，干燥至恒重备用。

（二）仪器和试剂

超声波萃取仪；GC-MS-QP2010气相色谱－质谱联用仪（配NIST05标准质谱，日本岛津公司）；R-210步琪旋转蒸发仪；FW100型高速万能粉碎机；KQ-250DE型数控超声波清洗器。氢氧化钠、甲醇、正己烷、无水硫酸钠、氯化钠、无水乙醚均为分析纯。

（三）油脂提取

超声波提取（彭书明 等，2009）：称取2 g种子粉末，装入50 mL具塞试管中，以正己烷为溶剂，以料液比、提取时间、超声功率为考察因素，按照 L_9（3^4）正交表进行三因素三水平实验。采用旋转蒸发仪回收正己烷溶剂，采用差量法计算得油率。

（四）油的成分及含量测定

1. 油的甲酯化

参考姜显光等（2009）、李凤娟等（2009）的做法，取油 2 滴，置于 50 mL 具塞试管中，加入 0.5% 氢氧化钠 - 甲醇溶液 8 mL，于 70 ℃ 水浴加热 1 h，冷却后加入 8 mL 正己烷，振荡使其充分混合，静置分层，中间有一层薄膜，再加 5 mL 饱和 NaCl 溶液振荡，待盐析，取出上清液于 5 mL 具塞试管，加少量无水硫酸钠干燥，静置。所取上层溶液用 GC–MS 进行分析。

2. 色谱条件

参考彭密军等（2009）的分析条件，以氢气为载气；气化室温度 280 ℃；柱子温度 250 ℃；检测器 245 ℃；进样量 0.1 μL；柱子流量：1 mL/min；分流比：80∶1；色谱柱：Agilent 1909191S–433 型石英毛细管柱（30 mm × 0.25 mm × 0.25 μm）；升温程序：80 ~ 250 ℃，80 ℃ 保温 2 min；再以 10 ℃/min 升温至 160 ℃，保温 2 min；再以 50 ℃/min 升温至 250 ℃，保温 2 min。分辨率 1000，延长时间 4 min。

3. 质谱条件

电子轰击离子源，电子能量 70 eV；离子源温度 230 ℃；接口温度 280 ℃；质量扫描范围 30 ~ 500 u。

4. 数据处理及质谱检索

甲酯化样品经气相色谱 - 质谱分析，最后采用峰面积归一化法进行定量分析。

二、结果与分析

（一）三种植物种子含油量

1. 黄连木种子含油量

以正己烷为溶剂，以料液比、提取时间、超声功率为考察因素，按照 L_9（3^4）正交表进行 3 因素 3 水平实验，正交实验结果如表 6-23 所示。

由表 6-23 可知，各因素对超声波辅助提取黄连木种子油提取率影响的主次顺序为：超声时间 > 料液比 > 超声功率。黄连木种子油的超声波法最佳提取工艺条件为：料液比 1∶7（g∶mL）、时间 60 min、超声功率 250 W。在最佳工艺条件（$A_2B_2C_3$）下再进行 3 次重复验证实验，平均得油率为 14.69%。

表 6–23　超声波提取黄连木种子油正交实验结果

实验号	因素				提取率/%
	D（空白）	A 料液比（g∶mL）	B 超声时间/min	C 超声功率/W	
1	1	1（1∶5）	1（40）	1（150）	13.44
2	1	2（1∶7）	2（60）	2（200）	14.19

续表

实验号	因素				提取率/%
	D（空白）	A 料液比（g∶mL）	B 超声时间/min	C 超声功率/W	
3	1	3（1∶9）	3（75）	3（250）	14.59
4	2	1	2	3	14.08
5	2	2	3	1	13.79
6	2	3	1	2	8.95
7	3	1	3	2	14.35
8	3	2	1	3	14.20
9	3	3	2	1	14.25
k_1	14.27	13.96	12.20	13.83	
k_2	12.27	14.26	14.37	12.70	
k_3	14.27	12.60	14.24	14.29	
极差 R	2.00	1.66	2.17	1.59	

2. 盐肤木种子含油量

以正己烷为溶剂，以料液比、提取时间、超声功率为考察因素，按照 $L_9（3^4）$ 正交表进行 3 因素 3 水平实验，正交实验结果如表 6-24 所示。

由表 6-24 可知，各因素对超声波辅助提取盐肤木种子油提取率影响的主次为：超声时间＞料液比＞超声功率。盐肤木种子油超声波法的最佳提取工艺条件为：料液比 1∶9（g∶mL）、时间 60 min、超声功率 150 W。在最佳提取条件（$A_3B_2C_1$）下再进行 3 次重复验证实验，平均得油率为 22.58%。

表 6-24　超声波提取盐肤木种子油正交实验结果

实验号	因素				提取率/%
	D（空白）	A 料液比（g∶mL）	B 超声时间/min	C 超声功率/W	
1	1	1（1∶5）	1（45）	1（150）	19.08
2	1	2（1∶7）	2（60）	2（200）	20.18
3	1	3（1∶9）	3（75）	3（250）	18.69
4	2	1	2	3	19.04
5	2	2	3	1	18.28
6	2	3	1	2	19.21
7	3	1	3	2	14.71
8	3	2	1	3	18.19
9	3	3	2	1	19.93

续表

实验号	因素				提取率/%
	D（空白）	A 料液比（g：mL）	B 超声时间/min	C 超声功率/W	
k_1	19.32	17.61	18.83	19.10	
k_2	18.84	18.88	19.72	18.03	
k_3	17.61	19.28	17.23	18.64	
极差 R	1.71	1.67	2.49	1.07	

3. 野漆树种子含油量

以正己烷为溶剂，以料液比、提取时间、超声功率为考察因素，按照 $L_9(3^4)$ 正交表进行 3 因素 3 水平实验，正交实验结果如表 6-25 所示。

由表 6-25 可知，各因素对超声波辅助提取野漆树种子油提取率影响的主次为超声功率 > 超声时间 > 料液比。野漆树种子油超声波法的最佳提取工艺条件为：料液比 1：9（g：mL）、时间 45 min、超声功率 200 W。在最佳提取条件（$A_3B_1C_2$）下再进行 3 次重复验证实验，平均得油率为 13.90%。

表 6-25　超声波提取野漆树种子油正交实验结果

实验号	因素				提取率/%
	D（空白）	A 料液比（g：mL）	B 超声时间/min	C 超声功率/W	
1	1	1（1：5）	1（45）	1（150）	9.20
2	1	2（1：7）	2（60）	2（200）	10.53
3	1	3（1：9）	3（75）	3（250）	9.73
4	2	1	2	3	10.01
5	2	2	3	1	8.35
6	2	3	1	2	13.90
7	3	1	3	2	9.81
8	3	2	1	3	9.83
9	3	3	2	1	8.49
k_1	9.82	9.67	10.98	8.68	
k_2	10.75	9.57	9.68	11.41	
k_3	9.38	10.71	9.30	9.86	
极差 R	1.37	1.14	1.68	2.73	

（二）三种植物种子油的脂肪酸组成

1. 黄连木种子油的脂肪酸组成

甲酯化处理后的黄连木种子油样品经 GC-MS 定性定量分析，经质谱库检索，共鉴定了

5 种脂肪酸成分，用面积归一化法计算各组分的相对含量，其主要成分和质量分数如表 6-26 所示。由表 6-26 可知，黄连木种子油中的脂肪酸组成及质量分数分别为：油酸（43.59%）、亚油酸（39.69%）、棕榈酸（15.09%）、硬脂酸（1.04%）、棕榈油酸（0.59%）。其中，不饱和脂肪酸占总脂肪酸的 83.87%，饱和脂肪酸占总脂肪酸的 16.13%。此外，还有少量的 2 - 乙基己醇、衣兰烯、柠檬烯、石竹烯等成分。

表 6-26　黄连木种子中脂肪酸组成及其质量分数

脂肪酸	相对分子质量	分子式	质量分数/%	保留时间/min	可信度/%
油酸	282	$C_{18}H_{34}O_2$	43.59	46.693	99
亚油酸	280	$C_{18}H_{32}O_2$	39.69	23.193	99
棕榈酸	256	$C_{16}H_{32}O_2$	15.09	20.011	98
硬脂酸	284	$C_{18}H_{36}O_2$	1.04	23.762	99
棕榈油酸	254	$C_{16}H_{30}O_2$	0.59	19.608	99

2. 盐肤木种子油的脂肪酸组成

甲酯化处理后的盐肤木种子油样品经 GC-MS 定性定量分析，经质谱库检索，共鉴定了 8 种脂肪酸成分，用面积归一化法计算各组分的相对含量，其主要成分和质量分数如表 6-27 所示。由表 6-27 可知，盐肤木种子油中的脂肪酸组成及质量分数分别为亚油酸（58.68%）、棕榈酸（17.90%）、油酸（17.42%）、硬脂酸（3.76%）、癸酸和十三烷二酸（0.42%）、十一烷酸和月桂酸（0.25%）。其中，不饱和脂肪酸占总脂肪酸的 77.81%，饱和脂肪酸占总脂肪酸的 22.19%。此外还有 2 - 乙基己醇、古巴烯、石竹烯、蛇麻烯等成分。

表 6-27　盐肤木种子中脂肪酸组成及其质量分数

脂肪酸	相对分子质量	分子式	质量分数/%	保留时间/min	可信度/%
亚油酸	280	$C_{18}H_{32}O_2$	58.68	23.199	99
棕榈酸	256	$C_{16}H_{32}O_2$	17.90	20.011	99
油酸	282	$C_{18}H_{34}O_2$	17.42	23.300	99
硬脂酸	284	$C_{18}H_{36}O_2$	3.76	23.763	99
癸酸	172	$C_{10}H_{20}O_2$	0.42	9.079	94
十三烷二酸	244	$C_{13}H_{24}O_4$			64
十一烷酸	184	$C_{11}H_{22}O_2$	0.25	12.064	92
月桂酸	196	$C_{12}H_{24}O_2$			91

3. 野漆树种子油的脂肪酸组成

甲酯化处理后的野漆树种子油样品经 GC-MS 定性定量分析，经质谱库检索，共鉴定了 8 种脂肪酸成分，用面积归一化法计算各组分的相对含量，其主要成分和质量分数如

表6-28所示。由表6-28可知，野漆树种子油中的脂肪酸组成及质量分数分别为：亚麻酸（57.61%）、亚油酸（21.58%）、棕榈酸（18.91%）、硬脂酸（1.24%）、油酸（0.36%），3种直链脂肪酸（0.30%）分别为二十七烷酸、三十一烷酸、二十六烷酸。脂肪酸占总提取物的99.11%，其中不饱和脂肪酸占总脂肪酸的79.55%，饱和脂肪酸占总脂肪酸的20.45%。

表6-28　野漆树种子中脂肪酸组成及其质量分数

脂肪酸	相对分子质量	分子式	质量分数/%	保留时间/min	可信度/%
亚麻酸	278	$C_{18}H_{30}O_2$	57.61	23.270	99
亚油酸	280	$C_{18}H_{32}O_2$	21.58	46.409	99
棕榈酸	256	$C_{16}H_{32}O_2$	18.91	61.132	91
硬脂酸	284	$C_{18}H_{36}O_2$	1.24	23.739	98
油酸	282	$C_{18}H_{34}O_2$	0.36	23.543	50
二十七烷酸	410	$C_{27}H_{54}O_2$			89
三十一烷酸	466	$C_{31}H_{62}O_2$	0.30	33.698	68
二十六烷酸	396	$C_{26}H_{52}O_2$			50

黄连木、盐肤木、野漆树3种植物种子的脂肪酸成分存在以下差异：黄连木种子含有油酸、亚油酸、棕榈油酸3种不饱和脂肪酸，棕榈酸、硬脂酸2种饱和脂肪酸，其中，油酸质量分数最高，占43.59%；盐肤木种子含有亚油酸、油酸2种不饱和脂肪酸，棕榈酸、硬脂酸、癸酸、十一烷酸、月桂酸、十三烷酸6种饱和脂肪酸，其中，亚油酸质量分数最高，占58.68%，十三烷酸是二元酸；野漆树种子中含有亚麻酸、亚油酸、油酸3种不饱和脂肪酸，还含有棕榈酸、硬脂酸、十五烷酸、十六烷酸、十七烷酸、二十七烷酸、三十一烷酸、二十六烷酸8种饱和脂肪酸，其中，亚麻酸质量分数最高，占57.61%。

4. 不同种源种子油的含油量及脂肪酸成分比较

为便于分析，现将不同种源的黄连木、盐肤木、野漆树种子的含油量及脂肪酸成分进行比较，结果如表6-29所示。

由表6-29可知，湘西产黄连木、盐肤木、野漆树的种子含油量、脂肪酸组成与其他地区种源均存在一定的差异。湘西产黄连木种子的含油率仅为14.69%，而其他地区的黄连木种子含油率大都在30%以上，这可能是由于提取方法不同造成的。黄连木种子油不饱和脂肪酸质量分数较高（73.97%~87.41%），且不同种源间存在一定的差异，从北至南逐步呈降低趋势，这可能是由于纬度和海拔较高的地区较为寒冷，较高含量的不饱和脂肪酸能增强植物体的抗冻能力。湘西产盐肤木种子油中含有硬脂酸（3.76%），没有检测出亚麻酸，而湖北产盐肤木种子油中未检测出硬脂酸，却检测出了低量的亚麻酸（2.09%）。湘西产野漆树种子油中亚麻酸含量高（57.69%），比其他两个地区所检测的亚麻酸（1.37%~1.45%）含量高出很多，造成以上差异的原因除了可能与种源不同有关，也可能是由于种子的成熟程度、检测方法的不同而造成的。

表6-29　不同种源黄连木、盐肤木和野漆树种子的含油量及脂肪酸成分比较

物种	产地	含油量/%	不饱和脂肪酸的质量分数/%					饱和脂肪酸的质量分数/%		
			棕榈油酸	油酸	亚油酸	亚麻酸	总量	棕榈酸	硬脂酸	花生酸
黄连木	云南石林（陈隆升 等，2009）	38.21	0.71	33.06	51.66	1.20	86.63	11.32	2.04	—
	江西彭泽（陈隆升 等，2009）	37.23	1.08	46.67	29.58	0.89	78.22	20.39	1.40	—
	湖北十堰（陈隆升 等，2009）	35.15	0.68	47.71	31.01	0.91	80.31	17.95	1.57	0.15
	河北保定（陈隆升 等，2009）	29.61	1.06	46.43	32.85	1.33	81.67	16.39	1.39	—
	安徽滁州（陈隆升 等，2009）	31.69	0.69	37.27	48.42	1.03	87.41	10.94	1.67	—
	安徽金寨（陈隆升 等，2009）	38.01	1.97	48.24	23.52	1.03	74.76	23.53	1.56	0.14
	陕西商洛（陈隆升 等，2009）	38.61	1.06	43.04	41.74	0.79	86.83	11.96	1.30	0.12
	四川攀枝花（陈隆升 等，2009）	32.13	0.84	41.39	32.38	1.47	76.08	22.65	1.27	—
	河南三门峡（陈隆升 等，2009）	32.67	0.68	47.71	31.05	0.89	80.33	17.95	1.57	0.14
	江苏南京（陈隆升 等，2009）	32.88	0.76	41.39	30.84	0.98	73.97	24.21	1.59	0.15
	湖南湘西	14.69	0.59	43.59	39.69	—	83.87	15.09	1.04	1.04
盐肤木	湖北（胡小泓 等，2008）	13.78	—	12.12	57.92	2.09	72.13	27.85	—	—
	湖南湘西	22.58	—	17.42	58.65	—	76.07	17.90	3.76	—
野漆树	江西宁都（唐丽 等，2011）	11.22	0.75	15.74	64.97	1.45	82.91	12.19	3.06	—
	陕西平利（王森 等，2011）	12.73	0.87	17.15	51.75	1.37	71.14	22.42	3.79	0.47
	湖南湘西	13.90	0.71	0.36	21.58	57.69	80.34	18.91	1.24	—

三、小结

①以正己烷为提取溶剂，利用超声波辅助提取黄连木种子油并经优化得到最佳提取工艺条件为：料液比 1：7（g：mL）、超声时间 60 min、超声功率 250 W，油脂的平均提取率为 14.69%；超声波辅助提取盐肤木种子油最佳工艺条件为：料液比 1：9（g：mL）、超声时间 60 min、超声功率 150 W，油脂的平均提取率为 22.58%；超声波辅助提取野漆树种子油最佳工艺条件为：料液比 1：9（g：mL）、超声时间 45 min、超声功率 200 W，油脂的平均提取率为 13.90%。

②利用气相色谱–质谱（GC–MS）联用技术分析表明，黄连木种子油脂肪酸含量占总提取物的 95.82%，主要成分为油酸（43.59%）、亚油酸（39.69%）、棕榈酸（15.09%）、硬脂酸（1.04%）、棕榈油酸（0.59%）；盐肤木种子油的脂肪酸含量占总提取物的 96.97%，主要成分为亚油酸（58.68%）、棕榈酸（17.90%）、油酸（17.42%）、硬脂酸（3.76%）；野漆树种子油的脂肪酸含量占总提取物的 99.11%，主要成分为亚麻酸（57.61%）、亚油酸（21.58%）、棕榈酸（18.91%）、硬脂酸（1.24%）、油酸（0.36%）。

③漆树科的黄连木、盐肤木、野漆树 3 种不同植物种子中的脂肪酸组成主要是十六碳脂肪酸和十八碳脂肪酸，脂肪酸组成成分简单而且高度集中。生物柴油的碳链长度一般为 14～20，因此，3 种植物种子均适合作为生物柴油原料。3 种植物种子油中不饱和脂肪酸含量都较高（77.81%～83.87%），而不饱和脂肪酸中的亚油酸和亚麻酸是人体必需脂肪酸，具有降血脂、软化血管、降低血压等作用。同时，这 3 种植物分布范围广，且大都生长在石灰岩地区，对涵养水源、改善环境、调节生态平衡及促进林木经济发展等方面都能发挥一定作用。因此，合理开发和利用湘西地区的黄连木、盐肤木、野漆树植物资源不仅有利于当地能源开发和环境保护，对当地经济发展也有较大的推动作用。

参考文献

［1］曹建华，丁俊峰，林建超，等. 蒜头果油微波辅助提取及脂肪酸成分分析［J］. 中国油脂，2008，33（10）：17－20.

［2］陈隆升，彭方仁，梁有望，等. 不同种源黄连木种子形态特征及脂肪油品质的差异性分析［J］. 植物资源与环境学报，2009，18（1）：16－21.

［3］陈随清，张峰，王三姓，等. 山楂生物特性的初步研究［J］. 中国野生植物资源，2009，28（2）：46－49.

［4］陈远方，林曦晨，徐利华，等. 常用正交表的构造原理及 SAS 实现［C］. 中国卫生统计学年会会议，2011，470－474.

［5］陈健，孙爱东，高雪娟，等. 响应面分析法优化超声波提取槟榔原花青素工艺［J］. 食品科学，2011，32（4）：82－86.

［6］傅若农. 气相色谱近年的发展［J］. 色谱，2009，27（5）：584－591.

［7］郭华，谭惠元，周建平. 红花油茶果的主要成分及其种子油的脂肪酸组成测定［J］. 浙江大学学报（农业与生命科学版），2010，36（6）：662－669.

［8］贺建武，刘祝祥，陈功锡. 山楂籽油提取工艺优化及其脂肪酸成分分析［J］. 中国油脂，2014，39

（3）：6 – 9.

[9] 贺建武，刘祝祥，陈奇辉，等．响应面法优化波赛链霉菌 JMC06001 发酵培养基 [J].工业微生物，2011，41（5）：47 – 51.

[10] 胡小泓，李俊辉，郭岩．盐肤木籽油和五倍子油的理化特性及其脂肪酸组成分析 [J].武汉工业学院学报，2008，27（3）：6 – 8.

[11] 侯新村，牟洪香，菅永忠．能源植物黄连木油脂及其脂肪酸含量的地理变化规律 [J].生态环境，2010，19（12）：2773 – 2777.

[12] 胡哲森．浙江红花油茶种子油中脂肪酸的分析 [J].福建林学院学报，1987，7（1）：70 – 71.

[13] 姜显光，侯冬岩．马兰籽油中脂肪酸的不同甲酯化方法与 GC – MS 分析 [J].食品科学，2009（22）：253 – 255.

[14] 姜波，沙吾列，范圣第．桃仁油中脂肪酸的 GC – MS 分析 [J].中国油脂，2008，33（11）：71 – 72.

[15] 李沛琼，郑斯绪．中国植物志 [M].北京：科学出版社，1979.

[16] 李凤娟，王昌禄，王玉荣，等．蓖麻油快速甲酯化方法及其脂肪酸含量分析 [J].中国粮油学报，2009，24（6）：52 – 55.

[17] 林小明．桃仁化学成分和药理作用研究进展 [J].蛇志，2007，19（2）：130 – 132.

[18] 刘伟伟，马欢，张无敌，等．对甲苯磺酸催化高酸值油脂甲酯化的实验 [J].中国油脂，2008，33（8）：54 – 56.

[19] 刘世彪，刘祝祥，汪德应，等．华中木兰和乐昌含笑种子油的提取及成分分析 [J].中国油脂，2010，35（4）：68 – 71.

[20] 刘祝祥，陈功锡，欧阳姝敏，等．华榛种仁油提取及 GC – MS 分析 [J].中国油脂，2011，36（9）：14 – 17.

[21] 刘祝祥，王慧，向芬，等．腊梅籽脂肪酸提取工艺优化及 GC – MS 分析 [J].湖南农业科学，2012（3）：80 – 83.

[22] 刘志雄，刘祝祥．超临界 CO_2 萃取蜡梅籽化学成分研究 [J].中药材，2008，31（7）：992 – 995.

[23] 梁惠，冷凯良，贺娟，等．两种海藻提取物的制备及脂肪酸 GC – MS 分析 [J].食品科学，2005，26（12）：184 – 186.

[24] 梅全喜．现代中药药理与临床应用手册 [M].北京：中国中医药出版社，2008.

[25] 彭密军，彭胜，伍钢，等．杜仲籽油中 α – 亚麻酸的甲酯化方法优化 [J].中国油脂，2009，34（1）：76 – 79.

[26] 彭书明，雷泞菲．微波和超声波辅助提取油工艺研究 [J].时珍国医国药，2009，20（8）：1996 – 1997.

[27] 裴瑾，颜永刚，万德光．桃仁中脂肪酸的含量分析研究 [J].中药材，2009，32（6）：908 – 910.

[28] 钱建军，张存劳，姚亚利．黄连木油料资源的开发与利用 [J].中国油脂，2000，25（3）：49.

[29] 苏辉，王伯初，刘玮琦，等．天然药物提取过程的动力学数学模型 [J].中草药，2011，42（2）：384 – 391.

[30] 沈强，于洋，司辉清．蜡梅花精油研究进展 [J].粮食与油脂，2009（10）：13 – 14.

[31] 唐丽，王森，付超凡，等．野漆树籽油提取工艺条件的优化 [J].贵州农业科学，2011，39（9）：198 – 200.

[32] 王园园，宋晓虹，李成仁，等．八种山茶属植物种子油脂的脂肪酸分析 [J].中国油脂，2007，32（9）：78 – 79.

［33］吴贻谷．中药大辞典［M］．上海：上海科学技术出版社，1986．

［34］王云海，杨树成，梁继东，等．水污染控制工程实验［M］．西安：西安交通大学出版社，2013．

［35］王岚，王宁，李坦，等．盐肤木生物质炼制工程［J］．生物工程学报，2014，30（5）：695－706．

［36］王涛．中国主要生物质燃料油木本能源植物资源概况与展望［J］．科技导报，2005，23（5）：12－14．

［37］王森，余江帆，钟秋平．野漆树种籽含油率与脂肪酸成分分析［J］．中国生漆，2011，30（1）：5－8．

［38］谢一青，李志真，姚小华，等．小果油茶果实性状与含油率及脂肪酸组成相关性分析［J］．中国油脂，2013，38（5）：80－84．

［39］修春，李铭源，宓穗卿，等．桃仁的主要化学成分及药理研究进展［J］．中国药房，2007，18（24）：1903－1904．

［40］严梅和，李和．威宁短柱油茶种子油中的脂肪酸、甾醇和三萜醇的研究［J］．高等学校化学学报，1984，5（3）：355－360．

［41］姚小华，王亚萍，王开良，等．地理经纬度对油茶籽中脂肪及脂肪酸组成的影响［J］．中国油脂，2011，36（4）：31－34．

［42］张炳熙．钓樟根皮本草考证［J］．中药材，2000，23（8）：491－492．

［43］张飞龙，张武桥，魏朔南．中国漆树资源研究及精细化应用［J］．中国生漆，2007，26（2）：36－51．

［44］张洁，陈功锡，李贵，等．西南山茶种仁油的超声辅助提取及GC－MS分析［J］．中国油脂，2015，40（8）：8－11．

［45］张洁，陈功锡，刘祝祥，等．湖南产野生桃种仁油提取及GC－MS分析［J］．中国粮油学报，2015，30（9）：79－82．

［46］张洁，胡文艺，陈功锡，等．湖南产三种漆树科植物种子含油量及油脂成分分析［J］．湖南林业科技，2015，42（2）：4－9．

［47］张卫方，刘映良，杜兴乔．荔波瘤果茶种子形态及其脂肪特性分析［J］．贵州农业科学，2010，38（12）：80－81．

［48］左笑，张东翔．超声波在油脂提取中的应用［J］．粮油加工，2007（11）：70－73．

［49］周健民．土壤学大辞典［M］．北京：科学出版社，2013．

第七章　湘西地区主要非粮柴油能源植物

植物油脂基本上可以作为代用柴油的原料。根据调查，按照恩格勒系统统计，湘西地区共有含油器官油脂含量≥10%的非粮柴油能源植物262种（含栽培），隶属于71科、163属。本章综合资源植物含油量、理化参数及脂肪酸组成情况，简要介绍其中66科（裸子植物4科、被子植物62科）的230种植物，主要信息包括种名、主要特征、地理分布、主要用途，详细列出其含油量、理化参数和脂肪酸组成。

第一节　裸子植物

一、松科 Pinaceae

1. 华山松 *Pinus armandii* Franch.

别名：白松（河南），五须松（四川），果松，青松（云南），五叶松（《中国裸子植物志》）。

主要特征：乔木，高达35 m，胸径1 m。针叶5针一束，稀6~7针一束，边缘具细锯齿，叶鞘早落。球果圆锥状长卵圆形，幼时绿色，成熟时黄色或褐黄色，种鳞张开，种子脱落。种子黄褐色、暗褐色或黑色，倒卵圆形，无翅或两侧及顶端具棱脊，稀具极短的木质翅。花期4—5月，球果第二年9—10月成熟。

分布：产于永顺、保靖。生长于海拔300~1000 m的地区，组成单纯林或与针叶树阔叶树种混生。在全国分布于山西南部、河南西南部及嵩山、陕西南部秦岭、甘肃南部、四川、湖北西部、湖南西部、贵州中部及西北部、云南及西藏雅鲁藏布江下游。

用途：为优良材用树种，树干可割取树脂；树皮可提取栲胶；针叶可提炼芳香油；种子可食用，亦可榨油供食用或工业用油。

华山松理化参数及籽油脂肪酸组成如表7-1和表7-2所示。

表7-1　华山松含油量及理化参数

采集地	海拔/m	测试部位	油脂含量/%	碘值/(g/100g)	酸值/(mg/g)	皂化值/(mg/g)
永顺县小溪	324	种仁	53.54	156.77	18.26	268.15

表7-2　华山松籽油脂肪酸组成　　　　　　　　单位:%

采集地	月桂酸	肉豆蔻酸	棕榈酸	棕榈油酸	硬脂酸	油酸	亚油酸	亚麻酸	花生酸	花生烯酸
永顺县小溪	—	0.11	9.85	0.09	5.35	47.40	21.55	0.31	0.50	0.39

2. 马尾松 *Pinus massoniana* Lamb.

别名：枞树（湘西），青松，山松，枞松（广东、广西）。

主要特征：乔木，高达45 m，胸径1.5 m。枝平展或斜展。针叶2针一束，稀3针一束，长12～20 cm，边缘有细锯齿，背面有4～8个边生的树脂道，或腹面也有2个边生；叶鞘初呈褐色，后渐变成灰黑色，宿存。球果卵圆形或圆锥状卵圆形，长4～7 cm，径2.5～4 cm，有短梗，下垂，成熟前绿色，熟时栗褐色，陆续脱落；种子长卵圆形，长4～6 mm，连翅长2～2.7 cm。花期4～5月，球果第二年10—12月成熟。

分布：湘西地区广布。生长于海拔800 m以下的山地、丘陵地区。在全国分布于江苏、安徽、河南、陕西、福建、广东、台湾、四川、贵州、云南及长江中下游各省区。

用途：为优良材用树种；树干可割取松脂；根部树脂含量丰富；树皮可提取栲胶；种子及油脂可以食用。

马尾松理化参数及籽油脂肪酸组成如表7-3和表7-4所示。

表7-3 马尾松含油量及理化参数

采集地	海拔/m	测试部位	油脂含量/%	碘值/（g/100g）	酸值/（mg/g）	皂化值/（mg/g）
保靖县白云山	398	种仁	39.45	91.85	—	—

表7-4 马尾松籽油脂肪酸组成　　　　　　　　单位:%

采集地	月桂酸	肉豆蔻酸	棕榈酸	棕榈油酸	硬脂酸	油酸	亚油酸	亚麻酸	花生酸	花生烯酸
保靖县白云山	—	0.11	6.66	0.12	3.43	30.96	52.11	1.79	1.04	0.50

二、杉科 Taxodiaceae

1. 日本柳杉 *Cryptomeria japonica*（Thunberg ex Linn. f.）D. Don

别名：孔雀松（《中国裸子植物志》）。

主要特征：乔木，在原产地高达40 m，胸径可达2 m以上。小枝下垂，当年生枝绿色。叶钻形，直伸，长0.4～2 cm，基部背腹宽约2 mm，四面有气孔线。雄球花长椭圆形或圆柱形，雌球花圆球形。球果近球形，稀微扁，种鳞20～30枚，能育种鳞有2～5粒种子；种子棕褐色，椭圆形或不规则多角形，长5～6 mm，径2～3 mm，边缘有窄翅。花期4月，球果10月成熟。

分布：古丈有栽培。生长于海拔800～1200 m的地区。在全国分布于山东、上海、江苏、浙江、江西、湖南、湖北等地。日本也有分布。

用途：为优良材用树种，亦作庭园观赏树；种子可榨油。

日本柳杉理化参数及籽油脂肪酸组成如表7-5和表7-6所示。

表7-5 日本柳杉含油量及理化参数

采集地	海拔/m	测试部位	油脂含量/%	碘值/（g/100g）	酸值/（mg/g）	皂化值/（mg/g）
古丈县高望界	980	种仁	23.65	119.13	3.76	183.16

表7-6　日本柳杉籽油脂肪酸组成　　　　　　　　单位:%

采集地	月桂酸	肉豆蔻酸	棕榈酸	棕榈油酸	硬脂酸	油酸	亚油酸	亚麻酸	花生酸	花生烯酸
古丈县高望界	0.09	0.27	60.56	0.08	28.58	9.71	0.72	—	—	—

2. 柳杉 *Cryptomeria japonica* (Thunberg ex Linn.) D. Don var. *sinensis* Miquel

别名：长叶孔雀松（《中国裸子植物志》）。

主要特征：乔木，高达40 m，胸径可达2 m；小枝细长，常下垂，绿色。叶钻形略向内弯曲，先端内曲，四边有气孔线，长1~1.5 cm。雄球花单生叶腋，雌球花顶生于短枝上。球果圆球形或扁球形，径1~2 cm，多为1.5~1.8 cm；种鳞20左右，能育的种鳞有2粒种子；种子褐色，近椭圆形，扁平，长4~6.5 mm，宽2~3.5 mm，边缘有窄翅。花期4月，球果10月成熟。

分布：全县均有栽培。生长于海拔1100 m以下地带。为我国特有树种，分布于浙江、福建、江西、江苏、安徽、河南、湖北、湖南、四川、贵州、云南、广西及广东等地。

用途：为优良材用树种；种子亦可榨油。

柳杉理化参数及籽油脂肪酸组成如表7-7和表7-8所示。

表7-7　柳杉含油量及理化参数

采集地	海拔/m	测试部位	油脂含量/%	碘值/(g/100g)	酸值/(mg/g)	皂化值/(mg/g)
永顺县小溪	333	种仁	12.65	120.98	4.72	191.82

表7-8　柳杉籽油脂肪酸组成　　　　　　　　单位:%

采集地	月桂酸	肉豆蔻酸	棕榈酸	棕榈油酸	硬脂酸	油酸	亚油酸	亚麻酸	花生酸	花生烯酸
永顺县小溪	—	—	4.40	0.34	76.78	18.16	0.05	0.24	—	—

3. 杉木 *Cunninghamia lanceolata* (Lamb.) Hook.

别名：杉木（通用名），沙木、沙树（西南各省区），正杉、正木（浙江），木头树、刺杉（江西、安徽），杉（《经济植物手册》）。

主要特征：乔木，高达30 m，胸径可达2.5~3 m，大枝平展，小枝近对生或轮生，叶在主枝上辐射伸展，披针形或条状披针形，长2~6 cm，宽3~5 mm，边缘有细缺齿。雄球花圆锥状，雌球花单生或2~3（4）个集生，球果卵圆形，长2.5~5 cm，径3~4 cm，种鳞很小，腹面着生3粒种子；种子扁平，长卵形或矩圆形，暗褐色，有光泽，两侧边缘有窄翅。花期4月，球果10月下旬成熟。

分布：湘西各县（市）均有栽培。生长于海拔1400 m以下的山地。在全国分布于河南、安徽、江苏、广东、广西、云南、浙江、福建、四川、湖南地区。越南也有分布。

用途：为我国栽培广、生长快、经济价值高的用材树种；种子可榨油。

杉木理化参数及籽油脂肪酸组成如表7-9和表7-10所示。

表7-9　杉木含油量及理化参数

采集地	海拔/m	测试部位	油脂含量/%	碘值/(g/100g)	酸值/(mg/g)	皂化值/(mg/g)
保靖县白云山	534	种仁	20.65	99.25	2.26	207.19

表7-10　杉木籽油脂肪酸组成　　　　　　　　　　　　　　　单位:%

采集地	月桂酸	肉豆蔻酸	棕榈酸	棕榈油酸	硬脂酸	油酸	亚油酸	亚麻酸	花生酸	花生烯酸
保靖县白云山	0.18	0.75	13.12	0.94	1.93	21.73	52.32	1.54	0.36	0.17

三、柏科 Cupressaceae

1. 柏木 *Cupressus funebris* **Endl.**

别名：松柏（湘西），香扁柏、垂丝柏、黄柏（四川），扫帚柏（湖南），柏木树、柏香树（湖北），柏树（浙江），密密柏（河南）。

主要特征：乔木，高达35 m，胸径2 m。小枝细长下垂，绿色，较老的小枝，暗褐紫色，略有光泽；鳞叶二型，长1~1.5 mm。雄球花椭圆形或卵圆形，长2.5~3 mm，雌球花长3~6 mm，近球形，径约3.5 mm。种鳞4对，能育种鳞有5~6粒种子；种子宽倒卵状菱形或近圆形，熟时淡褐色，有光泽，长约2.5 mm，边缘具窄翅。花期3—5月，种子第二年5—6月成熟。

分布：湘西各地有分布。喜生于海拔1100 m以下的石灰岩山地。为我国特有树种，在全国分布于浙江、福建、江西、湖南、湖北、四川、贵州、广东、广西、云南等省区；江苏南京等地有栽培。

用途：为优良材用树种；枝叶可提芳香油，亦可作庭园树种。

柏木理化参数及籽油脂肪酸组成如表7-11和表7-12所示。

表7-11　柏木含油量及理化参数

采集地	海拔/m	测试部位	油脂含量/%	碘值/(g/100g)	酸值/(mg/g)	皂化值/(mg/g)
古丈县高望界	538	种仁	16.54	90.09	5.45	58.14

表7-12　柏木籽油脂肪酸组成　　　　　　　　　　　　　　　单位:%

采集地	月桂酸	肉豆蔻酸	棕榈酸	棕榈油酸	硬脂酸	油酸	亚油酸	亚麻酸	花生酸	花生烯酸
古丈县高望界	—	0.14	5.51	0.03	1.87	30.13	43.50	0.48	0.16	0.32

2. 侧柏 *Platycladus orientalis* （**Linn.** ） **Franco**

别名：黄柏（华北），香柏（河北），扁柏（浙江、安徽），扁桧（江苏扬州），香树、香柯树（湖北宣恩、利川）。

主要特征：乔木，高达20余米，胸径1 m。枝条向上伸展或斜展；叶鳞形，长1~3 mm，先端微钝。雄球花黄色，卵圆形，长约2 mm；雌球花近球形，径约2 mm。球果近卵圆形，长 1.5 ~ 2 (2.5) cm，中间两对种鳞倒卵形或椭圆形，下部 1 对种鳞极小，稀退化而不显著；种子卵圆形或近椭圆形，顶端微尖，灰褐色或紫褐色，长 6 ~ 8 mm，稍有棱脊，无翅或有极窄之翅。花期 3—4 月，球果 10 月成熟。

分布：湘西各地普遍栽培。生长于海拔 200 ~ 1500 m 的山区林内。在全国分布于内蒙古南部、吉林、辽宁、河北、山西、山东、江苏、浙江、福建、安徽、江西、河南、陕西、甘肃、四川、云南、贵州、湖北、湖南、广东北部及广西北部等省区，西藏有栽培。朝鲜也有分布。

用途：为优质材用树种；种子可药用或榨油，亦可作庭园树。

侧柏理化参数及籽油脂肪酸组成如表 7–13 和表 7–14 所示。

表 7–13　侧柏含油量及理化参数

采集地	海拔/m	测试部位	油脂含量/%	碘值/(g/100g)	酸值/(mg/g)	皂化值/(mg/g)
吉首大学校园	239	种仁	20.12	91.79	5.05	185.13

表 7–14　侧柏籽油脂肪酸组成　　　　　　　单位:%

采集地	月桂酸	肉豆蔻酸	棕榈酸	棕榈油酸	硬脂酸	油酸	亚油酸	亚麻酸	花生酸	花生烯酸
吉首大学校园	0.01	0.04	7.85	0.63	1.66	10.75	75.40	0.42	0.36	0.17

四、三尖杉科 Cephalotaxaceae

1. 三尖杉 *Cephalotaxus fortunei* Hooker

别名：藏杉（四川天全），桃松（成都），狗尾松（湖北兴山），三尖松（湖北宜昌），山榧树（浙江），头形杉（《中国裸子植物志》）。

主要特征：乔木，高达 20 m，胸径达 40 cm。枝条较细长，稍下垂；叶排成两列，披针状条形，通常微弯。雄球花 8 ~ 10 聚生成头状，径约 1 cm；雌球花的胚珠 3 ~ 8 枚发育成种子。种子椭圆状卵形或近圆球形，长约 2.5 cm，假种皮成熟时紫色或红紫色，顶端有小尖头。花期 4 月，种子 8—10 月成熟。

分布：产于永顺、古丈、保靖。生长于 1300 m 以下的山谷湿地林中。为我国特有树种，在全国分布于浙江、安徽南部、福建、江西、湖南、湖北、河南南部、陕西南部、甘肃南部、四川、云南、贵州、广西及广东等省区。

用途：为优质的材用树种；叶、枝、种子、根可提取多种植物碱，供医用；种仁可榨油，供工业用。

三尖杉理化参数及籽油脂肪酸组成如表 7–15 和表 7–16 所示。

表 7–15　三尖杉含油量及理化参数

采集地	海拔/m	测试部位	油脂含量/%	碘值/(g/100g)	酸值/(mg/g)	皂化值/(mg/g)
保靖县白云山	391	种仁	39.45	98.47	40.78	273.36

表7-16 三尖杉籽油脂肪酸组成 单位:%

采集地	月桂酸	肉豆蔻酸	棕榈酸	棕榈油酸	硬脂酸	油酸	亚油酸	亚麻酸	花生酸	花生烯酸
保靖县白云山	—	—	9.43	—	2.81	16.84	55.73	11.91	0.26	0.13

2. 篦子三尖杉 *Cephalotaxus oliveri* Mast.

别名:阿里杉(《中国树木分类学》),梳叶圆头杉(《峨眉植物图志》),花枝杉(《中国裸子植物志》)。

主要特征:灌木,高达4 m。叶条形,平展成两列,排列紧密。雄球花6~7聚生成头状花序,径约9 mm,雌球花的胚珠通常1~2枚发育成种子。种子倒卵圆形、卵圆形或近球形,长约2.7 cm,径约1.8 cm,顶端中央有小凸尖,有长梗。花期3—4月,种子8—10月成熟。

分布:产于永顺。生于海拔300~1200 m的阔叶林或针叶林中。在全国分布于广东北部、江西东部、湖南、湖北西北部、四川南部及西部、贵州、云南东南部及东北部。越南也有分布。

用途:优质材用树种;叶、枝、种子、根可提取多种植物碱,供医用;种子亦可榨油。

篦子三尖杉理化参数及籽油脂肪酸组成如表7-17和表7-18所示。

表7-17 篦子三尖杉含油量及理化参数

采集地	海拔/m	测试部位	油脂含量/%	碘值/(g/100g)	酸值/(mg/g)	皂化值/(mg/g)
永顺县猛洞河	316	种仁	42.56	154.94	92.14	214.23

表7-18 篦子三尖杉籽油脂肪酸组成 单位:%

采集地	月桂酸	肉豆蔻酸	棕榈酸	棕榈油酸	硬脂酸	油酸	亚油酸	亚麻酸	花生酸	花生烯酸
永顺县猛洞河	—	—	6.36	0.31	1.60	20.16	67.27	0.85	0.16	0.11

第二节 被子植物——双子叶植物

一、杨梅科 Myricaceae

杨梅 *Myrica rubra* Sieb. et Zucc.

别名:杨梅(通称),山杨梅(浙江),朱红、珠蓉、树梅(福建)。

主要特征:常绿乔木,高可达15 m以上,胸径达60余cm;叶革质,无毛;叶柄长2~10 mm。花雌雄异株。雄花序单独或数条丛生于叶腋,圆柱状,通常不分枝呈单穗状,雌花序常单生于叶腋,较雄花序短而细瘦;核果球状;4月开花,6—7月果实成熟。

分布:产于永顺、吉首。生长于海拔150~900 m的山地密林中。在我国分布于江苏、浙江、台湾、福建、江西、湖南、贵州、四川、云南、广西和广东。日本、朝鲜和菲律宾也有分布。

用途：可食用；树皮富含单宁，可用作赤褐色染料及医药上的收敛剂；种子可榨油。

杨梅理化参数及籽油脂肪酸组成如表 7-19 和表 7-20 所示。

表 7-19　杨梅含油量及理化参数

采集地	海拔/m	测试部位	油脂含量/%	碘值/(g/100g)	酸值/(mg/g)	皂化值/(mg/g)
吉首大学校园	207	种仁	23.40	43.06	15.52	387.64

表 7-20　杨梅籽油脂肪酸组成　　　　　　　　　　单位:%

采集地	月桂酸	肉豆蔻酸	棕榈酸	棕榈油酸	硬脂酸	油酸	亚油酸	亚麻酸	花生酸	花生烯酸
吉首大学校园	0.01	0.03	6.19	0.04	3.05	8.01	22.16	60.04	0.14	0.32

二、胡桃科 Juglandaceae

1. 湖南山核桃 Carya hunanensis W. C. Cheng et R. H. Chang ex Chang et Lu

主要特征：乔木，高 12~14 m，胸径 60~70 cm。奇数羽状复叶，长 20~30 cm；叶柄近无毛而叶轴密被柔毛；小叶 5~7 枚，长椭圆形至长椭圆状披针形；侧生小叶柄极短，顶生小叶柄长约 5 mm，密生毛。雌花序顶生，直立，生 1~2 花。果实倒卵形，外果皮密被黄色腺体，果核倒卵形，两侧略扁，两端尖，顶部有长 1~2.5 mm 的喙，基部偏斜，长 2~3.7 cm，宽 2.3~2.8 cm，壳厚 2~4 mm。

分布：产于永顺。生长于海拔 200~500 m 的山地山坡林缘。在全国分布于湖南、贵州、广西。

用途：果可榨油；油供食用。

湖南山核桃理化参数及籽油脂肪酸组成如表 7-21 和表 7-22 所示。

表 7-21　湖南山核桃含油量及理化参数

采集地	海拔/m	测试部位	油脂含量/%	碘值/(g/100g)	酸值/(mg/g)	皂化值/(mg/g)
永顺县小溪	421	种仁	56.21	—	—	—

表 7-22　湖南山核桃籽油脂肪酸组成　　　　　　　　　　单位:%

采集地	月桂酸	肉豆蔻酸	棕榈酸	棕榈油酸	硬脂酸	油酸	亚油酸	亚麻酸	花生酸	花生烯酸
永顺县小溪	0.39	0.70	16.67	—	0.94	56.16	4.71	0.23	0.18	10.21

2. 黄杞 Engelhardia roxburghiana Wall.

别名：黑油换、黄泡木（四川）。

主要特征：半常绿乔木，高达 10 余米，全体无毛。偶数羽状复叶长 12~25 cm，叶柄长 3~8 cm，小叶 3~5 对，叶片革质，长椭圆状披针形至长椭圆形，全缘。雌雄同株或稀异株，雄花无柄或近无柄，花被片 4 枚，兜状，雌花有长约 1 mm 的花柄，苞片 3 裂而不贴于子房，花被片 4 枚。果实坚果状，球形，外果皮膜质，内果皮骨质，3 裂的苞片托于果实基部。5—6 月开花，8—9 月果实成熟。

分布：产于永顺、花垣、保靖、古丈。生长于海拔 200～1000 m 的低山山坡林中、疏林。在全国分布于台湾、广东、广西、湖南、贵州、四川和云南。印度、缅甸、泰国、越南也有分布。

用途：树皮纤维质量好，可制人造棉，亦含鞣质可提栲胶；木材为工业用材和制造家具；种子可榨油。

黄杞理化参数及籽油脂肪酸组成如表 7-23 和表 7-24 所示。

表 7-23　黄杞含油量及理化参数

采集地	海拔/m	测试部位	油脂含量/%	碘值/(g/100g)	酸值/(mg/g)	皂化值/(mg/g)
永顺县小溪	340	种仁	16.70	156.77	—	—

表 7-24　黄杞籽油脂肪酸组成　　　　　　　　　　单位:%

采集地	月桂酸	肉豆蔻酸	棕榈酸	棕榈油酸	硬脂酸	油酸	亚油酸	亚麻酸	花生酸	花生烯酸
永顺县小溪	—	—	4.69	0.19	1.34	51.18	11.21	1.56	5.53	21.61

3. 胡桃 *Juglans regia* Linn.

别名：核桃（通称）。

主要特征：乔木，高达 20～25 m，树冠广阔。奇数羽状复叶长 25～30 cm，叶柄及叶轴幼时被有极短腺毛及腺体；小叶通常 5～9 枚，稀 3 枚，椭圆状卵形至长椭圆形。雄性菜黄花序下垂，长 5～10 cm、稀达 15 cm。雄花的苞片、小苞片及花被片均被腺毛，雌性穗状花序通常具 1～4 雌花。果实近于球状，无毛；果核稍具皱曲，顶端具短尖头；隔膜较薄，内里无空隙；内果皮壁内具不规则的空隙或无空隙而仅具皱曲。花期 5 月，果期 10 月。

分布：湘西各地零星栽培。生长于海拔 200～1000 m 的地区。在全国分布于华北、西北、西南、华中、华南和华东。中亚、西亚、南亚和欧洲也有分布。

用途：种仁含油量高，可生食，亦可榨油食用；木材坚实，是很好的硬木材料。

胡桃理化参数及籽油脂肪酸组成如表 7-25 和表 7-26 所示。

表 7-25　胡桃含油量及理化参数

采集地	海拔/m	测试部位	油脂含量/%	碘值/(g/100g)	酸值/(mg/g)	皂化值/(mg/g)
古丈县高望界	804	种仁	48.56	91.85	—	—

表 7-26　胡桃籽油脂肪酸组成　　　　　　　　　　单位:%

采集地	月桂酸	肉豆蔻酸	棕榈酸	棕榈油酸	硬脂酸	油酸	亚油酸	亚麻酸	花生酸	花生烯酸
古丈县高望界	0.06	0.63	39.86	0.12	4.95	23.25	10.88	1.38	0.29	0.12

4. 化香树 *Platycarya strobilacea* Sieb. et Zucc.

别名：化香树（通称），花木香（山东），还香树、皮杆条（河南、湖北），山麻柳

（四川、贵州）。

主要特征：落叶小乔木，高 2~6 m。小叶纸质，侧生小叶无叶柄，对生或生于下端者偶尔有互生，卵状披针形至长椭圆状披针形。两性花序和雄花序在小枝顶端排列成伞房状花序束，直立；雄花：苞片阔卵形，雄蕊 6~8 枚，花丝短，稍生细短柔毛，花药阔卵形，黄色，雌花：苞片卵状披针形，花被 2。果实小坚果状，背腹压扁状，两侧具狭翅。种子卵形，种皮黄褐色，膜质。5—6 月开花，7—8 月果成熟。

分布：产于永顺、古丈。生长于海拔 1300 m 以下的山地或丘陵，次生林中、林缘。在全国分布于甘肃、陕西和河南的南部及山东、安徽、江苏、浙江、江西、福建、台湾、广东、广西、湖南、湖北、四川、贵州和云南。朝鲜、日本也有分布。

用途：树皮、根皮、叶和果序作为提制栲胶的原料；根部及老木含有芳香油；种子可榨油。

化香树理化参数及籽油脂肪酸组成如表 7-27 和表 7-28 所示。

表7-27　化香树含油量及理化参数

采集地	海拔/m	测试部位	油脂含量/%	碘值/（g/100g）	酸值/（mg/g）	皂化值/（mg/g）
永顺县小溪	696	种仁	26.45	—	—	—

表7-28　化香树籽油脂肪酸组成　　　　　　　单位:%

采集地	月桂酸	肉豆蔻酸	棕榈酸	棕榈油酸	硬脂酸	油酸	亚油酸	亚麻酸	花生酸	花生烯酸
永顺县小溪	—	0.08	6.31	0.13	1.67	21.38	66.77	1.19	—	0.12

5. 枫杨 *Pterocarya stenoptera* C. DC.

别名：柳树（湘西），麻柳（湖北），娱蛤柳（安徽）。

主要特征：大乔木，高达 30 m，胸径达 1 m。叶多为偶数或稀奇数羽状复叶，小叶 10~16 枚，对生或稀近对生，长椭圆形至长椭圆状披针形。雌性荑荑花序顶生，长 10~15 cm，具 2 枚长达 5 mm 的不孕性苞片。雌花几乎无梗，苞片及小苞片基部常有细小的星芒状毛，并密被腺体。果实长椭圆形，基部常有宿存的星芒状毛；果翅狭，条形或阔条形，具近于平行的脉。花期 4—5 月，果熟期 8—9 月。

分布：湘西各地均有栽培，产于永顺、龙山。生长于海拔 1300 m 以下的河边、山谷水湿地。在全国分布于陕西、河南、山东、安徽、江苏、浙江、江西、福建、台湾、广东、广西、湖南、湖北、四川、贵州、云南，华北和东北也有栽培。

用途：树皮和枝皮含鞣质，可提取栲胶，亦可作纤维原料；果实可作饲料和酿酒；种子可榨油。

枫杨理化参数及籽油脂肪酸组成如表 7-29 和表 7-30 所示。

表7-29　枫杨含油量及理化参数

采集地	海拔/m	测试部位	油脂含量/%	碘值/（g/100g）	酸值/（mg/g）	皂化值/（mg/g）
龙山县里耶镇	263	种仁	20.42	—	—	—

表 7-30　枫杨籽油脂肪酸组成　　　　　　单位:%

采集地	月桂酸	肉豆蔻酸	棕榈酸	棕榈油酸	硬脂酸	油酸	亚油酸	亚麻酸	花生酸	花生烯酸
龙山县里耶镇	0.66	4.61	6.40	0.22	1.84	25.66	43.25	1.28	0.36	0.21

三、桦市科 Betulaceae

1. 桤木 *Alnus cremastogyne* Burk.

别名:水冬瓜树、水青风、桤蒿。

主要特征:乔木,高可达 30~40 m;叶倒卵形、倒卵状矩圆形、倒披针形或矩圆形。雄花序单生。果序单生于叶腋,矩圆形;小坚果卵形。

分布:产于龙山。生于海拔 500~1300 m 的山地林中。我国特有种,四川各地普遍分布,亦见于贵州北部、陕西南部、甘肃东南部,江苏也有栽培。

用途:木材较松,宜作薪炭及燃料,亦可作镜框或箱子等用具;种子可榨油。

桤木理化参数及籽油脂肪酸组成如表 7-31 和表 7-32 所示。

表 7-31　桤木含油量及理化参数

采集地	海拔/m	测试部位	油脂含量/%	碘值/(g/100g)	酸值/(mg/g)	皂化值/(mg/g)
龙山县八面山	1290	种仁	16.87	—	—	—

表 7-32　桤木籽油脂肪酸组成　　　　　　单位:%

采集地	月桂酸	肉豆蔻酸	棕榈酸	棕榈油酸	硬脂酸	油酸	亚油酸	亚麻酸	花生酸	花生烯酸
龙山县八面山	—	0.29	19.75	0.75	5.94	31.09	29.64	0.58	0.26	0.08

2. 红桦 *Betula albosinensis* Burk.

别名:纸皮桦(秦岭)、红皮桦(河北)。

主要特征:大乔木,高可达 30 m;叶卵形或卵状矩圆形;叶柄长 5~15 cm,疏被长柔毛或无毛。雄花序圆柱形,无梗;果序圆柱形,单生或同时具有 2~4 枚排成总状。小坚果卵形。

分布:产于永顺。生于海拔 300~1300 m 的山地杂木林中。在我国分布于云南、四川东部、湖南、湖北西部、河南、河北、山西、陕西、甘肃、青海。

用途:材用;树皮可作帽子或包装用;种子可榨油。

红桦理化参数及籽油脂肪酸组成如表 7-33 和表 7-34 所示。

表 7-33　红桦含油量及理化参数

采集地	海拔/m	测试部位	油脂含量/%	碘值/(g/100g)	酸值/(mg/g)	皂化值/(mg/g)
永顺县小溪	378	种仁	17.35	—	—	—

表 7-34 红桦籽油脂肪酸组成 　　　　　　　　　　　　　单位:%

采集地	月桂酸	肉豆蔻酸	棕榈酸	棕榈油酸	硬脂酸	油酸	亚油酸	亚麻酸	花生酸	花生烯酸
永顺县小溪	0.02	0.11	0.02	7.82	0.16	1.33	42.58	36.46	5.30	2.10

3. 华榛 *Corylus chinensis* Franch.

别名:山白果（湖北）。

主要特征:乔木,高可达 20 m;叶椭圆形、宽椭圆形或宽卵形;叶柄长 1～2.5 cm,密被淡黄色长柔毛及刺状腺体。雄花序 2～8 枚排成总状;果苞管状,疏被长柔毛及刺状腺体,很少无毛和无腺体,上部深裂,具 3～5 枚镰状披针形的裂片,裂片通常又分叉成小裂片。坚果球形,无毛。

分布:产于永顺、保靖。生长于海拔 300～800 m 的山谷林中。在我国分布于云南、湖南、四川西南部。

用途:木材供建筑及制作器具;种子可食用,亦可榨油。

华榛理化参数及籽油脂肪酸组成如表 7-35 和表 7-36 所示。

表 7-35 华榛含油量及理化参数

采集地	海拔/m	测试部位	油脂含量/%	碘值/(g/100g)	酸值/(mg/g)	皂化值/(mg/g)
保靖县白云山	398	种仁	46.15	—	—	—

表 7-36 华榛籽油脂肪酸组成 　　　　　　　　　　　　　单位:%

采集地	月桂酸	肉豆蔻酸	棕榈酸	棕榈油酸	硬脂酸	油酸	亚油酸	亚麻酸	花生酸	花生烯酸
保靖县白云山	0.17	0.16	55.10	0.07	2.29	23.42	5.72	2.50	0.17	0.13

四、山毛榉科（壳斗科）Fagaceae

1. 光叶水青冈 *Fagus lucida* Rehd. et Wils.

别名:亮叶水青冈（FOC）。

主要特征:高达 25 m 的乔木,胸径达 1 m;叶卵形;叶柄长 6～20 mm。总梗长 5～15 mm,初时被毛,后期无毛。有坚果 2 或 1 个,坚果脊棱的顶部无膜质翅或几无翅。花期 4—5 月,果期 9—10 月。

分布:湘西山地散见。生长于海拔 1000～1400m 的山地。在我国分布于长江北岸山地,向南至五岭南坡。

用途:材用;种子可榨油。

光叶水青冈理化参数及籽油脂肪酸组成如表 7-37 和表 7-38 所示。

表 7-37 光叶水青冈含油量及理化参数

采集地	海拔/m	测试部位	油脂含量/%	碘值/(g/100g)	酸值/(mg/g)	皂化值/(mg/g)
龙山县八面山	1308	种仁	20.40	—	—	—

表7-38　光叶水青冈籽油脂肪酸组成　　　　　　　单位:%

采集地	月桂酸	肉豆蔻酸	棕榈酸	棕榈油酸	硬脂酸	油酸	亚油酸	亚麻酸	花生酸	花生烯酸
龙山县八面山	—		4.02	0.11	2.07	21.18	37.83	2.72	0.19	8.22

2. 东南石栎 *Lithocarpus harlandii*（Hance）Rehd.

别名：港柯（FOC）。

主要特征：乔木，高约18 m，胸径50 cm。树皮灰褐色，略粗糙，内皮淡红褐色。叶硬革质，披针形，椭圆形或倒披针形；叶柄长2~3 cm。花序着生当年生枝的顶部，花序轴被微柔毛；雄圆锥花序由多个穗状花序组成；雌花每3朵一簇或全为单花散生于花序轴上，花柱3或2枚。花期5—6月，果次年9—10月成熟。

分布：产于永顺、保靖、凤凰。生长于海拔300~1400 m的山地常绿阔叶林。在我国分布于江西南部、台湾、湖南、广东、香港、广西南部、海南。

用途：木材坚硬，耐磨损，供作农业机械、动力机械的基础垫木，建筑工程承重构件，造船、桥梁、车厢、地板等用材。而椆木材可作木梭、体育器械、高级家具用材。树皮含单宁，可提制栲胶。种仁富含淀粉可作饲料或酿酒；种子可榨油。

东南石栎理化参数及籽油脂肪酸组成如表7-39和表7-40所示。

表7-39　东南石栎含油量及理化参数

采集地	海拔/m	测试部位	油脂含量/%	碘值/（g/100g）	酸值/（mg/g）	皂化值/（mg/g）
保靖县白云山	480	种仁	13.20	—	—	—

表7-40　东南石栎籽油脂肪酸组成　　　　　　　单位:%

采集地	月桂酸	肉豆蔻酸	棕榈酸	棕榈油酸	硬脂酸	油酸	亚油酸	亚麻酸	花生酸	花生烯酸
保靖县白云山	—	—	14.29	—	6.19	12.86	3.33	—	—	0.05

五、榆科 Ulmaceae

1. 朴树 *Celtis sinensis* Pers.

别名：黄果朴（《中国高等植物图鉴》），紫荆朴（《湖北植物志》），小叶朴（《台湾植物志》）。

主要特征：落叶乔木，高达27 m。朴树的叶多为卵形或卵状椭圆形，但不带菱形，基部几乎不偏斜或仅稍偏斜，先端尖至渐尖，但不为尾状渐尖；果也较小；落叶乔木。花期3—4月，果期9—10月。

分布：产于永顺。生长于海拔1000 m以下的山地、丘陵、平地及村落附近。在我国分布于山东（青岛、崂山）、河南、江苏、安徽、浙江、福建、江西、湖南、湖北、四川、贵州、广西、广东、台湾。

用途：皮部纤维为麻绳、造纸、人造棉的原料；果榨油作润滑剂；根皮入药，治腰痛、漆疮；种子可榨油。

朴树理化参数及籽油脂肪酸组成如表 7-41 和表 7-42 所示。

表 7-41 朴树含油量及理化参数

采集地	海拔/m	测试部位	油脂含量/%	碘值/（g/100g）	酸值/（mg/g）	皂化值/（mg/g）
永顺杉木河	930	种子	10.24	70.36	9.78	206.88

表 7-42 朴树籽油脂肪酸组成　　　　　　　　　　单位:%

采集地	月桂酸	肉豆蔻酸	棕榈酸	棕榈油酸	硬脂酸	油酸	亚油酸	亚麻酸	花生酸	花生烯酸
永顺杉木河	—	0.19	5.73	0.65	3.43	17.82	—	0.98	0.42	0.11

2. 榉树 *Zelkova serrata*（**Thunb.**）**Makino**

别名：光叶榉（《中国树木分类学》），鸡油树（《经济植物手册》），光光榆（秦岭），马柳光树（陕西略阳）。

主要特征：乔木，高达 30 m，胸径达 100 cm；叶薄纸质至厚纸质，大小形状变异很大，卵形、椭圆形或卵状披针形；叶柄粗短，长 2～6 mm，被短柔毛；核果几乎无梗，淡绿色，斜卵状圆锥形，上面偏斜，凹陷，具背腹脊，网肋明显，表面被柔毛，具宿存的花被。花期 4 月，果期 9—11 月。

分布：产于古丈、永顺、保靖。生长于海拔 350～1030 m 的山坡林中。在我国分布于辽宁（大连）、陕西（秦岭）、甘肃（秦岭）、山东、江苏、安徽、浙江、江西、福建、台湾、河南、湖北、湖南和广东。在日本和朝鲜也有分布。

用途：榉树皮和叶供药用；种子可榨油。

榉树理化参数及籽油脂肪酸组成如表 7-43 和表 7-44 所示。

表 7-43 榉树含油量及理化参数

采集地	海拔/m	测试部位	油脂含量/%	碘值/（g/100g）	酸值/（mg/g）	皂化值/（mg/g）
保靖县白云山	490	种仁	21.26	—	—	—

表 7-44 榉树籽油脂肪酸组成　　　　　　　　　　单位:%

采集地	月桂酸	肉豆蔻酸	棕榈酸	棕榈油酸	硬脂酸	油酸	亚油酸	亚麻酸	花生酸	花生烯酸
保靖县白云山	0.11	0.23	15.56	—	7.58	28.16	43.21	3.39	0.92	—

六、杜仲科 Eucommiaceae

杜仲 *Eucommia ulmoides* Oliver

别名：胶木。

主要特征：落叶乔木，高达 20 m，胸径约 50 cm；叶椭圆形、卵形或矩圆形，薄革质。叶柄长 1～2 cm，上面有槽，被散生长毛。种子扁平，线形，两端圆形。早春开花，秋后果实成熟。

分布：湘西零星栽培。生长于海拔 300～1000 m 的低山、谷地或低坡的疏林里，在瘠薄的红土或岩石峭壁均能生长。在我国分布于陕西、甘肃、河南、湖北、四川、云南、贵州、湖南及浙江等省区。

用途：树皮药用；树皮分泌的硬橡胶供工业原料及绝缘材料；材用；种子可榨油。

杜仲理化参数及籽油脂肪酸组成如表 7-45 和表 7-46 所示。

表 7-45　杜仲含油量及理化参数

采集地	海拔/m	测试部位	油脂含量/%	碘值/（g/100g）	酸值/（mg/g）	皂化值/（mg/g）
古丈县高望界	821	种仁	36.14	—	—	—

表 7-46　杜仲籽油脂肪酸组成　　　　单位:%

采集地	月桂酸	肉豆蔻酸	棕榈酸	棕榈油酸	硬脂酸	油酸	亚油酸	亚麻酸	花生酸	花生烯酸
古丈县高望界	0.19	0.68	22.78	1.27	3.60	14.22	39.44	5.36	0.97	0.19

七、蓼科 Polygonaceae

1. 金荞麦 *Fagopyrum dibotrys*（D. Don）Hara

别名：荞麦（湘西），天荞麦、赤地利（《唐本草》），透骨消、苦荞头。

主要特征：多年生草本。根状茎木质化，黑褐色，分枝，具纵棱，无毛。有时一侧沿棱被柔毛。叶三角形，长 4～12 cm，宽 3～11 cm。花序伞房状，顶生或腋生；苞片卵状披针形，顶端尖，边缘膜质；花被5深裂，白色，花被片长椭圆形，长约2.5 mm，雄蕊8，比花被短，花柱3，柱头头状。瘦果宽卵形，具3锐棱，超出宿存花被2～3倍。花期7—9月，果期8—10月。

分布：产于花垣、吉首。生长于海拔 400～800 m 的低山丘陵的溪沟边、河岸及路旁。在全国分布于陕西、华东、华中、华南及西南。印度、锡金、尼泊尔、克什米尔地区、越南、泰国也有分布。

用途：块根供药用；种子可榨油。

金荞麦理化参数及籽油脂肪酸组成如表 7-47 和表 7-48 所示。

表 7-47　金荞麦含油量及理化参数

采集地	海拔/m	测试部位	油脂含量/%	碘值/（g/100g）	酸值/（mg/g）	皂化值/（mg/g）
吉首市德夯	476	种仁	13.45	—	—	—

表 7-48　金荞麦籽油脂肪酸组成　　　　单位:%

采集地	月桂酸	肉豆蔻酸	棕榈酸	棕榈油酸	硬脂酸	油酸	亚油酸	亚麻酸	花生酸	花生烯酸
吉首市德夯	—	0.33	15.89		2.34	37.29	40.64	2.84		0.33

2. 长鬃蓼 *Polygonum longisetum* De Br.

别名：马蓼。

主要特征：一年生草本。茎直立、上升或基部近平卧，自基部分枝，无毛，节部稍膨大。叶披针形或宽披针形，长 5~13 cm，宽 1~2 cm，顶端急尖或狭尖，基部楔形，上面近无毛，下面沿叶脉具短伏毛，边缘具缘毛；托叶鞘筒状，长 6~7 mm。总状花序呈穗状，顶生，细弱，下部间断，直立，长 2~4 cm；花被 5 深裂，淡红色或紫红色，花被片椭圆形，长 1.5~2 mm；雄蕊 6~8；花柱 3，中下部合生，柱头头状。瘦果宽卵形，具 3 棱，长约 2 mm，包于宿存花被内。花期 6—8 月，果期 7—9 月。

分布：产于花垣、保靖。生长于海拔 1000 m 以下的山坡、河岸溪沟旁、路旁。在全国分布于东北、华北、陕西、甘肃、华东、华中、华南、四川、贵州和云南。日本、朝鲜、菲律宾、马来西亚、印度尼西亚、缅甸、印度也有分布。

用途：宜成片栽植，用于裸地、荒坡的绿化覆盖；种子可榨油。

长鬃蓼理化参数及籽油脂肪酸组成如表 7-49 和表 7-50 所示。

表 7-49　长鬃蓼含油量及理化参数

采集地	海拔/m	测试部位	油脂含量/%	碘值/(g/100g)	酸值/(mg/g)	皂化值/(mg/g)
保靖县白云山	348	种仁	16.34	—	—	—

表 7-50　长鬃蓼籽油脂肪酸组成　　　　　　　　单位:%

采集地	月桂酸	肉豆蔻酸	棕榈酸	棕榈油酸	硬脂酸	油酸	亚油酸	亚麻酸	花生酸	花生烯酸
保靖县白云山	—	0.11	8.79	0.19	2.05	21.36	43.15	2.00	0.30	6.41

3. 杠板归 *Polygonum perfoliatum* Linn.

别名：刺犁头（《植物名实图考》）。

主要特征：一年生草本。茎攀缘，多分枝，长 1~2 m，具纵棱，沿棱具稀疏的倒生皮刺。叶三角形，顶端钝或微尖，基部截形或微心形，薄纸质，上面无毛，下面沿叶脉疏生皮刺；叶柄与叶片近等长，具倒生皮刺；托叶鞘叶状，草质，绿色。总状花序呈短穗状，长 1~3 cm；苞片卵圆形，每苞片内具花 2~4 朵；花被 5 深裂，果时增大，呈肉质，深蓝色；雄蕊 8，略短于花被；花柱 3，中上部合生。瘦果球形，直径 3~4 mm，黑色，有光泽，包于宿存花被内。花期 6—8 月，果期 7—10 月。

分布：产于保靖、凤凰、龙山。生长于海拔 1300 m 以下的山坡、荒地、河沟边等草丛。在全国分布于黑龙江、吉林、辽宁、河北、山东、河南、陕西、甘肃、江苏、浙江、安徽、江西、湖南、湖北、四川、贵州、福建、台湾、广东、海南、广西、云南。朝鲜、日本、印度尼西亚、菲律宾、印度及俄罗斯（西伯利亚）也有分布。

用途：材用；种子可榨油。

杠板归理化参数及籽油脂肪酸组成如表 7-51 和表 7-52 所示。

表 7-51　杠板归含油量及理化参数

采集地	海拔/m	测试部位	油脂含量/%	碘值/(g/100g)	酸值/(mg/g)	皂化值/(mg/g)
龙山县里耶镇	317	种仁	62.76	5.01	14.72	290.02

表 7-52　杠板归籽油脂肪酸组成　　　　　　　　　　单位:%

采集地	月桂酸	肉豆蔻酸	棕榈酸	棕榈油酸	硬脂酸	油酸	亚油酸	亚麻酸	花生酸	花生烯酸
龙山县里耶镇	89.46	1.99	0.76	—	—	5.40	2.00	—	—	—

4. 红蓼 *Polygonum orientale* Linn.

别名：辣辣草（湘西），荭草（《名医别录》），东方蓼、狗尾巴花。

主要特征：一年生草本。茎直立，粗壮，高 1~2 m，上部多分枝，密被开展的长柔毛。叶宽卵形、宽椭圆形或卵状披针形，长 10~20 cm，宽 5~12 cm；托叶鞘筒状，膜质，长 1~2 cm，被长柔毛，具长缘毛，通常沿顶端具草质、绿色的翅。总状花序呈穗状，顶生或腋生，长 3~7 cm；花被片椭圆形，长 3~4 mm；雄蕊7，比花被长；花盘明显；花柱2，中下部合生，比花被长，柱头头状。瘦果近圆形，双凹，黑褐色，有光泽，包于宿存花被内。花期6—9月，果期8—10月。

分布：产于凤凰、古丈、永顺、保靖。生长于海拔 1400 m 以下的沟边湿地。在我国除西藏外的广大地区均有分布，野生或栽培。朝鲜、日本、俄罗斯、菲律宾、印度、欧洲和大洋洲也有分布。

用途：果实入药；种子可榨油。

红蓼理化参数及籽油脂肪酸组成如表 7-53 和表 7-54 所示。

表 7-53　红蓼含油量及理化参数

采集地	海拔/m	测试部位	油脂含量/%	碘值/(g/100g)	酸值/(mg/g)	皂化值/(mg/g)
保靖县白云山	600	种仁	20.65	—	—	—

表 7-54　红蓼籽油脂肪酸组成　　　　　　　　　　单位:%

采集地	月桂酸	肉豆蔻酸	棕榈酸	棕榈油酸	硬脂酸	油酸	亚油酸	亚麻酸	花生酸	花生烯酸
保靖县白云山	0.56	0.56	6.16	—	0.70	5.74	5.74	2.10	3.36	4.76

八、商陆科 Phytolaccaceae

1. 商陆 *Phytolacca acinosa* Roxb

别名：章柳，山萝卜，见肿消，倒水莲，金七娘，猪母耳，白母鸡。

主要特征：多年生草本，全株无毛。根肥大，肉质，外皮淡黄色或灰褐色，内面黄白色。茎直立，有纵沟，肉质。叶片薄纸质，椭圆形、长椭圆形或披针状椭圆形。总状花序顶生或与叶对生，圆柱状，直立；花两性；花被片5，白色、黄绿色，椭圆形、卵形或长圆形；雄蕊 8~10，与花被片近等长。浆果扁球形，直径约 7 mm，熟时黑色；种子肾形，黑色，长约 3 mm，具 3 棱。花期 5—8 月，果期 6—10 月。

分布：产于永顺、花垣、保靖、古丈、凤凰。生长于海拔 1000 m 以下的山沟、山坡疏林、林缘路边、宅旁及垃圾堆土上。在全国除东北、内蒙古、青海、新疆外都有分布。朝鲜、日本及印度也有。

用途：根药用；果实含鞣质，可提制栲胶；嫩茎叶食用，种子可榨油。

商陆理化参数及籽油脂肪酸组成如表 7-55 和表 7-56 所示。

表 7-55　商陆含油量及理化参数

采集地	海拔/m	测试部位	油脂含量/%	碘值/(g/100g)	酸值/(mg/g)	皂化值/(mg/g)
吉首市小溪	450	种仁	16.46	63.32	101.84	189.67

表 7-56　商陆籽油脂肪酸组成　　　　　　　　　单位:%

采集地	月桂酸	肉豆蔻酸	棕榈酸	棕榈油酸	硬脂酸	油酸	亚油酸	亚麻酸	花生酸	花生烯酸
吉首市小溪	0.19	0.80	12.89	0.98	1.91	21.46	51.63	1.51	0.39	0.15

2. 垂序商陆 *Phytolacca americana* Linn.

别名：洋商陆（《中国植物图鉴》），美国商陆（《华北经济植物志要》），美洲商陆（《经济植物手册》），美商陆（《杭州药用植物志》）。

主要特征：多年生草本，高 1~2 m。根粗壮，肥大，倒圆锥形。茎直立，圆柱形，有时带紫红色。叶片椭圆状卵形或卵状披针形，长 9~18 cm，宽 5~10 cm，顶端急尖，基部楔形；叶柄长 1~4 cm。总状花序顶生或侧生，长 5~20 cm；花梗长 6~8 mm；花白色，微带红晕，直径约 6 mm；花被片 5，雄蕊、心皮及花柱通常均为 10，心皮合生。果序下垂；浆果扁球形，熟时紫黑色；种子肾圆形，直径约 3 mm。花期 6—8 月，果期 8—10 月。

分布：湘西各地有栽培或逸生。生长于海拔 800 m 以下的山坡林下、路旁。原产北美，引入栽培，1960 年以后遍及我国河北、陕西、山东、江苏、浙江、江西、福建、河南、湖北、湖南、广东、四川、云南，或逸生（云南逸生甚多）。

用途：药用；种子可榨油。

垂序商陆理化参数及籽油脂肪酸组成如表 7-57 和表 7-58 所示。

表 7-57　垂序商陆含油量及理化参数

采集地	海拔/m	测试部位	油脂含量/%	碘值/(g/100g)	酸值/(mg/g)	皂化值/(mg/g)
吉首大学校园	214	种仁	10.65	86.92	2.02	201.50

表 7-58　垂序商陆籽油脂肪酸组成　　　　　　　　　单位:%

采集地	月桂酸	肉豆蔻酸	棕榈酸	棕榈油酸	硬脂酸	油酸	亚油酸	亚麻酸	花生酸	花生烯酸
吉首大学校园	—	—	12.07	0.30	2.98	21.04	57.14	0.58	1.89	0.25

九、藜科 Chenopodiaceae

1. 藜 *Chenopodium album* Linn.

别名：灰藋（《本草纲目》），灰菜（《救荒本草》）。

主要特征：一年生草本。叶片菱状卵形至宽披针形，长 3 ~ 6 cm，宽 2.5 ~ 5 cm，先端急尖或微钝，边缘具不整齐锯齿；叶柄与叶片近等长，或为叶片长度的 1/2。花两性；花被裂片 5，宽卵形至椭圆形，背面具纵隆脊，边缘膜质；雄蕊 5，花药伸出花被，柱头 2。果皮与种子贴生。种子横生，双凸镜状，表面具浅沟纹；花果期 5—10 月。

分布：产于永顺、保靖、凤凰。生长于海拔 1200 m 以下的山坡、路旁、河湖堤岸、溪沟边等地。分布于全球温带及热带，我国各地均产。

用途：食用；药用；种子可榨油。

藜理化参数及籽油脂肪酸组成如表 7-59 和表 7-60 所示。

表 7-59　藜含油量及理化参数

采集地	海拔/m	测试部位	油脂含量/%	碘值/（g/100g）	酸值/（mg/g）	皂化值/（mg/g）
保靖县白云山	332	种仁	12.60			

表 7-60　藜籽油脂肪酸组成　　　　单位:%

采集地	月桂酸	肉豆蔻酸	棕榈酸	棕榈油酸	硬脂酸	油酸	亚油酸	亚麻酸	花生酸	花生烯酸
保靖县白云山	—	0.14	23.53	—	3.40	37.82	24.65	1.84	0.67	0.14

2. 土荆芥 *Chenopodium ambrosioides* Linn.

别名：臭草（福建、贵州），杀虫芥。

主要特征：一年生或多年生草本，有强烈香味。叶片矩圆状披针形至披针形，先端急尖或渐尖，边缘具稀疏不整齐的大锯齿，下面有散生油点并沿叶脉稍有毛。花两性及雌性；雄蕊 5，花药长 0.5 mm；花柱不明显，柱头通常 3，较少为 4，丝形，伸出花被外。胞果扁球形，完全包于花被内。种子黑色或暗红色，平滑，有光泽，边缘钝，直径约 0.7 mm。花期和果期的时间都很长。

分布：产于永顺、保靖。生长于海拔 300 ~ 800 m 的河湖堤岸、溪边、路侧等地。原产于热带美洲，现广布于世界热带及温带地区。我国广西、广东、福建、台湾、江苏、浙江、江西、湖南、四川等省有野生，北方各省常有栽培。

用途：药用；种子可榨油。

土荆芥理化参数及籽油脂肪酸组成如表 7-61 和表 7-62 所示。

表 7-61　土荆芥含油量及理化参数

采集地	海拔/m	测试部位	油脂含量/%	碘值/（g/100g）	酸值/（mg/g）	皂化值/（mg/g）
保靖县白云山	319	种仁	23.40	—	—	—

表 7-62　土荆芥籽油脂肪酸组成　　　　　　　　单位:%

采集地	月桂酸	肉豆蔻酸	棕榈酸	棕榈油酸	硬脂酸	油酸	亚油酸	亚麻酸	花生酸	花生烯酸
保靖县白云山	—	—	5.80	0.10	4.24	13.21	69.46	0.47	0.37	—

十、苋科 Amaranthaceae

1. 牛膝 Achyranthes bidentata Bl.

别名:怀牛膝、牛髁膝、山苋菜。

主要特征:多年生草本;茎有棱角或四方形,绿色或带紫色,有白色贴生或开展柔毛,或近无毛,分枝对生。叶片椭圆形或椭圆披针形,少数倒披针形;叶柄有柔毛。穗状花序顶生及腋生,长 3~5 cm,花期后反折;花被片披针形,长 3~5 mm,光亮,顶端急尖,有 1 中脉;雄蕊长 2~2.5 mm;退化雄蕊顶端平圆,稍有缺刻状细锯齿。胞果矩圆形,长 2~2.5 mm,黄褐色,光滑。花期 7—9 月,果期 9—10 月。

分布:产于湘西各地。生长于海拔 1400 m 以下的村旁旷地、路边或山坡疏林下。在全国分布于除东北外的广大地区。朝鲜、俄罗斯、印度、越南、菲律宾、马来西亚、非洲均有分布。

用途:根入药,生用,活血通经;种子可榨油。

牛膝理化参数及籽油脂肪酸组成如表 7-63 和表 7-64 所示。

表 7-63　牛膝含油量及理化参数

采集地	海拔/m	测试部位	油脂含量/%	碘值/(g/100g)	酸值/(mg/g)	皂化值/(mg/g)
吉首市德夯	179	种子	21.47	6.83	20.99	169.66

表 7-64　牛膝籽油脂肪酸组成　　　　　　　　单位:%

采集地	月桂酸	肉豆蔻酸	棕榈酸	棕榈油酸	硬脂酸	油酸	亚油酸	亚麻酸	花生酸	花生烯酸
吉首市德夯	0.02	0.10	4.45	0.09	1.76	26.10	66.16	0.22	0.60	0.51

2. 绿穗苋 Amaranthus hybridus Linn.

别名:任性菜。

主要特征:一年生草本;茎直立,分枝,上部近弯曲,有开展柔毛。叶片卵形或菱状卵形,边缘波状或有不明显锯齿,微粗糙,上面近无毛,下面疏生柔毛;叶柄有柔毛。圆锥花序顶生,细长,上升稍弯曲,有分枝,由穗状花序而成,中间花穗最长;雄蕊略和花被片等长或稍长;柱头 3。胞果卵形,环状横裂,超出宿存花被片。花期 7—8 月,果期 9—10 月。

分布:产于凤凰、保靖、花垣。生长于海拔 800 m 以下的荒地、路旁或村旁。在全国分布于陕西南部、河南(伊阳)、安徽、江苏、浙江、江西、湖南、湖北、四川、贵州。欧洲、北美洲、南美洲也有分布。

用途:观赏类苋植物;籽粒从苗期至抽穗前饱满,浅黄色与绿叶和谐相映,有较强的观赏性；茎叶也可作蔬菜食用；种子可榨油。

绿穗苋理化参数及籽油脂肪酸组成如表7-65和表7-66所示。

表7-65　绿穗苋含油量及理化参数

采集地	海拔/m	测试部位	油脂含量/%	碘值/(g/100g)	酸值/(mg/g)	皂化值/(mg/g)
保靖县白云山	671	种子	18.45	34.90	9.75	195.27

表7-66　绿穗苋籽油脂肪酸组成　　　　　　　　单位:%

采集地	月桂酸	肉豆蔻酸	棕榈酸	棕榈油酸	硬脂酸	油酸	亚油酸	亚麻酸	花生酸	花生烯酸
保靖县白云山	0.03	0.11	13.64	0.17	7.53	14.82	53.60	4.82	2.22	3.07

3. 刺苋 *Amaranthus spinosus* Linn.

别名：笏苋菜（《岭南采药录》）、勒苋菜（广东）。

主要特征：一年生草本，高30~100 cm；茎直立，圆柱形或钝棱形，多分枝，有纵条纹，绿色或带紫色，无毛或稍有柔毛。叶片菱状卵形或卵状披针形；叶柄长1~8 cm，无毛，在其旁有2刺，刺长5~10 mm。圆锥花序腋生及顶生，长3~25 cm，下部顶生花穗常全部为雄花；苞片在腋生花簇及顶生花穗的基部者变成尖锐直刺，小苞片狭披针形，长约1.5 mm；胞果矩圆形，在中部以下不规则横裂，包裹在宿存花被片内。种子近球形，直径约1 mm，黑色或带棕黑色。花果期7—11月。

分布：产于凤凰、永顺、吉首。生长于海拔450 m以下的路边、田野、村旁等。在全国分布于陕西、河南、安徽、江苏、浙江、江西、湖南、湖北、四川、云南、贵州、广西、广东、福建、台湾。日本、印度、中南半岛、马来西亚、菲律宾、美洲等地皆有分布。

用途：食用；药用；种子可榨油。

刺苋理化参数及籽油脂肪酸组成如表7-67和表7-68所示。

表7-67　刺苋含油量及理化参数

采集地	海拔/m	测试部位	油脂含量/%	碘值/(g/100g)	酸值/(mg/g)	皂化值/(mg/g)
吉首市德夯	312	种子	20.96	32.55	2.85	217.40

表7-68　刺苋籽油脂肪酸组成　　　　　　　　单位:%

采集地	月桂酸	肉豆蔻酸	棕榈酸	棕榈油酸	硬脂酸	油酸	亚油酸	亚麻酸	花生酸	花生烯酸
吉首市德夯	0.03	0.02	3.97	0.06	2.13	11.24	32.71	48.89	0.57	0.38

4. 尾穗苋 *Amaranthus caudatus* Linnaeus

别名：鸡公苋（湘西），老枪谷（《龙沙纪略》）。

主要特征：一年生草本，高达15 m。叶片菱状卵形或菱状披针形，长4~15 cm，宽2~8 cm，顶端短渐尖或圆钝，全缘或波状缘，绿色或红色；圆锥花序顶生，下垂，有多数分枝，中央分枝特长；花被片长2~2.5 mm，红色，透明，顶端具凸尖，边缘互压，有1中脉，雄花的花被片矩圆形，雌花的花被片矩圆状披针形；雄蕊稍超出。种子近球形，直径 1 mm，淡棕黄色，有厚的环。花期 7—8 月，果期 9—10 月。

分布：湘西各地均有栽培。我国各地栽培，有时逸为野生。原产热带，全世界各地栽培。

用途：观赏；药用；可作饲料；种子可榨油。

尾穗苋理化参数及籽油脂肪酸组成如表 7-69 和表 7-70 所示。

表 7-69　尾穗苋含油量及理化参数

采集地	海拔/m	测试部位	油脂含量/%	碘值/（g/100g）	酸值/（mg/g）	皂化值/（mg/g）
保靖县白云山	312	种子	12.48	32.21	43.71	20.69

表 7-70　尾穗苋籽油脂肪酸组成　　　　　　　单位：%

采集地	月桂酸	肉豆蔻酸	棕榈酸	棕榈油酸	硬脂酸	油酸	亚油酸	亚麻酸	花生酸	花生烯酸
保靖县白云山	0.05	0.05	7.26	0.14	4.27	48.90	35.65	0.76	1.24	1.68

5. 青葙 *Celosia argentea* Linn.

别名：鸡冠花（湘西），百日红，狗尾草（广东、海南）。

主要特征：一年生草本，高 0.3~1 m，全体无毛；茎直立，有分枝，绿色或红色，具显明条纹。叶片绿色常带红色，顶端急尖或渐尖，具小芒尖，基部渐狭；叶柄长 2~15 mm，或无叶柄；花被片矩圆状披针形，长 6~10 mm，初为白色顶端带红色，或全部粉红色，后成白色，顶端渐尖；胞果卵形，长 3~3.5 mm，包裹在宿存花被片内。种子凸透镜状肾形，直径约 1.5 mm。花期 5—8 月，果期 6—10 月。

分布：湘西各地均有分布。生长于海拔 800 m 以下的田间、山坡、荒地及河边滩上。全国均有分布。朝鲜、日本、俄罗斯、印度、越南、缅甸、泰国、菲律宾、马来西亚及非洲热带也有分布。

用途：种子药用，清肝明目，降压；全草有清热利湿之效；嫩茎叶作蔬菜食用，也可作饲料；种子可榨油。

青葙理化参数及籽油脂肪酸组成如表 7-71 和表 7-72 所示。

表 7-71　青葙含油量及理化参数

采集地	海拔/m	测试部位	油脂含量/%	碘值/（g/100g）	酸值/（mg/g）	皂化值/（mg/g）
吉首市小溪	213	种子	26.45	43.47	7.22	90.07

表 7-72　青葙籽油脂肪酸组成　　　　　　　单位：%

采集地	月桂酸	肉豆蔻酸	棕榈酸	棕榈油酸	硬脂酸	油酸	亚油酸	亚麻酸	花生酸	花生烯酸
吉首市小溪	—	0.05	11.08	0.10	8.02	17.94	50.69	7.95	0.43	3.73

十一、木兰科 Magnoliaceae

1. 大八角 *Illicium majus* Hook. f. et Thoms.

别名：神仙果。

主要特征：乔木，高达 20 m。叶 3~6 片排成不整齐的假轮生，近革质，长圆状披针形或倒披针形，叶柄粗壮。花近顶生或腋生，单生或 2~4 朵簇生；果径 4~4.5 cm，蓇葖 10~14 枚，长 12~25 mm，宽 5~15 mm，厚 3~5 mm，突然变狭成一明显钻形尖头，长 3~7 mm；种子长 6~10 mm，宽 4.5~7 mm，厚 2~3 mm。花期 4—6 月，果期 7—10 月。

分布：产于龙山、古丈、永顺、花垣、泸溪、凤凰。生于海拔 300~1400 m 的山地常绿阔叶林中。在全国分布于湖南、广东、广西、贵州、云南等省区。越南北部、缅甸南部也有分布。

用途：本种果、树皮均有毒，可毒鱼；种子可榨油。

大八角理化参数及籽油脂肪酸组成如表 7-73 和表 7-74 所示。

表 7-73　大八角含油量及理化参数

采集地	海拔/m	测试部位	油脂含量/%	碘值/(g/100g)	酸值/(mg/g)	皂化值/(mg/g)
龙山县八面山	1284	种仁	22.15	52.39	3.81	158.84

表 7-74　大八角籽油脂肪酸组成　　　　　　　　单位:%

采集地	月桂酸	肉豆蔻酸	棕榈酸	棕榈油酸	硬脂酸	油酸	亚油酸	亚麻酸	花生酸	花生烯酸
龙山县八面山	—	0.10	4.72	0.19	1.88	24.58	48.83	15.48	0.35	0.69

2. 白玉兰 *Magnolia denudata* Desr.

别名：木兰（《述异记》），玉堂春（广州），迎春花（浙江），望春花（江西），白玉兰（河南），应春花（湖北）。

主要特征：落叶乔木，高达 25 m，胸径 1 m。枝广展形成宽阔的树冠；叶纸质，倒卵形、宽倒卵形或倒卵状椭圆形，叶柄被柔毛，上面具狭纵沟。花蕾卵圆形，花先叶开放，直立，芳香。聚合果圆柱形，蓇葖厚木质，褐色，具白色皮孔，种子心形，侧扁，外种皮红色，内种皮黑色。花期 2—3 月（亦常于 7—9 月再开一次花），果期 8—9 月。

分布：湘西地区广泛分布。生长于海拔 1000 m 以下的阔叶林中。在全国分布于江西、浙江、湖南、贵州。现全国各大城市园林广泛栽培。

用途：为优质材用树种，亦可作观赏树；花蕾入药；花可提芳香油；花被片食用或用以熏茶；种子可榨油，供工业用。

白玉兰理化参数及籽油脂肪酸组成如表 7-75 和表 7-76 所示。

表 7-75　白玉兰含油量及理化参数

采集地	海拔/m	测试部位	油脂含量/%	碘值/(g/100g)	酸值/(mg/g)	皂化值/(mg/g)
永顺县清坪	620	种仁	36.70	—	—	—

表7-76 白玉兰籽油脂肪酸组成　　　　　　单位:%

采集地	月桂酸	肉豆蔻酸	棕榈酸	棕榈油酸	硬脂酸	油酸	亚油酸	亚麻酸	花生酸	花生烯酸
永顺县清坪	—	0.12	12.91	0.55	3.50	17.09	59.94	1.16	0.60	0.30

3. 凹叶厚朴 *Magnolia officinalis* (Rehd. et Wils.) Cheng subsp. *biloba* (Rehd. et Wils.) Law

主要特征:落叶乔木,高达20 m。小枝粗壮,淡黄色或灰黄色,叶大,近革质,7~9片聚生于枝端,叶先端凹缺,成2钝圆的浅裂片,叶柄粗壮。花白色,径10~15 cm,芳香。聚合果长圆状卵圆形,聚合果基部较窄;蓇葖具长3~4 mm的喙;种子三角状倒卵形,长约1 cm。花期4~5月,果期10月。

分布:产于泸溪、保靖。生长于海拔500~1300 m的山地阔叶林中。在全国分布于安徽、浙江西部、江西、福建、湖南南部、广东北部、广西北部和东北部。

用途:为优质材用树种;树皮、花芽、种子可供药用;种子可榨油。

凹叶厚朴理化参数及籽油脂肪酸组成如表7-77和表7-78所示。

表7-77 凹叶厚朴含油量及理化参数

采集地	海拔/m	测试部位	油脂含量/%	碘值/(g/100g)	酸值/(mg/g)	皂化值/(mg/g)
保靖县白云山	1056	种仁	30.65	17.79	15.37	151.50

表7-78 凹叶厚朴籽油脂肪酸组成　　　　　　单位:%

采集地	月桂酸	肉豆蔻酸	棕榈酸	棕榈油酸	硬脂酸	油酸	亚油酸	亚麻酸	花生酸	花生烯酸
保靖县白云山	1.63	0.61	8.86	0.41	2.87	28.81	50.00	0.62	0.82	0.33

4. 厚朴 *Magnolia officinalis* Rehd. et Wils.

别名:川朴、紫油厚朴。

主要特征:落叶乔木,高达20 m。小枝粗壮,淡黄色或灰黄色;叶大,近革质,7~9片聚生于枝端,叶先端具短急尖或圆钝,基部楔形,叶柄粗壮。花白色,径10~15 cm,芳香。聚合果长圆状卵圆形,蓇葖具长3~4 mm的喙;种子三角状倒卵形,长约1 cm。花期5—6月,果期8—10月。

分布:产于龙山、保靖。生长于海拔300~1200 m的山地林中。在全国分布于陕西南部、甘肃东南部、河南东南部、湖北西部、湖南西南部、四川、贵州东北部。

用途:优质材用树种,亦可作观赏树种;树皮、根皮、花、种子及芽皆可入药;子可榨油供工业用。

厚朴理化参数及籽油脂肪酸组成如表7-79和表7-80所示。

表7-79 厚朴含油量及理化参数

采集地	海拔/m	测试部位	油脂含量/%	碘值/(g/100g)	酸值/(mg/g)	皂化值/(mg/g)
保靖县白云山	323	种仁	34.60	—	—	—

表7-80　厚朴籽油脂肪酸组成　　　　　　　　　　单位:%

采集地	月桂酸	肉豆蔻酸	棕榈酸	棕榈油酸	硬脂酸	油酸	亚油酸	亚麻酸	花生酸	花生烯酸
保靖县白云山	—	0.10	13.64	0.24	1.56	42.50	37.09	1.22	0.54	0.38

5. 乐昌含笑 *Michelia chapensis* **Dandy**

别名：南方白兰花、广东含笑、景烈白兰、景烈含笑。

主要特征：乔木，高15~30 m，胸径1 m。小枝无毛或嫩时节上被灰色微柔毛。叶薄革质，倒卵形，狭倒卵形或长圆状倒卵形，先端骤狭短渐尖，基部楔形或阔楔形，叶柄长1.5~2.5 cm，无托叶痕。花梗被平伏灰色微柔毛，具2~5苞片脱落痕，花被片淡黄色，6片，芳香。聚合果长约10 cm，果梗长约2 cm；蓇葖长圆体形或卵圆形，顶端具短细弯尖头，基部宽；种子红色，卵形或长圆状卵圆形。花期3—4月，果期8—9月。

分布：产于吉首。生长于600 m以下的山地沟谷湿林中。在全国分布于江西南部、湖南西部及南部、广东西部及北部、广西东北部及东南部。越南也有分布。

用途：优质材用树种，可供观赏；种子可榨油。

乐昌含笑理化参数及籽油脂肪酸组成如表7-81和表7-82所示。

表7-81　乐昌含笑含油量及理化参数

采集地	海拔/m	测试部位	油脂含量/%	碘值/(g/100g)	酸值/(mg/g)	皂化值/(mg/g)
吉首大学校园	256	种子	32.14	78.19	22.70	362.04

表7-82　乐昌含笑籽油脂肪酸组成　　　　　　　　　　单位:%

采集地	月桂酸	肉豆蔻酸	棕榈酸	棕榈油酸	硬脂酸	油酸	亚油酸	亚麻酸	花生酸	花生烯酸
吉首大学校园	0.24	0.36	5.53	0.10	3.16	55.45	55.45	1.95	0.41	0.16

6. 醉香含笑 *Michelia macclurei* **Dandy**

别名：火力楠（广西、广东）。

主要特征：乔木，高达30 m，胸径1 m左右。叶革质；叶柄长2.5~4 cm，上面具狭纵沟，无托叶痕。花蕾内有时包裹不同节上2~3小花蕾，形成2~3朵的聚伞花序，花被片白色，匙状倒卵形或倒披针形。聚合果长3~7 cm；蓇葖果长圆体形、倒卵状长圆体形或倒卵圆形，顶端圆，基部宽阔着生于果托上，疏生白色皮孔；沿腹背二瓣开裂；种子1~3颗，扁卵圆形。花期3—4月，果期9—11月。

分布：湘西地区部分县（市）有栽培。生长于海拔500~1000 m的密林中。在全国分布于广东、海南、广西北部，湖南南部已引种栽培。越南北部也有分布。

用途：优质材用树种，亦是美丽的庭园和行道树种；花芳香，可提取香精油；果可榨油供工业用。

醉香含笑理化参数及籽油脂肪酸组成如表7-83和表7-84所示。

表7-83　醉香含笑含油量及理化参数

采集地	海拔/m	测试部位	油脂含量/%	碘值/(g/100g)	酸值/(mg/g)	皂化值/(mg/g)
永顺县杉木河	808	种仁	11.70	—	—	—

表7-84　醉香含笑籽油脂肪酸组成　　　　　　　　　　　单位:%

采集地	月桂酸	肉豆蔻酸	棕榈酸	棕榈油酸	硬脂酸	油酸	亚油酸	亚麻酸	花生酸	花生烯酸
永顺县杉木河	—	—	1.51	0.11	0.66	81.35	15.33	0.22	0.07	0.20

7. 深山含笑 *Michelia maudiae* Dunn

别名:光叶白兰花、莫夫人含笑花(《中国植物图谱》)。

主要特征:乔木,高达20 m,各部均无毛。叶革质,长圆状椭圆形,先端骤狭短渐尖或短渐尖而尖头钝,基部楔形、阔楔形或近圆钝;叶柄长1~3 cm,无托叶痕。花芳香,花被片9片,纯白色,基部稍呈淡红色,外轮的倒卵形。聚合果长7~15 cm,蓇葖长圆体形、倒卵圆形、卵圆形、顶端圆钝或具短突尖头。种子红色,斜卵圆形,稍扁。花期2—3月,果期9—10月。

分布:产于永顺。生长于海拔500~1200 m的山地常绿阔叶林中。在全国分布于浙江南部、福建、湖南、广东、广西、贵州。

用途:优质材用树种,亦为庭园观赏树种;花纯白艳丽,可提取芳香油,亦供药用;种子可榨油。

深山含笑理化参数及籽油脂肪酸组成如表7-85和表7-86所示。

表7-85　深山含笑含油量及理化参数

采集地	海拔/m	测试部位	油脂含量/%	碘值/(g/100g)	酸值/(mg/g)	皂化值/(mg/g)
永顺县清坪	580	种仁	34.56	—	—	—

表7-86　深山含笑籽油脂肪酸组成　　　　　　　　　　　单位:%

采集地	月桂酸	肉豆蔻酸	棕榈酸	棕榈油酸	硬脂酸	油酸	亚油酸	亚麻酸	花生酸	花生烯酸
永顺县清坪	—	0.26	5.38	0.12	2.45	30.36	50.55	4.03	2.31	0.22

8. 翼梗五味子 *Schisandra henryi* Clarke

主要特征:落叶木质藤本。叶宽卵形、长圆状卵形,或近圆形,先端短渐尖或短急尖,基部阔楔形或近圆形;叶柄红色,长2.5~5 cm,具叶基下延的薄翅。雄蕊群倒卵圆形,直径约5 mm;雌蕊群长圆状卵圆形,子房狭椭圆形。小浆果红色,球形,直径4~5 mm,具长约1 mm的果柄,种子褐黄色,扁球形,或扁长圆形,种皮淡褐色,具乳头状凸起或皱凸起。花期5—7月,果期8—9月。

分布:湘西各地山区均有分布。生长于海拔300~1200 m的山地沟谷、山坡林下或灌丛中。在全国分布于浙江、江西、福建、河南南部、湖北、湖南、广东、广西、四川中部、贵州、云南东南部。

用途：茎供药用，有通经活血、强筋壮骨之效；种子可榨油。

翼梗五味子理化参数及籽油脂肪酸组成如表 7-87 和表 7-88 所示。

表 7-87　翼梗五味子含油量及理化参数

采集地	海拔/m	测试部位	油脂含量/%	碘值/(g/100g)	酸值/(mg/g)	皂化值/(mg/g)
保靖县白云山	977	种仁	26.56	13.25	13.20	199.65

表 7-88　翼梗五味子籽油脂肪酸组成　　　　　　　　单位:%

采集地	月桂酸	肉豆蔻酸	棕榈酸	棕榈油酸	硬脂酸	油酸	亚油酸	亚麻酸	花生酸	花生烯酸
保靖县白云山	0.02	0.05	7.89	0.06	2.09	33.62	43.38	3.93	0.49	8.48

9. 华中五味子 *Schisandra sphenanthera* Rehd. et Wils.

主要特征：落叶木质藤本，全株无毛。叶纸质，倒卵形、宽倒卵形，或倒卵状长椭圆形，先端短急尖或渐尖，基部楔形或阔楔形；叶柄红色，长 1～3 cm。花生于近基部叶腋，花梗纤细，基部具长 3～4 mm 的膜质苞片，花被片 5～9，橙黄色。聚合果果托长 6～17 cm，径约 4 mm，聚合果梗长 3～10 cm，成熟小浆红色，长 8～12 mm，宽 6～9 mm，具短柄；种子长圆体形或肾形，种皮褐色光滑，或仅背面微皱。花期 4—7 月，果期 7—9 月。

分布：湘西各地山区均有分布。生于海拔 400～1300 m 的山坡、山谷、溪边阔叶林或灌丛中。在全国分布于山西、陕西、甘肃、山东、江苏、安徽、浙江、江西、福建、河南、湖北、湖南、四川、贵州、云南东北部。

用途：果供药用，为五味子代用品；种子榨油可制肥皂或作润滑油。

华中五味子理化参数及籽油脂肪酸组成如表 7-89 和表 7-90 所示。

表 7-89　华中五味子含油量及理化参数

采集地	海拔/m	测试部位	油脂含量/%	碘值/(g/100g)	酸值/(mg/g)	皂化值/(mg/g)
古丈县高望界	664	种仁	20.56	75.09	23.34	77.22

表 7-90　华中五味子籽油脂肪酸组成　　　　　　　　单位:%

采集地	月桂酸	肉豆蔻酸	棕榈酸	棕榈油酸	硬脂酸	油酸	亚油酸	亚麻酸	花生酸	花生烯酸
古丈县高望界	—	0.07	1.55	0.07	3.64	18.18	75.90	0.24	0.22	0.13

十二、番荔枝科 Annonaceae

凹叶瓜馥木 *Fissistigma retusum*（Lev.）Rehd.

别名：头序瓜馥木（《植物分类学报》）。

主要特征：攀缘灌木。小枝被褐色绒毛，叶革质或近革质，广卵形、倒卵形或倒卵状长圆形，顶端圆形或微凹，基部圆形至截形；叶柄长 8～15 mm，被短绒毛，上面有槽。花多朵组成团伞花序，花序与叶对生；外轮花瓣卵状长圆形，内轮花瓣卵状披针形，比外轮花瓣短，基部稍内弯，两面无毛。果圆球状，直径约 3 cm，被金黄色短绒毛；果柄长 1.5 cm，被金黄色短绒毛。花期 5—11 月，果期 6—12 月。

分布：产于保靖。多生于海拔 200~400 m 山地密林或山谷灌丛中。在全国分布于西藏、贵州、云南、湖南、广西和广东。

用途：种子可榨油。

凹叶瓜馥木理化参数及籽油脂肪酸组成如表 7-91 和表 7-92 所示。

表 7-91 凹叶瓜馥木含油量及理化参数

采集地	海拔/m	测试部位	油脂含量/%	碘值/(g/100g)	酸值/(mg/g)	皂化值/(mg/g)
保靖县白云山	259	种仁	23.16	93.23	85.28	139.28

表 7-92 凹叶瓜馥木籽油脂肪酸组成　　　　　　单位:%

采集地	月桂酸	肉豆蔻酸	棕榈酸	棕榈油酸	硬脂酸	油酸	亚油酸	亚麻酸	花生酸	花生烯酸
保靖县白云山	—	0.05	7.43	0.12	4.29	17.53	45.83	1.46	0.48	5.28

十三、蜡梅科 Calycanthaceae

蜡梅 *Chimonanthus praecox*（Linn.） Link

别名：蜡木（河南），素心蜡梅（浙江），荷花蜡梅（江西），麻木柴（贵州），瓦乌柴（贵州罗甸），梅花（江苏），石凉茶、黄金茶（浙江），黄梅花（《广群芳谱》），蜡梅（《植物学名词审查本》），狗矢蜡梅（《经济植物手册》），大叶蜡梅（广西桂林）。

主要特征：落叶灌木，高达 4 m；叶纸质至近革质，卵圆形、椭圆形、宽椭圆形至卵状椭圆形，有时长圆状披针形，除叶背脉上被疏微毛外无毛；花着生于第二年生枝条叶腋内，先花后叶，芳香，果托近木质化，坛状或倒卵状椭圆形，长 2~5 cm，直径 1~2.5 cm，口部收缩，并具有钻状披针形的被毛附生物。花期 11 月至翌年 3 月，果期 4—11 月。

分布：产于吉首、永顺、保靖。生长于海拔 1200 m 以下的石灰岩灌丛。在我国分布于山东、江苏、安徽、浙江、福建、江西、湖南、湖北、河南、陕西、四川、贵州、云南、广西、广东等省区。日本、朝鲜和欧洲、美洲也有分布。

用途：绿化观赏；根、叶可药用；种子可榨油。

蜡梅理化参数及籽油脂肪酸组成如表 7-93 和表 7-94 所示。

表 7-93 蜡梅含油量及理化参数

采集地	海拔/m	测试部位	油脂含量/%	碘值/(g/100g)	酸值/(mg/g)	皂化值/(mg/g)
吉首市德夯	540	种仁	36.00	83.39	2.40	157.18

表 7-94　蜡梅籽油脂肪酸组成　　　　　　　单位:%

采集地	月桂酸	肉豆蔻酸	棕榈酸	棕榈油酸	硬脂酸	油酸	亚油酸	亚麻酸	花生酸	花生烯酸
吉首市德夯	0.05	0.11	13.63	—	3.12	26.16	53.38	0.34	0.38	2.84

十四、樟科 Lauraceae

1. 红果黄肉楠 *Actinodaphne cupularis*（Hemsl.）Gamble

别名：红树、铁桢楠（四川）、凉药、小楠木（贵州）。

主要特征：灌木或小乔木，高 2 ~ 10 m，胸径达 15 cm。叶通常 5 ~ 6 片簇生于枝端成轮生状，长圆形至长圆状披针形，两端渐尖或急尖，革质，有光泽，无毛；叶柄长 3 ~ 8 mm，有沟槽，被灰色或灰褐色短柔毛。伞形花序单生或数个簇生于枝侧，无总梗；花被裂片 6（8），卵形。果卵形或卵圆形，先端有短尖，无毛，成熟时红色，着生于杯状果托上。花期 10—11 月，果期 8—9 月。

分布：产于永顺、保靖、凤凰、吉首。生长于海拔 350 ~ 1200 m 的山地林中。在全国分布于湖北、湖南、四川、广西、云南、贵州。

用途：种子可榨油供制皂及机器润滑；根、叶可治脚癣、烫火伤及痔疮等。

红果黄肉楠理化参数及籽油脂肪酸组成如表 7-95 和表 7-96 所示。

表 7-95　红果黄肉楠含油量及理化参数

采集地	海拔/m	测试部位	油脂含量/%	碘值/（g/100g）	酸值/（mg/g）	皂化值/（mg/g）
吉首市德夯	392	种仁	23.35	29.26	20.49	164.31

表 7-96　红果黄肉楠籽油脂肪酸组成　　　　　　　单位:%

采集地	月桂酸	肉豆蔻酸	棕榈酸	棕榈油酸	硬脂酸	油酸	亚油酸	亚麻酸	花生酸	花生烯酸
吉首市德夯	0.01	0.13	8.64	0.59	2.65	37.95	39.55	9.87	0.36	0.26

2. 猴樟 *Cinnamomum bodinieri* Levl.

别名：香樟、香树、楠木（四川）、猴挟木（湖南）、樟树（湖北）、大胡椒树（贵州兴义）。

主要特征：乔木，高达 16 m，胸径 30 ~ 80 cm。叶互生，卵圆形或椭圆状卵圆形，先端短渐尖，基部锐尖、宽楔形至圆形，坚纸质；叶柄长 2 ~ 3 cm，腹凹背凸，略被微柔毛。圆锥花序在幼枝上腋生或侧生，花绿白色，长约 2.5 mm，花被筒倒锥形，外面近无毛，花被裂片 6，卵圆形。果球形，直径 7 ~ 8 mm，绿色，无毛；果托浅杯状，顶端宽 6 mm。花期 5—6 月，果期 7—8 月。

分布：产于花垣、古丈。生长于海拔 400 ~ 1400 m 的山地林中。在全国分布于贵州、四川东部、湖北、湖南西部及云南东北和东南部。

用途：枝叶可提取芳香油；果仁可榨油供工业用。

猴樟理化参数及籽油脂肪酸组成如表 7-97 和表 7-98 所示。

表 7-97　猴樟含油量及理化参数

采集地	海拔/m	测试部位	油脂含量/%	碘值/(g/100g)	酸值/(mg/g)	皂化值/(mg/g)
古丈县高望界	915	种仁	52.40	16.80	7.15	255.23

表 7-98　猴樟籽油脂肪酸组成　　　　　　　　　　　　单位:%

采集地	月桂酸	肉豆蔻酸	棕榈酸	棕榈油酸	硬脂酸	油酸	亚油酸	亚麻酸	花生酸	花生烯酸
古丈县高望界	0.01	0.10	8.54	0.33	2.18	41.21	28.45	18.44	0.44	0.31

3. 樟 *Cinnamomum camphora*（Linn.）Presl

别名：香樟、芳樟、油樟、樟木（南方各省区）、乌樟（四川）、瑶人柴（广西融水）、栳樟、臭樟（台湾）。

主要特征：常绿大乔木，高可达 30 m，直径可达 3 m，树冠广卵形，枝、叶及木材均有樟脑气味。叶互生，卵状椭圆形，先端急尖，基部宽楔形至近圆形，边缘全缘，软骨质；叶柄纤细，长 2~3 cm，腹凹背凸，无毛。圆锥花序腋生，花绿白或带黄色，花被外面无毛或被微柔毛，内面密被短柔毛，花被筒倒锥形，花被裂片椭圆形。果卵球形或近球形，紫黑色；果托杯状，顶端截平，具纵向沟纹。花期 4—5 月，果期 8—11 月。

分布：湘西各地广泛分布或栽培。生长于海拔 600 m 以下的山坡或沟谷中。在全国分布于南方及西南各省区。越南、朝鲜、日本也有分布。

用途：优质材用树种；木材及根、枝、叶可提取樟脑和樟油，供医用及香料工业用；果核含脂肪，可榨油供工业用。

樟理化参数及籽油脂肪酸组成如表 7-99 和表 7-100 所示。

表 7-99　樟含油量及理化参数

采集地	海拔/m	测试部位	油脂含量/%	碘值/(g/100g)	酸值/(mg/g)	皂化值/(mg/g)
吉首大学校园	235	种仁	40.44	4.93	4.66	248.57

表 7-100　樟籽油脂肪酸组成　　　　　　　　　　　　单位:%

采集地	月桂酸	肉豆蔻酸	棕榈酸	棕榈油酸	硬脂酸	油酸	亚油酸	亚麻酸	花生酸	花生烯酸
吉首大学校园	39.38	0.99	—	—	—	2.53	—	—	—	—

4. 沉水樟 *Cinnamomum micranthum*（Hay.）Hay

别名：水樟、臭樟（广东始兴），有樟、牛樟（台湾），黄樟树（江西）。

主要特征：乔木，高 14~20（30）m，胸径（25）40~50（65）cm。叶互生，常生于幼枝上部，长圆形、椭圆形或卵状椭圆形，先端短渐尖，基部宽楔形至近圆形，两侧常多少近不对称，坚纸质或近革质；叶柄长 2~3 cm，腹平背凸，茶褐色，无毛。圆锥花序顶生及腋生，末端为聚伞花序，花白色或紫红色，具香气。果椭圆形，鲜时淡绿色，具斑点，光亮，无毛；果托壶形，边缘全缘或具波齿。花期 7—8（10）月，果期 10 月。

分布：产于吉首、保靖。生长于海拔 600 m 以下的山谷或山坡林中。在全国分布于广西、广东、湖南、江西、福建及台湾等省区。越南北部也有分布。

用途：枝、叶可提取精油；果可榨油供工业用。

沉水樟理化参数及籽油脂肪酸组成如表 7-101 和表 7-102 所示。

表 7-101　沉水樟含油量及理化参数

采集地	海拔/m	测试部位	油脂含量/%	碘值/(g/100g)	酸值/(mg/g)	皂化值/(mg/g)
保靖县毛烟村	372	种仁	43.15	6.33	3.84	286.01

表 7-102　沉水樟籽油脂肪酸组成　　　　　　单位:%

采集地	月桂酸	肉豆蔻酸	棕榈酸	棕榈油酸	硬脂酸	油酸	亚油酸	亚麻酸	花生酸	花生烯酸
保靖县毛烟村	—	18.32	5.27	6.69	53.62	14.02	—	2.07	—	—

5. 少花桂 *Cinnamomum pauciflorum* Nees

别名：岩桂、香桂、三条筋、三股筋、香叶子树、臭乌桂（四川），臭樟（贵州），土桂皮（广西融水）。

主要特征：乔木，高 3～14 m，胸径达 30 cm。叶互生，卵圆形或卵圆状披针形，先端短渐尖，基部宽楔形至近圆形，边缘内卷，厚革质；叶柄长达 12 mm，腹凹背凸，近无毛。圆锥花序腋生，花黄白色，花被两面被灰白短丝毛，花被筒倒锥形，花被裂片 6，长圆形。果椭圆形，顶端钝，成熟时紫黑色，具栓质斑点；果托浅杯状，边缘具整齐的截状圆齿。花期 3—8 月，果期 9—10 月。

分布：产于古丈、吉首。生长于海拔 200～1200 m 的石灰岩或砂岩山地林中。在全国分布于湖南西部、湖北、四川东部、云南东北部、贵州、广西及广东北部。印度也有分布。

用途：树皮及根入药；枝叶含有芳香油；果可榨油供工业用。

少花桂理化参数及籽油脂肪酸组成如表 7-103 和表 7-104 所示。

表 7-103　少花桂含油量及理化参数

采集地	海拔/m	测试部位	油脂含量/%	碘值/(g/100g)	酸值/(mg/g)	皂化值/(mg/g)
吉首大学校园	250	种仁	47.90	3.19	0.63	272.96

表 7-104　少花桂籽油脂肪酸组成　　　　　　单位:%

采集地	月桂酸	肉豆蔻酸	棕榈酸	棕榈油酸	硬脂酸	油酸	亚油酸	亚麻酸	花生酸	花生烯酸
吉首大学校园	—	51.94	0.13	0.50	4.21	1.73	36.94	2.00	0.38	2.17

6. 黄樟 *Cinnamomum porrectum*（Roxb.）Kosterm.

别名：樟木、南安、香湖、香喉、黄樟、山椒（广东海南），假樟（广西防城），油樟、大叶樟（江西），樟脑树（云南动海），蒲香树（云南龙陵），香樟、臭樟（云南思茅），冰片树（云南勐遮）。

主要特征：常绿乔木，树干通直，高 10 ~ 20 m，胸径达 40 cm 以上。叶互生，通常为椭圆状卵形或长椭圆状卵形，先端通常急尖或短渐尖，基部楔形或阔楔形，革质；叶柄长 1.5 ~ 3 cm，腹凹背凸，无毛。圆锥花序于枝条上部腋生或近顶生，花小，长约 3 mm，绿带黄色，花被外面无毛，内面被短柔毛，花被筒倒锥形，花被裂片宽长椭圆形。果球形，黑色；果托狭长倒锥形，红色，有纵长的条纹。花期 3 ~ 5 月，果期 4—10 月。

分布：湘西各地广泛分布。生长于海拔 1300 m 以下的常绿阔叶林中。在全国分布于广东、广西、福建、江西、湖南、贵州、四川、云南。巴基斯坦、印度经马来西亚至印度尼西亚也有分布。

用途：枝叶、根、树皮、木材可蒸樟油和提制樟脑；果核可榨油供制肥皂用。

黄樟理化参数及籽油脂肪酸组成如表 7-105 和表 7-106 所示。

表7-105　黄樟含油量及理化参数

采集地	海拔/m	测试部位	油脂含量/%	碘值/(g/100g)	酸值/(mg/g)	皂化值/(mg/g)
永顺县小溪	444	种仁	26.70	352.81	14.31	225.44

表 7-106　黄樟籽油脂肪酸组成　　　　　单位:%

采集地	月桂酸	肉豆蔻酸	棕榈酸	棕榈油酸	硬脂酸	油酸	亚油酸	亚麻酸	花生酸	花生烯酸
永顺县小溪	0.01	0.21	24.13	0.23	3.90	15.26	53.22	2.28	0.53	0.22

7. 银木 *Cinnamomum septentrionale* Hand. -Mazz.

别名：银木（四川），香樟（陕西南部、四川梓潼），土沉香（四川江北）。

主要特征：中至大乔木，高 16 ~ 25 m，胸径 0.6 ~ 1.5 m。叶互生，椭圆形或椭圆状倒披针形，叶柄长 2 ~ 3 cm，腹平背凸，初时被白色绢毛，后变无毛。圆锥花序腋生，多花密集，花被筒倒锥形，外面密被白色绢毛。花被裂片 6，近等大，宽卵圆形。果球形，无毛，果托长 5 mm，先端增大成盘状，宽达 4 mm。花期 5—6 月，果期 7—9 月。

分布：湘西部分县（市）有栽培。生长于海拔 600 ~ 1000 m 的山谷或山坡上。在全国分布于湖南、四川西部、陕西南部及甘肃南部。

用途：根可蒸馏樟脑；材用；叶可作纸浆黏合剂；种子可榨油。

银木理化参数及籽油脂肪酸组成如表 7-107 和表 7-108 所示。

表7-107　银木含油量及理化参数

采集地	海拔/m	测试部位	油脂含量/%	碘值/(g/100g)	酸值/(mg/g)	皂化值/(mg/g)
龙山县八面山	297	种仁	21.65	23.42	18.51	192.69

表 7-108　银木籽油脂肪酸组成　　　　　单位:%

采集地	月桂酸	肉豆蔻酸	棕榈酸	棕榈油酸	硬脂酸	油酸	亚油酸	亚麻酸	花生酸	花生烯酸
龙山县八面山	0.03	0.24	24.11	0.40	4.43	23.05	44.26	2.77	0.59	0.10

8. 川桂 *Cinnamomum wilsonii* Gamble

别名：川桂（《中国高等植物图鉴》），臭樟木、大叶叶子树（四川宝兴），桂皮树（四川巫山），柴桂（四川盐边），臭樟（四川米易），三条筋（湖北兴山、陕西南部），官桂（陕西南郑、宁强）。

主要特征：乔木，高25 m，胸径30 cm。互生或近对生，卵圆形或卵圆状长圆形，先端渐尖，尖头钝，基部渐狭下延至叶柄，但有时为近圆形，革质。叶柄长10~15 mm，腹面略具槽，无毛。圆锥花序腋生，单一或多数密集，少花，近总状或为2~5花的聚伞状。花白色，花梗丝状，被细微柔毛。果托顶端截平，边缘具极短裂片。花期4—5月，果期6月以后。

分布：产于龙山、吉首。生长于海拔800~1300 m的山地沟谷林中。在全国分布于陕西、四川、湖北、湖南、广西、广东及江西。

用途：枝叶和果供作食品或皂用香精的调合原料；树皮药用；种子可榨油。

川桂理化参数及籽油脂肪酸组成如表7-109和表7-110所示。

表7-109 川桂含油量及理化参数

采集地	海拔/m	测试部位	油脂含量/%	碘值/（g/100g）	酸值/（mg/g）	皂化值/（mg/g）
吉首市德夯	944	种仁	47.15	28.05	22.56	78.51

表7-110 川桂籽油脂肪酸组成　　　　　　　　　单位：%

采集地	月桂酸	肉豆蔻酸	棕榈酸	棕榈油酸	硬脂酸	油酸	亚油酸	亚麻酸	花生酸	花生烯酸
吉首市德夯	—	0.05	8.14	0.09	3.31	12.70	74.45	0.73	0.49	0.05

9. 绒毛钓樟 *Lindera floribunda*（Allen）H. P. Tsui

主要特征：常绿乔木，高4~10 m。幼枝条密被灰褐色茸毛，树皮灰白或灰褐色，有纵裂及皮孔。伞形花序3~7腋生于极短枝上；雄花花被片6，椭圆形，外面密被柔毛，内面无毛；雄蕊9，花丝被毛，第一、二轮长约4 mm，第三轮长约3 mm，基部以上有一对肾形腺体；退化子房圆卵形，连同花柱密被柔毛，柱头盘状。果椭圆形，果梗短，长0.8 cm；果托盘状膨大。花期3—4月，果期4—8月。

分布：产于永顺、保靖、凤凰。生长于海拔200~1300 m的丘陵或山地林中。在全国分布于四川、贵州、甘肃、陕西、湖南、湖北、广东等省区。

用途：种子含有芳香油。

绒毛钓樟理化参数及籽油脂肪酸组成如表7-111和表7-112所示。

表7-111 绒毛钓樟含油量及理化参数

采集地	海拔/m	测试部位	油脂含量/%	碘值/（g/100g）	酸值/（mg/g）	皂化值/（mg/g）
保靖县白云山	259	种仁	40.35	187.88	12.22	189.57

表7-112   绒毛钓樟籽油脂肪酸组成   单位:%

采集地	月桂酸	肉豆蔻酸	棕榈酸	棕榈油酸	硬脂酸	油酸	亚油酸	亚麻酸	花生酸	花生烯酸
保靖县白云山	0.05	0.36	20.24	0.20	1.79	8.81	67.09	1.07	0.20	0.19

10. 香叶子 *Lindera fragrans* Oliv.

主要特征:常绿小乔木,高可达5 m;树皮黄褐色,有纵裂及皮孔。叶互生;披针形至长狭卵形,先端渐尖,基部楔形或宽楔形;上面绿色,无毛;下面绿带苍白色,无毛或被白色微柔毛;叶柄长5~8 mm。伞形花序腋生;总苞片4,内有花2~4朵。雄花黄色,有香味;花被片6,近等长,外面密被黄褐色短柔毛;雄蕊9,花丝无毛,第三轮的基部有2个宽肾形几无柄的腺体;花期3—4月,果期9—10月。

分布:产于永顺、龙山。生长于海拔600~1400 m的石灰岩山地疏林。在全国分布于陕西、湖南、湖北、四川、贵州、广西等省区。

用途:树皮药用,温经通脉,行气散结;种子可榨油。

香叶子理化参数及籽油脂肪酸组成如表7-113和表7-114所示。

表7-113   香叶子含油量及理化参数

采集地	海拔/m	测试部位	油脂含量/%	碘值/(g/100g)	酸值/(mg/g)	皂化值/(mg/g)
龙山县大安乡药场	1383	种仁	42.10	77.27	9.10	576.16

表7-114   香叶子籽油脂肪酸组成   单位:%

采集地	月桂酸	肉豆蔻酸	棕榈酸	棕榈油酸	硬脂酸	油酸	亚油酸	亚麻酸	花生酸	花生烯酸
龙山县大安乡药场	0.60	0.68	8.99	0.23	1.83	6.21	80.77	0.34	0.28	0.09

11. 毛黑壳楠 *Lindera megaphylla* Hemsl. f. *touyunensis* (Lévl.) Rehd.

别名:黑壳楠(《中国树木分类学》),楠木(陕西西南部、湖北宜昌、四川),八角香、花兰(四川),猪屎楠(湖北兴山),鸡屎楠、大楠木、批把楠(湖北)。

主要特征:常绿乔木,高3~15(25)m,胸径达35 cm以上,树皮灰黑色。叶互生革质,倒披针形至倒卵状长圆形,有时长卵形,叶柄及叶片下面或疏或密被毛。伞形花序多花,果椭圆形至卵形,成熟时紫黑色,无毛,宿存果托杯状,全缘,略成微波状。花期2—4月,果期9—12月。

分布:产于吉首、保靖、永顺、凤凰。生长于海拔150~1300 m的山地林中。在全国分布于陕西、甘肃、四川、云南、贵州、湖北、湖南、安徽、江西、福建、广东、广西等省区。

用途:种仁含油;果皮、叶含芳香油;优质材用树种。

毛黑壳楠理化参数如表7-115所示。

表 7-115　毛黑壳楠含油量及理化参数

采集地	海拔/m	测试部位	油脂含量/%	碘值/（g/100g）	酸值/（mg/g）	皂化值/（mg/g）
吉首市桐油坪	320	种仁	41.60	30.51	15.56	162.27

12. 黑壳楠 *Lindera megaphylla* Hemsley J. Linn.

别名：楠木（陕西西南部、湖北宜昌、四川）、八角香、花兰（四川）、猪屎楠（湖北兴山）、鸡屎楠、大楠木、批把楠（湖北）。

主要特征：常绿乔木，高 3~15（25）m，胸径达 35 cm 以上，树皮灰黑色。叶互生革质，倒披针形至倒卵状长圆形，有时长卵形，叶柄长 1.5~3 cm，无毛。伞形花序多花，果椭圆形至卵形，成熟时紫黑色，无毛，宿存果托杯状，全缘，略成微波状。花期 2—4 月，果期 9—12 月。

分布：产于吉首、保靖、永顺、凤凰。生长于海拔 150~1300 m 的山地林中。在全国分布于陕西、甘肃、四川、云南、贵州、湖北、湖南、安徽、江西、福建、广东、广西等省区。

用途：种仁含油可作制皂原料；果皮、叶含芳香油，油可作调香原料；优质材用树种。

黑壳楠理化参数如表 7-116 所示。

表 7-116　黑壳楠含油量及理化参数

采集地	海拔/m	测试部位	油脂含量/%	碘值/（g/100g）	酸值/（mg/g）	皂化值/（mg/g）
吉首市小溪	198	种仁	40.65	288.26	9.83	128.29

13. 川钓樟 *Lindera pulcherrima*（Wall.）Benth. var. *hemsleyana*（Diels）H. P. Tsui

别名：山香桂、官桂（镇雄），香叶、香叶树、乌药苗、山叶树（湖南）。

主要特征：常绿灌木或乔木，高 1.5~6（10）m，胸径达 20 cm。叶互生，椭圆状长圆形、椭圆状卵形或椭圆状披针形至披针形，坚纸质至近革质。叶柄长 0.5~1.5 cm，腹凹背凸。伞形花序有花 4~8 朵，雄花淡黄色，花梗长 2.5~4 mm，密被白色柔毛；雌花淡黄或淡绿色，花梗长 3 mm，密被白色柔毛。花期 3 月，果期 5—8 月。

分布：产于泸溪、永顺。生长于海拔 500~1300 m 的山地林中。在全国分布于东北部及东南部，西藏、四川、贵州、湖北、湖南、广东、广西也有分布。印度、不丹、尼泊尔有分布。

用途：枝、叶、树皮含芳香油及胶质；树皮药用可清凉消食；种子可榨油。

川钓樟理化参数如表 7-117 所示。

表 7-117　川钓樟含油量及理化参数

采集地	海拔/m	测试部位	油脂含量/%	碘值/（g/100g）	酸值/（mg/g）	皂化值/（mg/g）
永顺县杉木河	556	种仁	46.15	20.99	8.34	477.15

14. 绿叶甘檀 *Lindera neesiana*（Wallich ex Nees）Kurz

主要特征：落叶灌木或小乔木，高达 6 m。叶互生，卵形至宽卵形，纸质，叶柄长 10~12 mm。伞形花序有花 7~9 朵，单生或少数簇生于腋生短枝上，未开放的雄花花被片绿色，宽椭圆或近圆形，雌花花梗长 2 mm，被微柔毛；花被片黄色，宽倒卵形，果球形，直径 6 ~ 8 mm；果梗长 4 ~ 7 mm。花期 4 月，果期 9 月。

分布：湘西各山地广布。生长于海拔 600 ~ 1400 m 的山地林中。在全国分布于云南、湖南、河南、陕西等地。

用途：种子油可供制肥皂和润滑油；叶可提取芳香油供调制香料、香精用。

绿叶甘橿理化参数如表 7-118 所示。

表 7-118　绿叶甘橿含油量及理化参数

采集地	海拔/m	测试部位	油脂含量/%	碘值/(g/100g)	酸值/(mg/g)	皂化值/(mg/g)
龙山县大安乡药场	1352	种仁	43.68	14.67	15.47	520.60

15. 山胡椒 *Lindera glauca*（Sieb. et Zucc.）Bl.

别名：山胡椒（《唐本草》），牛筋树（河南，《中国高等植物图鉴》），雷公子（四川），假死柴（陕西），野胡椒（河南、湖南，《植物名实图考》），香叶子，油金条（安徽）。

主要特征：落叶灌木或小乔木，高可达 8 m；树皮平滑，灰色或灰白色。叶互生，纸质，羽状脉，侧脉每侧（4）5 ~ 6 条；叶枯后不落，翌年新叶发出时落下。伞形花序腋生，雄花花被片黄色，椭圆形；雌花花被片黄色，椭圆或倒卵形；子房椭圆形，柱头盘状；花梗长 3 ~ 6 mm，熟时黑褐色。花期 3—4 月，果期 7—8 月。

分布：湘西各地广泛分布。生长于海拔 900 m 以下的丘陵或山地林缘或灌丛。在全国分布于四川西部、陕西南部及甘肃南部。

用途：根可蒸馏樟脑，做根雕；优质材用树种；叶可作纸浆黏合剂；种子可榨油。

山胡椒理化参数如表 7-119 所示。

表 7-119　山胡椒含油量及理化参数

采集地	海拔/m	测试部位	油脂含量/%	碘值/(g/100g)	酸值/(mg/g)	皂化值/(mg/g)
永顺县回龙乡	403	种仁	23.40	27.43	14.97	160.40

16. 绒毛山胡椒 *Lindera nacusua*（D. Don）Merr.

别名：绒毛山胡椒、绒钓樟（《海南植物志》），大石楠树（广东增城）。

主要特征：常绿灌木或小乔木，树皮灰色，有纵向裂纹。叶互生，宽卵形、椭圆形至长圆形；叶柄粗壮，长 5 ~ 7（10）mm，密被黄褐色柔毛。伞形花序单生或 2 ~ 4 簇生于叶腋，雄花黄色，每伞花序约有 8 朵花；雌花黄色，每伞形花序（2）3 ~ 6 朵；子房倒卵形，长 2 mm，无毛，花柱粗壮，长约 1 mm，无毛，柱头头状。果近球形，成熟时红色；果梗粗壮，长 5 ~ 7 mm，向上渐增粗，略被黄褐色微柔毛。花期 5—6 月，果期 7—10 月。

分布：产于龙山、永顺、凤凰、保靖。生长于海拔 300 ~ 1000 m 的山地常绿阔叶林中。分布于广东、广西、福建、江西、四川、云南及西藏东南部。尼泊尔、印度、缅甸及越南也有分布。

用途：种子含芳香油，可榨油。

绒毛山胡椒理化参数如表7-120所示。

表7-120　绒毛山胡椒含油量及理化参数

采集地	海拔/m	测试部位	油脂含量/%	碘值/(g/100g)	酸值/(mg/g)	皂化值/(mg/g)
永顺县猛洞河	305	种仁	60.10	126.08	7.66	114.47

17. 三桠乌药 *Lindera obtusiloba* Bl. Mus. Bot.

别名：桠乌药（《中国树木分类学》《中国高等植物图鉴》），红叶甘檀（《中国树木分类学》《中国高等植物图鉴》《秦岭植物志》），甘檀、香丽木、猴楸树（河南），三键风（陕西），三角枫（四川）。

主要特征：落叶乔木或灌木，高3～10 m；叶互生，近圆形至扁圆形，基部近圆形或心形，三出脉，偶有五出脉，网脉明显。（未开放的）雄花花被片6，长椭圆形，外被长柔毛，内面无毛；能育雄蕊9，花丝无毛，第三轮的基部着生2个具长柄宽肾形具角突的腺体，第二轮的基部有时也有1个腺体；子房椭圆形，花未开放时沿子房向下弯曲。果广椭圆形，成熟时红色，后变紫黑色，干时黑褐色。花期3—4月，果期8—9月。

分布：湘西大部分县（市）有分布。生长于海拔200～1000 m的山地沟谷密林灌丛中。在全国分布于辽宁千山以南、山东昆箭山以南、安徽、江苏、河南、陕西渭南和宝鸡以南，以及甘肃南部、浙江、江西、福建、湖南、湖北、四川、西藏等省区。朝鲜、日本也有分布。

用途：种子含油，用于医药及轻工业原料；细木工用材。

三桠乌药理化参数如表7-121所示。

表7-121　三桠乌药含油量及理化参数

采集地	海拔/m	测试部位	油脂含量/%	碘值/(g/100g)	酸值/(mg/g)	皂化值/(mg/g)
永顺县小溪	224	种仁	40.60	18.40	6.55	146.05

18. 毛豹皮樟 *Litsea coreana* Lévl. var. *lanuginosa*（Migo）Yang et P. H. Huang

别名：朝鲜木姜子、鹿皮斑木姜子（《台湾植物志》）。

主要特征：常绿乔木；树皮灰色，呈小鳞片状剥落，脱落后呈鹿皮斑痕。叶互生，倒卵状椭圆形或倒卵状披针形，长4.5～9.5 cm，宽1.4～4 cm，革质，上面深绿色，无毛，下面粉绿色，无毛，羽状脉；伞形花序腋生，无总梗或有极短的总梗；苞片4，交互对生；每一花序有花3～4朵；花梗粗短，密被长柔毛；花期8—9月，果期翌年夏季。

分布：产于永顺、古丈、吉首。生长于海拔200～900 m的山地林中。在我国分布于台湾中部。朝鲜、日本也有分布。

用途：优质硬材木；种子可榨油。

毛豹皮樟理化参数及籽油脂肪酸组成如表7-122和表7-123所示。

表7-122　毛豹皮樟含油量及理化参数

采集地	海拔/m	测试部位	油脂含量/%	碘值/(g/100g)	酸值/(mg/g)	皂化值/(mg/g)
吉首市小溪	234	种仁	62.60	42.37	2.15	261.03

表 7-123　毛豹皮樟籽油脂肪酸组成　　　　　单位:%

采集地	月桂酸	肉豆蔻酸	棕榈酸	棕榈油酸	硬脂酸	油酸	亚油酸	亚麻酸	花生酸	花生烯酸
吉首市小溪	—	51.64	6.04	0.14	1.84	26.58	12.64	0.24	0.14	0.75

19. 毛叶木姜子 *Litsea euosma* W. W. Smith.

别名:大木姜（云南奕良），香桂子、野木桨子、荜澄茄（湖北），山胡椒、猴香子、木香子（四川）。

主要特征:落叶灌木或小乔木，高达 4 m;树皮绿色，光滑，有黑斑，撕破有松节油气味。顶芽圆锥形，密被白色柔毛，羽状脉。伞形花序腋生，常 2~3 个簇生于短枝上，短枝长 1~2 mm，花序梗长 6 mm，有白色短柔毛，每一花序有花 4~6 朵;花被裂片 6，黄色，宽倒卵形，能育雄蕊 9，花丝有柔毛，第 3 轮基部腺体盾状心形，黄色;退化雌蕊无。花期 3—4 月，果期 9—10 月。

分布:湘西各地区散见。生长海拔于 300~1200 m 的山地林中。在我国分布于广东、广西、湖南、湖北、四川、贵州、云南、西藏东部。

用途:果实可提取芳香油，提取率 3%~5%;种子含脂肪油，为制皂的上等原料;根和果实可药用。

毛叶木姜子理化参数如表 7-124 所示。

表 7-124　毛叶木姜子含油量及理化参数

采集地	海拔/m	测试部位	油脂含量/%	碘值/(g/100g)	酸值/(mg/g)	皂化值/(mg/g)
永顺县小溪	748	种仁	25.09	6.50	10.37	182.02

20. 宜昌木姜子 *Litsea ichangensis* Gamble

别名:狗酱子树（湖北宣恩）。

主要特征:落叶灌木或小乔木，高达 8 m。叶互生，长 2~5 cm，宽 2~3 cm，先端急尖或圆钝，纸质，上面深绿色，无毛，下面粉绿色，幼时脉腋处有簇毛，老时变无毛;叶柄长 5~15 mm，纤细，无毛。伞形花序单生或 2 个簇生;总梗稍粗，长约 5 mm，无毛;每一花序常有花 9 朵，花梗长约 5 mm，被丝状柔毛;退化雌蕊细小，无毛;雌花中退化雄蕊无毛;子房卵圆形，花柱短，柱头头状。果近球形，直径约 5 mm，成熟时黑色;花期 4—5 月，果期 7—8 月。

分布:产于龙山。生长于海拔 1000~1400 m 的山地林中。在我国分布于湖北西部及西南部、四川东部及东北部、湖南西部。

用途:果实可提取芳香油。

宜昌木姜子理化参数如表 7-125 所示。

表 7-125　宜昌木姜子含油量及理化参数

采集地	海拔/m	测试部位	油脂含量/%	碘值/(g/100g)	酸值/(mg/g)	皂化值/(mg/g)
龙山县大安乡药场	1350	种仁	19.37	—	—	—

21. 山鸡椒 *Litsea cubeba*（Lour.） **Pers.**

别名：山苍树（广东、广西、湖南、江西、四川、云南），木姜子（广西、江西、四川），荜澄茄、澄茄子（江苏、浙江、四川、云南），豆豉姜、山姜子（广东），臭樟子、赛梓树（福建），臭油果树（云南），山胡椒（《台湾植物志》）。

主要特征：落叶灌木或小乔木，高达 8～10 m；幼树树皮黄绿色，老树树皮灰褐色。枝、叶具芳香味。顶芽圆锥形，外面具柔毛。叶互生，披针形或长圆形；伞形花序单生或簇生，长 6～10 mm；苞片边缘有睫毛；每一花序有花 4～6 朵，先叶开放或与叶同时开放，花被裂片 6，宽卵形；能育雄蕊 9，花丝中下部有毛，第 3 轮基部的腺体具短柄；退化雌蕊无毛；雌花中退化雄蕊中下部具柔毛；花期 2—3 月，果期 7—8 月。

分布：产于永顺、花垣、保靖、古丈。生长于海拔 1400 m 以下的山地灌丛或疏林中。在我国分布于广东、广西、福建、台湾、浙江、江苏、安徽、湖南、湖北、江西、贵州、四川、云南、西藏。东南亚各国也有分布。

用途：中等材木；花、叶和果皮可提制柠檬醛，供医药制品和配制香精等；核仁含油率高达 61.8%，可供工业用；根、茎、叶和果实均可作药用。

山鸡椒理化参数如表 7-126 所示。

表 7-126　山鸡椒含油量及理化参数

采集地	海拔/m	测试部位	油脂含量/%	碘值/（g/100g）	酸值/（mg/g）	皂化值/（mg/g）
古丈县高望界	232	种仁	21.18	4.57	9.15	232.97

22. 湘楠 *Phoebe hunanensis* **Hand. -Mazz.**

别名：湖南楠（《秦岭植物志》）。

主要特征：灌木或小乔木，通常高 3～8 m。小枝干时常为红褐色或红黑色，有棱，无毛。叶革质或近革质，倒阔披针形，少为倒卵状披针形，幼叶下面密被贴伏银白绢状柔毛，上面有时带红紫色，中脉粗壮，侧脉每边 6～14 条，下面十分突起，横脉及小脉下面明显。花序生当年生枝上部，很细弱，长 8～14 cm；花长 4～5 mm，花梗约与花等长；花被片有缘毛，外轮稍短，外面无毛，内面有毛，内轮外面无毛或上半部有微柔毛，内面密或疏被柔毛。花期 5—6 月，果期 8—9 月。

分布：产于古丈、永顺。生长于海拔 250～1100 m 的山地林中。在我国分布于甘肃、陕西，江西西南部，江苏，湖北，湖南中、东南及西部，贵州东部。

用途：优质材质树种；种子可榨油。

湘楠理化参数及籽油脂肪酸组成如表 7-127 和表 7-128 所示。

表 7-127　湘楠含油量及理化参数

采集地	海拔/m	测试部位	油脂含量/%	碘值/（g/100g）	酸值/（mg/g）	皂化值/（mg/g）
古丈县高望界	752	种仁	17.19	19.06	7.41	229.16

表7-128　湘楠籽油脂肪酸组成　　　　　　　　　　单位:%

采集地	月桂酸	肉豆蔻酸	棕榈酸	棕榈油酸	硬脂酸	油酸	亚油酸	亚麻酸	花生酸	花生烯酸
古丈县高望界	0.02	0.10	4.45	0.09	1.76	26.10	66.16	0.22	0.60	0.51

十五、小檗科 Berberidaceae

1. 台湾十大功劳 *Mahonia japonica*（Thunb.）DC.

别名：黄粒芽（湘西），华南十大功劳（《中国高等植物图鉴》），十大功劳（《台湾植物志》）。

主要特征：灌木，高约1 m。叶长圆形，具4～6对无柄小叶，具小叶柄。总状花序下垂，花黄色，子房长约3.4 mm，无花柱，胚珠4～7枚。浆果卵形，长约8 mm，直径约4 mm，暗紫色，略被白粉，宿存花柱极短或无。花期12月至翌年4月，果期4—8月。

分布：产于吉首、保靖、花垣、凤凰、永顺。多散生于海拔150～1300 m上下丘陵或山地的山坡、山谷、密林，或疏林下肥沃、排水良好的阴湿处。在我国分布于湖南、浙江、福建、台湾、广东等省。日本、欧洲和美国较温暖地区也有分布。

用途：根药用，清热泻火，消肿解毒；观赏；种子可榨油。

台湾十大功劳理化参数及籽油脂肪酸组成如表7-129和表7-130所示。

表7-129　台湾十大功劳含油量及理化参数

采集地	海拔/m	测试部位	油脂含量/%	碘值/(g/100g)	酸值/(mg/g)	皂化值/(mg/g)
吉首市德夯	569	种子	10.44	66.14	19.31	204.60

表7-130　台湾十大功劳籽油脂肪酸组成　　　　　　　单位:%

采集地	月桂酸	肉豆蔻酸	棕榈酸	棕榈油酸	硬脂酸	油酸	亚油酸	亚麻酸	花生酸	花生烯酸
吉首市德夯	1.69	0.17	20.28	0.42	7.58	20.54	20.54	21.92	0.81	0.20

2. 南天竹 *Nandina domestica* Thunb.

别名：蓝田竹（李衎《竹谱》）。

主要特征：绿小灌木。叶互生，集生于茎的上部，三回羽状复叶，二至三回羽片对生；小叶薄革质，椭圆形或椭圆状披针形，基部楔形，全缘，上面深绿色，冬季变红色；圆锥花序直立；萼片多轮，外轮萼片卵状三角形；雄蕊6，长约3.5 mm，花丝短，花药纵裂，药隔延伸；子房1室，具1～3枚胚珠。浆果球形，直径5～8 mm，熟时鲜红色，稀橙红色。种子扁圆形。花期3—6月，果期5—11月。

分布：产于永顺、龙山。生长于海拔1000 m以下石灰岩山地的山坡、山谷、密林或疏林下。在我国分布于福建、浙江、山东、江苏、江西、安徽、湖南、湖北、广西、广东、四川、云南、贵州、陕西、河南。日本、北美东南部也有分布。

用途：根、叶药用；优良观赏植物；种子可榨油。

南天竹理化参数及籽油脂肪酸组成如表7-131和表7-132所示。

表7-131　南天竹含油量及理化参数

采集地	海拔/m	测试部位	油脂含量/%	碘值/（g/100g）	酸值/（mg/g）	皂化值/（mg/g）
龙山县隆头乡	370	种仁	21.48	10.38	12.47	169.69

表7-132　南天竹籽油脂肪酸组成　　　　　单位:%

采集地	月桂酸	肉豆蔻酸	棕榈酸	棕榈油酸	硬脂酸	油酸	亚油酸	亚麻酸	花生酸	花生烯酸
龙山县隆头乡	0.02	0.04	11.96	0.18	7.59	26.86	50.55	0.82	0.20	1.78

十六、木通科 Lardizabalaceae

1. 猫儿屎 *Decaisnea insignis*（Griffith）**J. D. Hooker et Thomson**

别名：矮杞树，猫儿子（湖北），猫屎瓜（秦岭）。

主要特征：直立灌木，高5 m。羽状复叶长50～80 cm，有小叶13～25片；叶柄长10～20 cm。总状花序腋生，或数个再复合为疏松、下垂顶生的圆锥花序。雄花：外轮萼片长约3 cm，内轮的长约2.5 cm。雌花：退化雄蕊花丝短，合生呈盘状，花药离生。果下垂，圆柱形，蓝色，长5～10 cm，直径约2 cm，顶端截平但腹缝先端延伸为圆锥形凸头，具小疣凸，果皮表面有环状缢纹或无；种子倒卵形，黑色，扁平，长约1 cm。花期4—6月，果期7—8月。

分布：产于龙山、永顺。生长于海拔700～1400 m的沟谷、溪边灌丛。分布于我国西南部至中部地区。喜马拉雅山脉地区均有分布。

用途：果皮含橡胶，可制橡胶用品；果肉可食，亦可酿酒；种子含油，可榨油；根和果可药用。

猫儿屎理化参数及籽油脂肪酸组成如表7-133和表7-134所示。

表7-133　猫儿屎含油量及理化参数

采集地	海拔/m	测试部位	油脂含量/%	碘值/（g/100g）	酸值/（mg/g）	皂化值/（mg/g）
龙山县大安乡药场	1342	种仁	35.19	—	—	—

表7-134　猫儿屎籽油脂肪酸组成　　　　　单位:%

采集地	月桂酸	肉豆蔻酸	棕榈酸	棕榈油酸	硬脂酸	油酸	亚油酸	亚麻酸	花生酸	花生烯酸
龙山县大安乡药场	0.18	0.73	12.66	0.96	1.87	21.48	51.70	1.51	0.41	0.18

2. 黄蜡果 *Stauntonia brachyanthera* Hand. -Mazz.

别名：山木瓜。

主要特征：高大木质藤本，全体无毛。小叶纸质，匙形，先端骤然长尾尖。雄花：萼片稍厚，外轮的卵状披针形，先端狭圆，顶兜状，内面有乳凸状绒毛；雄蕊花丝合生为管，花药内弯，顶端具极微小的凸头；退化心皮小。雌花：萼片与雄花相似但更厚，稍呈肉质；花期 4 月，果期 8—11 月。

分布：产于永顺、古丈。生长于海拔 400~1400 m 山地的山顶、山谷、山坡密林或疏林灌丛。在我国分布于湖南、广西、贵州。

用途：茎藤、叶、果实药用，舒筋活络，解毒，利尿，调经止痛；种子可榨油。

黄蜡果理化参数及籽油脂肪酸组成如表 7-135 和表 7-136 所示。

表 7-135　黄蜡果含油量及理化参数

采集地	海拔/m	测试部位	油脂含量/%	碘值/（g/100g）	酸值/（mg/g）	皂化值/（mg/g）
古丈县高望界	554	种仁	26.15	67.13	20.11	162.01

表 7-136　黄蜡果籽油脂肪酸组成　　　　　　单位:%

采集地	月桂酸	肉豆蔻酸	棕榈酸	棕榈油酸	硬脂酸	油酸	亚油酸	亚麻酸	花生酸	花生烯酸
古丈县高望界	0.06	0.26	7.12	0.12	2.71	18.75	63.04	1.42	0.42	0.18

十七、山茶科 Theaceae

1. 尖连蕊茶 *Camellia cuspidata*（Kochs）Wright ex Gard. var. *cuspidata*

别名：山茶（湘西），尖叶山茶（《中国高等植物图鉴》）。

主要特征：灌木，高达 3 m，嫩枝无毛，或最初开放的新枝有微毛，很快变秃净。叶革质，卵状披针形或椭圆形，长 5~8 cm，宽 1.5~2.5 cm，先端渐尖至尾状渐尖，基部楔形或略圆，花单独顶生，雄蕊比花瓣短，无毛，外轮雄蕊只在基部和花瓣合生，其余部分离生，花药背部着生；蒴果圆球形，直径 1.5 cm，种子 1 粒，圆球形。花期 4—7 月。

分布：产于保靖、永顺。生长于海拔 150~1350 m 的山地密林或山谷和溪边灌丛。在我国分布于江西、广西、湖南、贵州、安徽、陕西、湖北、云南、广东、福建。

用途：观赏；种子可榨油供食用。

尖连蕊茶理化参数及籽油脂肪酸组成如表 7-137 和表 7-138 所示。

表 7-137　尖连蕊茶含油量及理化参数

采集地	海拔/m	测试部位	油脂含量/%	碘值/（g/100g）	酸值/（mg/g）	皂化值/（mg/g）
永顺县杉木河	550	种仁	36.48	95.42	2.04	210.59

表 7-138　尖连蕊茶籽油脂肪酸组成　　　　　　单位:%

采集地	月桂酸	肉豆蔻酸	棕榈酸	棕榈油酸	硬脂酸	油酸	亚油酸	亚麻酸	花生酸	花生烯酸
永顺县杉木河	—	—	10.01	0.24	1.90	13.73	69.94	1.95	0.20	0.11

2. 油茶 *Camellia oleifera* Abel.

别名：茶子树、茶油树、白花茶。

主要特征：灌木或中乔木；嫩枝有粗毛。叶革质，椭圆形，长圆形或倒卵形，先端尖而有钝头，有时渐尖或钝；花顶生，近于无柄；蒴果球形或卵圆形，直径 2 ~ 4 cm，每室有种子 1 粒或 2 粒；花期冬春，果期 8—10 月。

分布：湘西各地栽培。全国分布于长江流域到华南各地。

用途：其种子可榨油，供食用；茶油色清味香，营养丰富，耐贮藏，是优质食用油，也可作为润滑油、防锈油用于工业；茶饼既是农药，又是肥料，可提高农田蓄水能力和防治稻田害虫；果皮是提制栲胶的原料。

油茶理化参数及籽油脂肪酸组成如表 7–139 和表 7–140 所示。

表 7–139　油茶含油量及理化参数

采集地	海拔/m	测试部位	油脂含量/%	碘值/(g/100g)	酸值/(mg/g)	皂化值/(mg/g)
永顺县杉木河	537	种仁	46.45	33.43	10.52	160.34

表 7–140　油茶籽油脂肪酸组成　　单位：%

采集地	月桂酸	肉豆蔻酸	棕榈酸	棕榈油酸	硬脂酸	油酸	亚油酸	亚麻酸	花生酸	花生烯酸
永顺县杉木河	—		21.06	—	5.51	35.10	26.01	12.32		

3. 川鄂连蕊茶 *Camellia rosthorniana* Handel-Mazz.

主要特征：常绿灌木，幼枝圆柱形，嫩枝密被褐色绒毛，叶薄革质，表面光亮，叶缘有锯齿，花白色为主，有的略带粉色，花量繁多，成对着生枝顶或叶腋。蒴果近球形，直径 1 cm 左右。花期 2—4 月，果期 10 月。

分布：湘西山地散见。生长于海拔 1000 m 以下的山坡林下、灌丛。在我国分布于我国湖北、湖南、广西、四川等地。

用途：观赏；种子可榨油供食用。

川鄂连蕊茶理化参数及籽油脂肪酸组成如表 7–141 和表 7–142 所示。

表 7–141　川鄂连蕊茶含油量及理化参数

采集地	海拔/m	测试部位	油脂含量/%	碘值/(g/100g)	酸值/(mg/g)	皂化值/(mg/g)
永顺县杉木河	349	种仁	32.56	71.52	5.78	198.57

表 7–142　川鄂连蕊茶籽油脂肪酸组成　　单位：%

采集地	月桂酸	肉豆蔻酸	棕榈酸	棕榈油酸	硬脂酸	油酸	亚油酸	亚麻酸	花生酸	花生烯酸
永顺县杉木河	—	0.40	7.38	0.23	2.17	13.93	14.48	59.12	0.29	0.11

4. 茶梅 *Camellia sasanqua* Thunb.

别名：茶梅花（《群芳谱》）。

主要特征：小乔木，嫩枝有毛。叶革质，椭圆形，先端短尖，基部楔形，有时略圆，上面干后深绿色，发亮，下面褐绿色，无毛，边缘有细锯齿；花大小不一，直径 4 ~ 7 cm；雄蕊离生；蒴果球形，宽 1.5~2 cm；种子褐色，无毛。

分布：湘西各地引种栽培。在我国广泛分布。日本也有分布。

用途：可供观赏，种子可榨油。

茶梅理化参数及籽油脂肪酸组成如表 7-143 和表 7-144 所示。

表 7-143 茶梅含油量及理化参数

采集地	海拔/m	测试部位	油脂含量/%	碘值/(g/100g)	酸值/(mg/g)	皂化值/(mg/g)
吉首大学校园	212	种仁	36.56	104.40	4.75	191.30

表 7-144 茶梅籽油脂肪酸组成 单位:%

采集地	月桂酸	肉豆蔻酸	棕榈酸	棕榈油酸	硬脂酸	油酸	亚油酸	亚麻酸	花生酸	花生烯酸
吉首大学校园	—	0.09	13.35	0.14	3.06	11.99	48.84	18.14	1.24	0.45

5. 茶 *Camellia sinensis* （Linn.） O. Ktze.

别名：槚、茗、荈（《尔雅》）。

主要特征：灌木或小乔木，嫩枝无毛。叶革质，长圆形或椭圆形，先端钝或尖锐，基部楔形，上面发亮，下面无毛或初时有柔毛；花 1~3 朵腋生，白色；蒴果 3 球形或 1~2 球形，高 1.1~1.5 cm，每球有种子 1~2 粒。花期 10 月至翌年 2 月。

分布：湘西各地均有栽培。各地区广泛栽培，生于山地疏林下、林缘。野生种遍见于中国长江以南各省的山区。

用途：嫩叶作饮品为茶叶，保健作用；种子可榨油。

茶理化参数及籽油脂肪酸组成如表 7-145 和表 7-146 所示。

表 7-145 茶含油量及理化参数

采集地	海拔/m	测试部位	油脂含量/%	碘值/(g/100g)	酸值/(mg/g)	皂化值/(mg/g)
永顺县杉木河	537	种仁	38.15	67.79	112.38	215.95

表 7-146 茶籽油脂肪酸组成 单位:%

采集地	月桂酸	肉豆蔻酸	棕榈酸	棕榈油酸	硬脂酸	油酸	亚油酸	亚麻酸	花生酸	花生烯酸
永顺县杉木河	—	0.24	12.24	1.55	4.11	13.90	44.52	18.24	0.97	0.19

6. 西南红山茶 *Camellia pitardii* Coh. St.

别名：黄缸（日本）。

主要特征：灌木至小乔木，高达 7 m,；叶革质，披针形或长圆形，先端渐尖或长尾状，边缘有尖锐粗锯齿；花顶生，红色，无柄；蒴果扁球形，高 3.5 cm，宽 3.5~5.5 cm；种子半圆形，长 1.5~2 cm，褐色。花期 2—5 月。

分布：产于保靖、永顺。生长于海拔 600~1400 m 的山沟、水旁、疏林下。在我国分布于四川、湖南、广西、贵州。

用途：宜在园林中栽培观赏；花、叶、根可以入药；种子可榨油。

西南红山茶理化参数及籽油脂肪酸组成如表7-147和表7-148所示。

表7-147　西南红山茶含油量及理化参数

采集地	海拔/m	测试部位	油脂含量/%	碘值/(g/100g)	酸值/(mg/g)	皂化值/(mg/g)
古丈县高望界	628	种仁	35.65	116.30	19.34	214.56

表7-148　西南红山茶籽油脂肪酸组成　　　　　　　　　单位:%

采集地	月桂酸	肉豆蔻酸	棕榈酸	棕榈油酸	硬脂酸	油酸	亚油酸	亚麻酸	花生酸	花生烯酸
古丈县高望界	—	0.20	8.35	0.19	1.92	25.14	52.88	4.09	0.72	0.53

7. 细枝柃 *Eurya loquaiana* Dunn

主要特征：灌木或小乔木，高2~10 m；叶薄革质，窄椭圆形或长圆状窄椭圆形，有时为卵状披针形，顶端长渐尖，基部楔形，有时为阔楔形；花1~4朵簇生于叶腋，被微毛；果实圆球形，成熟时黑色，直径3~4 mm；种子肾形，稍扁，暗褐色，有光泽，表面具细蜂窝状网纹。花期10—12月，果期次年7—9月。

分布：产于永顺。生长于海拔300~1300 m的山地疏林或密林林缘。在我国分布于安徽南部、浙江南部和东南部、江西、福建、台湾、湖北西部、湖南西部和西南部、广东、海南、广西、四川中部以南、贵州及云南东南部等地。

用途：茎、叶入药，具有祛风通络、活血止痛之功效，用于风湿痹痛，跌打损伤；种子可榨油。

细枝柃理化参数及籽油脂肪酸组成如表7-149和表7-150所示。

表7-149　细枝柃含油量及理化参数

采集地	海拔/m	测试部位	油脂含量/%	碘值/(g/100g)	酸值/(mg/g)	皂化值/(mg/g)
永顺县杉木河	760	种仁	20.46	102.84	2.57	181.46

表7-150　细枝柃籽油脂肪酸组成　　　　　　　　　单位:%

采集地	月桂酸	肉豆蔻酸	棕榈酸	棕榈油酸	硬脂酸	油酸	亚油酸	亚麻酸	花生酸	花生烯酸
永顺县杉木河	—	0.08	6.33	0.17	5.29	40.76	13.05	32.75	0.26	0.19

8. 木荷 *Schima superba* Gardn. et Champ.

别名：何树（《植物名实图考》）。

主要特征：大乔木，高25 m；叶革质或薄革质，椭圆形，先端尖锐，有时略钝；花生于枝顶叶腋，常多朵排成总状花序；蒴果直径1.5~2 cm。花期6—8月。

分布：湘西普遍分布。生长于海拔150~1300 m的山谷林地。在我国分布于浙江、福建、台湾、江西、湖南、广东、海南、广西、贵州。

用途：优质材用树种；叶、根皮入药，解毒疗疮，有毒，只可外用；可用于绿化；种子可榨油。

木荷理化参数及籽油脂肪酸组成如表 7-151 和表 7-152 所示。

表 7-151　木荷含油量及理化参数

采集地	海拔/m	测试部位	油脂含量/%	碘值/(g/100g)	酸值/(mg/g)	皂化值/(mg/g)
古丈县高望界	907	种仁	13.46	84.55	6.50	178.17

表 7-152　木荷籽油脂肪酸组成　　　　　　　　　　单位:%

采集地	月桂酸	肉豆蔻酸	棕榈酸	棕榈油酸	硬脂酸	油酸	亚油酸	亚麻酸	花生酸	花生烯酸
古丈县高望界	0.16	0.63	10.90	0.61	1.62	18.09	43.55	1.29	0.34	0.12

十八、罂粟科 Papaveraceae

博落回 *Macleaya cordata*（Willd.）R. Br.

别名：博落回（《植物名实图考长编》），勃勒回、落回（四川），菠萝筒（福建），喇叭筒、喇叭竹、山火筒、空洞草（浙江），号筒杆、号筒管、号筒树、号筒草（安徽、江西、福建、湖北、湖南、广西、贵州），大叶莲（江西），野麻杆（河南），黄杨杆（湖北），三钱三（广西），黄薄荷（贵州）。

主要特征：直立草本，基部木质化，具乳黄色浆汁。叶片上面具浅沟槽。花萼片倒卵状长圆形，长约 1 cm，舟状，黄白色；花瓣无；雄蕊 24 ~ 30，花丝丝状，花药条形，与花丝等长；子房倒卵形至狭倒卵形，花柱长约 1 mm，柱头 2 裂，下延于花柱上。蒴果先端圆或钝，基部渐狭，无毛。种子生于缝线两侧，无柄，种皮具排成行的整齐的蜂窝状孔穴，有狭的种阜。花果期 6—11 月。

分布：产于永顺、古丈。生长于海拔 60 ~ 1400 m 的丘陵、山地、平地的山坡林缘、荒土、路边。在全国分布于长江以南、南岭以北的大部分省区，南至广东，西至贵州，西北达甘肃南部。日本也有分布。

用途：药用；制作农药；种子可榨油。

博落回理化参数及籽油脂肪酸组成如表 7-153 和表 7-154 所示。

表 7-153　博落回含油量及理化参数

采集地	海拔/m	测试部位	油脂含量/%	碘值/(g/100g)	酸值/(mg/g)	皂化值/(mg/g)
古丈县高望界	358	种仁	14.56	37.38	10.19	56.60

表 7-154　博落回籽油脂肪酸组成　　　　　　　　　　单位:%

采集地	月桂酸	肉豆蔻酸	棕榈酸	棕榈油酸	硬脂酸	油酸	亚油酸	亚麻酸	花生酸	花生烯酸
古丈县高望界	2.43	0.40	10.94	1.46	5.34	23.40	52.96	2.17	0.60	0.32

十九、金缕梅科 Hamamelidaceae

1. 枫香树 *Liquidambar formosana* Hance

主要特征：落叶乔木，高达 30 m，胸径最大可达 1 m。叶薄革质，叶柄长达 11 cm，常有短柔毛；雄性短穗状花序常多个排成总状，雄蕊多数，花丝不等长，花药比花丝略短。雌性头状花序有花 24 ~ 43 朵，偶有皮孔，无腺体；头状果序圆球形，蒴果下半部藏于花序轴内，有宿存花柱及针刺状萼齿。种子多数，褐色，多角形或有窄翅。

分布：产于永顺、吉首。生长于海拔 900 m 以下的低山、丘陵的山坡、疏林。在我国分布于产秦岭及淮河以南各省，北起河南、山东，东至台湾，西至四川、云南及西藏，南至广东。越南北部、老挝及朝鲜南部也有分布。

用途：树脂供药用；根、叶及果实亦入药，有祛风除湿、通络活血功效；材用；种子可榨油。

枫香树理化参数及籽油脂肪酸组成如表 7-155 和表 7-156 所示。

表 7-155　枫香树含油量及理化参数

采集地	海拔/m	测试部位	油脂含量/%	碘值/(g/100g)	酸值/(mg/g)	皂化值/(mg/g)
吉首市德夯	319	种仁	13.24	—	—	—

表 7-156　枫香树籽油脂肪酸组成　　　　单位:%

采集地	月桂酸	肉豆蔻酸	棕榈酸	棕榈油酸	硬脂酸	油酸	亚油酸	亚麻酸	花生酸	花生烯酸
吉首市德夯	—	1.45	30.34	0.82	6.01	19.97	33.12	4.30	0.63	—

2. 檵木 *Loropetalum chinense* （R. Br.） Oliver

别名：土檵树（湘西）。

主要特征：灌木，有时为小乔木，多分枝，小枝有星毛。叶革质，卵形，叶柄长 2 ~ 5 mm，有星毛；花序柄长约 1 cm，被毛；萼筒杯状，被星毛，萼齿卵形，花后脱落；花瓣 4 片，带状，先端圆或钝；雄蕊 4 个，花丝极短，药隔突出成角状；退化雄蕊 4 个，鳞片状，与雄蕊互生；蒴果卵圆形，先端圆，被褐色星状绒毛，萼筒长为蒴果的 2/3。种子圆卵形，黑色，发亮。花期 3—4 月。

分布：湘西广布。生长于海拔 800 m 以下的向阳低山、丘陵的灌丛及荒坡。在我国分布于中部、南部及西南各省。日本及印度也有分布。

用途：植物可供药用；叶用于止血；根及叶用于跌打损伤，有去瘀生新的功效；种子可榨油。

檵木理化参数及籽油脂肪酸组成如表 7-157 和表 7-158 所示。

表 7-157　檵木含油量及理化参数

采集地	海拔/m	测试部位	油脂含量/%	碘值/(g/100g)	酸值/(mg/g)	皂化值/(mg/g)
吉首市小溪	386	种仁	15.54	—	—	—

表 7-158　檵木籽油脂肪酸组成　　　　　　　单位:%

采集地	月桂酸	肉豆蔻酸	棕榈酸	棕榈油酸	硬脂酸	油酸	亚油酸	亚麻酸	花生酸	花生烯酸
吉首市小溪	0.19	0.06	16.52	0.28	5.03	25.31	47.35	2.19	1.44	0.32

二十、虎耳草科 Saxifragaceae

扯根菜 *Penthorum chinense* Pursh

别名:干黄草、水杨柳（四川），水泽兰（贵州）。

主要特征:多年生草本。根状茎分枝。叶互生，先端渐尖，边缘具细重锯齿。聚伞花序具多花，长 1.5~4 cm;花序分枝与花梗均被褐色腺毛;苞片小，卵形至狭卵形;花小型，黄白色;萼片 5，革质，无毛，单脉;雄蕊 10;雌蕊长约 3.1 mm，心皮 5（-6），下部合生;子房 5（6）室，胚珠多数，较粗。蒴果红紫色，直径 4~5 mm;种子表面具小丘状突起。花果期 7—10 月。

分布:产于永顺、保靖、凤凰、吉首。生长于海拔 150~1300 m 的林下、灌丛草甸及水边。在全国分布于黑龙江、吉林、辽宁、河北、陕西、甘肃、江苏、安徽、浙江、江西、河南、湖北、湖南、广东、广西、四川、贵州、云南等省区。俄罗斯远东地区、日本、朝鲜均有分布。

用途:药用;食用;种子可榨油。

扯根菜理化参数及籽油脂肪酸组成如表 7-159 和表 7-160 所示。

表 7-159　扯根菜含油量及理化参数

采集地	海拔/m	测试部位	油脂含量/%	碘值/(g/100g)	酸值/(mg/g)	皂化值/(mg/g)
吉首市德夯	180	种仁	20.34	—	—	—

表 7-160　扯根菜籽油脂肪酸组成　　　　　　　单位:%

采集地	月桂酸	肉豆蔻酸	棕榈酸	棕榈油酸	硬脂酸	油酸	亚油酸	亚麻酸	花生酸	花生烯酸
吉首市德夯	—	0.12	16.02		3.27	39.73	29.85	0.17	2.42	0.43

二十一、蔷薇科 Rosaceae

1. 山桃 *Amygdalus davidiana*（Carr.）de Vos ex Henry

别名:野桃树（湘西），榹桃（《尔雅》），山毛桃，野桃，哲日勒格 - 陶古日（蒙语）。

主要特征:乔木，高可达 10 m;树冠开展，树皮暗紫色，光滑;叶片卵状披针形，两面无毛，叶边具细锐锯齿;花单生，先于叶开放，果实近球形，直径 2.5~3.5 cm，淡黄色，外面密被短柔毛，果梗短而深入果洼;核球形或近球形，两侧不压扁，顶端圆钝，基部截形，表面具纵、横沟纹和孔穴，与果肉分离。花期 3—4 月，果期 7—8 月。

分布:湘西山地有分布。生长于海拔 500~1400 m 的山坡、山谷疏林及灌丛。在我国分布于山东、河北、河南、山西、陕西、甘肃、四川、云南、湖南等地。

用途：可供观赏材用；种仁可榨油供食用。

山桃理化参数及籽油脂肪酸组成如表 7-161 和表 7-162 所示。

表 7-161 山桃含油量及理化参数

采集地	海拔/m	测试部位	油脂含量/%	碘值/（g/100g）	酸值/（mg/g）	皂化值/（mg/g）
龙山县大安乡药场	1270	种仁	16. 15	—	—	—

表 7-162 山桃籽油脂肪酸组成　　　　　　　单位：%

采集地	月桂酸	肉豆蔻酸	棕榈酸	棕榈油酸	硬脂酸	油酸	亚油酸	亚麻酸	花生酸	花生烯酸
龙山县大安乡药场	—	—	8. 46	0. 39	4. 88	17. 75	61. 48	0. 91	0. 78	0. 27

2. 桃 *Amygdalus persica* Linn.

别名：陶古日（蒙语）。

主要特征：乔木，高 3 ~ 8 m；树冠宽广而平展；叶片长圆披针形、椭圆披针形或倒卵状披针形，上面无毛，叶边具细锯齿或粗锯齿，齿端具腺体或无腺体；花单生，先于叶开放；果实形状和大小均有变异，卵形、宽椭圆形或扁圆形，直径（3）5 ~ 7（12）cm，外面密被短柔毛，稀无毛，腹缝明显；核大，离核或黏核，椭圆形或近圆形，两侧扁平，顶端渐尖，表面具纵、横沟纹和孔穴；种仁味苦，稀味甜。花期 3—4 月，果实成熟期因品种而异，通常为 8—9 月。

分布：湘西地区广泛栽培。原产中国，各省区广泛栽培。世界各地均有栽植。

用途：树干胶质可作黏合剂；食用药用；观赏；种子可榨油。

桃理化参数及籽油脂肪酸组成如表 7-163 和表 7-164 所示。

表 7-163 桃含油量及理化参数

采集地	海拔/m	测试部位	油脂含量/%	碘值/（g/100g）	酸值/（mg/g）	皂化值/（mg/g）
古丈县高望界	233	种仁	24. 56	—	—	—

表 7-164 桃籽油脂肪酸组成　　　　　　　单位：%

采集地	月桂酸	肉豆蔻酸	棕榈酸	棕榈油酸	硬脂酸	油酸	亚油酸	亚麻酸	花生酸	花生烯酸
古丈县高望界	0. 48	0. 24	18. 84	—	7. 60	26. 13	29. 77	8. 47	2. 45	0. 16

3. 洪平杏 *Armeniaca hongpingensis* C. L. Li

主要特征：乔木，高达 10 m；叶片椭圆形至椭圆状卵形，边缘密被小锐锯齿，上面疏生短柔毛，下面密被浅黄褐色长柔毛；果实近圆形，长 3.5 ~ 4 cm，宽约 3.5 cm，密被黄褐色柔毛；核椭圆形，两侧扁，顶端急尖，基部近对称，表面具蜂窝状小孔穴，腹棱钝，腹面有纵沟。花期 3—5 月，果期 7 月。

分布：产于永顺。生长于海拔 150～350 m 的公路边、村旁。在我国分布于湖北（洪平）、湖南（永顺）。

用途：观赏；果实可食用；种子可榨油。

洪平杏理化参数及籽油脂肪酸组成如表 7-165 和表 7-166 所示。

表 7-165　洪平杏含油量及理化参数

采集地	海拔/m	测试部位	油脂含量/%	碘值/(g/100g)	酸值/(mg/g)	皂化值/(mg/g)
永顺县小溪	224	种仁	20.60	—	—	—

表 7-166　洪平杏籽油脂肪酸组成　　　　单位:%

采集地	月桂酸	肉豆蔻酸	棕榈酸	棕榈油酸	硬脂酸	油酸	亚油酸	亚麻酸	花生酸	花生烯酸
永顺县小溪	4.11	0.26	11.55	—	6.80	17.07	39.15	10.91	2.70	2.31

4. 野山楂 *Crataegus cuneata* Sieb. et Zucc.

别名：小叶山楂、牧虎梨（河南土名），红果子、浮萍果、大红子（贵州土名），猴楂、毛枣子（江西土名），山梨（湖南土名）。

主要特征：落叶灌木，高达 15 m，叶片宽倒卵形至倒卵状长圆形，边缘有不规则重锯齿，顶端常有 3 或稀 5～7 浅裂片；伞房花序，总花梗和花梗均被柔毛。果实近球形或扁球形，直径 1～1.2 cm，红色或黄色，常具有宿存反折萼片或 1 苞片；小核 4～5，内面两侧平滑。花期 5—6 月，果期 9—11 月。

分布：产于保靖。生长于海拔 1400 m 以下的山坡路旁、山地灌丛、林缘。分布于我国的河南、湖北、江西、湖南、安徽、江苏、浙江、云南、贵州、广东、广西、福建等地，日本也有分布。

用途：果实食用、药用；种子可榨油，供工业用。

野山楂理化参数及籽油脂肪酸组成如表 7-167 和表 7-168 所示。

表 7-167　野山楂含油量及理化参数

采集地	海拔/m	测试部位	油脂含量/%	碘值/(g/100g)	酸值/(mg/g)	皂化值/(mg/g)
保靖县白云山	476	种仁	26.45	—	—	—

表 7-168　野山楂籽油脂肪酸组成　　　　单位:%

采集地	月桂酸	肉豆蔻酸	棕榈酸	棕榈油酸	硬脂酸	油酸	亚油酸	亚麻酸	花生酸	花生烯酸
保靖县白云山	—	—	6.04	0.11	4.66	20.69	12.14	0.15	53.92	0.16

5. 枇杷 *Eriobotrya japonica*（Thunb.）Lindl.

别名：卢桔（广东土名）。

主要特征：常绿小乔木，高可达 10 m；叶片革质，披针形、倒披针形、倒卵形或椭圆长圆形，上部边缘有疏锯齿，基部全缘，托叶钻形有毛；圆锥花序顶生，具多花；总花梗和花梗密生锈色绒毛；果实球形或长圆形，直径 2～5 cm，黄色或橘黄色，外有锈色柔毛，不久脱落；种子 1～5，球形或扁球形，直径 1～1.5 cm，褐色，光亮，种皮纸质。花期 10—12 月，果期 5—6 月。

分布：产于永顺、保靖。生长于 800 m 以下的山地湿润林中。在我国分布于甘肃、陕西、河南、江苏、安徽、浙江、江西、湖北、湖南、四川、云南、贵州、广西、广东、福建、台湾等地。日本、印度、越南、缅甸、泰国、印度尼西亚也有分布。

用途：观赏；食用；药用；材用；种子可榨油，供工业用。

枇杷理化参数及籽油脂肪酸组成如表 7-169 和表 7-170 所示。

表 7-169　枇杷含油量及理化参数

采集地	海拔/m	测试部位	油脂含量/%	碘值/（g/100g）	酸值/（mg/g）	皂化值/（mg/g）
保靖县野竹坪	231	种仁	23.48	115.57	13.06	294.41

表 7-170　枇杷籽油脂肪酸组成　　　　　单位：%

采集地	月桂酸	肉豆蔻酸	棕榈酸	棕榈油酸	硬脂酸	油酸	亚油酸	亚麻酸	花生酸	花生烯酸
保靖县野竹坪	—	0.40	19.04	0.19	10.75	51.00	18.49	0.13	—	—

6. 腺叶桂樱 *Laurocerasus phaeosticta*（Hance）Schneid.

别名：腺叶野樱（《广州植物志》），腺叶稠李（《拉汉种子植物名称》），墨点樱桃（刘业经，《台湾木本植物志》），黑星樱（李惠林，《台湾木本植物志》）。

主要特征：常绿灌木或小乔木，高 4～12 m；叶片近革质，狭椭圆形、长圆形或长圆状披针形，稀倒卵状长圆形，叶边全缘，有时在幼苗或萌蘖枝上的叶具锐锯齿，两面无毛；托叶小，无毛，早落。总状花序单生于叶腋，具花数朵至 10 余朵，无毛，生于小枝下部叶腋的花序，其腋外叶早落，生于小枝上部的花序，其腋外叶宿存；果实近球形或横向椭圆形，直径 8～10 mm，或横径稍大于纵径，紫黑色，无毛；核壁薄而平滑。花期 4—5 月，果期 7—10 月。

分布：湘西山地广布。生长于海拔 300～1200 m 的丘陵和山地密林中。在我国分布于湖南、江西、浙江、福建、台湾、广东、广西、贵州、云南等地。印度、缅甸北部、孟加拉国、泰国北部和越南北部也有分布。

用途：提取精油；供观赏；种子可榨油，供工业用。

腺叶桂樱理化参数及籽油脂肪酸组成如表 7-171 和表 7-172 所示。

表 7-171　腺叶桂樱含油量及理化参数

采集地	海拔/m	测试部位	油脂含量/%	碘值/（g/100g）	酸值/（mg/g）	皂化值/（mg/g）
永顺县小溪	352	种仁	20.66	—	—	—

表 7-172　腺叶桂樱籽油脂肪酸组成　　　　　　单位:%

采集地	月桂酸	肉豆蔻酸	棕榈酸	棕榈油酸	硬脂酸	油酸	亚油酸	亚麻酸	花生酸	花生烯酸
永顺县小溪	0.42	10.01	17.84	0.42	3.43	35.16	18.87	5.73	0.85	1.55

7. 细齿稠李 Padus obtusata（Koehne）T. T. Yu et T. C. Ku

主要特征:落叶乔木,高 6～20 m;叶片窄长圆形、椭圆形或倒卵形,边缘有细密锯齿;托叶膜质,线形,先端渐尖,边有带腺锯齿,早落。总状花序具多花,基部有 2～4 叶片,叶片与枝生叶同形,但明显较小;核果卵球形,顶端有短尖头,直径 6～8 mm,黑色,无毛;果梗被短柔毛;萼片脱落。花期 4—5 月,果期 6—10 月。

分布:产于保靖、永顺。生长于海拔 600～1300 m 的山地密林或林缘、山谷溪边。在我国分布于甘肃、陕西、河南、安徽、浙江、台湾、江西、湖北、湖南、贵州、云南、四川等省。

用途:供观赏;种子可榨油,供工业用。

细齿稠李理化参数及籽油脂肪酸组成如表 7-173 和表 7-174 所示。

表 7-173　细齿稠李含油量及理化参数

采集地	海拔/m	测试部位	油脂含量/%	碘值/(g/100g)	酸值/(mg/g)	皂化值/(mg/g)
永顺县杉木河	689	种仁	21.60	—	—	—

表 7-174　细齿稠李籽油脂肪酸组成　　　　　　单位:%

采集地	月桂酸	肉豆蔻酸	棕榈酸	棕榈油酸	硬脂酸	油酸	亚油酸	亚麻酸	花生酸	花生烯酸
永顺县杉木河	1.07	0.14	8.13	0.08	4.11	20.80	59.62	0.82	0.38	0.16

8. 光叶石楠 Photinia glabra（Thunb.）Maxim.

别名:扇骨木（江苏土名）,光凿树（湖南土名）,红檬子（四川土名）,石斑木（广东土名）,山官木（广西土名）。

主要特征:常绿乔木,高 3～5 m,可达 7 m;叶片革质,幼时及老时皆呈红色,椭圆形、长圆形或长圆倒卵形,边缘有疏生浅钝细锯齿,两面无毛;花多数,成顶生复伞房花序,总花梗和花梗均无毛;花瓣白色,反卷,倒卵形;果实卵形,长约 5 mm,红色,无毛。花期 4—5 月,果期 9—10 月。

分布:产于永顺。生长于海拔 700 m 以下的山地、林缘、村旁。在我国分布于安徽、江苏、浙江、江西、湖南、湖北、福建、广东、广西、四川、云南、贵州等地。日本、泰国、缅甸也有分布。

用途:叶供药用;种子榨油;可制肥皂或润滑油;材用于绿化。

光叶石楠理化参数及籽油脂肪酸组成如表 7-175 和表 7-176 所示。

表 7-175　光叶石楠含油量及理化参数

采集地	海拔/m	测试部位	油脂含量/%	碘值/(g/100g)	酸值/(mg/g)	皂化值/(mg/g)
永顺县回龙乡	345	种仁	26.45	108.51	10.95	223.05

表 7-176　光叶石楠籽油脂肪酸组成　　　　　　　　单位:%

采集地	月桂酸	肉豆蔻酸	棕榈酸	棕榈油酸	硬脂酸	油酸	亚油酸	亚麻酸	花生酸	花生烯酸
永顺县回龙乡	0.09	18.68	—	6.44	55.60	17.75	—	1.44	—	—

9. 椤木石楠 *Photinia davidsoniae* Rehd. et Wils.

别名:椤木（浙江土名），水红树花（四川土名），梅子树（贵州土名），凿树（广东土名），山官木（广西土名）。

主要特征:常绿乔木，高 6~15 m；叶片革质，长圆形、倒披针形或稀为椭圆形，边缘稍反卷，有具腺的细锯齿；花多数，密集成顶生复伞房花序；果实球形或卵形，直径 7~10 mm，黄红色，无毛；种子 2~4，卵形，长 4~5 mm，褐色。花期 5 月，果期 9—10 月。

分布:产于保靖、龙山。生长于海拔 100~1000 m 的山地、林缘、山坡灌丛、村旁宅畔。在我国分布于陕西、江苏、安徽、浙江、江西、湖南、湖北、四川、云南、福建、广东、广西等地。越南、缅甸、泰国也有分布。

用途:材用；观赏；种子可榨油，供工业用。

椤木石楠理化参数及籽油脂肪酸组成如表 7-177 和表 7-178 所示。

表 7-177　椤木石楠含油量及理化参数

采集地	海拔/m	测试部位	油脂含量/%	碘值/(g/100g)	酸值/(mg/g)	皂化值/(mg/g)
龙山县隆头乡	293	种仁	30.56	—	—	—

表 7-178　椤木石楠籽油脂肪酸组成　　　　　　　　单位:%

采集地	月桂酸	肉豆蔻酸	棕榈酸	棕榈油酸	硬脂酸	油酸	亚油酸	亚麻酸	花生酸	花生烯酸
龙山县隆头乡	38.72	0.85	7.09	2.52	0.86	17.00	3.23	0.37	0.07	0.07

10. 李 *Prunus salicina* Lindl.

别名:山李子（河南），嘉庆子，嘉应子（南京），玉皇李（北京）。

主要特征:落叶乔木，高 9~12 m；树冠广圆形；叶片长圆倒卵形、长椭圆形或稀长圆卵形，边缘有圆钝重锯齿，常混有单锯齿，幼时齿尖带腺；托叶膜质，线形，先端渐尖，边缘有腺，早落；花通常 3 朵并生；核果球形、卵球形或近圆锥形，直径 3.5~5 cm，栽培品种可达 7 cm，黄色或红色，有时为绿色或紫色，梗凹陷入，顶端微尖，基部有纵沟，外被蜡粉；核卵圆形或长圆形，有皱纹。花期 4 月，果期 7—8 月。

分布:湘西各地均有栽培。在我国分布于陕西、甘肃、四川、云南、贵州、湖南、湖北、江苏、浙江、江西、福建、广东、广西和台湾等地。世界各处均有分布。

用途:食用；观赏；种子可榨油，供工业用。

李理化参数及籽油脂肪酸组成如表 7-179 和表 7-180 所示。

表 7-179　李含油量及理化参数

采集地	海拔/m	测试部位	油脂含量/%	碘值/(g/100g)	酸值/(mg/g)	皂化值/(mg/g)
保靖县白云山	885	种仁	24.80	20.40	8.42	201.64

表 7-180　李籽油脂肪酸组成　　　　　　　　　　　单位:%

采集地	月桂酸	肉豆蔻酸	棕榈酸	棕榈油酸	硬脂酸	油酸	亚油酸	亚麻酸	花生酸	花生烯酸
保靖县白云山	—	—	7.36	—	2.88	11.60	74.26	0.23	0.19	0.27

11. 火棘 *Pyracantha fortuneana*（Maxim.）Li

别名：救兵粮（湘西），火把果、救兵粮（云南土名），救军粮（贵州、四川、湖北土名），救命粮（陕西土名），红子（贵州、湖北土名）。

主要特征：绿灌木，高达 3 m；叶片倒卵形或倒卵状长圆形，边缘有钝锯齿，齿尖向内弯，近基部全缘，两面皆无毛；花集成复伞房花序，花梗和总花梗近于无毛；果实近球形，直径约 5 mm，橘红色或深红色。花期 3—5 月，果期 8—11 月。

分布：产于保靖、凤凰、永顺。生长于海拔 400~1200 m 的山地、丘陵灌丛中或河沟、路旁。在我国分布于产陕西、河南、江苏、浙江、福建、湖北、湖南、广西、贵州、云南、四川、西藏。

用途：绿化；果实食用；种子可榨油，供工业用。

火棘理化参数及籽油脂肪酸组成如表 7-181 和表 7-182 所示。

表 7-181　火棘含油量及理化参数

采集地	海拔/m	测试部位	油脂含量/%	碘值/(g/100g)	酸值/(mg/g)	皂化值/(mg/g)
保靖县白云山	550	种仁	12.65	—	—	—

表 7-182　火棘籽油脂肪酸组成　　　　　　　　　　　单位:%

采集地	月桂酸	肉豆蔻酸	棕榈酸	棕榈油酸	硬脂酸	油酸	亚油酸	亚麻酸	花生酸	花生烯酸
保靖县白云山	0.18	0.75	12.87	0.94	1.86	21.40	51.33	1.48	0.43	0.16

12. 沙梨 *Pyrus pyrifolia*（Burm. f.）Nakai

别名：麻安梨（贵州土名）。

主要特征：乔木，高达 7~15 m；叶片卵状椭圆形或卵形，长 7~12 cm，宽 4~6.5 cm，边缘有刺芒锯齿；托叶膜质，线状披针形，全缘，边缘具有长柔毛，早落。伞形总状花序，具花 6~9 朵，直径 5~7 cm；果实近球形，浅褐色，有浅色斑点，先端微向下陷，萼片脱落；种子卵形，微扁，长 8~10 mm，深褐色。花期 4 月，果期 8 月。

分布：产于永顺、古丈。生长于海拔 100~1000 m 的山地。在我国分布于安徽、江苏、浙江、江西、湖北、湖南、贵州、四川、云南、广东、广西、福建。

用途：庭园观赏树种；果实可食用，清热，生津，润燥，化痰；种子可榨油，供工业用。

沙梨理化参数及籽油脂肪酸组成如表 7-183 和表 7-184 所示。

表 7-183　沙梨含油量及理化参数

采集地	海拔/m	测试部位	油脂含量/%	碘值/(g/100g)	酸值/(mg/g)	皂化值/(mg/g)
古丈县高望界	864	种仁	24.65	—	—	—

表 7-184 沙梨籽油脂肪酸组成 单位:%

采集地	月桂酸	肉豆蔻酸	棕榈酸	棕榈油酸	硬脂酸	油酸	亚油酸	亚麻酸	花生酸	花生烯酸
古丈县高望界	0.29	0.10	7.24	0.49	3.62	8.86	48.71	23.61	1.63	0.20

二十二、豆科 Leguminosae

1. 合欢 *Albizia julibrissin* **Durazz.**

别名:绒花树(徐州),马缨花(《畿辅通志》)。

主要特征:落叶乔木,高可达 16 m,树冠开展;托叶线状披针形,较小叶小,早落。二回羽状复叶,总叶柄近基部及最顶一对羽片着生处各有 1 枚腺体;头状花序于枝顶排成圆锥花序;花粉红色;荚果带状,长 9～15 cm,宽 1.5～2.5 cm,嫩荚有柔毛,老荚无毛。花期 6～7 月;果期 8—10 月。

分布:产于保靖。生长于海拔 1400 m 以下的山地疏林、丘陵、平地。分布于我国东北至华南及西南部各省区。非洲、中亚至东亚、北美也有分布。

用途:绿化观赏;食用、材用、药用;老叶可洗衣服;种子可榨油,供工业用。

合欢理化参数及籽油脂肪酸组成如表 7-185 和表 7-186 所示。

表 7-185 合欢含油量及理化参数

采集地	海拔/m	测试部位	油脂含量/%	碘值/(g/100g)	酸值/(mg/g)	皂化值/(mg/g)
吉首市德夯	540	种仁	36.00	83.39	2.40	157.18

表 7-186 合欢籽油脂肪酸组成 单位:%

采集地	月桂酸	肉豆蔻酸	棕榈酸	棕榈油酸	硬脂酸	油酸	亚油酸	亚麻酸	花生酸	花生烯酸
吉首市德夯	—	—	8.13	0.10	0.65	43.21	45.09	0.39	0.69	0.53

2. 云实 *Caesalpinia decapetala*(**Roth**)**Alston**

别名:黄泥木(湘西),药王子(湖北宜昌),铁场豆(福建),马豆、水皂角、天豆。

主要特征:藤本;二回羽状复叶长 20～30 cm;羽片 3～10 对,对生,具柄,基部有刺 1 对;小叶两端近圆钝,两面均被短柔毛;托叶小,斜卵形。总状花序顶生,直立,具多花;总花梗多刺;花瓣黄色,膜质,圆形或倒卵形,盛开时反卷,基部具短柄;荚果长圆状舌形,长 6～12 cm,宽 2.5～3 cm,脆革质,无毛,有光泽,沿腹缝线膨胀成狭翅,成熟时沿腹缝线开裂,先端具尖喙;种子 6～9 颗,种皮棕色。花果期 4—10 月。

分布:产于永顺、吉首。生长于海拔 1400 m 以下的山地荒坡、石灰岩山地灌丛。在我国分布于广东、广西、云南、四川、贵州、湖南、湖北、江西、福建、浙江、江苏、安徽、河南、河北、陕西、甘肃等省区。亚洲热带和温带地区也有分布。

用途:根、茎及果药用;果皮和树皮含单宁,可提栲胶;种子含油,可制肥皂及润滑油;绿化。

云实理化参数及籽油脂肪酸组成如表 7-187 和表 7-188 所示。

表 7-187　云实含油量及理化参数

采集地	海拔/m	测试部位	油脂含量/%	碘值/（g/100g）	酸值/（mg/g）	皂化值/（mg/g）
吉首市德夯	357	种仁	20.60	—	—	—

表 7-188　云实籽油脂肪酸组成　　　　　单位:%

采集地	月桂酸	肉豆蔻酸	棕榈酸	棕榈油酸	硬脂酸	油酸	亚油酸	亚麻酸	花生酸	花生烯酸
吉首市德夯	—	—	7.10	0.17	1.32	17.90	67.34	1.05	1.02	0.34

3. 紫荆 *Cercis chinensis* Bunge

别名：裸枝树（《中国主要植物图说·豆科》），紫珠（《本草拾遗》）。

主要特征：丛生或单生灌木，高 2~5 m；叶纸质，近圆形或三角状圆形，叶缘膜质透明，新鲜时明显可见；花紫红色或粉红色，2~10 余朵成束，簇生于老枝和主干上，尤以主干上花束较多，越到上部幼嫩枝条则花越少，通常先于叶开放，但嫩枝或幼株上的花则与叶同时开放；龙骨瓣基部具深紫色斑纹；荚果扁狭长形，绿色，长 4~8 cm，宽 1~1.2 cm；种子 2~6 颗，阔长圆形，长 5~6 mm，宽约 4 mm，黑褐色，光亮。花期 3—4 月，果期 8—10 月。

分布：湘西地区广泛栽培。在我国分布于东南部，北至河北，南至广东、广西，西至云南、四川，西北至陕西，东至浙江、江苏和山东等省区。

用途：观赏；树皮可入药，有清热解毒、活血行气、消肿止痛的功效；种子可榨油，供工业用。

紫荆理化参数及籽油脂肪酸组成如表 7-189 和表 7-190 所示。

表 7-189　紫荆含油量及理化参数

采集地	海拔/m	测试部位	油脂含量/%	碘值/（g/100g）	酸值/（mg/g）	皂化值/（mg/g）
保靖县白云山	496	种仁	27.55	—	—	—

表 7-190　紫荆籽油脂肪酸组成　　　　　单位:%

采集地	月桂酸	肉豆蔻酸	棕榈酸	棕榈油酸	硬脂酸	油酸	亚油酸	亚麻酸	花生酸	花生烯酸
保靖县白云山	—	—	10.55	0.11	3.06	13.28	52.89	16.72	0.66	0.43

4. 含羞草决明 *Cassia mimosoides* Linn.

别名：山扁豆、梦草、黄瓜香、还瞳子。

主要特征：一年生或多年生亚灌木状草本，高 30~60 cm；叶长 4~8 cm，在叶柄的上端、最下一对小叶的下方有圆盘状腺体 1 枚；小叶 20~50 对，线状镰形；托叶线状锥形，长 4~7 mm，有明显肋条，宿存；花序腋生，1 或数朵聚生不等，总花梗顶端有 2 枚小苞片；花瓣黄色，不等大，具短柄，略长于萼片；荚果镰形，长 2.5~5 cm，宽约 4 mm；种子 10~16 颗。花果期通常 8—10 月。

分布：产于永顺、保靖。生长于海拔 1000 m 以下的荒坡、田埂、草丛。在全国分布于东南部、南部至西南部。全世界热带和亚热带地区也有分布。

用途：本种常生长于荒地上，耐旱又耐瘠，为良好的覆盖植物和改土植物，又是良好的绿肥；其幼嫩茎叶可以代茶；根治痢疾；种子可榨油，供工业用。

含羞草决明理化参数及籽油脂肪酸组成如表 7-191 和表 7-192 所示。

表 7-191 含羞草决明含油量及理化参数

采集地	海拔/m	测试部位	油脂含量/%	碘值/(g/100g)	酸值/(mg/g)	皂化值/(mg/g)
保靖县白云山	544	种仁	26.98	—	—	—

表 7-192 含羞草决明籽油脂肪酸组成 单位:%

采集地	月桂酸	肉豆蔻酸	棕榈酸	棕榈油酸	硬脂酸	油酸	亚油酸	亚麻酸	花生酸	花生烯酸
保靖县白云山	—	0.19	13.26	—	3.47	16.29	46.29	17.01	0.10	—

5. 野大豆 *Glycine soja* Sieb. et Zucc.

别名：野黄豆（湘西），野大豆（《中国主要植物图说·豆科》），小落豆、小落豆秧、落豆秧（东北），山黄豆、乌豆、野黄豆（广西）。

主要特征：一年生缠绕草本；叶具 3 小叶，托叶卵状披针形，急尖，被黄色柔毛。顶生小叶卵圆形或卵状披针形，全缘；总状花序通常短；花小，花冠淡红紫色或白色；荚果长圆形，稍弯，两侧稍扁，密被长硬毛，种子间稍缢缩，干时易裂；种子 2 ～ 3 颗，椭圆形，稍扁，褐色至黑色。花期 7—8 月，果期 8—10 月。

分布：湘西散见。生长于海拔 200 ～ 1000 m 的山坡草丛、路边。在全国分布于除新疆、青海和海南外的广大地区。

用途：全株为饲料及药用；茎皮纤维可作编织材料；种子供食用。

野大豆理化参数及籽油脂肪酸组成如表 7-193 和表 7-194 所示。

表 7-193 野大豆含油量及理化参数

采集地	海拔/m	测试部位	油脂含量/%	碘值/(g/100g)	酸值/(mg/g)	皂化值/(mg/g)
保靖县白云山	357	种仁	23.15	77.89	6.42	266.18

表 7-194 野大豆籽油脂肪酸组成 单位:%

采集地	月桂酸	肉豆蔻酸	棕榈酸	棕榈油酸	硬脂酸	油酸	亚油酸	亚麻酸	花生酸	花生烯酸
保靖县白云山	2.13	0.09	10.16	—	5.08	12.90	42.47	26.27	0.31	0.20

6. 美丽胡枝子 *Lespedeza formosa*（Vog.）Koehne

主要特征：直立灌木，高 1 ～ 2 m。多分枝，枝伸展，被疏柔毛。托叶披针形至线状披针形，褐色，被疏柔毛；小叶椭圆形、长圆状椭圆形或卵形，稀倒卵形，两端稍尖或稍钝；总状花序单一，腋生，比叶长，或构成顶生的圆锥花序；花冠红紫色；荚果倒卵形或倒卵状长圆形，长 8 mm，宽 4 mm，表面具网纹且被疏柔毛。花期 7—9 月，果期 9—10 月。

分布：产于永顺、保靖。生长于海拔 1300 m 以下的山地阳坡灌丛。在我国分布于河北、陕西、甘肃、山东、江苏、安徽、浙江、江西、福建、河南、湖北、湖南、广东、广西、四川、云南等省区。朝鲜、日本、印度也有分布。

用途：荒山绿化、水土保持和改良土壤的先锋树种；可作薪材、菇材、药材，也可作蜜源植物和观赏植物；种子可榨油，供工业用。

美丽胡枝子理化参数及籽油脂肪酸组成如表 7-195 和表 7-196 所示。

表 7-195　美丽胡枝子含油量及理化参数

采集地	海拔/m	测试部位	油脂含量/%	碘值/（g/100g）	酸值/（mg/g）	皂化值/（mg/g）
保靖县白云山	443	种仁	12.45	4.93	4.66	248.57

表 7-196　美丽胡枝子籽油脂肪酸组成　　　　单位:%

采集地	月桂酸	肉豆蔻酸	棕榈酸	棕榈油酸	硬脂酸	油酸	亚油酸	亚麻酸	花生酸	花生烯酸
保靖县白云山	—	0.13	15.73	0.05	2.20	23.67	52.48	0.42	0.45	2.12

7. 厚果鸡血藤 *Millettia pachycarpa* Benth.

别名：苦檀子（《草木便方》），冲天子（广东、云南）。

主要特征：乔木，高达 30 m，胸径可达 2.5～3 m，大枝平展，小枝近对生或轮生，叶在主枝上辐射伸展，披针形或条状披针形，边缘有细缺齿；雄球花圆锥状，雌球花单生或 2～3（4）个集生，球果卵圆形，种鳞很小，腹面着生 3 粒种子；种子扁平，长卵形或矩圆形，暗褐色，有光泽，两侧边缘有窄翅。花期 4 月，球果 10 月下旬成熟。

分布：产于永顺、吉首。生长于海拔 600 m 以下的山地林缘、沟谷、路边。在我国分布于浙江（南部）、江西、福建、台湾、湖南、广东、广西、四川、贵州、云南、西藏等地。缅甸、泰国、越南、老挝、孟加拉国、印度、尼泊尔、不丹也有分布。

用途：种子和根可供药用；茎皮纤维可作编织材料；种子可榨油，供工业用。

厚果鸡血藤理化参数及籽油脂肪酸组成如表 7-197 和表 7-198 所示。

表 7-197　厚果鸡血藤含油量及理化参数

采集地	海拔/m	测试部位	油脂含量/%	碘值/（g/100g）	酸值/（mg/g）	皂化值/（mg/g）
吉首市德夯	258	种仁	21.65	68.83	60.91	225.65

表 7-198　厚果鸡血藤籽油脂肪酸组成　　　　单位:%

采集地	月桂酸	肉豆蔻酸	棕榈酸	棕榈油酸	硬脂酸	油酸	亚油酸	亚麻酸	花生酸	花生烯酸
吉首市德夯	0.14	0.14	5.09	—	1.44	9.53	26.87	2.28	0.29	—

8. 常春油麻藤 *Mucuna sempervirens* Hemsl.

别名：常绿油麻藤（《经济植物手册》），牛马藤（湖北宜昌），棉麻藤。

主要特征：常绿木质藤本，长可达 25 m。老茎直径超过 30 cm。羽状复叶具 3 小叶；托叶脱落；叶柄长 7~16.5 cm；小叶纸质或革质，顶生小叶椭圆形，长圆形或卵状椭圆形，无毛；总状花序生于老茎上，无香气或有臭味；种子间缢缩，近念珠状，边缘多数加厚，凸起为一圆形脊，中央无沟槽，具伏贴红褐色短毛和长的脱落红褐色刚毛。花期 4—5 月，果期 8—10 月。

分布：产于永顺、泸溪、保靖。生于海拔 600 m 以下的低山、丘陵、山坡、疏林。在我国分布于四川、贵州、云南、陕西南部（秦岭南坡）、湖北、浙江、江西、湖南、福建、广东、广西等地。日本也有分布。

用途：茎藤药用；茎皮可作编织材料及造纸；块根可提取淀粉；种子可榨油。

常春油麻藤理化参数及籽油脂肪酸组成如表 7-199 和表 7-200 所示。

表 7-199　常春油麻藤含油量及理化参数

采集地	海拔/m	测试部位	油脂含量/%	碘值/（g/100g）	酸值/（mg/g）	皂化值/（mg/g）
永顺县吊井岩	336	种仁	30.48	100.88	9.10	223.74

表 7-200　常春油麻藤籽油脂肪酸组成　　　　　　　　　单位：%

采集地	月桂酸	肉豆蔻酸	棕榈酸	棕榈油酸	硬脂酸	油酸	亚油酸	亚麻酸	花生酸	花生烯酸
永顺县吊井岩	—	0.10	7.25	0.21	1.42	51.60	29.01	0.75	0.67	—

9. 老虎刺 *Pterolobium punctatum* Hemsl.

别名：倒爪刺、石龙花（云南），倒钩藤、崖婆勒、蚰蛇利（广东）。

主要特征：木质藤本或攀缘性灌木，高 3~10 m；叶轴长 12~20 cm；叶柄长 3~5 cm，亦有成对黑色托叶刺；羽片 9~14 对，狭长；羽轴长 5~8 cm，上面具槽，小叶片 19~30 对，对生，狭长圆形，顶端圆钝具凸尖或微凹，基部微偏斜，两面被黄色毛，下面毛更密，具明显或不明显的黑点；总状花序被短柔毛，腋上生或于枝顶排列成圆锥状；花蕾倒卵形；种子单一，椭圆形，扁，长约 8 mm。花期 6—8 月，果期 9 月至次年 1 月。

分布：产于永顺、凤凰。生长于海拔 1000 m 以下的石灰岩山顶、溪边。在我国分布于广东、广西、云南、贵州、四川、湖南、湖北、江西、福建等省区。老挝也有分布。

用途：根、叶入药，具有清热解毒、祛风除湿、消肿止痛之功效；种子可榨油，供工业用。

老虎刺理化参数及籽油脂肪酸组成如表 7-201 和表 7-202 所示。

表 7-201　老虎刺含油量及理化参数

采集地	海拔/m	测试部位	油脂含量/%	碘值/（g/100g）	酸值/（mg/g）	皂化值/（mg/g）
永顺县牛路河	418	种仁	21.96	73.75	22.62	169.74

表 7-202　老虎刺籽油脂肪酸组成　　　　　　　　　单位：%

采集地	月桂酸	肉豆蔻酸	棕榈酸	棕榈油酸	硬脂酸	油酸	亚油酸	亚麻酸	花生酸	花生烯酸
永顺县牛路河	0.19	2.15	10.94	3.55	2.15	54.82	20.02	2.15	0.37	—

10. 刺槐 *Robinia pseudoacacia* Linn.

别名：洋槐（《中国树木分类学》）。

主要特征：落叶乔木，高 10 ~ 25 m；具托叶刺，羽状复叶长 10 ~ 25（40）cm；叶轴上面具沟槽；小叶全缘；总状花序腋生，下垂；花冠白色，各瓣均具瓣柄，内有黄斑；荚果褐色，或具红褐色斑纹，线状长圆形，果颈短，沿腹缝线具狭翅；有种子 2 ~ 15 粒，种子褐色至黑褐色，微具光泽，长 5 ~ 6 mm，宽约 3 mm，种脐圆形，偏于一端。花期 4—6 月，果期 8—9 月。

分布：湘西地区散见，栽培或逸生。在我国广布于各地。美国东部、欧洲及非洲也有分布。

用途：材用及蜜源植物；种子可榨油，供工业用。

刺槐理化参数及籽油脂肪酸组成如表 7-203 和表 7-204 所示。

表 7-203　刺槐含油量及理化参数

采集地	海拔/m	测试部位	油脂含量/%	碘值/（g/100g）	酸值/（mg/g）	皂化值/（mg/g）
龙山县八面山	1286	种仁	20.10	129.62	1.82	196.93

表 7-204　刺槐籽油脂肪酸组成　　　　　　　　　　　单位:%

采集地	月桂酸	肉豆蔻酸	棕榈酸	棕榈油酸	硬脂酸	油酸	亚油酸	亚麻酸	花生酸	花生烯酸
龙山县八面山	—	0.11	6.61	0.32	3.50	7.59	78.85	0.97	0.32	0.25

11. 槐 *Sophora japonica* Linn.

别名：洋槐（《中国树木分类学》）。

主要特征：乔木，高达 25 m；羽状复叶，叶轴初被疏柔毛，旋即脱净；叶柄基部膨大，包裹着芽；托叶形状多变，早落；小叶 4 ~ 7 对，对生或近互生，纸质；小托叶 2 枚，钻状。圆锥花序顶生，常呈金字塔形，花冠白色；荚果串珠状，长 2.5 ~ 5 cm 或稍长，种子间缢缩不明显，种子排列较紧密，具肉质果皮，成熟后不开裂，具种子 1 ~ 6 粒。花期 7—8 月，果期 8—10 月。

分布：湘西各县（市）均有零星分布。生长于海拔 850 m 以下的山坡、村镇、庭院，多为栽培作风景树。广布于我国各地。日本、越南、朝鲜、欧洲、美洲各国也有分布。

用途：观赏和蜜源植物；药用；材用；种子可榨油，供工业用。

槐理化参数及籽油脂肪酸组成如表 7-205 和表 7-206 所示。

表 7-205　槐含油量及理化参数

采集地	海拔/m	测试部位	油脂含量/%	碘值/（g/100g）	酸值/（mg/g）	皂化值/（mg/g）
吉首大学校园	273	种子	30.60	30.75	20.60	314.67

表 7-206　槐籽油脂肪酸组成　　　　　　　　　　　单位:%

采集地	月桂酸	肉豆蔻酸	棕榈酸	棕榈油酸	硬脂酸	油酸	亚油酸	亚麻酸	花生酸	花生烯酸
吉首大学校园	0.10	0.13	0.21	0.05	11.33	34.00	34.00	2.08	0.07	—

12. 紫藤 *Wisteria sinensis*（Sims）Sweet f. *sinensis*（Sims）Sweet

别名：朱藤、招藤、招豆藤、藤萝。

主要特征：落叶藤本。奇数羽状复叶长 15 ~ 25 cm；托叶线形，早落；小叶 3 ~ 6 对，纸质，卵状椭圆形至卵状披针形，上部小叶较大，基部 1 对最小；小托叶刺毛状，宿存；总状花序发自去年年短枝的腋芽或顶芽，序轴被白色柔毛；花长芳香；花冠紫色；荚果倒披针形，长 10 ~ 15 cm，宽 1.5 ~ 2 cm，密被绒毛，悬垂枝上不脱落，有种子 1 ~ 3 粒；种子褐色，具光泽，圆形，宽 1.5 cm，扁平。花期 4 月中旬至 5 月上旬，果期 5—8 月。

分布：湘西各地区散见，常为栽培。生长于海拔 1000 m 以下的山地沟谷林缘。在我国分布于河北以南、黄河长江流域及陕西、河南、广西、贵州、云南。

用途：绿化观赏；种子可榨油，供工业用。

紫藤理化参数及籽油脂肪酸组成如表 7-207 和表 7-208 所示。

表 7-207　紫藤含油量及理化参数

采集地	海拔/m	测试部位	油脂含量/%	碘值/(g/100g)	酸值/(mg/g)	皂化值/(mg/g)
保靖县白云山	411	种仁	26.45	99.25	2.26	207.19

表 7-208　紫藤籽油脂肪酸组成　　　　单位:%

采集地	月桂酸	肉豆蔻酸	棕榈酸	棕榈油酸	硬脂酸	油酸	亚油酸	亚麻酸	花生酸	花生烯酸
保靖县白云山	—	0.33	12.51	—	3.29	51.36	24.44	1.15		

二十三、大戟科 Euphorbiaceae

1. 山麻杆 *Alchornea davidii* Franch.

别名：荷包麻（四川）。

主要特征：落叶灌木，高 1 ~ 4（5）m；叶薄纸质，阔卵形或近圆形，顶端渐尖，基部心形、浅心形或近截平，边缘具粗锯齿或具细齿；托叶披针形，具短毛，早落。雌雄异株，雄花序穗状；雄花：花萼花蕾时球形，无毛，直径约 2 mm，萼片 3（4）枚；雄蕊 6 ~ 8 枚；雌花：萼片 5 枚，长三角形；蒴果近球形，具 3 圆棱，直径 1 ~ 1.2 cm，密生柔毛；种子卵状三角形，长约 6 mm，种皮淡褐色或灰色，具小瘤体；花期 3—5 月，果期 6—7 月。

分布：产于花垣、泸溪、吉首。生长于海拔 300 ~ 1000 m 的沟谷或溪畔。在我国分布于陕西南部、四川东部和中部、云南东北部、贵州、广西北部、河南、湖北、湖南、江西、江苏、福建西部。

用途：茎皮纤维为制纸原料；叶可作饲料；种子可榨油供工业用。

山麻杆理化参数及籽油脂肪酸组成如表 7-209 和表 7-210 所示。

表 7-209　山麻杆含油量及理化参数

采集地	海拔/m	测试部位	油脂含量/%	碘值/(g/100g)	酸值/(mg/g)	皂化值/(mg/g)
吉首市德夯	463	种仁	23.56	95.42	2.04	210.59

表 7-210　山麻杆籽油脂肪酸组成　　　　　　单位:%

采集地	月桂酸	肉豆蔻酸	棕榈酸	棕榈油酸	硬脂酸	油酸	亚油酸	亚麻酸	花生酸	花生烯酸
吉首市德夯	7.55	6.71	11.91	—	4.87	8.72	17.11	31.38	—	—

2. 重阳木 Bischofia polycarpa (Lévl.) Airy Shaw

别名:重阳木(南京),茄冬树(湖南),红桐(四川),水枧木(广西桂林)。

主要特征:落叶乔木,高达 15 m,胸径 50 cm,有时达 1 m;全株均无毛。三出复叶;顶生小叶通常较两侧的大,小叶片纸质,边缘具钝细锯齿;托叶小,早落。花雌雄异株,春季与叶同时开放,雄花,萼片半圆形,膜质,向外张开,花丝短,有明显的退化雌蕊;雌花:萼片与雄花的相同,有白色膜质的边缘;果实浆果状,圆球形。花期 4—5 月,果期 10—11 月。

分布:产于龙山、永顺。生长于海拔 1000 m 以下的山地林中或平原栽培。在我国分布于秦岭、淮河流域以南至福建和广东的北部。

用途:材用;果肉可酿酒;种子可供食用,也可作润滑油和肥皂油。

重阳木理化参数及籽油脂肪酸组成如表 7-211 和表 7-212 所示。

表 7-211　重阳木含油量及理化参数

采集地	海拔/m	测试部位	油脂含量/%	碘值/(g/100g)	酸值/(mg/g)	皂化值/(mg/g)
永顺县清坪	512	种仁	20.90	150.02	2.65	177.87

表 7-212　重阳木籽油脂肪酸组成　　　　　　单位:%

采集地	月桂酸	肉豆蔻酸	棕榈酸	棕榈油酸	硬脂酸	油酸	亚油酸	亚麻酸	花生酸	花生烯酸
永顺县清坪	0.06	0.07	7.97	0.15	4.50	53.59	8.69	0.11	0.46	0.34

3. 假奓包叶 Discocleidion rufescens (Franch.) Pax et Hoffm.

别名:老康头叶(湘西),艾桐(陕西),老虎麻(湖北)。

主要特征:灌木或小乔木,高 1.5～5 m;小叶纸质,卵形或卵状椭圆形,顶端渐尖,基部圆形或近截平,稀浅心形或阔楔形,边缘具锯齿,上面被糙伏毛,下面被绒毛,叶脉上被白色长柔毛;总状花序或下部多分枝呈圆锥花序;蒴果扁球形,直径 6～8 mm,被柔毛。花期 4—8 月,果期 8—10 月。

分布:产于永顺、凤凰、龙山、保靖、吉首。生长于海拔 150～1000 m 林中或山坡灌丛中。在我国分布于甘肃、陕西、四川、湖北、湖南、贵州、广西、广东。

用途:茎皮纤维可作编织材料,可供药用;种子可榨油,供工业用。

假奓包叶理化参数及籽油脂肪酸组成如表 7-213 和表 7-214 所示。

表 7-213　假奓包叶含油量及理化参数

采集地	海拔/m	测试部位	油脂含量/%	碘值/(g/100g)	酸值/(mg/g)	皂化值/(mg/g)
吉首市德夯	212	种仁	16.25	71.52	5.78	198.57

表7-214　假柼包叶籽油脂肪酸组成　　　　　　　　　　　　　单位:%

采集地	月桂酸	肉豆蔻酸	棕榈酸	棕榈油酸	硬脂酸	油酸	亚油酸	亚麻酸	花生酸	花生烯酸
吉首市德夯	—	0.04	7.57	0.20	3.31	15.74	71.22	0.79	0.38	0.15

4. 算盘子 *Glochidion puberum*（Linn.）Hutch.

别名：红毛馒头果（《台湾木本植物志》），野南瓜、柿子椒（《植物名实图考》），狮子滚球（《岭南草药志》），百家桔（《中国土农药志》），美省榜（广西侗语），加播该迈（广西苗语），棵杯墨（广西壮语），矮子郎（湖北）。

主要特征：直立灌木，高1~5 m。叶片纸质或近革质。叶柄长1~3 mm；雌雄同株或异株。成熟时带红色。种子近肾形，具三棱，硃红色。花期4—8月，果期7—11月。

分布：产于永顺、保靖、凤凰。生长于海拔300~1300 m的灌丛、林缘。在我国分布于陕西、甘肃、江苏、安徽、浙江、江西、福建、台湾、河南、湖北、湖南、广东、海南、广西、四川、贵州、云南和西藏等省区。

用途：根、茎、叶和果实均可药用；种子可榨油，供制肥皂或作润滑油；全株可提制栲胶；叶可作绿肥，置于粪池可杀蛆。

算盘子理化参数及籽油脂肪酸组成如表7-215和表7-216所示。

表7-215　算盘子含油量及理化参数

采集地	海拔/m	测试部位	油脂含量/%	碘值/（g/100g）	酸值/（mg/g）	皂化值/（mg/g）
保靖县白云山	372	种仁	26.48	102.84	2.57	181.46

表7-216　算盘子籽油脂肪酸组成　　　　　　　　　　　　　单位:%

采集地	月桂酸	肉豆蔻酸	棕榈酸	棕榈油酸	硬脂酸	油酸	亚油酸	亚麻酸	花生酸	花生烯酸
保靖县白云山	0.17	71.27	5.53	0.17	0.91	7.01	11.93	0.74	0.35	0.78

5. 白背叶 *Mallotus apelta*（Lour.）Muell. Arg.

别名：酒药子树（《植物名实图考》），野桐（海南），白背桐、吊粟（广东）。

主要特征：灌木或小乔木，高1~3（4）m；叶互生，卵形或阔卵形，稀心形，顶端急尖或渐尖，基部截平或稍心形，边缘具疏齿。基部近叶柄处有褐色斑状腺体2个；雄花序为开展的圆锥花序或穗状，雌花序穗状，蒴果近球形，黄褐色或浅黄色；种子近球形。花期6—9月，果期8—11月。

分布：产于永顺、保靖。生长于1000 m以下的荒坡向阳灌丛。在我国分布于云南、广西、湖南、江西、福建、广东和海南。越南也有分布。

用途：茎皮可供编织；种子含α-粗糠柴酸，可供制油漆，或合成大环香料、杀菌剂、润滑剂等原料；种子可榨油，供工业用。

白背叶理化参数及籽油脂肪酸组成如表7-217和表7-218所示。

表7-217　白背叶含油量及理化参数

采集地	海拔/m	测试部位	油脂含量/%	碘值/（g/100g）	酸值/（mg/g）	皂化值/（mg/g）
保靖县白云山	370	种仁	21.15	84.55	6.50	178.17

表7-218　白背叶籽油脂肪酸组成　　　　　　　　单位:%

采集地	月桂酸	肉豆蔻酸	棕榈酸	棕榈油酸	硬脂酸	油酸	亚油酸	亚麻酸	花生酸	花生烯酸
保靖县白云山	—	0.10	12.60	0.20	2.82	12.69	63.04	0.49	1.08	0.21

6. 毛桐 _Mallotus barbatus_（Wall.）Muell. Arg.

别名：大毛桐子（四川），谷栗麻（广东），盾叶野桐（广西）。

主要特征：小乔木，高3~4 m；叶互生、纸质。叶柄离叶基部0.5~5 cm处盾状着生，长5~22 cm。花雌雄异株，总状花序顶生；蒴果排列较稀疏，球形；种子卵形，长约5 mm，直径约4 mm，黑色，光滑。花期4—5月，果期9—10月。

分布：产于永顺、凤凰。生长于海拔250~600 m的荒坡向阳灌丛、河谷。在我国分布于云南、四川、贵州、湖南、广东和广西等。亚洲东部和南部各国也有分布。

用途：茎皮纤维可作制纸原料；木材质地轻软，可制器具；种子油可作工业用油。

毛桐理化参数及籽油脂肪酸组成如表7-219和表7-220所示。

表7-219　毛桐含油量及理化参数

采集地	海拔/m	测试部位	油脂含量/%	碘值/（g/100g）	酸值/（mg/g）	皂化值/（mg/g）
永顺县小溪	395	种仁	11.50	95.50	3.48	201.38

表7-220　毛桐籽油脂肪酸组成　　　　　　　　单位:%

采集地	月桂酸	肉豆蔻酸	棕榈酸	棕榈油酸	硬脂酸	油酸	亚油酸	亚麻酸	花生酸	花生烯酸
永顺县小溪	—	0.30	20.28	—	3.62	29.26	38.34	1.19	—	—

7. 野梧桐 _Mallotus japonicus_（Thunb.）Muell. Arg.

别名：白肉白匏仔、竹桐、黄条子、野桐。

主要特征：小乔木或灌木，高2~4 m；叶互生，稀小枝上部有时近对生，纸质。花雌雄异株，花序总状或下部常具3~5分枝；蒴果近扁球形，钝三棱形；种子近球形，直径约5 mm，褐色或暗褐色，具皱纹。花期4—6月，果期7—8月。

分布：产于永顺。生长于海拔320~600 m的林中。在我国分布于台湾、浙江和江苏。日本也有分布。

用途：树皮、根和叶入药，具有清热解毒、收敛止血之功效；种子可榨油，供工业用。

野梧桐理化参数及籽油脂肪酸组成如表7-221和表7-222所示。

表7-221　野梧桐含油量及理化参数

采集地	海拔/m	测试部位	油脂含量/%	碘值/（g/100g）	酸值/（mg/g）	皂化值/（mg/g）
永顺杉木河	570	种仁	21.65	83.55	2.10	174.06

表7-222　野梧桐籽油脂肪酸组成　　　　　　单位:%

采集地	月桂酸	肉豆蔻酸	棕榈酸	棕榈油酸	硬脂酸	油酸	亚油酸	亚麻酸	花生酸	花生烯酸
永顺杉木河	0.08	0.26	13.41	—	2.85	28.05	18.37	0.94	9.74	3.16

8. 野桐 *Mallotus japonicus*（Thunb.）Muell. Arg. var. *floccosus*（Muell. Arg.）S. M. Hwang

主要特征：小乔木或灌木，高2~4 m；叶互生，稀小枝上部有时近对生，纸质。花雌雄异株，花序总状或下部常具3~5分枝；蒴果近扁球形，钝三棱形；种子近球形，直径约5 mm，褐色或暗褐色，具皱纹。花期7—11月，果期7—8月。

分布：产于永顺、龙山。生长于1400 m以下的山地疏林。在我国分布于陕西、甘肃、安徽、河南、江苏、浙江、江西、福建、湖北、湖南、广东、广西、贵州、四川、云南和西藏。尼泊尔、印度、缅甸和不丹也有分布。

用途：种子含油量达38%，可作工业原料；小材质地轻软，可作小器具用材；根可入药。

野桐理化参数及籽油脂肪酸组成如表7-223和表7-224所示。

表7-223　野桐含油量及理化参数

采集地	海拔/m	测试部位	油脂含量/%	碘值/（g/100g）	酸值/（mg/g）	皂化值/（mg/g）
龙山县大安乡药场	1356	种仁	24.59	103.98	5.57	216.87

表7-224　野桐籽油脂肪酸组成　　　　　　单位:%

采集地	月桂酸	肉豆蔻酸	棕榈酸	棕榈油酸	硬脂酸	油酸	亚油酸	亚麻酸	花生酸	花生烯酸
龙山县大安乡药场	0.14	0.56	0.09	9.08	0.32	1.28	15.33	37.45	1.09	0.18

9. 粗糠柴 *Mallotus philippensis*（Lam.）Muell. Arg.

别名：香檀（别称），香桂树（四川），香楸藤（江西），菲岛桐，红果果。

主要特征：小乔木或灌木，高2~18 m；叶互生或有时小枝顶部的对生，近革质。叶互生或有时小枝顶部的对生，近革质。叶柄长2~5（9）cm，两端稍增粗，被星状毛。花雌雄异株，花序总状，顶生或腋生，单生或数个簇生；蒴果扁球形，直径6~8 mm；种子卵形或球形，黑色，具光泽。花期4—5月，果期5—8月。

分布：产于凤凰、永顺。生长于1000 m以下的次生林、溪边、石灰岩林中。在我国分布于四川、云南、贵州、湖北、江西、安徽、江苏、浙江、福建、台湾、湖南、广东、广西和海南。亚洲南部和东南部、大洋洲热带区也有分布。

用途：材用；树皮栲胶；种子的油可作工业用油；果实的红色颗粒状腺体有时可作染粒，但有毒。

粗糠柴理化参数及籽油脂肪酸组成如表7-225和表7-226所示。

表7-225　粗糠柴含油量及理化参数

采集地	海拔/m	测试部位	油脂含量/%	碘值/(g/100g)	酸值/(mg/g)	皂化值/(mg/g)
永顺县小溪	670	种仁	20.05	118.88	3.49	183.78

表7-226　粗糠柴籽油脂肪酸组成　　　　　　　　　　　　单位:%

采集地	月桂酸	肉豆蔻酸	棕榈酸	棕榈油酸	硬脂酸	油酸	亚油酸	亚麻酸	花生酸	花生烯酸
永顺县小溪	—	0.05	7.16	0.11	3.09	26.48	61.69	0.33	0.54	0.55

10. 蓖麻 *Ricinus communis* Linn.

别名：大麻子、老麻子、草麻。

主要特征：一年生粗壮草本或草质灌木，高达5 m；叶轮廓近圆形，长和宽达40 cm或更大，掌状7~11裂，裂缺几达中部，裂片卵状长圆形或披针形，顶端急尖或渐尖，边缘具锯齿；叶柄粗壮，中空，长可达40 cm，顶端具2枚盘状腺体，基部具盘状腺体；总状花序或圆锥花序；蒴果卵球形或近球形；种子椭圆形，微扁平，斑纹淡褐色或灰白色；种阜大。花期几全年或6—9月（栽培）。

分布：湘西地区广泛栽培或逸生。现广布于全世界热带地区或栽培于热带至温暖带各国。原产地可能在非洲东北部的肯尼亚或索马里。

用途：根药用；种子可榨油；油粕可作肥料、饲料，以及活性炭和胶卷的原料。

蓖麻理化参数及籽油脂肪酸组成如表7-227和表7-228所示。

表7-227　蓖麻含油量及理化参数

采集地	海拔/m	测试部位	油脂含量/%	碘值/(g/100g)	酸值/(mg/g)	皂化值/(mg/g)
保靖县毛沟镇	223	种仁	46.15	97.72	2.27	229.69

表7-228　蓖麻籽油脂肪酸组成　　　　　　　　　　　　单位:%

采集地	月桂酸	肉豆蔻酸	棕榈酸	棕榈油酸	硬脂酸	油酸	亚油酸	亚麻酸	花生酸	花生烯酸
保靖县毛沟镇	—	0.03	11.95	0.22	3.23	8.28	43.18	30.66	0.16	0.05

11. 乌桕 *Sapium sebiferum*（Linn.）Roxb.

别名：腊子树（浙江温州），柏子树（四川），木子树（湖北兴山、江西武宁）。

主要特征：乔木，高可达15 m。叶互生，纸质。叶柄纤细，长2.5~6 cm，顶端具2腺体；花单性，雌雄同株，聚集成顶生的总状花序；蒴果梨状球形，成熟时黑色。具3种子，分果爿脱落后而中轴宿存；种子扁球形，黑色，外被白色、蜡质的假种皮。花期4—8月。

分布：湘西地区广布。生长于1200 m以下的山地疏林、石灰岩山丘多有栽培。在我国分布于黄河以南各省区，北达陕西、甘肃。日本、越南、印度及欧洲、美洲和非洲亦有栽培。

用途：材用；叶为黑色可染衣物；根皮治毒蛇咬伤；白色蜡质层（假种皮）溶解后可

制肥皂、蜡烛；种子油适于涂料，可涂油纸、油伞等。

乌桕理化参数及籽油脂肪酸组成如表7–229和表7–230所示。

表7–229　乌桕含油量及理化参数

采集地	海拔/m	测试部位	油脂含量/%	碘值/（g/100g）	酸值/（mg/g）	皂化值/（mg/g）
保靖县白云山	372	种仁	31.46	66.05	11.47	161.60

表7–230　乌桕籽油脂肪酸组成　　　　　　　　　　　单位:%

采集地	月桂酸	肉豆蔻酸	棕榈酸	棕榈油酸	硬脂酸	油酸	亚油酸	亚麻酸	花生酸	花生烯酸
保靖县白云山	6.98	—	—	16.35	—	55.55	—	8.65	18.48	

12. 苍叶守宫木 *Sauropus garrettii* Craib

别名：滇越南菜（《云南种子植物名录》）。

主要特征：灌木，高达4m；除幼枝和叶脉被微柔毛外，全株均无毛。叶片膜质或薄纸质，卵状披针形，稀长圆形或卵形；花雌雄同株，1~2朵腋生，或雌花和雄花同簇生于叶腋；蒴果倒卵状或近卵状，直径1~2.5cm；种子黑色，三棱状，长约7mm，宽约5mm。花期4—5月，果熟期8—10月。

分布：产于龙山、花垣。生长于海拔300~1300m的山地常绿林木或山谷阴湿灌木丛中。在我国分布于湖南、湖北、广东、海南、广西、四川、贵州和云南等省区。缅甸、泰国、新加坡和马来西亚等也有分布。

用途：观赏；种子可榨油，供工业用。

苍叶守宫木理化参数及籽油脂肪酸组成如表7–231和表7–232所示。

表7–231　苍叶守宫木含油量及理化参数

采集地	海拔/m	测试部位	油脂含量/%	碘值/（g/100g）	酸值/（mg/g）	皂化值/（mg/g）
花垣县古苗河	370	种仁	32.50	124.53	1.09	176.07

表7–232　苍叶守宫木籽油脂肪酸组成　　　　　　　　　　　单位:%

采集地	月桂酸	肉豆蔻酸	棕榈酸	棕榈油酸	硬脂酸	油酸	亚油酸	亚麻酸	花生酸	花生烯酸
花垣县古苗河	4.97	0.29	18.58	0.75	2.59	52.34	5.41	1.43	0.16	0.04

13. 油桐 *Vernicia fordii*（Hemsl.）Airy Shaw

别名：桐油树，桐子树，罂子桐（《本草拾遗》），荏桐（《本草衍义》）。

主要特征：落叶乔木，高达10m；叶卵圆形，长8~18cm，宽6~15cm，顶端短尖，基部截平至浅心形，全缘，稀1~3浅裂；花雌雄同株，先叶或与叶同时开放；花瓣白色，有淡红色脉纹，倒卵形，顶端圆形，基部爪状；核果近球状，直径4~6（8）cm，果皮光滑；种子3~4（8）颗，种皮木质。花期3—4月，果期8—9月。

分布：产于龙山、永顺、保靖、花垣、吉首。生长于海拔1000m以下的丘陵山地。在我国分布于陕西、河南、江苏、安徽、浙江、江西、福建、湖南、湖北、广东、海南、广西、四川、贵州、云南等省区。越南也有分布。

用途：工业油料原料；果皮可制活性炭或提取碳酸钾。

油桐理化参数及籽油脂肪酸组成如表7-233和表7-234所示。

表 7-233　油桐含油量及理化参数

采集地	海拔/m	测试部位	油脂含量/%	碘值/(g/100g)	酸值/(mg/g)	皂化值/(mg/g)
吉首市小溪	320	种仁	33.78	124.53	1.09	176.07

表 7-234　油桐籽油脂肪酸组成　　　　　　　　单位:%

采集地	月桂酸	肉豆蔻酸	棕榈酸	棕榈油酸	硬脂酸	油酸	亚油酸	亚麻酸	花生酸	花生烯酸
吉首市小溪	—	—	2.48	—	71.36	—	11.01	10.30	—	4.84

14. 木油桐 *Vernicia montana* Lour.

别名：千年桐（广东），皱果桐（广西）。

主要特征：落叶乔木，高达20 m。枝条无毛，散生突起皮孔。叶阔卵形，全缘或2~5裂，裂缺常有杯状腺体，掌状脉5条；叶柄无毛，顶端有2枚具柄的杯状腺体；雌雄异株或有时同株异序；花瓣白色或基部紫红色且有紫红色脉纹，倒卵形，基部爪状；核果卵球状，直径3~5 cm，具3条纵棱，棱间有粗疏网状皱纹，有种子3颗，种子扁球状，种皮厚，有疣突。花期4—5月。

分布：产于永顺、保靖。生长于海拔1300 m以下的疏林中。在我国分布于浙江、江西、福建、台湾、湖南、广东、海南、广西、贵州、云南等省区。越南、泰国、缅甸也有分布。

用途：工业油料原料；果皮可制活性炭或提取碳酸钾。

木油桐理化参数及籽油脂肪酸组成如表7-235和表7-236所示。

表 7-235　木油桐含油量及理化参数

采集地	海拔/m	测试部位	油脂含量/%	碘值/(g/100g)	酸值/(mg/g)	皂化值/(mg/g)
永顺县杉木河	560	种仁	33.83	132.37	1.30	176.11

表 7-236　木油桐籽油脂肪酸组成　　　　　　　　单位:%

采集地	月桂酸	肉豆蔻酸	棕榈酸	棕榈油酸	硬脂酸	油酸	亚油酸	亚麻酸	花生酸	花生烯酸
永顺县杉木河	—	—	3.11	—	15.80	9.35	13.82	—	57.93

二十四、交让木科（虎皮楠科）Daphniphyllaceae

1. 交让木 *Daphniphyllum macropodum* Miq.

别名：山黄树（湖北），豆腐头（广东），枸血子、枸色子、水红朴（四川）。

主要特征：灌木或小乔木，高3~10 m；叶革质，长圆形至倒披针形，先端渐尖，顶端具细尖头，基部楔形至阔楔形；雄花序长 5~7 cm，雄花花梗长约 0.5 cm；花萼不育；果椭圆形，长约 10 mm，径 5~6 mm，先端具宿存柱头，基部圆形，暗褐色，有时被白粉，具疣状皱褶，果梗长 10~15 cm，纤细。花期 3—5 月，果期 8—10 月。

分布：产于古丈、永顺。生长于海拔 400~1300 m 的阔叶林中。在我国分布于云南、四川、贵州、广西、广东、台湾、湖南、湖北、江西、浙江、安徽等省区。日本和朝鲜也有分布。

用途：叶和种子可以药用，治疖毒红肿；因树冠及叶柄美丽，亦可庭院栽培观赏；种子可榨油，供工业用。

交让木理化参数及籽油脂肪酸组成如表 7-237 和表 7-238 所示。

表 7-237　交让木含油量及理化参数

采集地	海拔/m	测试部位	油脂含量/%	碘值/（g/100g）	酸值/（mg/g）	皂化值/（mg/g）
永顺县杉木河	712	种仁	26.45	—	—	—

表 7-238　交让木籽油脂肪酸组成　　　　　单位:%

采集地	月桂酸	肉豆蔻酸	棕榈酸	棕榈油酸	硬脂酸	油酸	亚油酸	亚麻酸	花生酸	花生烯酸
永顺县杉木河	—	0.16	12.95	0.09	1.44	42.96	24.04	2.27	1.83	0.90

2. 虎皮楠 *Daphniphyllum oldhami*（Hemsl.）Rosenth.

别名：四川虎皮楠、南宁虎皮楠（《中国树木分类学》）。

主要特征：乔木或小乔木，高 5~10 m，也有灌木；叶纸质，披针形或倒卵状披针形，或长圆形或长圆状披针形，最宽处常在叶的上部，先端急尖或渐尖或短尾尖，基部楔形或钝，边缘反卷；雄花序较短，雄蕊 7~10，花药卵形，长约 2 mm，花丝极短，长约 0.5 mm；雌花序长 4~6 cm，序轴及总梗纤细；果椭圆或倒卵圆形，长约 8 mm，径约 6 mm，暗褐至黑色，具不明显疣状突起，先端具宿存柱头，基部无宿存萼片或多少残存。花期 3—5 月，果期 8—11 月。

分布：产于永顺、泸溪。生长于海拔 150~1100m 的阔叶林中。在我国分布于长江以南各省区。朝鲜和日本也有分布。

用途：种子榨油供制皂；绿化观赏。

虎皮楠理化参数及籽油脂肪酸组成如表 7-239 和表 7-240 所示。

表 7-239　虎皮楠含油量及理化参数

采集地	海拔/m	测试部位	油脂含量/%	碘值/（g/100g）	酸值/（mg/g）	皂化值/（mg/g）
永顺县杉木河	440	种仁	31.70	105.25	0.85	171.53

表 7-240　虎皮楠籽油脂肪酸组成　　　　　单位:%

采集地	月桂酸	肉豆蔻酸	棕榈酸	棕榈油酸	硬脂酸	油酸	亚油酸	亚麻酸	花生酸	花生烯酸
永顺县杉木河	—	—	12.34	49.73	—	—	37.94	—	—	—

二十五、芸香科 Rutaceae

1. 石虎 *Euodia rutaecarpa*（Juss.）Benth. var. *officinalis*（Dode）Huang

别名：吴茱萸（通称）。

主要特征：小乔木或灌木，高 3～5 m，嫩枝暗紫红色，与嫩芽同被灰黄或红锈色绒毛，或疏短毛。叶有小叶 5～11 片，小叶纸质，宽稀超过 5 cm，叶背密被长毛。花序顶生，雄花序的花彼此疏离，雌花序的花密集或疏离；果序上的果较少，彼此密集或较疏松，暗紫红色，有大油点，每分果瓣有 1 种子；种子近圆球形，一端钝尖，腹面略平坦，褐黑色，有光泽。花期 4—6 月，果期 8—11 月。

分布：湘西地区散见。生长于低海拔的疏林、灌丛。在全国分布于长江以南、五岭以北的东部及中部各省，浙江、江苏、江西一带多为栽种。

用途：果可榨油，供工业用。

石虎理化参数如表 7-241 所示。

表 7-241　石虎含油量及理化参数

采集地	海拔/m	测试部位	油脂含量/%	碘值/（g/100g）	酸值/（mg/g）	皂化值/（mg/g）
吉首市小溪	201	种仁	12.42	14.67	12.43	162.53

2. 黄柏 *Phellodendron amurense* Rupr.

别名：檗木（《神农本草经》），黄檗木（《本草纲目》），黄波椤树，黄伯栗、元柏（东北各省），关黄柏（《全国中草药汇编》），黄柏（南方各地）。

主要特征：树高 10～20 m，大树高达 30 m，胸径 1 m。叶轴及叶柄均纤细，有小叶 5～13 片，小叶薄纸质或纸质，卵状披针形或卵形，叶缘有细钝齿和缘毛，叶面无毛或中脉有疏短毛，叶背仅基部中脉两侧密被长柔毛。花序顶生，萼片细小，阔卵形，花瓣紫绿色，雄花的雄蕊比花瓣长，退化雌蕊短小。果圆球形，蓝黑色，通常有 5～8（10）浅纵沟，干后较明显，种子通常 5 粒。花期 5—6 月，果期 9—10 月。

分布：产于龙山。生长于海拔 600～1400 m 的中山山顶阔叶林中。在全国分布于东北和华北各省，以及河南、安徽北部、宁夏。内蒙古有少量栽种。朝鲜、日本、俄罗斯、中亚和欧洲东部也有分布。

用途：优质材用树种；树皮内层经炮制后可入药；种子含油，可制肥皂和润滑油。

黄柏理化参数如表 7-242 所示。

表 7-242　黄柏含油量及理化参数

采集地	海拔/m	测试部位	油脂含量/%	碘值/（g/100g）	酸值/（mg/g）	皂化值/（mg/g）
龙山县八面山	1206	种仁	10.65	15.65	16.93	193.87

3. 飞龙掌血 *Toddalia asiatica*（Linn.）Lam.

别名：黄肉树（台湾），三百棒（湖南、贵州），大救驾、三文藤、牛麻簕、鸡爪簕、黄大金根、簕钩（广东）。

主要特征：木质藤本。茎枝及叶轴有甚多向下弯钩的锐刺，小叶无柄，对光透视可见密生的透明油点，揉之有类似柑橘叶的香气，卵形、倒卵形、椭圆形或倒卵状椭圆形。花淡黄白色，萼片长不及 1 mm，边缘被短毛。果橙红或朱红色，有 4～8 条纵向浅沟纹，种子种皮褐黑色，有极细小的窝点。花期几乎全年在五岭以南各地，多于春季开花，沿长江两岸各地，多于夏季开花。果期多在秋冬季。

分布：产于龙山、永顺。生长于海拔 200～1000 m 的疏林，攀缘于树上或石上。在全国分布于秦岭南坡以南各地，最北限见于陕西西乡县，南至海南，东南至台湾，西南至西藏东南部。

用途：全株作药用；果可榨油。

飞龙掌血理化参数如表 7-243 所示。

表 7-243　飞龙掌血含油量及理化参数

采集地	海拔/m	测试部位	油脂含量/%	碘值/（g/100g）	酸值/（mg/g）	皂化值/（mg/g）
龙山县大安乡药场	890	种仁	10.52	22.83	24.82	229.63

4. 花椒 *Zanthoxylum bungeanum* Maxim.

别名：椒（《诗经》），櫄、大椒（《尔雅》），秦椒、蜀椒（《本草经》）。

主要特征：落叶小乔木。枝有短刺，叶有小叶 5～13 片，小叶对生，无柄，卵形，椭圆形，稀披针形。花序顶生或生于侧枝之顶，花序轴及花梗密被短柔毛或无毛，花被片 6～8 片，黄绿色。果紫红色，单个分果瓣径 4～5 mm，散生微凸起的油点，顶端有甚短的芒尖或无，种子长 3.5～4.5 mm。花期 4—5 月，果期 8—9 月或 10 月。

分布：湘西各县（市）均有栽培。耐旱，喜阳光。在全国产地北起东北南部，南至五岭北坡，东南至江苏、浙江沿海地带，西南至西藏东南部，各地多栽种。

用途：果皮可提精油；果可作香料；种子可榨油。

花椒理化参数及籽油脂肪酸组成如表 7-244 和表 7-245 所示。

表 7-244　花椒含油量及理化参数

采集地	海拔/m	测试部位	油脂含量/%	碘值/（g/100g）	酸值/（mg/g）	皂化值/（mg/g）
永顺县小溪	780	种仁	23.90	66.49	32.01	211.59

表 7-245　花椒籽油脂肪酸组成　　　　　　　　　　单位:%

采集地	月桂酸	肉豆蔻酸	棕榈酸	棕榈油酸	硬脂酸	油酸	亚油酸	亚麻酸	花生酸	花生烯酸
永顺县小溪	—	—	15.97	0.72	3.66	30.03	27.30	13.68	0.35	0.63

5. 蚬壳花椒 *Zanthoxylum dissitum* Hemsley

主要特征：木质藤本，细时为灌木状。小叶 3～9，对生，坚纸质至革质，狭矩圆形到卵状矩圆形，有时背面中脉上着生有下变的钩状刺。聚伞状圆锥花序，腋生，花 4 数；萼片宽卵形；花瓣卵状矩圆形；雄花的雄蕊开花时伸出花瓣外，顶端 2~4 驻裂；雌花无退化雄蕊。菁葖果成熟时淡褐色，外形似蚬。

分布：产于吉首、龙山、永顺、凤凰。生长于海拔 150~1300 m 的山地林下、石灰岩山地。在全国分布于甘肃、广东、广西、贵州、海南、河南西南部、湖北、湖南、陕西、四川、云南。

用途：根、茎皮及叶均供药用；种子可榨油。

蚬壳花椒理化参数及籽油脂肪酸组成如表 7-246 和表 7-247 所示。

表 7-246　蚬壳花椒含油量及理化参数

采集地	海拔/m	测试部位	油脂含量/%	碘值/(g/100g)	酸值/(mg/g)	皂化值/(mg/g)
吉首市小溪	197	种仁	35.20	10.32	13.89	175.80

表 7-247　蚬壳花椒籽油脂肪酸组成　　　　单位:%

采集地	月桂酸	肉豆蔻酸	棕榈酸	棕榈油酸	硬脂酸	油酸	亚油酸	亚麻酸	花生酸	花生烯酸
吉首市小溪	0.01	0.04	3.87	0.08	2.63	11.25	80.24	0.99	0.74	0.14

6. 刺壳花椒 *Zanthoxylum echinocarpum* Hemsl.

主要特征：攀缘藤本。枝、叶有刺，叶轴上的刺较多，叶有小叶 5~11 片，稀 3 片，小叶厚纸质，互生，或有部分为对生，卵形，卵状椭圆形或长椭圆形。花序腋生，有时兼有顶生，萼片及花瓣均 4 片，萼片淡紫绿色，花瓣长 2~3 mm。果梗长 1~3 mm，分果瓣密生长短不等且有分枝的刺，刺长可达 1 cm，种子径 6~8 mm。花期 4—5 月，果期 10—12 月。

分布：产于永顺、保靖。生长于海拔 200~800 m 的山地阔叶林下、石灰岩山地。在全国分布于湖北、湖南、广东、广西、贵州、四川、云南。

用途：民间用其根作草药，治风湿关节痛；种子可榨油，供工业用。

刺壳花椒理化参数及籽油脂肪酸组成如表 7-248 和表 7-249 所示。

表 7-248　刺壳花椒含油量及理化参数

采集地	海拔/m	测试部位	油脂含量/%	碘值/(g/100g)	酸值/(mg/g)	皂化值/(mg/g)
永顺县小溪	311	种仁	38.45	1.85	18.13	143.21

表 7-249　刺壳花椒籽油脂肪酸组成　　　　单位:%

采集地	月桂酸	肉豆蔻酸	棕榈酸	棕榈油酸	硬脂酸	油酸	亚油酸	亚麻酸	花生酸	花生烯酸
永顺县小溪	—	0.02	6.57	0.04	0.19	18.96	10.32	63.10	0.56	0.23

7. 小花花椒 *Zanthoxylum micranthum* Hemsl.

主要特征：落叶乔木，高稀达 15 m。茎枝有稀疏短锐刺，花序轴及上部小枝均无刺或少刺，叶有小叶 9~17 片，小叶对生，或位于叶轴下部的不为整齐对生，披针形，叶柄 1.5~5 mm。花序顶生，花多，萼片及花瓣均 5 片，萼片宽卵形，花瓣淡黄白色。分果瓣淡紫红色，干后淡灰黄或灰褐色，径约 5 mm，顶端无或几无芒尖，油点小，种子长不超过 4 mm。花期 7—8 月，果期 10—11 月。

分布：产于永顺。生长于海拔 200～1300 m 的山地密林、石灰岩石缝中。在全国分布于湖北、湖南、贵州、四川、云南。

用途：根皮、树皮或果实药用；种子可榨油。

小花花椒理化参数及籽油脂肪酸组成如表 7-250 和表 7-251 所示。

表 7-250　小花花椒含油量及理化参数

采集地	海拔/m	测试部位	油脂含量/%	碘值/(g/100g)	酸值/(mg/g)	皂化值/(mg/g)
永顺县抚志乡	447	种仁	35.18	6.44	6.24	170.81

表 7-251　小花花椒籽油脂肪酸组成　　　　　　　　　　　单位:%

采集地	月桂酸	肉豆蔻酸	棕榈酸	棕榈油酸	硬脂酸	油酸	亚油酸	亚麻酸	花生酸	花生烯酸
永顺县抚志乡	—	0.06	8.24	0.04	3.15	17.33	69.97	0.71	0.19	0.31

8. 野花椒 *Zanthoxylum simulans* Hance

别名：黄椒（山西），大花椒（江苏），天角椒、黄总管、香椒（江西）。

主要特征：灌木或小乔术。枝干散生基部宽而扁的锐刺，叶有小叶 5～15 片，叶轴有狭窄的叶质边缘，腹面呈沟状凹陷，小叶对生，无柄或位于叶轴基部的有甚短的小叶柄，卵形、卵状椭圆形或披针形。花序顶生，长 1～5 cm，花被片 5～8 片，狭披针形、宽卵形或近于三角形，淡黄绿色。果红褐色，油点多，微凸起，单个分果瓣径约 5 mm，种子长 4～4.5 mm。花期 3—5 月，果期 7—9 月。

分布：产于吉首、凤凰、花垣。生长于海拔 1000 m 以下的山地疏林下、灌丛、石灰岩荒坡。在全国分布于青海、甘肃、山东、河南、安徽、江苏、浙江、湖北、江西、台湾、福建、湖南及贵州东北部。

用途：果皮及叶可提芳香油；果可药用；种子可榨油，供工业用。

野花椒理化参数及籽油脂肪酸组成如表 7-252 和表 7-253 所示。

表 7-252　野花椒含油量及理化参数

采集地	海拔/m	测试部位	油脂含量/%	碘值/(g/100g)	酸值/(mg/g)	皂化值/(mg/g)
花垣县古苗河	360	种仁	37.66	41.46	15.02	165.34

表 7-253　野花椒籽油脂肪酸组成　　　　　　　　　　　单位:%

采集地	月桂酸	肉豆蔻酸	棕榈酸	棕榈油酸	硬脂酸	油酸	亚油酸	亚麻酸	花生酸	花生烯酸
花垣县古苗河	—	0.03	5.58	0.05	1.47	42.21	34.29	15.66	0.11	0.60

9. 花椒簕 *Zanthoxylum scandens* Bl.

别名：藤花椒（台湾），花椒藤，乌口簕。

主要特征：幼龄植株呈直立灌木状，其小枝细长而披垂，成龄植株攀缘于它树上，枝干有短沟刺，叶轴上的刺较多，小叶互生或位于叶轴上部的对生，卵形，卵状椭圆形或斜长圆形。花序腋生或兼有顶生；萼片及花瓣均 4 片；花瓣淡黄绿色。分果瓣紫红色，干后灰褐色或乌黑色；种子近圆球形，两端微尖。花期 3—5 月，果期 7—8 月。

分布：产于凤凰、永顺。生长于海拔 200～1000 m 的常绿阔叶林、沟边、路旁。在全国分布于长江以南。东南亚各地也有分布。

用途：种子可榨油，作润滑油和制肥皂。

花椒簕理化参数及籽油脂肪酸组成如表 7-254 和表 7-255 所示。

表 7-254　花椒簕含油量及理化参数

采集地	海拔/m	测试部位	油脂含量/%	碘值/(g/100g)	酸值/(mg/g)	皂化值/(mg/g)
永顺杉木河	905	种仁	30.12	12.84	14.62	187.39

表 7-255　花椒簕籽油脂肪酸组成　　　　　单位:%

采集地	月桂酸	肉豆蔻酸	棕榈酸	棕榈油酸	硬脂酸	油酸	亚油酸	亚麻酸	花生酸	花生烯酸
永顺杉木河	0.02	0.04	2.57	0.46	9.63	24.97	8.16	52.78	0.84	0.52

二十六、苦木科 Simaroubaceae

苦树 *Picrasma quassioides*（D. Don）Benn.

别名：苦木、苦楝树（湖北），苦檀木、苦皮树（四川）。

主要特征：落叶乔木，高达 10 余 m；树皮紫褐色，平滑，有灰色斑纹，全株有苦味。叶互生，奇数羽状复叶，卵状披针形或广卵形。花雌雄异株，组成腋生复聚伞花序；萼片小，通常 5 片，覆瓦状排列；花瓣与萼片同数，卵形或阔卵形。核果成熟后蓝绿色，种皮薄，萼宿存。花期 4—5 月，果期 6—9 月。

分布：产于永顺、古丈、保靖。生长于海拔 300～1300 m 的山坡疏林。在全国分布于黄河流域及其以南各省区。印度北部、不丹、尼泊尔、朝鲜和日本也有分布。

用途：材质树种，供制器材；树皮及根皮供药用；种子可榨油，供工业用。

苦树理化参数及籽油脂肪酸组成如表 7-256 和表 7-257 所示。

表 7-256　苦树含油量及理化参数

采集地	海拔/m	测试部位	油脂含量/%	碘值/(g/100g)	酸值/(mg/g)	皂化值/(mg/g)
保靖县毛沟镇	383	种仁	50.90	62.22	1.52	198.41

表 7-257　苦树籽油脂肪酸组成　　　　　单位:%

采集地	月桂酸	肉豆蔻酸	棕榈酸	棕榈油酸	硬脂酸	油酸	亚油酸	亚麻酸	花生酸	花生烯酸
保靖县毛沟镇	0.02	0.03	3.10	0.64	2.78	83.68	5.94	2.91	0.32	0.58

二十七、楝科 Meliaceae

楝 *Melia azedarach* Linn.

别名：苦李子（湘西），苦楝（通称），楝树、紫花树（江苏）。

主要特征：落叶乔木，高达 10 余 m；树皮灰褐色，纵裂。分枝广展，小枝有叶痕，小叶对生，卵形、椭圆形至披针形。圆锥花序，无毛或幼时被鳞片状短柔毛；花芳香；花萼 5 深裂，裂片卵形或长圆状卵形，先端急尖，外面被微柔毛；花瓣淡紫色，倒卵状匙形。核果球形至椭圆形，内果皮木质，4~5 室，每室有种子 1 颗；种子椭圆形。花期 4—5 月，果期 10—12 月。

分布：湘西地区广布，多系栽培。生长于低海拔旷野、宅旁。在全国分布于黄河以南各省区，目前已广泛引为栽培。亚洲热带和亚热带地区也有分布，温带地区也有栽培。

用途：优质材用树种；鲜叶可制农药；根皮、苦楝子可药用；果核仁油可供制油漆、润滑油和肥皂。

楝理化参数及籽油脂肪酸组成如表 7–258 和表 7–259 所示。

表 7–258　楝含油量及理化参数

采集地	海拔/m	测试部位	油脂含量/%	碘值/（g/100g）	酸值/（mg/g）	皂化值/（mg/g）
吉首市乾州	235	种仁	12.24	52.39	3.81	158.84

表 7–259　楝籽油脂肪酸组成　　　　　　　　单位:%

采集地	月桂酸	肉豆蔻酸	棕榈酸	棕榈油酸	硬脂酸	油酸	亚油酸	亚麻酸	花生酸	花生烯酸
吉首市乾州	—	—	8.27	—	—	—	21.91	69.82	—	—

二十八、马桑科 Coriariaceae

马桑 *Coriaria nepalensis* Wall.

别名：阿斯萌（湘西），千年红、马鞍子、水马桑、野马桑（云南），马桑柴（贵阳），乌龙须、醉鱼儿、闹鱼儿（成都），黑龙须、黑虎大王（云南曲靖），紫桑（云南文山）。

主要特征：灌木，高 1.5~2.5 m，分枝水平开展；叶对生，纸质至薄革质，椭圆形或阔椭圆形，长 2.5~8 cm，宽 1.5~4 cm，先端急尖，基部圆形，全缘，两面无毛或沿脉上疏被毛，基出 3 脉，弧形伸至顶端，在叶面微凹，叶背突起；总状花序；果球形，果期花瓣肉质增大包于果外，成熟时由红色变紫黑色，径 4~6 mm；种子卵状长圆形。

分布：产于永顺、吉首。生长于海拔 200~1100 m 的石灰岩山地灌丛。在我国分布于云南、贵州、四川、湖北、陕西、甘肃、西藏。印度、尼泊尔也有分布。

用途：果可提酒精；种子榨油可作油漆和油墨；茎叶可提栲胶；全株可制土农药。

马桑理化参数及籽油脂肪酸组成如表 7–260 和表 7–261 所示。

表 7-260 马桑含油量及理化参数

采集地	海拔/m	测试部位	油脂含量/%	碘值/（g/100g）	酸值/（mg/g）	皂化值/（mg/g）
吉首市马坳村	236	种仁	24.56	—	—	—

表 7-261 马桑籽油脂肪酸组成　　　　　　　　　　单位:%

采集地	月桂酸	肉豆蔻酸	棕榈酸	棕榈油酸	硬脂酸	油酸	亚油酸	亚麻酸	花生酸	花生烯酸
吉首市马坳村	0.19	0.55	11.03	1.09	3.39	11.81	50.08	4.20	1.34	0.30

二十九、漆树科 Anacardiaceae

1. 毛脉南酸枣 *Choerospondias axillaris* （Roxb.） Burtt et Hill var. *pubinervis* （Rehd. et Wils） Burtt et Hill

主要特征：落叶乔木，高 8~20 m。奇数羽状复叶长 25~40 cm，有小叶 3~6 对，小叶背面脉上、小叶柄、叶轴及幼枝被灰白色微柔毛。花杂性，异株；雄花和假两性花淡紫红色，排列成顶生或腋生的聚伞状圆锥花序，雌花单生于上部叶腋内；核果椭圆形或倒卵形，成熟时黄色，中果皮肉质浆状。花期 4 月，果期 8—10 月。

分布：产于保靖、永顺、古丈。生长于海拔 200~1200 m 的山地阔叶林中。在全国分布于四川、贵州、湖南、湖北、甘肃。

用途：较好的速生造林树种；种子可榨油，供工业用。

毛脉南酸枣理化参数及籽油脂肪酸组成如表 7-262 和表 7-263 所示。

表 7-262 毛脉南酸枣含油量及理化参数

采集地	海拔/m	测试部位	油脂含量/%	碘值/（g/100g）	酸值/（mg/g）	皂化值/（mg/g）
永顺杉木河	350	种仁	13.56	—	—	—

表 7-263 毛脉南酸枣籽油脂肪酸组成　　　　　　　　　　单位:%

采集地	月桂酸	肉豆蔻酸	棕榈酸	棕榈油酸	硬脂酸	油酸	亚油酸	亚麻酸	花生酸	花生烯酸
永顺杉木河	—	0.17	—	0.31	3.16	4.73	—	57.18	0.47	0.10

2. 黄连木 *Pistacia chinensis* Bunge

别名：木黄连、黄连芽、楷木（湖南），木萝树、田苗树、黄儿茶（湖北）。

主要特征：落叶乔木，高达 20 余 m。奇数羽状复叶互生，有小叶 5~6 对，小叶对生或近对生，纸质。花单性异株，先花后叶，圆锥花序腋生，花小，花梗长约 1 mm，被微柔毛。核果倒卵状球形，略压扁，径约 5 mm，成熟时紫红色，干后具纵向细条纹，先端细尖。

分布：产于花垣、永顺。生长于海拔 1300 m 以下的山地、石灰岩低山、疏林、村边散生。在全国分布于长江以南各省区及华北、西北。菲律宾也有分布。

用途：优质材用树种；幼叶可充蔬菜，并可代茶；种子榨油可作润滑油或制皂。

黄连木理化参数及籽油脂肪酸组成如表7-264和表7-265所示。

表7-264　黄连木含油量及理化参数

采集地	海拔/m	测试部位	油脂含量/%	碘值/（g/100g）	酸值/（mg/g）	皂化值/（mg/g）
花垣县古苗河	406	种仁	30.25	98.25	10.27	200.52

表7-265　黄连木籽油脂肪酸组成　　　　　　　单位:%

采集地	月桂酸	肉豆蔻酸	棕榈酸	棕榈油酸	硬脂酸	油酸	亚油酸	亚麻酸	花生酸	花生烯酸
花垣县古苗河	—	0.06	6.07	0.27	1.36	59.91	29.92	0.13	0.12	0.08

3. 盐肤木 *Rhus chinensis* Mill.

别名：五倍子树（通称），五倍柴（湖南），五倍子（四川、湖南）。

主要特征：落叶小乔木或灌木，高2~10 m。奇数羽状复叶有小叶2~6对，小叶多形，卵形或椭圆状卵形或长圆形，叶面暗绿色，叶背粉绿色，被白粉；小叶无柄。圆锥花序宽大，多分枝，雄花序长30~40 cm，雌花序较短，密被锈色柔毛；苞片披针形，长约1 mm，被微柔毛，小苞片极小，花白色，被微柔毛。核果球形，略压扁，被具节柔毛和腺毛，成熟时红色。花期8—9月，果期10月。

分布：产于龙山、永顺、保靖、凤凰。生长于海拔1300 m以下的山地、荒坡、灌丛、疏林。我国除东北、内蒙古和新疆外，其余省区均有。印度、中南半岛、马来西亚、印度尼西亚、日本和朝鲜也有分布。

用途：五倍子可供鞣革、医药、塑料和墨水等工业上用；根、叶、花及果均可供药用；种子可榨油。

盐肤木理化参数及籽油脂肪酸组成如表7-266和表7-267所示。

表7-266　盐肤木含油量及理化参数

采集地	海拔/m	测试部位	油脂含量/%	碘值/（g/100g）	酸值/（mg/g）	皂化值/（mg/g）
保靖县白云山	260	种仁	16.15	—	—	—

表7-267　盐肤木籽油脂肪酸组成　　　　　　　单位:%

采集地	月桂酸	肉豆蔻酸	棕榈酸	棕榈油酸	硬脂酸	油酸	亚油酸	亚麻酸	花生酸	花生烯酸
保靖县白云山	—	—	3.14	0.30	0.47	77.23	15.45	0.76	0.10	0.17

4. 红麸杨 *Rhus punjabensis* Stewart var. *sinica*（Diels）Rehd.

别名：漆倍子（四川），倍子树（贵州），旱倍子（湖北）。

主要特征：落叶乔木或小乔木，高4~15 m。奇数羽状复叶有小叶3~6对，叶卵状长圆形或长圆形，叶无柄或近无柄。圆锥花序长15~20 cm，密被微绒毛；苞片钻形，长1~2 cm，被微绒毛；花小，径约3 mm，白色。核果近球形，略压扁，径约4 mm，成熟时暗紫红色，被具节柔毛和腺毛；种子小。

分布：产于保靖、永顺、龙山。生长于海拔 400～1300 m 的山地沟谷疏林。在全国分布于云南、贵州、湖南、湖北、陕西、甘肃、四川、西藏。

用途：木材白色，质坚，可作家具和农具用材；种子可榨油，供工业用。

红麸杨理化参数及籽油脂肪酸组成如表 7-268 和表 7-269 所示。

表 7-268　红麸杨含油量及理化参数

采集地	海拔/m	测试部位	油脂含量/%	碘值/（g/100g）	酸值/（mg/g）	皂化值/（mg/g）
保靖县白云山	476	种仁	13.45	—	—	—

表 7-269　红麸杨籽油脂肪酸组成　　　　单位:%

采集地	月桂酸	肉豆蔻酸	棕榈酸	棕榈油酸	硬脂酸	油酸	亚油酸	亚麻酸	花生酸	花生烯酸
保靖县白云山	—	0.10	5.81	0.16	1.05	67.39	18.92	2.36	0.21	0.19

5. 野漆 *Toxicodendron succedaneum*（Linn.）O. Kuntze

别名：野漆树（图考），大木漆（湖北），山漆树（安徽）。

主要特征：落叶乔木或小乔木，高达 10 m。奇数羽状复叶互生，常集生小枝顶端，有小叶 4～7 对，小叶对生或近对生，坚纸质至薄革质，长圆状椭圆形、阔披针形或卵状披针形，小叶柄长 2～5 mm。圆锥花序长 7～15 cm，多分枝，无毛，花黄绿色，花瓣长圆形，先端钝。核果大，偏斜，径 7～10 mm，压扁，先端偏离中心，外果皮薄，淡黄色，无毛，中果皮厚，蜡质，白色，果核坚硬，压扁。

分布：产于永顺。生长于海拔 200～1300 m 的山地荒坡疏林、灌丛、溪边。在全国分布于华北至长江以南各省区。印度、中南半岛、朝鲜和日本也有分布。

用途：根、叶及果入药；种子油可制皂或掺和干性油作油漆；树皮可提栲胶；树干乳液可代生漆用；木材坚硬致密，可作细工用材；种子可榨油供工业用。

野漆理化参数及籽油脂肪酸组成如表 7-270 和表 7-271 所示。

表 7-270　野漆含油量及理化参数

采集地	海拔/m	测试部位	油脂含量/%	碘值/（g/100g）	酸值/（mg/g）	皂化值/（mg/g）
永顺县杉木河	431	种仁	20.55	—	—	—

表 7-271　野漆籽油脂肪酸组成　　　　单位:%

采集地	月桂酸	肉豆蔻酸	棕榈酸	棕榈油酸	硬脂酸	油酸	亚油酸	亚麻酸	花生酸	花生烯酸
永顺县杉木河	0.08	0.16	7.70	0.36	2.45	35.99	42.15	1.37	0.38	0.16

三十、槭树科 Aceraceae

1. 青榨槭 *Acer davidii* Franch.

别名：青虾蟆（《中国树木分类学》），大卫槭（《峨眉植物图志》）。

主要特征：落叶乔木，高 10～15 m，稀达 20 m。树皮黑褐色或灰褐色，常纵裂成蛇皮状；小枝细瘦，圆柱形，无毛；叶纸质，外貌长圆卵形或近于长圆形。花黄绿色，杂性，雄花与两性花同株，成下垂的总状花序；萼片 5，椭圆形，先端微钝；花瓣 5，倒卵形，先端圆形。翅果嫩时淡绿色，成熟后黄褐色。花期 4 月，果期 9 月。

分布：产于永顺、古丈。生长于海拔 1300 m 以下的山地疏林、次生林。在全国分布于华北、华东、中南、西南各省区。

用途：可作绿化和造林树种；树皮纤维较长，又含单宁，可作工业原料；种子可榨油，供工业用。

青榨槭理化参数及籽油脂肪酸组成如表 7-272 和表 7-273 所示。

表 7-272 青榨槭含油量及理化参数

采集地	海拔/m	测试部位	油脂含量/%	碘值/(g/100g)	酸值/(mg/g)	皂化值/(mg/g)
古丈县高望界	741	种仁	28.15	—	—	—

表 7-273 青榨槭籽油脂肪酸组成　　　　　　　　单位:%

采集地	月桂酸	肉豆蔻酸	棕榈酸	棕榈油酸	硬脂酸	油酸	亚油酸	亚麻酸	花生酸	花生烯酸
古丈县高望界	—	0.11	6.99	0.53	5.53	5.64	74.33	2.80	0.95	0.61

2. 罗浮槭 *Acer fabri* Hance

别名：红翅槭（静生生物调查所汇报）。

主要特征：常绿乔木，常高 10 m。树皮灰褐色或灰黑色；小枝圆柱形，无毛；叶革质，披针形，长圆披针形或长圆倒披针形；叶柄细瘦，无毛。花杂性，雄花与两性花同株，常成无毛或嫩时被绒毛的紫色伞房花序；萼片 5，紫色，微被短柔毛，长圆形；花瓣 5，白色，倒卵形。翅果嫩时紫色，成熟时黄褐色或淡褐色；小坚果凸起，直径约 5 mm。花期 3—4 月，果期 9 月。

分布：产于保靖、古丈。生长于海拔 300～900 m 的山地疏林、阔叶林中。在全国分布于广东、广西、江西、湖北、湖南、四川。

用途：可作绿化和观赏树种；果实供药用；种子可榨油，供工业用。

罗浮槭理化参数及籽油脂肪酸组成如表 7-274 和表 7-275 所示。

表 7-274 罗浮槭含油量及理化参数

采集地	海拔/m	测试部位	油脂含量/%	碘值/(g/100g)	酸值/(mg/g)	皂化值/(mg/g)
保靖县白云山	352	种仁	30.26	—	—	—

表 7-275 罗浮槭籽油脂肪酸组成　　　　　　　　单位:%

采集地	月桂酸	肉豆蔻酸	棕榈酸	棕榈油酸	硬脂酸	油酸	亚油酸	亚麻酸	花生酸	花生烯酸
保靖县白云山	0.39	0.09	6.79	0.13	1.98	14.03	72.50	0.92	0.12	0.06

3. 飞蛾槭 *Acer oblongum* Wall. ex DC.

别名：飞蛾树（《中国树木分类学》）。

主要特征：常绿乔木，常高 10 m，稀达 20 m。树皮灰色或深灰色，粗糙，裂成薄片脱落；小枝细瘦，近于圆柱形；叶革质，长圆卵形，叶柄长 2 ~ 3 cm，黄绿色，无毛。花杂性，绿色或黄绿色，雄花与两性花同株，常成被短毛的伞房花序；萼片 5，长圆形，先端钝尖；花瓣 5，倒卵形；翅果嫩时绿色，成熟时淡黄褐色；小坚果凸起成四棱形，长 7 mm，宽 5 mm。花期 4 月，果期 9 月。

分布：产于永顺。生长于海拔 800 m 以下的低山阔叶林中。在全国分布于陕西南部、甘肃南部、湖北西部、四川、贵州、云南、湖南和西藏南部。尼泊尔、锡金和印度北部也有分布。

用途：种子可榨油，供工业用。

飞蛾槭理化参数及籽油脂肪酸组成如表 7-276 和表 7-277 所示。

表 7-276　飞蛾槭含油量及理化参数

采集地	海拔/m	测试部位	油脂含量/%	碘值/（g/100g）	酸值/（mg/g）	皂化值/（mg/g）
永顺县小溪	789	种仁	35.15	121.82	3.29	157.36

表 7-277　飞蛾槭籽油脂肪酸组成　　　　　　　　　　　单位:%

采集地	月桂酸	肉豆蔻酸	棕榈酸	棕榈油酸	硬脂酸	油酸	亚油酸	亚麻酸	花生酸	花生烯酸
永顺县小溪	—	0.10	5.16	0.44	37.56	32.45	22.63	1.64	—	—

4. 五裂槭 *Acer oliverianum* Pax

别名：阿氏槭、三裂槭、五角枫。

主要特征：落叶小乔木，高 4 ~ 7 m。树皮平滑，淡绿色或灰褐色，常被蜡粉；小枝细瘦，无毛或微被短柔毛；叶纸质，基部近于心脏形或近于截形；叶柄长 2.5 ~ 5 cm，细瘦，无毛。花杂性，雄花与两性花同株，常生成无毛的伞房花序；萼片 5，紫绿色，卵形或椭圆卵形，先端钝圆；花瓣 5，淡白色，卵形，先端钝圆。长 6 mm，宽 4 mm，脉纹显著；翅嫩时淡紫色，成熟时黄褐色，镰刀形。花期 5 月，果期 9 月。

分布：产于永顺。生长于海拔 300 ~ 1300 m 的山地疏林或林缘。在全国分布于河南南部、陕西南部、甘肃南部、湖北西部、湖南、四川、贵州、广西和云南。

用途：枝叶供药用，治疗背疽、痈疮、气滞腹痛；种子可榨油，供工业用。

五裂槭理化参数及籽油脂肪酸组成如表 7-278 和表 7-279 所示。

表 7-278　五裂槭含油量及理化参数

采集地	海拔/m	测试部位	油脂含量/%	碘值/（g/100g）	酸值/（mg/g）	皂化值/（mg/g）
永顺县小溪	370	种仁	27.16	—	—	—

表 7-279 五裂槭籽油脂肪酸组成 单位:%

采集地	月桂酸	肉豆蔻酸	棕榈酸	棕榈油酸	硬脂酸	油酸	亚油酸	亚麻酸	花生酸	花生烯酸
永顺县小溪	0.12	0.16	10.48	0.24	4.39	17.82	38.02	21.79	1.13	0.42

三十一、无患子科 Sapindaceae

1. 伞花木 *Eurycorymbus cavaleriei*（Lévl.）**Rehd. et Hand. -Mazz.**

主要特征：落叶乔木，高可达 20 m。树皮灰色，小枝圆柱状，被短绒毛；小叶近对生，薄纸质，长圆状披针形或长圆状卵形。花序半球状，稠密而极多花，主轴和呈伞房状排列的分枝均被短绒毛，花芳香；萼片卵形，外面被短绒毛；花瓣外面被长柔毛。蒴果被绒毛；种子黑色，种脐朱红色。花期 5—6 月，果期 10 月。

分布：产于吉首、永顺、凤凰。生长于海拔 800 m 以下的山地疏林中，多生于石灰岩山地。在全国分布于云南、贵州、广西、湖南、江西、广东、福建、台湾。

用途：优质材用树种；种子可榨油，供工业用。

伞花木理化参数及籽油脂肪酸组成如表 7-280 和表 7-281 所示。

表 7-280 伞花木含油量及理化参数

采集地	海拔/m	测试部位	油脂含量/%	碘值/（g/100g）	酸值/（mg/g）	皂化值/（mg/g）
吉首市德夯	523	种仁	18.20	95.93	1.74	147.94

表 7-281 伞花木籽油脂肪酸组成 单位:%

采集地	月桂酸	肉豆蔻酸	棕榈酸	棕榈油酸	硬脂酸	油酸	亚油酸	亚麻酸	花生酸	花生烯酸
吉首市德夯	0.01	0.03	7.38	0.85	0.83	28.98	21.72	25.29	3.39	11.52

2. 无患子 *Sapindus mukorossi* **Gaertn.**

别名：木患子（本草纲目），油患子（四川），苦患树（海南）。

主要特征：落叶大乔木，高可达 20 余 m。树皮灰褐色或黑褐色；嫩枝绿色，无毛；小叶近对生，叶片薄纸质，长椭圆状披针形或稍呈镰形。花序顶生，圆锥形；花小，辐射对称，花梗常很短；萼片卵形或长圆状卵形；花瓣 5，披针形。果的发育分果爿近球形，直径 2~2.5 cm，橙黄色，干时变黑。花期春季，果期夏秋。

分布：产于龙山、永顺、保靖，各大城市多有栽培。生长于海拔 900 m 以下的低山疏林、村边林。在全国分布于我国东部、南部至西南部。日本、朝鲜、中南半岛和印度等地也有分布。

用途：根和果入药；果皮含有皂素，可代肥皂；木材质软，可作箱板和木梳等；种子可榨油，供工业用。

无患子理化参数及籽油脂肪酸组成如表 7-282 和表 7-283 所示。

表 7-282 无患子含油量及理化参数

采集地	海拔/m	测试部位	油脂含量/%	碘值/(g/100g)	酸值/(mg/g)	皂化值/(mg/g)
龙山县洛塔乡	887	种仁	36.18	5.59	12.97	210.40

表 7-283 无患子籽油脂肪酸组成   单位:%

采集地	月桂酸	肉豆蔻酸	棕榈酸	棕榈油酸	硬脂酸	油酸	亚油酸	亚麻酸	花生酸	花生烯酸
龙山县洛塔乡	0.39	0.43	5.91	0.15	1.91	23.44	62.00	—	0.58	0.62

三十二、清风藤科 Sabiaceae

1. 异色泡花树 *Meliosma myriantha* Sieb. et Zucc. var. *discolor* Dunn

主要特征：落叶乔木，高可达 20 m。树皮灰褐色，小块状脱落；幼枝及叶柄被褐色平伏柔毛；叶为单叶，膜质或薄纸质，叶缘锯齿不达基部；叶柄长 1~2 cm。圆锥花序顶生，直立；萼片 5 片或 4 片，卵形或宽卵形；外面 3 片花瓣近圆形，内面 2 片花瓣披针形。核果倒卵形或球形，核中肋稍钝隆起，从腹孔一边不延至另一边，两侧具细网纹，腹部不凹入也不伸出。花期夏季，果期 5—9 月。

分布：产于永顺、古丈。生长于海拔 500~1200 m 的山地杂木林中。在全国分布于山东、江苏北部。朝鲜、日本也有分布。

用途：种子可榨油。

异色泡花树理化参数及籽油脂肪酸组成如表 7-284 和表 7-285 所示。

表 7-284 异色泡花树含油量及理化参数

采集地	海拔/m	测试部位	油脂含量/%	碘值/(g/100g)	酸值/(mg/g)	皂化值/(mg/g)
永顺县杉木河	555	种仁	19.80	—	—	—

表 7-285 异色泡花树籽油脂肪酸组成   单位:%

采集地	月桂酸	肉豆蔻酸	棕榈酸	棕榈油酸	硬脂酸	油酸	亚油酸	亚麻酸	花生酸	花生烯酸
永顺县杉木河	0.17	0.74	12.93	1.03	1.89	21.44	—	—	—	—

2. 红柴枝 *Meliosma oldhamii* Maxim.

别名：南京珂楠树。

主要特征：落叶乔木，高可达 20 m。小叶薄纸质，先端急尖或锐渐尖，具中脉伸出尖头，基部圆、阔楔形或狭楔形。圆锥花序顶生，直立，具 3 次分枝，被褐色短柔毛；花白色；萼片 5，椭圆状卵形，外 1 片较狭小，具缘毛；外面 3 片花瓣近圆形，内面 2 片花瓣稍短于花丝。核果球形，核具明显凸起网纹，中肋明显隆起，从腹孔一边延至另一边，腹部稍突出。花期 5—6 月，果期 8—9 月。

分布：产于永顺。生长于海拔 300~1300 m 的山坡、山谷疏林。在全国分布于贵州、广西东北部、广东北部、江西、浙江、江苏、安徽、湖北、湖南、河南、陕西南部。朝鲜和日本也有分布。

用途：木材坚硬，可作车辆用材；种子油可制润滑油。

红柴枝理化参数及籽油脂肪酸组成如表7-286和表7-287所示。

表7-286　红柴枝含油量及理化参数

采集地	海拔/m	测试部位	油脂含量/%	碘值/（g/100g）	酸值/（mg/g）	皂化值/（mg/g）
永顺县清坪	369	种仁	27.05	—	—	—

表7-287　红柴枝籽油脂肪酸组成　　　　　单位：%

采集地	月桂酸	肉豆蔻酸	棕榈酸	棕榈油酸	硬脂酸	油酸	亚油酸	亚麻酸	花生酸	花生烯酸
永顺县清坪	—	0.10	11.74	0.64	2.57	29.46	38.17	3.43	1.15	0.59

三十三、冬青科 Aquifoliaceae

大果冬青 *Ilex macrocarpa* Oliv.

别名：见水蓝、狗沾子（《云南中药资源名录》），臭樟树（云南晋宁），青刺香（云南师宗），白银杏、绿豆青（浙江），黑果果树（湖南桑植），青皮槭（四川奉节）。

主要特征：落叶乔木，高5~10（17）m；叶片纸质至坚纸质，卵形、卵状椭圆形，稀长圆状椭圆形；叶柄长1~1.2 cm，上面具狭沟，疏被细小微柔毛；花萼盘状，裂片卵状三角形，先端钝或圆形，具缘毛；果球形，分核长圆形，两侧扁，内果皮坚硬，石质。花期4—5月，果期10—11月。

分布：产于泸溪、凤凰、龙山。生长于海拔500~1400 m的山地湿林中、石灰岩山地丛林。在我国发布于陕西南部、江苏、安徽、浙江、福建、河南、湖北、湖南、广东、广西、四川、贵州和云南等省区。

用途：植物根可供药用，用于眼翳等症；叶子坚挺而有光泽，常作园林观赏用；种子可榨油，供工业用。

大果冬青理化参数及籽油脂肪酸组成如表7-288和表7-289所示。

表7-288　大果冬青含油量及理化参数

采集地	海拔/m	测试部位	油脂含量/%	碘值/（g/100g）	酸值/（mg/g）	皂化值/（mg/g）
龙山县大安乡药场	1344	种仁	10.56	63.32	101.84	189.67

表7-289　大果冬青籽油脂肪酸组成　　　　　单位：%

采集地	月桂酸	肉豆蔻酸	棕榈酸	棕榈油酸	硬脂酸	油酸	亚油酸	亚麻酸	花生酸	花生烯酸
龙山县大安乡药场	0.03	0.11	15.33	2.33	—	23.35	48.37	0.80	0.20	0.12

三十四、卫矛科 Celastraceae

1. 苦皮藤 *Celastrus angulatus* Maxim.

别名：苦树皮（山东），马断肠、老虎麻（《中国高等植物图鉴》），棱枝南蛇藤（《华北经济植物志要》），苦皮树、老麻藤（吴长春，《浙江植物名录》）。

主要特征：藤状灌木；叶大，近革质，长方阔椭圆形、阔卵形、圆形；叶柄长 1.5 ~ 3 cm；托叶丝状，早落。聚伞圆锥花序顶生，蒴果近球状；种子椭圆状。花期 5 月。

分布：产于花垣。生长于海拔 500 ~ 1500 m 的山地荒坡、灌丛。在全国分布于河北、山东、河南、陕西、甘肃、江苏、安徽、江西、湖北、湖南、四川、贵州、云南及广东、广西。

用途：树皮纤维可供造纸及人造棉原料；果皮及种子含油脂可供工业用；根皮及茎皮为杀虫剂和灭菌剂。

苦皮藤理化参数及籽油脂肪酸组成如表 7-290 和表 7-291 所示。

表 7-290　苦皮藤含油量及理化参数

采集地	海拔/m	测试部位	油脂含量/%	碘值/（g/100g）	酸值/（mg/g）	皂化值/（mg/g）
花垣县古苗河	370	种仁	24.56	—	—	—

表 7-291　苦皮藤籽油脂肪酸组成　　　　　　　　单位:%

采集地	月桂酸	肉豆蔻酸	棕榈酸	棕榈油酸	硬脂酸	油酸	亚油酸	亚麻酸	花生酸	花生烯酸
花垣县古苗河	0.19	0.76	12.90	0.97	1.90	21.53	51.74	1.52	0.38	0.16

2. 大芽南蛇藤 *Celastrus gemmatus* Loes.

别名：哥兰叶（《中国高等植物图鉴》），米汤叶、绵条子、霜红藤（《拉汉种子植物名称》）。

主要特征：藤状灌木。叶长方形，卵状椭圆形或椭圆形，先端渐尖，基部圆阔，近叶柄处变窄，边缘具浅锯齿；叶柄长 10 ~ 23 mm。聚伞花序顶生及腋生，顶生花序长约 3 cm，侧生花序短而少花；蒴果球状；种子阔椭圆状至长方椭圆状，红棕色，有光泽。花期 4—9 月，果期 8—10 月。

分布：产于永顺、花垣、古丈。生长于海拔 200 ~ 1400 m 的山丘荒坡路边。在全国分布于河南、陕西、甘肃、安徽、浙江、江西、湖北、湖南、贵州、四川、台湾、福建、广东、广西、云南。是我国分布最广泛的南蛇藤之一。

用途：枝条的内皮含有丰富纤维，可搓绳索，亦可作人造棉及造纸的原料；种子油供制肥皂及其他工业用。

大芽南蛇藤理化参数及籽油脂肪酸组成如表 7-292 和表 7-293 所示。

表 7-292　大芽南蛇藤含油量及理化参数

采集地	海拔/m	测试部位	油脂含量/%	碘值/（g/100g）	酸值/（mg/g）	皂化值/（mg/g）
古丈县高望界	865	种仁	35.45	80.25	10.63	200.11

表 7-293　大芽南蛇藤籽油脂肪酸组成　　　　　　　　单位:%

采集地	月桂酸	肉豆蔻酸	棕榈酸	棕榈油酸	硬脂酸	油酸	亚油酸	亚麻酸	花生酸	花生烯酸
古丈县高望界	0.14	0.07	7.47	0.07	2.88	9.82	73.06	1.61	0.42	0.47

3. 青江藤 *Celastrus hindsii* Benth.

别名:夜茶藤、黄果藤。

主要特征:常绿藤本;叶纸质或革质,干后常灰绿色,长方窄椭圆形或卵窄椭圆形至椭圆倒披针形;叶柄长 6 ~ 10 mm。顶生聚伞圆锥花序,腋生花序近具 1 ~ 3 花,稀成短小聚伞圆锥状。花淡绿色;花萼裂片近半圆形,覆瓦状排列;花瓣长方形,边缘具细短缘毛;雄蕊着生花盘边缘,花丝锥状,花药箭形卵状;雌蕊瓶状,子房近球状;果实近球状或稍窄,幼果顶端具明显宿存花柱,裂瓣略皱缩;种子 1 粒,阔椭圆状至近球状,假种皮橙红色。花期 5—7 月,果期 7—10 月。

分布:湘西各县(市)散见。生长于海拔 500 m 以下的石灰岩山地阔叶林下。在全国分布于江西、湖北、湖南、贵州、四川、台湾、福建、广东、海南、广西、云南、西藏东部。越南、缅甸、印度东北部、马来西亚也有分布。

用途:根药用,具有通经、利尿之功效;种子可榨油,供工业用。

青江藤理化参数及籽油脂肪酸组成如表 7-294 和表 7-295 所示。

表 7-294　青江藤含油量及理化参数

采集地	海拔/m	测试部位	油脂含量/%	碘值/(g/100g)	酸值/(mg/g)	皂化值/(mg/g)
保靖县白云山	296	种仁	24.65	—	—	—

表 7-295　青江藤籽油脂肪酸组成　　　　　　　　单位:%

采集地	月桂酸	肉豆蔻酸	棕榈酸	棕榈油酸	硬脂酸	油酸	亚油酸	亚麻酸	花生酸	花生烯酸
保靖县白云山	0.17	0.77	13.08	0.73	1.90	21.67	52.24	1.55	0.36	0.19

4. 刺果卫矛 *Euonymus acanthocarpus* Franchet

别名:巴谷树、扣子花、藤杜仲、小千金。

主要特征:灌木,直立或藤本,高 2 ~ 3 m;叶革质,长方椭圆形、长方卵形或窄卵形,少为阔披针形;叶柄长 1 ~ 2 cm。聚伞花序较疏大;花瓣近倒卵形,基部窄缩成短爪;花盘近圆形;雄蕊具明显花丝,花丝长 2 ~ 3 mm,基部稍宽;子房有柱状花柱,柱头不膨大。蒴果成熟时棕褐带红,近球状,刺密集,针刺状,基部稍宽;种子外被橙黄色假种皮。

分布:产于泸溪、保靖。生长于海拔 300 ~ 1300 m 的山地湿林。在全国分布于云南(鹤庆、大理、邓川、昆明)、贵州、广西、广东、四川、湖北、湖南、西藏。

用途:根入药可祛风除湿止痛,治疗风湿疼痛和劳伤;茎叶则有散瘀止血、舒筋活络作用;种子可榨油,供工业用。

刺果卫矛理化参数及籽油脂肪酸组成如表 7-296 和表 7-297 所示。

表 7-296　刺果卫矛含油量及理化参数

采集地	海拔/m	测试部位	油脂含量/%	碘值/(g/100g)	酸值/(mg/g)	皂化值/(mg/g)
保靖县白云山	558	种仁	50.15	—	—	—

表 7-297　刺果卫矛籽油脂肪酸组成　　　　　　　　　单位:%

采集地	月桂酸	肉豆蔻酸	棕榈酸	棕榈油酸	硬脂酸	油酸	亚油酸	亚麻酸	花生酸	花生烯酸
保靖县白云山	0.12	0.47	8.27	0.45	1.20	13.74	33.00	0.96	0.21	0.13

5. 西南卫矛 *Euonymus hamiltonianus* Wall.

主要特征：小乔木，高 5~6 m；叶较大，卵状椭圆形、长方椭圆形或椭圆披针形，叶柄也较粗长，长可达 5 cm。蒴果较大，直径 1~1.5 cm。花期 5—6 月，果期 9—10 月。

分布：产于花垣、龙山。生长于海拔 300~1300 m 的山地疏林、沟谷、林缘。在全国分布于甘肃、陕西、四川、湖南、湖北、江西、安徽、浙江、福建、广东、广西。分布南至印度。

用途：园林栽培，用于观赏及绿化；种子可榨油，供工业用。

西南卫矛理化参数及籽油脂肪酸组成如表 7-298 和表 7-299 所示。

表 7-298　西南卫矛含油量及理化参数

采集地	海拔/m	测试部位	油脂含量/%	碘值/(g/100g)	酸值/(mg/g)	皂化值/(mg/g)
龙山县八面山	1296	种仁	35.12	—	—	—

表 7-299　西南卫矛籽油脂肪酸组成　　　　　　　　　单位:%

采集地	月桂酸	肉豆蔻酸	棕榈酸	棕榈油酸	硬脂酸	油酸	亚油酸	亚麻酸	花生酸	花生烯酸
龙山县八面山	—	—	6.39	—	4.60	15.52	71.15	0.37	0.19	0.12

6. 大果卫矛 *Euonymus myrianthus* hemsl.

别名：黄褥、梅风。

主要特征：常绿灌木，高 1~6 m。叶革质，倒卵形、窄倒卵形或窄椭圆形，有时窄至阔披针形；叶柄长 5~10 mm。聚伞花序多聚生小枝上部，常数序着生新枝顶端，2~4 次分枝；花黄色；萼片近圆形；花瓣近倒卵形；花盘四角有圆形裂片；雄蕊着生裂片中央小突起上，花丝极短或无；子房锥状，有短壮花柱。蒴果黄色，多呈倒卵状；果序梗及小果梗等较花时稍增长；种子成熟，假种皮橘黄色。

分布：产于永顺、龙山、花垣。生长于海拔 300~1400 m 的山地湿林中。在全国分布于长江流域以南各省区，分布广泛。

用途：根入药，有壮腰健肾、健脾调经之功效；种子可榨油，供工业用。

大果卫矛理化参数及籽油脂肪酸组成如表 7-300 和表 7-301 所示。

表 7-300　大果卫矛含油量及理化参数

采集地	海拔/m	测试部位	油脂含量/%	碘值/（g/100g）	酸值/（mg/g）	皂化值/（mg/g）
永顺县小溪	326	种仁	34.46	20.15	7.25	211.36

表 7-301　大果卫矛籽油脂肪酸组成　　　　　单位:%

采集地	月桂酸	肉豆蔻酸	棕榈酸	棕榈油酸	硬脂酸	油酸	亚油酸	亚麻酸	花生酸	花生烯酸
永顺县小溪	—	0.07	15.15	0.70	1.49	40.53	37.66	1.26	0.16	0.27

三十五、省沽油科 Staphyleaceae

1. 硬毛山香圆 *Turpinia affinis* Merr. et Perry

别名：大果山香圆（《峨眉植物图志》）。

主要特征：乔木，除花序外，全部无毛。树皮深褐色；羽状复叶，小叶 2~4，革质，椭圆状长圆形；小叶柄长 1~1.5 cm。圆锥花序长 30 cm，分枝开展，被短柔毛，花在花轴上成假总状花序，或伞形花序；花瓣长 4 mm，倒卵状椭圆形具缘毛。浆果近圆形，径 1~1.5 cm，有疤痕，花柱宿存，多数有硬毛，果皮厚 0.5~1 mm。花期 3—4 月，果期 8—11 月。

分布：产于永顺、保靖、古丈。生长于海拔 250~1000 m 的湿润山地阔叶林下。在全国分布于湖南、广西、四川、云南、贵州。

用途：树干用于培养香菇、木耳；种子可榨油，供工业用。

硬毛山香圆理化参数及籽油脂肪酸组成如表 7-302 和表 7-303 所示。

表 7-302　硬毛山香圆含油量及理化参数

采集地	海拔/m	测试部位	油脂含量/%	碘值/（g/100g）	酸值/（mg/g）	皂化值/（mg/g）
永顺县小溪	355	种仁	32.05	118.26	3.17	202.59

表 7-303　硬毛山香圆籽油脂肪酸组成　　　　　单位:%

采集地	月桂酸	肉豆蔻酸	棕榈酸	棕榈油酸	硬脂酸	油酸	亚油酸	亚麻酸	花生酸	花生烯酸
永顺县小溪	—	0.02	11.08	0.12	49.41	38.17	0.75	0.43	—	—

2. 银鹊树 *Tapiscia sinensis* Oliv.

别名：瘿椒树，泡花（广西），皮巴风（湖南），瘿漆树（湖北）。

主要特征：落叶乔木，高 8~15 m。树皮灰黑色或灰白色，小枝无毛；芽卵形；奇数羽状复叶，小叶 5~9，狭卵形或卵形；侧生小叶柄短，顶生小叶柄长达 12 cm。圆锥花序腋生，雄花与两性花异株；花萼钟状，长约 1 mm，5 浅裂；花瓣 5，狭倒卵形，比萼稍长；果序长达 10 cm，核果近球形或椭圆形，长仅达 7 mm。花期 6—7 月，果期 9—10 月。

分布：产于永顺。生长于海拔 500~1200 m 的山地湿润阔叶林中。在全国分布于浙江、安徽、湖北、湖南、广东、广西、四川、云南、贵州。

用途：优质材用树种，亦为园林绿化树种；种子可榨油。

银鹊树理化参数及籽油脂肪酸组成如表 7-304 和表 7-305 所示。

表 7-304　银鹊树含油量及理化参数

采集地	海拔/m	测试部位	油脂含量/%	碘值/（g/100g）	酸值/（mg/g）	皂化值/（mg/g）
永顺县清坪	535	种仁	10.85	30.23	49.88	240.64

表 7-305　银鹊树籽油脂肪酸组成　　　　单位:%

采集地	月桂酸	肉豆蔻酸	棕榈酸	棕榈油酸	硬脂酸	油酸	亚油酸	亚麻酸	花生酸	花生烯酸
永顺县清坪	—	0.14	11.29	0.53	2.40	9.19	45.69	24.24	0.79	0.35

三十六、鼠李科 Rhamnaceae

1. 长叶冻绿 Rhamnus crenata Sieb. et Zucc.

别名：黄药（《开宝本草》），长叶绿柴、冻绿、绿柴、山绿篱、绿篱柴、山黑子、过路黄（湖北），山黄（广州），水冻绿（江苏），苦李根（广西），钝齿鼠李（《台湾植物志》）。

主要特征：落叶灌木或小乔木，高达 7 m；叶纸质，倒卵状椭圆形、椭圆形或倒卵形，稀倒披针状椭圆形或长圆形。花数个或 10 余个密集成腋生聚伞花序；萼片三角形与萼管等长，外面有疏微毛；花瓣近圆形，顶端 2 裂；雄蕊与花瓣等长而短于萼片；子房球形，无毛，3 室，每室具 1 胚珠，花柱不分裂，柱头不明显。核果球形或倒卵状球形，无或有疏短毛，具 3 分核，各有种子 1 个；种子无沟。花期 5—8 月，果期 8—10 月。

分布：产于永顺。生长于海拔 200～1300 m 的山地荒坡、灌丛、松林下。在全国分布于陕西、河南、安徽、江苏、浙江、江西、福建、台湾、广东、广西、湖南、湖北、四川、贵州、云南。朝鲜、日本、越南、老挝、柬埔寨也有分布。

用途：民间常用根、皮煎水或醋浸洗治顽癣或疥疮；根和果实含黄色染料；种子可榨油。

长叶冻绿理化参数及籽油脂肪酸组成如表 7-306 和表 7-307 所示。

表 7-306　长叶冻绿含油量及理化参数

采集地	海拔/m	测试部位	油脂含量/%	碘值/（g/100g）	酸值/（mg/g）	皂化值/（mg/g）
永顺县小溪	758	种仁	27.01	85.34	10.48	194.45

表 7-307　长叶冻绿籽油脂肪酸组成　　　　单位:%

采集地	月桂酸	肉豆蔻酸	棕榈酸	棕榈油酸	硬脂酸	油酸	亚油酸	亚麻酸	花生酸	花生烯酸
永顺县小溪	0.07	0.10	10.00	0.08	8.02	20.76	59.78	0.24	0.39	0.56

2. 薄叶鼠李 *Rhamnus leptophylla* Schneid.

别名：郊李子（四川），白色木、白赤木（河南），蜡子树（湖北兴山），细叶鼠李（《广西植物名录》）。

主要特征：灌木或稀小乔木，高达 5 m；叶纸质，对生或近对生，或在短枝上簇生，倒卵形至倒卵状椭圆形，稀椭圆形或矩圆形；叶柄长 0.8~2 cm，上面有小沟，无毛或被疏短毛；花单性，雌雄异株，4 基数，有花瓣；核果球形，基部有宿存的萼筒，有 2~3 个分核，成熟时黑色；种子宽倒卵圆形。花期 3—5 月，果期 5—10 月。

分布：产于凤凰、龙山。生长于海拔 1400 m 以下的山地灌丛、石灰岩荒坡。在全国分布于陕西、河南、山东、安徽、浙江、江西、福建、广东、广西、湖南、湖北、四川、云南、贵州等省区。

用途：全草药用，有清热、解毒、活血之功效；种子可榨油。

薄叶鼠李理化参数及籽油脂肪酸组成如表 7-308 和表 7-309 所示。

表 7-308　薄叶鼠李含油量及理化参数

采集地	海拔/m	测试部位	油脂含量/%	碘值/(g/100g)	酸值/(mg/g)	皂化值/(mg/g)
龙山县大安乡药场	1345	种仁	20.55	84.90	60.23	93.57

表 7-309　薄叶鼠李籽油脂肪酸组成　　　　单位:%

采集地	月桂酸	肉豆蔻酸	棕榈酸	棕榈油酸	硬脂酸	油酸	亚油酸	亚麻酸	花生酸	花生烯酸
龙山县大安乡药场	—	—	10.67	0.32	8.48	14.89	50.56	4.71	—	3.35

3. 冻绿 *Rhamnus utilis* Decne.

别名：冻绿（浙江），红冻（湖北），油葫芦子、狗李、黑狗丹、绿皮刺、冻木树、冻绿树、冻绿柴（浙江），大脑头（河南），鼠李（江苏）。

主要特征：灌木或小乔木，高达 4 m。叶纸质，对生或近对生，或在短枝上簇生，椭圆形、矩圆形或倒卵状椭圆形，叶柄长 0.5~1.5 cm，上面具小沟，有疏微毛或无毛；花单性，雌雄异株，4 基数，具花瓣；雄花数个簇生于叶腋，有退化的雌蕊；雌花 2~6 个簇生于叶腋或小枝下部；退化雄蕊小，花柱较长，2 浅裂或半裂。核果圆球形或近球形，成熟时黑色，具 2 分核，基部有宿存的萼筒；花期 4—6 月，果期 5—8 月。

分布：湘西各山地散见。生长于海拔 1200 m 以下的山地灌丛、林下。在全国分布于甘肃、陕西、河南、河北、山西、安徽、江苏、浙江、江西、福建、广东、广西、湖北、湖南、四川、贵州。朝鲜、日本也有分布。

用途：种子油作润滑油；果实、树皮及叶可提取黄色染料。

冻绿理化参数及籽油脂肪酸组成如表 7-310 和表 7-311 所示。

表 7-310　冻绿含油量及理化参数

采集地	海拔/m	测试部位	油脂含量/%	碘值/(g/100g)	酸值/(mg/g)	皂化值/(mg/g)
永顺杉木河	690	种仁	22.40	121.24	2.02	151.11

表7-311　冻绿籽油脂肪酸组成　　　　　　　　单位:%

采集地	月桂酸	肉豆蔻酸	棕榈酸	棕榈油酸	硬脂酸	油酸	亚油酸	亚麻酸	花生酸	花生烯酸
永顺杉木河	—	0.12	10.37	0.37	39.59	25.07	22.14	2.35	—	—

三十七、葡萄科 Vitaceae

1. 显齿蛇葡萄 *Ampelopsis grossedentata*（Hand. -Mazz.）　W. T. Wang

别名：茅岩莓茶、霉茶、藤茶、甘露茶、神仙草。

主要特征：木质藤本。叶为1~2回羽状复叶，2回羽状复叶者基部一对为3小叶，小叶卵圆形，卵椭圆形或长椭圆形，顶端急尖或渐尖，基部阔楔形或近圆形；叶柄长1~2 cm，无毛；花序为伞房状多歧聚伞花序，与叶对生；花蕾卵圆形，顶端圆形，无毛；萼碟形，边缘波状浅裂，无毛；花瓣5，卵椭圆形，无毛，雄蕊5，花药卵圆形，长略甚于宽，花盘发达，波状浅裂；果近球形，有种子2~4颗；种子倒卵圆形，顶端圆形。花期5—8月，果期8—12月。

分布：湘西部分地区有分布。在全国分布于江西、福建、湖北、湖南、广东、广西、贵州、云南。

用途：民间将其幼嫩茎叶制成保健茶，用于治疗感冒发热、咽喉肿痛、黄疸型肝炎、疱疖等症已有数百年历史，是一种典型的药食两用植物；种子可榨油。

显齿蛇葡萄理化参数及籽油脂肪酸组成如表7-312和表7-313所示。

表7-312　显齿蛇葡萄含油量及理化参数

采集地	海拔/m	测试部位	油脂含量/%	碘值/（g/100g）	酸值/（mg/g）	皂化值/（mg/g）
永顺县清坪	560	种仁	18.90	—	—	—

表7-313　显齿蛇葡萄籽油脂肪酸组成　　　　　　　　单位:%

采集地	月桂酸	肉豆蔻酸	棕榈酸	棕榈油酸	硬脂酸	油酸	亚油酸	亚麻酸	花生酸	花生烯酸
永顺县清坪	—	—	8.12	—	1.83	19.90	64.59	0.92	—	0.21

2. 异叶地锦 *Parthenocissus dalzielii* Gangnep.

别名：异叶爬山虎（《拉汉种子植物名称》），草叶藤，上树蛇（广东），白花藤子（海南）。

主要特征：木质藤本。叶为单叶者叶片卵圆形，中央小叶长椭圆形，侧生小叶卵椭圆形；叶柄长5~20 cm，中央小叶有短柄，长0.3~1 cm，侧小叶无柄，完全无毛。花序假顶生于短枝顶端，基部有分枝，形成多歧聚伞花序；花蕾高2~3 mm，顶端圆形；花瓣4，倒卵椭圆形；子房近球形。果实近球形，成熟时紫黑色，有种子1~4颗，种子倒卵形，顶端近圆形，基部急尖。花期5—7月，果期7—11月。

分布：产于吉首、凤凰。生长于海拔200~1300 m的山地疏林阴石上、树干上。在全国分布于河南、湖北、湖南、江西、浙江、福建、台湾、广东、广西、四川、贵州。

用途：叶型美观，习性强健，常用于墙面、篱垣、棚架、山石绿化观赏，也可用于坡地、荒地作地被植物栽培；种子可榨油。

异叶地锦理化参数及籽油脂肪酸组成如表7-314和表7-315所示。

表7-314　异叶地锦含油量及理化参数

采集地	海拔/m	测试部位	油脂含量/%	碘值/(g/100g)	酸值/(mg/g)	皂化值/(mg/g)
吉首大学校园	268	种仁	21.56	—	—	—

表7-315　异叶地锦籽油脂肪酸组成　　　　　　　　　　单位：%

采集地	月桂酸	肉豆蔻酸	棕榈酸	棕榈油酸	硬脂酸	油酸	亚油酸	亚麻酸	花生酸	花生烯酸
吉首大学校园	—	—	5.36	0.05	2.32	49.07	39.73	1.14	0.64	0.50

3. 绿叶地锦 *Parthenocissus laetevirens* Rehd.

别名：大样五月藤（湘西），绿叶爬山虎（《植物分类学报》），青叶爬山虎（《拉汉种子植物名称》）。

主要特征：木质藤本。叶为掌状5小叶，小叶倒卵长椭圆形或倒卵披针形；叶柄长2～6 cm，被短柔毛，小叶有短柄或几无柄。多歧聚伞花序圆锥状；花蕾椭圆形或微呈倒卵椭圆形，顶端圆形；花瓣5，椭圆形，无毛；子房近球形。果实球形，有种子1～4颗；种子倒卵形，顶端圆形。花期7—8月，果期9—11月。

分布：产于永顺、保靖。生长于海拔200～800 m的山地林缘石上。在全国分布于河南、安徽、江西、江苏、浙江、湖北、湖南、福建、广东、广西。

用途：绿化；种子可榨油。

绿叶地锦理化参数及籽油脂肪酸组成如表7-316和表7-317所示。

表7-316　绿叶地锦含油量及理化参数

采集地	海拔/m	测试部位	油脂含量/%	碘值/(g/100g)	酸值/(mg/g)	皂化值/(mg/g)
保靖县复兴镇	298	种仁	31.26	—	—	—

表7-317　绿叶地锦籽油脂肪酸组成　　　　　　　　　　单位：%

采集地	月桂酸	肉豆蔻酸	棕榈酸	棕榈油酸	硬脂酸	油酸	亚油酸	亚麻酸	花生酸	花生烯酸
保靖县复兴镇	0.13	0.53	9.28	0.65	1.37	15.51	36.82	1.08	0.28	0.13

4. 桦叶葡萄 *Vitis betulifolia* Diels et Gilg

主要特征：木质藤本。叶卵圆形或卵椭圆形；叶柄长2～6.5 cm，嫩时被蛛丝状绒毛，以后脱落无毛；圆锥花序疏散，与叶对生，下部分枝发达，初时被蛛丝状绒毛，以后脱落几无毛；花蕾倒卵圆形，顶端圆形；花瓣5，呈帽状黏合脱落；花药黄色，椭圆形，在雌花内雄蕊显著短，败育；子房在雌花中卵圆形，花柱短，柱头微扩大。果实圆球形，成熟时紫黑色；种子倒卵形，顶端圆形，基部有短喙。花期3—6月，果期6—11月。

分布：产于吉首、龙山。生长于海拔600～1500 m的山地林缘、沟谷。在全国分布于陕西南部、甘肃东南部、河南、湖北、湖南、四川、云南。

用途：根皮入药，具有清热解毒、舒筋活血之功效；种子可榨油。

桦叶葡萄理化参数及籽油脂肪酸组成如表7-318和表7-319所示。

表7-318　桦叶葡萄含油量及理化参数

采集地	海拔/m	测试部位	油脂含量/%	碘值/（g/100g）	酸值/（mg/g）	皂化值/（mg/g）
龙山县大安乡药场	1486	种仁	35.49	32.12	5.94	189.00

表7-319　桦叶葡萄籽油脂肪酸组成　　　　　　　　单位:%

采集地	月桂酸	肉豆蔻酸	棕榈酸	棕榈油酸	硬脂酸	油酸	亚油酸	亚麻酸	花生酸	花生烯酸
龙山县大安乡药场	—	0.25	16.80	—	7.07	26.89	10.30	28.27	0.41	0.48

三十八、杜英科 Elaeocarpaceae

1. 褐毛杜英 *Elaeocarpus duclouxii* Gagnep.

主要特征：常绿乔木，高20 m，胸径50 cm；叶聚生于枝顶，革质，长圆形，先端急尖，上面深绿色，边缘有小钝齿；叶柄被褐色毛。总状花序常生于无叶的去年枝条上，被褐色毛；核果椭圆形，长2.5～3 cm，宽1.7～2 cm，外果皮秃净无毛，干后变黑色，内果皮坚骨质，厚3 mm，表面多沟纹；种子长1.4～1.8 cm。花期6—7月，果期7—8月。

分布：产于古丈、永顺。生长于400～800 m的山坡林中。在我国分布于云南、贵州、四川、湖南、广西、广东及江西。

用途：种子可榨油，供工业用。

褐毛杜英理化参数及籽油脂肪酸组成如表7-320和表7-321所示。

表7-320　褐毛杜英含油量及理化参数

采集地	海拔/m	测试部位	油脂含量/%	碘值/（g/100g）	酸值/（mg/g）	皂化值/（mg/g）
永顺县杉木河	602	种仁	20.49	121.82	6.26	181.37

表7-321　褐毛杜英籽油脂肪酸组成　　　　　　　　单位:%

采集地	月桂酸	肉豆蔻酸	棕榈酸	棕榈油酸	硬脂酸	油酸	亚油酸	亚麻酸	花生酸	花生烯酸
永顺县杉木河	—	0.08	6.43	—	3.34	4.93	83.06	0.85	0.18	0.16

2. 日本杜英 *Elaeocarpus japonicus* Sieb. et Zucc.

别名：薯豆。

主要特征：乔木；叶革质，通常卵形，亦有为椭圆形或倒卵形，先端尖锐，尖头钝，基部圆形或钝；边缘有疏锯齿；总状花序生于当年枝的叶腋内，花序轴有短柔毛；两性花；核果椭圆形，长 1 ~ 1.3 cm，宽 8 mm，1 室；种子 1 颗，长 8 mm。花期 4—5 月。

分布：产于永顺、古丈。生长于 300 ~ 1200 m 的林中、林缘、溪边。在我国分布于长江以南各省区（东起台湾，西至四川及云南最西部，南至海南）。越南、日本也有分布。

用途：作为材用，香菇菌种培植基料；种子可榨油，供工业用。

日本杜英理化参数及籽油脂肪酸组成如表 7-322 和表 7-323 所示。

表 7-322　日本杜英含油量及理化参数

采集地	海拔/m	测试部位	油脂含量/%	碘值/（g/100g）	酸值/（mg/g）	皂化值/（mg/g）
永顺县小溪	620	种仁	30.40	—	4.28	171.65

表 7-323　日本杜英籽油脂肪酸组成　　　　　　　　　　单位：%

采集地	月桂酸	肉豆蔻酸	棕榈酸	棕榈油酸	硬脂酸	油酸	亚油酸	亚麻酸	花生酸	花生烯酸
永顺县小溪	0.07	0.16	18.12	0.36	2.12	29.40	20.46	0.90	0.23	0.14

3. 猴欢喜 *Sloanea sinensis*（Hance）Hemsl.

主要特征：乔木，高 20 m；叶薄革质，形状及大小多变，通常为长圆形或狭窄倒卵形，先端短急尖，基部楔形，或收窄而略圆，有时为圆形，亦有为披针形的，宽不过 2 ~ 3 cm，通常全缘，有时上半部有数个疏锯齿；花多朵簇生于枝顶叶腋；针刺长 1 ~ 1.5 cm；内果皮紫红色；种子长 1 ~ 1.3 cm，黑色，有光泽，假种皮长，黄色。花期 9—11 月，果期翌年 6—7 月成熟。

分布：湘西山地散见。生长于海拔 1000 m 以下的沟谷、潮湿林中。在我国分布于广东、海南、广西、贵州、湖南、江西、福建、台湾、浙江。越南也有分布。

用途：优质材用树种；树形美观，四季常青，宜作庭院观赏树；树皮和果壳含鞣质，可提制栲胶；种子含油脂，是栽培香菇的优良原料，具有很好的开发价值。

猴欢喜理化参数及籽油脂肪酸组成如表 7-324 和表 7-325 所示。

表 7-324　猴欢喜含油量及理化参数

采集地	海拔/m	测试部位	油脂含量/%	碘值/（g/100g）	酸值/（mg/g）	皂化值/（mg/g）
永顺县小溪	425	种仁	58.45	—	—	—

表 7-325　猴欢喜籽油脂肪酸组成　　　　　　　　　　单位：%

采集地	月桂酸	肉豆蔻酸	棕榈酸	棕榈油酸	硬脂酸	油酸	亚油酸	亚麻酸	花生酸	花生烯酸
永顺县小溪	—	0.20	16.67	—	2.15	37.63	32.72	7.16	—	—

三十九、锦葵科 Malvaceae

1. 苘麻 *Abutilon theophrasti* Medicus

别名：椿麻（湖北），塘麻（安徽），孔麻（上海），青麻（东北），白麻（《本草纲目》），桐麻（四川、陕西），磨盘草、车轮草（江西）。

主要特征：一年生亚灌木状草本，高达 1～2 m；叶互生，圆心形，先端长渐尖，基部心形，边缘具细圆锯齿，两面均密被星状柔毛；托叶早落；花单生于叶腋，被柔毛，近顶端具节，花黄色，花瓣倒卵形；蒴果半球形，直径约 2 cm，长约 1.2 cm；种子肾形，褐色，被星状柔毛。花期 7—8 月。

分布：湘西地区广布。生长于海拔 1400 m 以下的路边、平地、山坡灌丛。在全国分布于除青藏高原外的广大地区。越南、印度、日本，以及欧洲、北美洲等地区也有分布。

用途：茎皮纤维作为纺织材料；种子含油供制皂、油漆和工业用润滑油；全草药用。

苘麻理化参数及籽油脂肪酸组成如表 7-326 和表 7-327 所示。

表 7-326　苘麻含油量及理化参数

采集地	海拔/m	测试部位	油脂含量/%	碘值/（g/100g）	酸值/（mg/g）	皂化值/（mg/g）
吉首市沙子坳	214	种仁	24.56	—	—	—

表 7-327　苘麻籽油脂肪酸组成　　　　　　　　　　　单位:%

采集地	月桂酸	肉豆蔻酸	棕榈酸	棕榈油酸	硬脂酸	油酸	亚油酸	亚麻酸	花生酸	花生烯酸
吉首市沙子坳	—	—	8.03	0.09	1.26	74.76	13.02	0.32	—	0.46

2. 湖南黄花稔 *Sida cordifolioides* Feng

主要特征：直立、多枝亚灌木状草本，高 40 cm；叶卵形，先端钝，基部心形，偶有圆形，具圆锯齿，上面近无毛或疏被星状柔毛，下面被星状柔毛；叶柄长 6～20 mm，疏被星状柔毛；托叶线形，长约 6 mm，被星状柔毛。花单生于叶腋或近簇生，花冠黄色，花瓣倒卵楔形；分果爿 5，密被星状柔毛，端具 2 芒尖，连芒尖长约 4 mm。

分布：产于永顺、花垣、保靖。生长于海拔 500～700 m。在全国主要分布于湖南省永顺县城附近。

用途：茎皮富含韧皮纤维，是编织绳索的优良原料；种子可榨油，供工业用。

湖南黄花稔理化参数及籽油脂肪酸组成如表 7-328 和表 7-329 所示。

表 7-328　湖南黄花稔含油量及理化参数

采集地	海拔/m	测试部位	油脂含量/%	碘值/（g/100g）	酸值/（mg/g）	皂化值/（mg/g）
保靖县白云山	509	种仁	23.54	—	—	—

表 7-329　湖南黄花稔籽油脂肪酸组成　　　　　　　　　单位:%

采集地	月桂酸	肉豆蔻酸	棕榈酸	棕榈油酸	硬脂酸	油酸	亚油酸	亚麻酸	花生酸	花生烯酸
保靖县白云山	0.06	0.06	5.89	—	5.14	14.49	10.55	0.36	0.30	0.64

四十、梧桐科 Sterculiaceae

梧桐 *Firmiana platanifolia*（**Linn. f.**）**Marsili**

别名：青桐、桐麻。

主要特征：落叶乔木，高达 16 m；叶心形，掌状 3 ~ 5 裂，裂片三角形，顶端渐尖，基部心形，两面均无毛或略被短柔毛；圆锥花序顶生，花淡黄绿色；每蓇葖果有种子 2 ~ 4 个；种子圆球形，表面有皱纹，直径约 7 mm。花期 6 月。

分布：湘西各地散生或栽培。生长于海拔 1100 m 以下的村旁、林缘、石灰岩山地。在我国分布于南北各省（从广东海南岛到华北）。日本也有分布。

用途：观赏材用；种子可食用或榨油；茎、叶、花、果和种子均可药用；树皮纤维造纸；木材刨片可浸出黏液，称刨花，润发；种子可榨油，供工业用。

梧桐理化参数如表 7-330 所示。

表 7-330　梧桐含油量及理化参数

采集地	海拔/m	测试部位	油脂含量/%	碘值/（g/100g）	酸值/（mg/g）	皂化值/（mg/g）
保靖县白云山	419	种仁	23.10	17.91	15.47	108.93

四十一、椴树科 Tiliaceae

1. 粉椴 *Tilia oliveri* **Szyszyl.**

主要特征：乔木，高 8 m；叶卵形或阔卵形，先端急锐尖，边缘密生细锯齿；聚伞花序；雄蕊约与萼片等长。果实椭圆形，被毛，有棱或仅在下半部有棱突，多少突起。花期 7—8 月，果期 8—10 月。

分布：产于永顺、保靖。生长于海拔 500 ~ 1400 m 的山地林中。在我国分布于甘肃、陕西、四川、湖北、湖南、江西、浙江。

用途：园林绿化；根药用，用于久咳，跌打损伤；种子可榨油，供工业用。

粉椴理化参数及籽油脂肪酸组成如表 7-331 和表 7-332 所示。

表 7-331　粉椴含油量及理化参数

采集地	海拔/m	测试部位	油脂含量/%	碘值/（g/100g）	酸值/（mg/g）	皂化值/（mg/g）
保靖县白云山	500	种仁	21.00	107.58	15.43	139.55

表 7-332　粉椴籽油脂肪酸组成　　　　　　　　单位：%

采集地	月桂酸	肉豆蔻酸	棕榈酸	棕榈油酸	硬脂酸	油酸	亚油酸	亚麻酸	花生酸	花生烯酸
保靖县白云山	0.02	0.07	7.93	—	3.86	12.80	25.08	48.65	0.28	0.31

2. 刺蒴麻 *Triumfetta rhomboidea* **Jacq.**

主要特征：亚灌木；嫩枝被灰褐色短茸毛。叶纸质，生于茎下部的阔卵圆形，先端常

3 裂，基部圆形；生于上部的长圆形；上面有疏毛，下面有星状柔毛，边缘有不规则的粗锯齿；聚伞花序数枝腋生，花序柄及花柄均极短；果球形，不开裂，被灰黄色柔毛，具勾针刺长 2 mm，有种子 2～6 颗。花期夏秋季间。

　　分布：湘西地区散见。生长于海拔 1300 m 以下的山地灌丛、林缘。在我国分布于云南、广西、广东、福建、台湾。亚洲及非洲也有分布。

　　用途：全株供药用，消风散毒，治毒疮及肾结石；种子可榨油，供工业用。

　　刺蒴麻理化参数及籽油脂肪酸组成如表 7-333 和表 7-334 所示。

表 7-333　刺蒴麻含油量及理化参数

采集地	海拔/m	测试部位	油脂含量/%	碘值/（g/100g）	酸值/（mg/g）	皂化值/（mg/g）
保靖县白云山	500	种仁	21.00	107.58	15.43	139.55

表 7-334　刺蒴麻籽油脂肪酸组成

单位:%

采集地	月桂酸	肉豆蔻酸	棕榈酸	棕榈油酸	硬脂酸	油酸	亚油酸	亚麻酸	花生酸	花生烯酸
保靖县白云山	0.06	0.44	8.91	3.10	1.60	20.97	39.24	1.38	0.44	0.39

四十二、大风子科 Flacourtiaceae

1. 山桐子 *Idesia polycarpa* Maxim.

　　别名：椅（《诗经》），水冬瓜（《亨利氏植物名录》），椅树（《峨眉植物图志》），椅桐、斗霜红（庐山）。

　　主要特征：落叶乔木，高 8～21 m；树冠长圆形，叶薄革质或厚纸质，卵形或心状卵形，或为宽心形，长 13～16 cm，稀达 20 cm，宽 12～15 cm，边缘有粗的齿；花单性，雌雄异株或杂性，黄绿色，有芳香，花瓣缺，排列成顶生下垂的圆锥花序；雌花比雄花稍小；浆果成熟期紫红色，扁圆形，高（长）3～5 mm，直径 5～7 mm，宽过于长，果梗细小，长 0.6～2 cm；种子红棕色，圆形。花期 4—5 月，果熟期 10—11 月。

　　分布：湘西山地广布。生长于海拔 400～1200 m 的山坡沟边。在我国分布于甘肃南部、陕西南部、山西南部、河南南部、台湾北部和西南三省、中南二省、华东五省、华南二省等 17 个省区。朝鲜、日本的南部也有分布。

　　用途：可供材用观赏；蜜源资源植物；果实、种子可提取油分。

　　山桐子理化参数及籽油脂肪酸组成如表 7-335 和表 7-336 所示。

表 7-335　山桐子含油量及理化参数

采集地	海拔/m	测试部位	油脂含量/%	碘值/（g/100g）	酸值/（mg/g）	皂化值/（mg/g）
永顺县杉木河	420	种仁	14.65	84.04	3.58	167.12

表7-336 山桐子籽油脂肪酸组成　　　　　　　　　　单位:%

采集地	月桂酸	肉豆蔻酸	棕榈酸	棕榈油酸	硬脂酸	油酸	亚油酸	亚麻酸	花生酸	花生烯酸
永顺县杉木河	5.34	0.51	8.65	—	4.33	21.88	55.98	3.31	—	—

2. 毛叶山桐子 Idesia polycarpa Maxim. var. vestita Diels

别名：水冬瓜（湘西），山桐子（四川），椅（《诗经》），椅树（峨眉植物图志），椅桐、斗霜红（庐山）。

主要特征：落叶乔木，高8~21 m；树皮淡灰色，不裂；叶薄革质或厚纸质，卵形或心状卵形，或为宽心形，叶下面有密的柔毛，无白粉而为棕灰色，脉腋无丛毛；叶柄有短毛。花单性，黄绿色，芳香，花瓣缺，排列成顶生下垂的圆锥花序；成熟果实长圆球形至圆球状，血红色，高过于宽；种子红棕色，圆形；花期4—5月，果期10—11月。

分布：湘西地区散见。生长于海拔600~1300 m的中山次生林中。在我国分布于陕西、甘肃、河南三省的南部和中南区二省、华东六省、华南二省及西南区三省等省区。

用途：可供材用观赏；蜜源资源植物；果实、种子可提取油分。

毛叶山桐子理化参数及籽油脂肪酸组成如表7-337和表7-338所示。

表7-337 毛叶山桐子含油量及理化参数

采集地	海拔/m	测试部位	油脂含量/%	碘值/（g/100g）	酸值/（mg/g）	皂化值/（mg/g）
古丈县高望界	654	种仁	13.00	119.27	3.48	182.85

表7-338 毛叶山桐子籽油脂肪酸组成　　　　　　　　　　单位:%

采集地	月桂酸	肉豆蔻酸	棕榈酸	棕榈油酸	硬脂酸	油酸	亚油酸	亚麻酸	花生酸	花生烯酸
古丈县高望界	—	0.05	8.53	0.14	55.77	34.57	0.18	0.75	—	—

四十三、旌节花科 Stachyuraceae

西域旌节花 Stachyurus himalaicus Hook. f. et Thoms. ex Benth.

别名：喜马山旌节花（《中国高等植物图鉴》），通条树（《经济植物手册》），空藤杆（《四川中药志》）。

主要特征：落叶灌木或小乔木，高3~5 m。叶片坚纸质至薄革质，披针形至长圆状披针形，叶柄紫红色。穗状花序腋生，无总梗，通常下垂，基部无叶；花黄色。果实近球形，无梗或近无梗。花期3—4月，果期5—8月。

分布：产于吉首、永顺、凤凰。生长于海拔200~1300 m的山地沟谷、林缘。在我国分布于陕西、浙江、湖南、湖北、四川、贵州、台湾、广东、广西、云南、西藏等省区。印度北部、尼泊尔、不丹及缅甸北部也有分布。

用途：观赏；茎髓供药用；种子可榨油，供工业用。

西域旌节花理化参数及籽油脂肪酸组成如表7-339和表7-340所示。

表 7-339　西域旌节花含油量及理化参数

采集地	海拔/m	测试部位	油脂含量/%	碘值/(g/100g)	酸值/(mg/g)	皂化值/(mg/g)
吉首市小溪	231	种仁	37.12	64.23	5.41	153.65

表 7-340　西域旌节花籽油脂肪酸组成　　　　　　　　　单位:%

采集地	月桂酸	肉豆蔻酸	棕榈酸	棕榈油酸	硬脂酸	油酸	亚油酸	亚麻酸	花生酸	花生烯酸
吉首市小溪	—	—	5.29	—	3.26	21.94	45.02	21.59	1.08	1.08

四十四、葫芦科 Cucurbitaceae

1. 木鳖子 Momordica cochinchinensis (Lour.) Spreng.

别名:番木鳖(《中国经济植物志》),糯饭果(云南河口),老鼠拉冬瓜。

主要特征:粗壮大藤本,长达 15 m,具块状根;叶片卵状心形或宽卵状圆形,质稍硬,倒卵形或长圆状披针形,先端急尖或渐尖,有短尖头,边缘有波状小齿或稀近全缘,叶脉掌状。卷须颇粗壮,光滑无毛,不分歧。雌雄异株。雄花:单生于叶腋或有时 3~4 朵着生在极短的总状花序轴上;雌花:单生于叶腋;果实卵球形,顶端有 1 短喙,基部近圆。种子多数,卵形或方形,长 26~28 mm,宽 18~20 mm,厚 5~6 mm,边缘有齿,两面稍拱起,具雕纹。花期6—8月,果期8—10月。

分布:湘西山地散见。生长于海拔1300 m 以下的灌丛、路旁。在全国分布于江苏、安徽、江西、福建、台湾、广东、广西、湖南、四川、贵州、云南、西藏。中南半岛和印度半岛也有分布。

用途:种子、根和叶可供药用;种子可榨油,供工业用。

木鳖子理化参数及籽油脂肪酸组成如表 7-341 和表 7-342 所示。

表 7-341　木鳖子含油量及理化参数

采集地	海拔/m	测试部位	油脂含量/%	碘值/(g/100g)	酸值/(mg/g)	皂化值/(mg/g)
龙山县他砂乡	471	种仁	24.61	—	—	—

表 7-342　木鳖子籽油脂肪酸组成　　　　　　　　　单位:%

采集地	月桂酸	肉豆蔻酸	棕榈酸	棕榈油酸	硬脂酸	油酸	亚油酸	亚麻酸	花生酸	花生烯酸
龙山县他砂乡	—	0.55	4.34	0.08	0.71	17.62	10.90	10.19	1.80	45.77

2. 球果赤瓟 Thladiantha globicarpa A. M. Lu et Z. Y. Zhang

主要特征:攀缘藤本;茎、枝细弱,初时被微柔毛,后变近无毛,有浅的沟纹。叶柄纤细,长 2~5 cm,近无毛或被稀疏微柔毛;叶片膜质,卵状心形先端渐尖,边缘有稀疏的胼胝质小细齿,脉上有微柔毛;卷须纤细,单一,近无毛。雌雄异株。雄花在叶腋内单生或 3~5 朵聚生于一长 2~3 cm 的总花序梗顶端,退化雌蕊半球形,径约 2 mm。雌花单生于叶腋;

果实卵球形或球形，径 1.8～2.3 cm，顶端钝，基部钝圆，外面被淡黄色的绵毛。种子宽三角状卵形，淡黄白色，长、宽均约为 4 mm，厚 1.5 mm，两面有网纹。花果期夏、秋季。

分布：产于吉首。生长于 200～1200 m 的林下、沟谷。在全国分布于贵州、广西、湖南和广东。

用途：药用；种子可榨油。

球果赤瓟理化参数及籽油脂肪酸组成如表 7-343 和表 7-344 所示。

表 7-343　球果赤瓟含油量及理化参数

采集地	海拔/m	测试部位	油脂含量/%	碘值/(g/100g)	酸值/(mg/g)	皂化值/(mg/g)
吉首市德夯	1120	种仁	26.51	118.28	61.04	209.76

表 7-344　球果赤瓟籽油脂肪酸组成　　　　　　　　　　单位:%

采集地	月桂酸	肉豆蔻酸	棕榈酸	棕榈油酸	硬脂酸	油酸	亚油酸	亚麻酸	花生酸	花生烯酸
吉首市德夯	—	0.03	10.22	0.20	62.06	26.73	0.18	0.58		

3. 长叶赤瓟 *Thladiantha longifolia* Cogn. ex Oliv.

主要特征：攀缘草本；茎、枝柔弱，有棱沟，无毛或被稀疏的短柔毛。叶柄纤细，长 2～7 cm，无毛或有极短的柔毛；叶片膜质，卵状披针形或长卵状三角形，先端急尖或短渐尖，边缘具由于小脉稍伸出而成的胼胝质小齿，叶面有短刚毛，后断裂成白色小疣点，脉上有短柔毛或近无毛，叶背稍光滑，无毛。卷须纤细，单一，光滑无毛；雌雄异株；雄花：3～9（12）朵花生于总花梗上部成总状花序雌花；果实阔卵形，长达 4 cm，果皮有瘤状突起，基部稍内凹。种子卵形，长 6～8 mm，宽 3～4.5 mm，厚 1～1.5 mm，两面稍膨胀，有网脉，边缘稍隆起成环状，顶端圆钝；花期 4—7 月，果期 8—10 月。

分布：产于永顺、古丈。生长于海拔 600～1400m 的山坡林下。在全国分布于湖北、四川、贵州、湖南和广西。

用途：根、果实药用；种子可榨油。

长叶赤瓟理化参数及籽油脂肪酸组成如表 7-345 和表 7-346 所示。

表 7-345　长叶赤瓟含油量及理化参数

采集地	海拔/m	测试部位	油脂含量/%	碘值/(g/100g)	酸值/(mg/g)	皂化值/(mg/g)
古丈县高望界	822	种仁	14.55	110.00	119.71	188.25

表 7-346　长叶赤瓟籽油脂肪酸组成　　　　　　　　　　单位:%

采集地	月桂酸	肉豆蔻酸	棕榈酸	棕榈油酸	硬脂酸	油酸	亚油酸	亚麻酸	花生酸	花生烯酸
古丈县高望界	—	0.03	11.74	—	1.23	70.53	14.91	0.45	0.52	0.59

4. 南赤瓟 *Thladiantha nudiflora* Hemsl. ex Forbes et Hemsl.

别名：野丝瓜（湖北），丝瓜南（四川）。

主要特征：藤本，全体密生柔毛状硬毛；根块状。叶片质稍硬，卵状心形，宽卵状心形或近圆心形，长 5～15 cm，宽 4～12 cm，先端渐尖或锐尖，边缘具胼胝状小尖头的细锯齿卷须稍粗壮，密被硬毛，下部有明显的沟纹，上部 2 歧。雌雄异株。雄花为总状花序，多数花集生于花序轴的上部。种子卵形或宽卵形，长 5 mm，宽 3.5～4 mm，厚 1～1.5 mm，顶端尖，基部圆，表面有明显的网纹，两面稍拱起。春、夏开花，秋季果成熟。

分布：产于永顺、凤凰、龙山。生长于海拔 1400 m 以下的山地沟边、林缘。在全国分布于秦岭及长江中下游以南各省区。越南也有分布。

用途：根、叶药用，具有清热解毒、消食化滞的功效；种子可榨油。

南赤瓟理化参数及籽油脂肪酸组成如表 7-347 和表 7-348 所示。

表 7-347　南赤瓟含油量及理化参数

采集地	海拔/m	测试部位	油脂含量/%	碘值/(g/100g)	酸值/(mg/g)	皂化值/(mg/g)
龙山县八面山	890	种仁	38.16	—	—	—

表 7-348　南赤瓟籽油脂肪酸组成　　　　　单位:%

采集地	月桂酸	肉豆蔻酸	棕榈酸	棕榈油酸	硬脂酸	油酸	亚油酸	亚麻酸	花生酸	花生烯酸
龙山县八面山	—	0.05	15.00	0.34	0.49	12.26	25.37	0.06	0.14	0.31

5. 王瓜 *Trichosanthes cucumeroides* (Ser.) Maxim.

主要特征：多年生攀缘藤本；块根纺锤形，肥大。叶片纸质，轮廓阔卵形或圆形，被短柔毛；花雌雄异株；雄花组成总状花序；果实卵圆形、卵状椭圆形或球形，长 6～7 cm，径 4～5.5 cm，成熟时橙红色，平滑，两端圆钝，具喙；种子横长圆形，长 7～12 mm，宽 7～14 mm，深褐色，两侧室大，近圆形，径约 4.5 mm，表面具瘤状突起。花期 5—8 月，果期 8—11 月。

分布：产于永顺、龙山、凤凰。生长于海拔 300～1300 m 的山地草丛、疏林、溪边。在全国分布于华东、华中、华南和西南地区。日本也有分布。

用途：果实、种子、根均可供药用，具有清热、生津、化瘀、通乳之功效；种子可榨油。

王瓜理化参数及籽油脂肪酸组成如表 7-349 和表 7-350 所示。

表 7-349　王瓜含油量及理化参数

采集地	海拔/m	测试部位	油脂含量/%	碘值/(g/100g)	酸值/(mg/g)	皂化值/(mg/g)
龙山县八面山	1297	种仁	40.16	138.09	61.63	128.62

表 7-350　王瓜籽油脂肪酸组成　　　　　单位:%

采集地	月桂酸	肉豆蔻酸	棕榈酸	棕榈油酸	硬脂酸	油酸	亚油酸	亚麻酸	花生酸	花生烯酸
龙山县八面山	0.17	71.27	5.52	0.17	0.92	7.00	11.93	0.74	0.34	0.79

6. 栝楼 *Trichosanthes kirilowii* Maxim.

别名：牛皮瓜（湘西），瓜楼、药瓜。

主要特征：攀缘藤本，长达 10 m；块根圆柱状，粗大肥厚，淡黄褐色。叶片纸质，轮廓近圆形，常 3~5（7）浅裂至中裂，稀深裂或不分裂而仅有不等大的粗齿；卷须 3~7 歧，被柔毛。花雌雄异株。雄总状花序单生，或与一单花并生，或在枝条上部者单生，雌花单生，果实椭圆形或圆形；种子卵状椭圆形，压扁，长 11~16 mm，宽 7~12 mm，近边缘处具棱线。花期 5—8 月，果期 8—10 月。

　　分布：湘西地区广布。生长于海拔 300~1400 m 的山地林下、草丛。在全国分布于辽宁、华北、华东、中南、陕西、甘肃、四川、贵州、云南。朝鲜、日本、越南和老挝也有分布。

　　用途：栝楼有解热止渴、利尿、镇咳祛痰等作用；种子可榨油。

　　栝楼理化参数及籽油脂肪酸组成如表 7-351 和表 7-352 所示。

表 7-351　栝楼含油量及理化参数

采集地	海拔/m	测试部位	油脂含量/%	碘值/（g/100g）	酸值/（mg/g）	皂化值/（mg/g）
古丈县高望界	1184	种仁	48.21	32.01	18.25	202.37

表 7-352　栝楼籽油脂肪酸组成　　　　　　　　　　单位:%

采集地	月桂酸	肉豆蔻酸	棕榈酸	棕榈油酸	硬脂酸	油酸	亚油酸	亚麻酸	花生酸	花生烯酸
古丈县高望界	—	0.07	6.97	0.09	3.32	23.98	42.77	14.84	1.46	0.09

四十五、桃金娘科 Myrtaceae

赤楠 *Syzygium buxifolium* Hook. Arn.

　　别名：牛金子（《植物名实图考》）。

　　主要特征：灌木或小乔木；叶片革质，阔椭圆形至椭圆形，有时阔倒卵形，先端圆或钝，有时有钝尖头，聚伞花序顶生；果实球形，直径 5~7 mm。花期 6—8 月。

　　分布：产于永顺、古丈。生长于 1100 m 以下的山地林下、灌丛。在我国分布于安徽、浙江、台湾、福建、江西、湖南、广东、广西、贵州等省区。越南、日本琉球群岛也有分布。

　　用途：盆景艺术价值高，供观赏；其根和树皮可以入药，有平喘化痰的药用价值；果子的外皮可以食用，是乡村比较常见的野果；种子可榨油，供工业用。

　　赤楠理化参数及籽油脂肪酸组成如表 7-353 和表 7-354 所示。

表 7-353　赤楠含油量及理化参数

采集地	海拔/m	测试部位	油脂含量/%	碘值/（g/100g）	酸值/（mg/g）	皂化值/（mg/g）
永顺县回龙乡	414	种仁	13.41	—	—	—

表 7-354　赤楠籽油脂肪酸组成　　　　　　　　　　单位:%

采集地	月桂酸	肉豆蔻酸	棕榈酸	棕榈油酸	硬脂酸	油酸	亚油酸	亚麻酸	花生酸	花生烯酸
永顺县回龙乡	0.06	0.33	33.67	0.15	6.15	26.22	17.45	1.24	0.32	0.12

四十六、八角枫科 Alangiaceae

八角枫 *Alangium chinense*（**Lour.**）**Harms**

别名：华瓜木（《中国植物图谱》）。

主要特征：落叶乔木或灌木，高 3～5 m，胸高直径 20 cm。叶纸质，近圆形或椭圆形、卵形，顶端短锐尖或钝尖，叶柄紫绿色或淡黄色，幼时有微柔毛，后无毛。聚伞花序腋生，被稀疏微柔毛，小苞片线形或披针形，花萼顶端分裂为 5～8 枚齿状萼片，花瓣 6～8，线形，基部黏合，上部开花后反卷，外面有微柔毛，初为白色，后变黄色。核果卵圆形，幼时绿色，成熟后黑色，顶端有宿存的萼齿和花盘，种子 1 颗。花期 5—7 月和 9—10 月，果期 7—11 月。

分布：产于吉首、永顺。生长于海拔 200～1300 m 的山地林缘、溪边、村边林。在全国分布于河南、陕西、甘肃、江苏、浙江、安徽、福建、台湾、江西、湖北、湖南、四川、贵州、云南、广东、广西和西藏南部。东南亚及非洲东部各国也有分布。

用途：本种药用；树皮纤维可编绳索；木材可作家具及天花板；种子可榨油，供工业用。

八角枫理化参数及籽油脂肪酸组成如表 7-355 和表 7-356 所示。

表 7-355　八角枫含油量及理化参数

采集地	海拔/m	测试部位	油脂含量/%	碘值/（g/100g）	酸值/（mg/g）	皂化值/（mg/g）
吉首市小溪	240	种仁	22.30	81.80	4.40	199.25

表 7-356　八角枫籽油脂肪酸组成　　　　　　　　单位:%

采集地	月桂酸	肉豆蔻酸	棕榈酸	棕榈油酸	硬脂酸	油酸	亚油酸	亚麻酸	花生酸	花生烯酸
吉首市小溪	—		10.82	—	5.21	20.73	63.25			

四十七、蓝果树科（珙桐科）

喜树 *Camptotheca acuminata* **Decne.**

别名：旱莲木（《植物名实图考》），千丈树（《峨眉植物图志》）。

主要特征：落叶乔木，高达 20 余 m。叶互生，纸质，矩圆状卵形或矩圆状椭圆形，叶柄幼时有微柔毛，其后几无毛。头状花序近球形，顶生或腋生，总花梗圆柱形，苞片 3 枚，三角状卵形，内外两面均有短柔毛；花萼杯状，5 浅裂，裂片齿状，边缘睫毛状；花瓣 5 枚，淡绿色，矩圆形或矩圆状卵形。翅果矩圆形，顶端具宿存的花盘，两侧具窄翅，幼时绿色，干燥后黄褐色，着生成近球形的头状果序。花期 5—7 月，果期 9 月。

分布：湘西地区广布，野生或有栽培。生长于海拔 1000 m 以下的山地溪边。在全国分布于江苏南部、浙江、福建、江西、湖北、湖南、四川、贵州、广东、广西、云南等省区。

用途：本种的树干挺直，生长迅速，可种为庭园树或行道树；树根可作药用；种子可榨油，供工业用。

喜树理化参数及籽油脂肪酸组成如表 7-357 和表 7-358 所示。

表 7-357　喜树含油量及理化参数

采集地	海拔/m	测试部位	油脂含量/%	碘值/(g/100g)	酸值/(mg/g)	皂化值/(mg/g)
吉首市新桥村	270	种子	13.60	20.66	8.44	423.18

表 7-358　喜树籽油脂肪酸组成　　　　　　　　　　单位:%

采集地	月桂酸	肉豆蔻酸	棕榈酸	棕榈油酸	硬脂酸	油酸	亚油酸	亚麻酸	花生酸	花生烯酸
吉首市新桥村	0.03	0.53	4.72	—	2.85	5.94	5.94	19.33	0.89	0.54

四十八、山茱萸科 Cornaceae

1. 灯台树 *Bothrocaryum controversum* (Hemsl.) Pojark.

别名：六角树（四川），瑞木（《经济植物手册》）。

主要特征：落叶乔木，高 6~15 m。叶互生，纸质，阔卵形、阔椭圆状卵形或披针状椭圆形，叶柄紫红绿色，无毛。伞房状聚伞花序，顶生，稀生浅褐色平贴短柔毛；总花梗淡黄绿色，花小，白色，花瓣 4，长圆披针形。核果球形，成熟时紫红色至蓝黑色；核骨质，球形，略有 8 条肋纹，顶端有一个方形孔穴；果梗长 2.5~4.5 mm，无毛。花期 5—6 月，果期 7—8 月。

分布：产于永顺、保靖。生长于海拔 500~1300 m 的山地疏林或散生。在全国分布于辽宁、河北、陕西、甘肃、山东、安徽、台湾、河南、广东、广西及长江以南各省区。中国以外分布于朝鲜、日本、印度北部、尼泊尔、锡金、不丹。

用途：可以作为行道树种；果肉及种子含油量高，果实可以榨油，为木本油料植物。

灯台树理化参数及籽油脂肪酸组成如表 7-359 和表 7-360 所示。

表 7-359　灯台树含油量及理化参数

采集地	海拔/m	测试部位	油脂含量/%	碘值/(g/100g)	酸值/(mg/g)	皂化值/(mg/g)
保靖县毛沟镇	730	种仁	21.32	89.56	3.66	206.13

表 7-360　灯台树籽油脂肪酸组成　　　　　　　　　　单位:%

采集地	月桂酸	肉豆蔻酸	棕榈酸	棕榈油酸	硬脂酸	油酸	亚油酸	亚麻酸	花生酸	花生烯酸
保靖县毛沟镇	0.19	0.76	12.93	1.07	1.87	21.54	51.97	1.53	0.36	0.15

2. 头状四照花 *Dendrobenthamia capitata* (Wall.) Hutch.

别名：鸡嗉子（云南）。

主要特征：常绿乔木，高 3~15 m。叶对生，薄革质或革质，长圆椭圆形或长圆披针形。头状花序球形，为 100 余朵绿色花聚集而成；总苞片 4，白色，倒卵形或阔倒卵形，花萼管状，先端 4 裂，裂片齿形，花瓣 4，下面被有白色贴生短柔毛，雄蕊 4，花丝纤细，花药椭圆形。果序扁球形，成熟时紫红色；总果梗粗壮，圆柱形，幼时被粗毛，渐老则毛被稀疏或无毛。花期 5—6 月，果期 9—10 月。

分布：产于保靖。生于海拔 1000~1300 m 的混交林中。在全国分布于浙江南部、湖北西部及广西、湖南、四川、贵州、云南、西藏等省区。印度、尼泊尔及巴基斯坦也有分布。

用途：本种的树皮可供药用；枝、叶可提取单宁；果供食用；种子可榨油。

头状四照花理化参数及籽油脂肪酸组成如表 7-361 和表 7-362 所示。

表 7-361 头状四照花含油量及理化参数

采集地	海拔/m	测试部位	油脂含量/%	碘值/(g/100g)	酸值/(mg/g)	皂化值/(mg/g)
保靖县白云山	1080	种仁	12.35	66.05	11.47	161.60

表 7-362 头状四照花籽油脂肪酸组成 单位:%

采集地	月桂酸	肉豆蔻酸	棕榈酸	棕榈油酸	硬脂酸	油酸	亚油酸	亚麻酸	花生酸	花生烯酸
保靖县白云山	1.42	—	5.92	0.37	1.33	55.65	28.97	0.68	0.47	0.14

3. 梾木 *Swida macrophylla* （Wall.） Sojak

别名：椋子木（《救荒本草》），凉子（河南），冬青果（江西）。

主要特征：乔木，高 3~15 m。叶对生，纸质，阔卵形或卵状长圆形，叶柄长 1.5~3 cm，淡黄绿色，老后变为无毛。伞房状聚伞花序顶生，疏被短柔毛；总花梗红色；花白色，有香味；花萼裂片 4；花瓣 4，舌状长圆形或卵状长圆形。核果近于球形，成熟时黑色，近于无毛；核骨质，扁球形，两侧各有 1 条浅沟及 6 条脉纹。花期 6—7 月，果期 8—9 月。

分布：产于龙山、永顺、凤凰。生长于海拔 300~1300 m 的山地疏林。在全国分布于山西、陕西、甘肃南部、山东南部、台湾、西藏及长江以南各省区。缅甸、巴基斯坦、印度、不丹、锡金、尼泊尔、阿富汗也有分布。

用途：果实榨油，供制肥皂、润滑油及食用（须将油熬透、除去异味）；叶和树皮可提栲胶，可作紫色染科。

梾木理化参数及籽油脂肪酸组成如表 7-363 和表 7-364 所示。

表 7-363 梾木含油量及理化参数

采集地	海拔/m	测试部位	油脂含量/%	碘值/(g/100g)	酸值/(mg/g)	皂化值/(mg/g)
永顺县小溪	356	种仁	30.56	124.53	1.09	176.07

表 7-364 梾木籽油脂肪酸组成 单位:%

采集地	月桂酸	肉豆蔻酸	棕榈酸	棕榈油酸	硬脂酸	油酸	亚油酸	亚麻酸	花生酸	花生烯酸
永顺县小溪	—	—	1.73	—	0.73	50.94	44.99	0.51		0.16

4. 小梾木 *Swida paucinervis* （Hance） Sojak

别名：乌金草、酸皮条、火烫药。

主要特征：落叶灌木，高1～3 m。叶对生，纸质，椭圆状披针形、披针形，叶柄黄绿色，被贴生灰色短柔毛，上面有浅沟，下面圆形。伞房状聚伞花序顶生，被灰白色贴生短柔毛，总花梗圆柱形，花小，白色至淡黄白色，花萼裂片4，披针状三角形至尖三角形，花瓣4，狭卵形至披针形。核果圆球形，成熟时黑色；核近于球形，骨质，有6条不明显的肋纹。花期6—7月，果期10—11月。

分布：产于龙山、永顺、凤凰。生长于海拔1100 m以下的山地河滩、沟谷灌丛。分布于陕西和甘肃南部，以及江苏、福建、湖北、湖南、广东、广西、四川、贵州、云南等省区。

用途：木材坚硬可作工具柄；叶作药用，治烫伤及火烧伤；果实含油可以榨取，供工业用。

小梾木理化参数及籽油脂肪酸组成如表7-365和表7-366所示。

表7-365　小梾木含油量及理化参数

采集地	海拔/m	测试部位	油脂含量/%	碘值/（g/100g）	酸值/（mg/g）	皂化值/（mg/g）
永顺县吊井岩	450	种仁	18.80	127.88	0.81	179.14

表7-366　小梾木籽油脂肪酸组成　　　　　单位:%

采集地	月桂酸	肉豆蔻酸	棕榈酸	棕榈油酸	硬脂酸	油酸	亚油酸	亚麻酸	花生酸	花生烯酸
永顺县吊井岩	—	—	7.14	—	2.99	19.32	69.37	0.53	0.18	0.47

四十九、五加科 Araliaceae

1. 三叶五加 *Acanthopanax trifoliatus*（Linn.）Merr.

别名：白簕（《种子植物名称》），鹅掌簕、禾掌簕（广东土名）。

主要特征：灌木，高1～7 m。叶有小叶3，稀4～5，小叶片纸质，稀膜质，椭圆状卵形至椭圆状长圆形，小叶柄长2～8 mm，有时几无小叶柄。伞形花序3～10个组成顶生复伞形花序或圆锥花序，花梗细长，长1～2 cm，无毛；花黄绿色；萼片无毛，边缘有5个三角形小齿；花瓣5，三角状卵形，果实扁球形，直径约5 mm，黑色。花期8—11月，果期9—12月。

分布：产于永顺、凤凰。生长于海拔200～1300 m的山丘村边、山地林缘、灌丛。在全国分布于中部和南部，西自云南西部国境线，东至台湾，北起秦岭南坡。印度、越南和菲律宾也有分布。

用途：本种为民间常用草药；种子可榨油。

三叶五加理化参数及籽油脂肪酸组成如表7-367和表7-368所示。

表7-367　三叶五加含油量及理化参数

采集地	海拔/m	测试部位	油脂含量/%	碘值/（g/100g）	酸值/（mg/g）	皂化值/（mg/g）
永顺县回龙乡	398	种仁	59.87	31.56	4.47	192.96

表7-368　三叶五加籽油脂肪酸组成　　单位:%

采集地	月桂酸	肉豆蔻酸	棕榈酸	棕榈油酸	硬脂酸	油酸	亚油酸	亚麻酸	花生酸	花生烯酸
永顺县回龙乡	—	13.20	11.60	3.65	36.00	39.00	26.00	1.00	7.77	—

2. 棘茎楤木 *Aralia echinocaulis* Hand.-Mazz.

主要特征：小乔木，高达7 m。叶为二回羽状复叶，羽片有小叶5~9，基部有小叶1对；小叶片膜质至薄纸质，长圆状卵形至披针形，小叶无柄或几无柄。圆锥花序大，顶生，伞形花序直径约1.5 cm，有花12~20朵；苞片卵状披针形，小苞片披针形；花白色；萼无毛，边缘有5个卵状三角形小齿；花瓣5，卵状三角形。果实球形，有5棱；宿存花柱长1~1.5 mm，基部合生。花期6—8月，果期9—11月。

分布：产于永顺。生长于海拔300~1300 m的山地疏林下、沟边、路边。在全国分布于四川、云南、贵州、广西、广东、福建、江西、湖北、湖南、安徽和浙江。

用途：药用，可活血消肿，治疗跌打损伤；种子可榨油。

棘茎楤木理化参数及籽油脂肪酸组成如表7-369和表7-370所示。

表7-369　棘茎楤木含油量及理化参数

采集地	海拔/m	测试部位	油脂含量/%	碘值/(g/100g)	酸值/(mg/g)	皂化值/(mg/g)
永顺县小溪	623	种仁	52.81	118.45	5.07	184.24

表7-370　棘茎楤木籽油脂肪酸组成　　单位:%

采集地	月桂酸	肉豆蔻酸	棕榈酸	棕榈油酸	硬脂酸	油酸	亚油酸	亚麻酸	花生酸	花生烯酸
永顺县小溪	—	0.02	12.57	0.19	5.40	52.13	27.76	0.47	0.82	0.65

五十、伞形科 Umbelliferae

1. 野胡萝卜 *Daucus carota* Linn.

别名：鹤虱草（江苏南京、镇江、苏州）。

主要特征：二年生草本，高15~120 cm。基生叶薄膜质，长圆形，茎生叶近无柄，有叶鞘，末回裂片小或细长。复伞形花序，花序梗长10~55 cm，有糙硬毛；总苞有多数苞片，呈叶状，伞辐多数，长2~7.5 cm。果实圆卵形，长3~4 mm，宽2 mm，棱上有白色刺毛。花期5—7月。

分布：产于永顺、花垣、保靖。生长于400 m左右的山坡、路边、田间。在全国分布于四川、贵州、湖北、湖南、江西、安徽、江苏、浙江等省区。欧洲及东南亚地区也有分布。

用途：果实入药，有驱虫作用，又可提取芳香油。

野胡萝卜理化参数及籽油脂肪酸组成如表7-371和表7-372所示。

表 7-371　野胡萝卜含油量及理化参数

采集地	海拔/m	测试部位	油脂含量/%	碘值/(g/100g)	酸值/(mg/g)	皂化值/(mg/g)
花垣县古苗河	300	种仁	31.65	84.04	3.58	167.12

表 7-372　野胡萝卜籽油脂肪酸组成　　　　　　　　　　单位:%

采集地	月桂酸	肉豆蔻酸	棕榈酸	棕榈油酸	硬脂酸	油酸	亚油酸	亚麻酸	花生酸	花生烯酸
花垣县古苗河	0.09	0.64	10.45	0.29	5.20	10.14	26.68	18.23	5.71	0.19

2. 短毛独活 *Heracleum moellendorffii* Hance

别名:东北牛防风(《东北草本植物志》),大叶芹(辽宁)。

主要特征:多年生草本,高 1~2 m。叶片轮廓广卵形,薄膜质,小叶柄长 3~8 cm;茎上部叶有显著宽展的叶鞘。复伞形花序顶生和侧生,花序梗长 4~15 cm;总苞片少数,线状披针形,小总苞片 5~10,披针形;花柄细长,萼齿不显著;花瓣白色。分生果圆状倒卵形,顶端凹陷,背部扁平,背棱和中棱线状突起,侧棱宽阔;每棱槽内有油管 1,合生面油管 2,棒形,其长度为分生果的一半。胚乳腹面平直。花期 7 月,果期 8—10 月。

分布:产于永顺。生长于海拔 200~600 m 的阴坡山沟旁、林缘。在全国分布于黑龙江、吉林、辽宁、内蒙古、河北、山东、陕西、湖北、安徽、江苏、浙江、江西、湖南、云南等省区。

用途:根入药,祛风除湿;种子可榨油。

短毛独活理化参数及籽油脂肪酸组成如表 7-373 和表 7-374 所示。

表 7-373　短毛独活含油量及理化参数

采集地	海拔/m	测试部位	油脂含量/%	碘值/(g/100g)	酸值/(mg/g)	皂化值/(mg/g)
永顺县小溪	524	种仁	25.56	80.75	136.60	200.09

表 7-374　短毛独活籽油脂肪酸组成　　　　　　　　　　单位:%

采集地	月桂酸	肉豆蔻酸	棕榈酸	棕榈油酸	硬脂酸	油酸	亚油酸	亚麻酸	花生酸	花生烯酸
永顺县小溪	0.10	0.22	16.82	0.16	2.37	39.07	31.44	2.68	0.73	0.70

3. 小窃衣 *Torilis japonica*(Houtt.) DC.

别名:粘草籽(湘西),破子草(《中国高等植物图鉴》),大叶山胡萝卜(河北)。

主要特征:一年或多年生草本,高 20~120 cm。叶片长卵形,1~2 回羽状分裂,两面疏生紧贴的粗毛。复伞形花序顶生或腋生,花序梗长 3~25 cm,有倒生的刺毛;总苞片 3~6,通常线形,小总苞片 5~8,线形或钻形,萼齿细小,三角形或三角状披针形;花瓣白色、紫红或蓝紫色。果实圆卵形,通常有内弯或呈钩状的皮刺;皮刺基部扩展,粗糙;胚乳腹面凹陷,每棱槽有油管 1。花果期 4—10 月。

分布:产于永顺、保靖。生长于海拔 1000 m 以下的山地草丛、路边、杂草地。除黑龙江、内蒙古及新疆省区外,全国各地均产。欧洲、北非及亚洲的温带地区也有分布。

用途：果和根供药用，果含精油，能驱蛔虫，外用为消炎药。

小窃衣理化参数及籽油脂肪酸组成如表7-375和表7-376所示。

表7-375　小窃衣含油量及理化参数

采集地	海拔/m	测试部位	油脂含量/%	碘值/(g/100g)	酸值/(mg/g)	皂化值/(mg/g)
保靖县白云山	730	种仁	16.54	131.45	31.96	204.86

表7-376　小窃衣籽油脂肪酸组成　　　　　　　　单位:%

采集地	月桂酸	肉豆蔻酸	棕榈酸	棕榈油酸	硬脂酸	油酸	亚油酸	亚麻酸	花生酸	花生烯酸
保靖县白云山	—	0.36	8.30	0.52	2.48	9.96	65.39	2.08	0.87	

五十一、柿树科 Ebenaceae

1. 罗浮柿 *Diospyros morrisiana* Hance

别名：山榉树（广东惠阳），牛古柿（广东汕头）。

主要特征：乔木或小乔木，高可达20 m，胸径可达30 cm。叶薄革质，长椭圆形或下部的为卵形，叶柄长约1 cm，嫩时疏被短柔毛，先端有很窄的翅。雄花序短小，腋生，下弯，聚伞花序式，雄花带白色，花萼钟状，雌花：腋生，单生，花萼浅杯状。果球形，黄色，有光泽，4室，每室有1种子；种子近长圆形，栗色，侧扁，背较厚。花期5—6月，果期11月。

分布：产于永顺。生长于海拔400~800 m的山地沟谷、林缘。在全国分布于广东、广西、福建、台湾、浙江、江西、湖南南部、贵州东南部、云南东南部、四川盆地等地。越南北部也有分布。

用途：木材可制家具；茎皮、叶、果入药；种子可榨油，供工业用。

罗浮柿理化参数及籽油脂肪酸组成如表7-377和表7-378所示。

表7-377　罗浮柿含油量及理化参数

采集地	海拔/m	测试部位	油脂含量/%	碘值/(g/100g)	酸值/(mg/g)	皂化值/(mg/g)
永顺县小溪	526	种仁	10.23	—	—	—

表7-378　罗浮柿籽油脂肪酸组成　　　　　　　　单位:%

采集地	月桂酸	肉豆蔻酸	棕榈酸	棕榈油酸	硬脂酸	油酸	亚油酸	亚麻酸	花生酸	花生烯酸
永顺县小溪	3.79	0.09	8.68	0.14	1.15	28.57	50.81	1.30	0.27	0.54

2. 油柿 *Diospyros oleifera* Cheng

别名：方柿（浙江），漆柿、绿柿。

主要特征：落叶乔木，高达14 m，胸径达40 cm。叶纸质，长圆形、长圆状倒卵形、倒卵形，叶柄长6~10 mm。花雌雄异株或杂性，雄花的聚伞花序生当年生枝下部，腋生，单生，每花序有花3~5朵，果卵形、卵状长圆形、球形或扁球形，略呈4棱，嫩时绿色，成熟时暗黄色，有易脱落的软毛，有种子 3~8 颗；种子近长圆形，棕色，侧扁。花期 4—5 月，果期 8—10 月。

分布：产于永顺。生长于海拔 300~800 m 的低山、丘陵、村边林。在全国分布于浙江中部以南、安徽南部、江西、福建、湖南、广东北部和广西。

用途：果可供食用，果蒂（宿存花萼）入药；种子可榨油，供工业用。

油柿理化参数及籽油脂肪酸组成如表 7—379 和表 7—380 所示。

表 7-379　油柿含油量及理化参数

采集地	海拔/m	测试部位	油脂含量/%	碘值/(g/100g)	酸值/(mg/g)	皂化值/(mg/g)
永顺县小溪	327	种仁	13.21	107.58	15.43	139.55

表 7-380　油柿籽油脂肪酸组成　　单位:%

采集地	月桂酸	肉豆蔻酸	棕榈酸	棕榈油酸	硬脂酸	油酸	亚油酸	亚麻酸	花生酸	花生烯酸
永顺县小溪	—	0.12	8.97	0.49	2.46	25.75	28.96	27.47	0.51	0.21

五十二、山矾科 Symplocaceae

厚皮灰木 *Symplocos crassifolia* Benth.

别名：川清茉莉（《中国树木分类学》），光清香藤（《植物分类学报》），北清香藤（《中国高等植物图鉴》）。

主要特征：常绿小乔木；叶革质，狭椭圆形、椭圆形或长圆状倒卵形；叶柄长 8~15 mm。穗状花序与叶柄等长或稍短，花序轴具短柔毛；苞片阔卵形；花萼长约 4 mm，裂片长圆形，背面无毛；花冠长约 4 mm，5 深裂几达基部；雄蕊 40~50 枚。子房 3 室；核果椭圆形，顶端有直立的宿萼裂片，核骨质，不分开成 3 分核。花期 3—4 月；果期 6—8 月。

分布：湘西部分地区有分布。生长于海拔 300~1400 m 的山地。在全国分布于福建、浙江、安徽、江西、湖南、湖北、陕西、四川、西藏、云南、贵州、广西、广东北部。锡金、不丹也有分布。

用途：茎皮纤维可代麻用或作造纸原料；种子可榨油，供制肥皂用。

厚皮灰木理化参数及籽油脂肪酸组成如表 7—381 和表 7—382 所示。

表 7-381　厚皮灰木含油量及理化参数

采集地	海拔/m	测试部位	油脂含量/%	碘值/(g/100g)	酸值/(mg/g)	皂化值/(mg/g)
永顺县小溪	398	种仁	23.64	83.55	2.10	174.06

表 7-382　厚皮灰木籽油脂肪酸组成　　单位:%

采集地	月桂酸	肉豆蔻酸	棕榈酸	棕榈油酸	硬脂酸	油酸	亚油酸	亚麻酸	花生酸	花生烯酸
永顺县小溪	0.17	0.73	12.72	0.86	1.90	21.74	52.33	1.53	0.38	0.16

五十三、野茉莉科（安息香科）Styracaceae

1. 白辛树 *Pterostyrax psilophyllus* Diels ex Perk.

别名：鄂西野茉莉（《中国树木分类学》）。

主要特征：乔木，高达 15 m，胸径达 45 cm。叶硬纸质，长椭圆形、倒卵形或倒卵状长圆形，叶柄长 1~2 cm，密被星状柔毛，上面具沟槽。圆锥花序顶生或腋生，花序梗、花梗和花萼均密被黄色星状绒毛；花白色，花瓣长椭圆形或椭圆状匙形。果近纺锤形，中部以下渐狭，连喙长约 2.5 cm，5~10 棱或有时相间的 5 棱不明显，密被灰黄色疏展、丝质长硬毛。花期 4—5 月，果期 8—10 月。

分布：产于永顺。生长于海拔 300~1300 m 的山地溪边、阔叶林中。在全国分布于湖南、湖北、四川、贵州、广西和云南。

用途：低湿地造林或护堤树种；材质轻软，纹理致密，加工容易，可作为一般器具用材；种子可榨油，供工业用。

白辛树理化参数及籽油脂肪酸组成如表 7-383 和表 7-384 所示。

表 7-383　白辛树含油量及理化参数

采集地	海拔/m	测试部位	油脂含量/%	碘值/（g/100g）	酸值/（mg/g）	皂化值/（mg/g）
永顺县小溪	364	种仁	28.15	—	—	—

表 7-384　白辛树籽油脂肪酸组成　　　　　　　　　　　　单位:%

采集地	月桂酸	肉豆蔻酸	棕榈酸	棕榈油酸	硬脂酸	油酸	亚油酸	亚麻酸	花生酸	花生烯酸
永顺县小溪	0.04	0.05	5.53	0.11	2.63	15.67	61.76	12.74	0.61	0.20

2. 灰叶安息香 *Styrax calvescens* Perk.

别名：灰叶野茉莉（《中国高等植物图鉴》），毛垂珠花（《中国经济植物志》）。

主要特征：灌木或小乔木，高 5~15 m，胸径达 15 cm。叶互生，近革质，椭圆形、倒卵形或椭圆状倒卵形，叶柄长 1~3 mm，密被灰黄色星状绒毛。总状花序或圆锥花序，顶生或腋生，花序梗、小苞片和花梗均密被灰黄色星状柔毛；花白色，花萼杯状，革质。果实倒卵形，长约 8 mm，直径约 6 mm，顶端具短尖头，密被灰黄色绒毛和星状柔毛；种子平滑，褐色，无毛。花期 5—6 月，果期 7—8 月。

分布：产于保靖。生长于海拔 300~800 m 的山坡灌丛、河谷。在全国分布于河南、湖北、湖南、江西、浙江等。

用途：种子油可供制肥皂、润滑油及油漆使用。

灰叶安息香理化参数及籽油脂肪酸组成如表 7-385 和表 7-386 所示。

表 7-385　灰叶安息香含油量及理化参数

采集地	海拔/m	测试部位	油脂含量/%	碘值/（g/100g）	酸值/（mg/g）	皂化值/（mg/g）
保靖县白云山	550	种仁	32.46	—	—	—

表 7-386　灰叶安息香籽油脂肪酸组成　　　　　　　单位:%

采集地	月桂酸	肉豆蔻酸	棕榈酸	棕榈油酸	硬脂酸	油酸	亚油酸	亚麻酸	花生酸	花生烯酸
保靖县白云山	0.02	0.10	18.49	0.16	4.83	35.16	14.83	0.12	3.04	0.38

3. 白花龙 *Styrax faberi* Perk.

别名:白龙条、扫酒树、棉子树（广东）。

主要特征:灌木,高 1 ~ 2 m。叶互生,纸质,有时侧枝最下两叶近对生而较大,椭圆形、倒卵形或长圆状披针形。叶柄长 1 ~ 2 mm,密被黄褐色星状柔毛。总状花序顶生,有花 3 ~ 5 朵,下部常单花腋生,花序梗和花梗均密被灰黄色星状短柔毛,花白色。果实倒卵形或近球形,外面密被灰色星状短柔毛,果皮厚约 0.5 mm,平滑。花期 4—6 月,果期 8—10 月。

分布:产于永顺、保靖。生长于海拔 200 ~ 500 m 的丘陵灌丛、松林下。在全国分布于安徽、湖北、江苏、浙江、湖南、江西、福建、台湾、广东、广西、贵州和四川等省区。

用途:种子油可制肥皂和润滑油;根可用于治胃脘痛;叶可用于止血、生肌、消肿。

白花龙理化参数及籽油脂肪酸组成如表 7-387 和表 7-388 所示。

表 7-387　白花龙含油量及理化参数

采集地	海拔/m	测试部位	油脂含量/%	碘值/(g/100g)	酸值/(mg/g)	皂化值/(mg/g)
保靖县白云山	450	种仁	30.89	—	—	—

表 7-388　白花龙籽油脂肪酸组成　　　　　　　　单位:%

采集地	月桂酸	肉豆蔻酸	棕榈酸	棕榈油酸	硬脂酸	油酸	亚油酸	亚麻酸	花生酸	花生烯酸
保靖县白云山	0.08	0.42	13.96	1.23	5.35	34.10	25.29	0.07	5.67	0.16

4. 野茉莉 *Styrax japonicus* Sieb. et Zucc.

别名:耳完桃（广东翁源）,君迁子（陕西紫阳）,木桔子（湖北）,黑茶花、茉莉苞、野花椒（《亨利氏中国植物名录》）。

主要特征:灌木或小乔木,高 4 ~ 8 m,少数高达 10 m;叶互生,纸质或近革质,椭圆形或长圆状椭圆形至卵状椭圆形;叶柄长 5 ~ 10 mm,上面有凹槽,疏被星状短柔毛。总状花序顶生;花丝扁平,花药长圆形,边缘被星状毛,长约 5 mm。果实卵形;种子褐色,有深皱纹。花期 4—7 月,果期 9—11 月。

分布:产于永顺、保靖。生长于海拔 200 ~ 1300 m 的山地、灌丛、松林下、沟边。在全国分布,北自秦岭和黄河以南,东起山东、福建,西至云南东北部和四川东部,南至广东和广西北部。朝鲜和日本也有分布。

用途:材用;种子油可作肥皂或机器润滑油,油粕可作肥料;花芳香美丽,可作庭园观赏植物。

野茉莉理化参数及籽油脂肪酸组成如表 7-389 和表 7-390 所示。

表 7-389　野茉莉含油量及理化参数

采集地	海拔/m	测试部位	油脂含量/%	碘值/(g/100g)	酸值/(mg/g)	皂化值/(mg/g)
保靖县白云山	265	种仁	40.24	—	—	—

表 7-390　野茉莉籽油脂肪酸组成　　　　　　　单位:%

采集地	月桂酸	肉豆蔻酸	棕榈酸	棕榈油酸	硬脂酸	油酸	亚油酸	亚麻酸	花生酸	花生烯酸
保靖县白云山	0.02	0.14	7.13	0.77	3.23	12.74	49.24	18.94	0.51	0.09

5. 栓叶安息香 *Styrax suberifolius* Hook. et Arn.

别名：红皮树、红皮、赤血仔、叶下白、赤仔尾（台湾），铁甲子、稠树、狐狸公（广东），赤皮（广西永福）。

主要特征：乔木，高 4~20 m，胸径达 40 cm；叶互生，革质，椭圆形、长椭圆形或椭圆状披针形；叶柄长 1~1.5（2）cm，上面具深槽或近四棱形，密被灰褐色或锈色星状绒毛。总状花序或圆锥花序，顶生或腋生；花白色；花萼杯状，萼齿三角形或波状，裂片披针形或长圆形；花药长圆形；花柱约与花冠近等长，无毛。果实卵状球形；种子褐色，无毛，宿存，花萼包围果实的基部至一半。花期 3—5 月，果期 9—11 月。

分布：产于永顺、保靖、凤凰。生长于海拔 300~1200 m 的山地沟谷阔叶林中。在全国分布于长江流域以南各省区。越南也有分布。

用途：材用，种子可制肥皂或油漆；根和叶可作药用。

栓叶安息香理化参数及籽油脂肪酸组成如表 7-391 和表 7-392 所示。

表 7-391　栓叶安息香含油量及理化参数

采集地	海拔/m	测试部位	油脂含量/%	碘值/(g/100g)	酸值/(mg/g)	皂化值/(mg/g)
保靖县白云山	550	种仁	32.46	—	—	—

表 7-392　栓叶安息香籽油脂肪酸组成　　　　　　　单位:%

采集地	月桂酸	肉豆蔻酸	棕榈酸	棕榈油酸	硬脂酸	油酸	亚油酸	亚麻酸	花生酸	花生烯酸
保靖县白云山	0.02	0.10	18.49	0.16	4.83	35.16	14.83	0.12	3.04	0.38

五十四、木犀科 Oleaceae

1. 清香藤 *Jasminum lanceolarium* Roxb.

别名：川清茉莉（《中国树木分类学》），光清香藤（《植物分类学报》），北清香藤（《中国高等植物图鉴》）。

主要特征：大型攀缘灌木，高 10~15 m。叶对生或近对生，三出复叶，有时花序基部侧生小叶退化成线状而成单叶；叶柄长（0.3）1~4.5 cm，具沟，沟内常被微柔毛；小叶片椭圆形、长圆形、卵圆形、卵形或披针形，稀近圆形。复聚伞花序常排列呈圆锥状，顶生或腋生，有花多朵，密集；花萼筒状，萼齿三角形，不明显，或几近截形；花冠白色，高脚碟状，花冠管纤细，披针形、椭圆形或长圆形；果球形或椭圆形，黑色，干时呈橘黄色。花期4—10月，果期6月至翌年3月。

分布：产于永顺、凤凰、龙山。生长于海拔300～1000 m 的山地林下、溪边。在全国分布于长江流域以南各省区及台湾、陕西、甘肃。印度、缅甸、越南等国也有分布。

用途：根及茎（破骨风）入药，能祛风除湿，活血止痛；种子可榨油，供工业用。

清香藤理化参数及籽油脂肪酸组成如表7-393和表7-394所示。

表7-393　清香藤含油量及理化参数

采集地	海拔/m	测试部位	油脂含量/%	碘值/（g/100g）	酸值/（mg/g）	皂化值/（mg/g）
龙山县塔泥乡	497	种仁	20.41	—	—	—

表7-394　清香藤籽油脂肪酸组成　　　　单位：%

采集地	月桂酸	肉豆蔻酸	棕榈酸	棕榈油酸	硬脂酸	油酸	亚油酸	亚麻酸	花生酸	花生烯酸
龙山县塔泥乡	0.18	0.74	12.80	0.95	1.90	21.57	51.92	1.53	0.37	0.18

2. 蜡子树 *Ligustrum leucanthum*（S. Moore）**P. S. Green**

别名：水白蜡（四川宝兴），黄家榆（河南）。

主要特征：落叶灌木或小乔木，高1.5 m；叶片纸质或厚纸质，椭圆形、椭圆状长圆形至狭披针形、宽披针形，或为椭圆状卵形，大小较不一致；叶柄长1～3 mm，被硬毛、柔毛或无毛。圆锥花序着生于小枝顶端；花序轴被硬毛、柔毛、短柔毛至无毛；花萼截形或萼齿呈宽三角形，先端尖或钝；裂片卵形，稀具睫毛，近直立；花药宽披针形。果近球形至宽长圆形，呈蓝黑色。花期6—7月，果期8—11月。

分布：湘西山地散见。生长于海拔300～1200 m 的山地林下、水沟边。在全国分布于陕西南部、甘肃南部、江苏、安徽、浙江、江西、福建、湖北、湖南、四川。

用途：叶可制染料原料、嫩叶可饲养柏蚕；皮可入药，能治疗多种疾病；种子，可供制肥皂、润滑油。

蜡子树理化参数及籽油脂肪酸组成如表7-395和表7-396所示。

表7-395　蜡子树含油量及理化参数

采集地	海拔/m	测试部位	油脂含量/%	碘值/（g/100g）	酸值/（mg/g）	皂化值/（mg/g）
龙山县八面山	1183	种仁	27.99	114.34	1.56	194.34

表7-396　蜡子树籽油脂肪酸组成　　　　单位：%

采集地	月桂酸	肉豆蔻酸	棕榈酸	棕榈油酸	硬脂酸	油酸	亚油酸	亚麻酸	花生酸	花生烯酸
龙山县八面山	—	0.02	3.17	0.05	2.27	52.25	39.51	1.77		2.05

3. 女贞 *Ligustrum lucidum* **Ait.**

别名：青蜡树（江苏），大叶蜡树（江西），白蜡树（广西），蜡树（湖南）。

主要特征：灌木或乔木，高可达 25 m。叶片常绿，革质，卵形、长卵形或椭圆形至宽椭圆形；叶柄长 1～3 cm，上面具沟，无毛。圆锥花序顶生；花序梗长 0～3 cm；花序轴及分枝轴无毛，紫色或黄棕色，果时具棱；花序基部苞片常与叶同型，小苞片披针形或线形；花无梗或近无梗；花萼无毛，齿不明显或近截形；花药长圆形；花柱长 1.5～2 mm，柱头棒状。果肾形或近肾形，深蓝黑色，成熟时呈红黑色，被白粉；果梗长 0～5 mm。花期 5—7 月，果期 7 月至翌年 5 月。

分布：湘西各县（市）广布，野生或栽培。在全国分布于长江以南至华南、西南各省区，向西北分布至陕西、甘肃。朝鲜也有分布，印度、尼泊尔有栽培。

用途：种子油可制肥皂；花可提取芳香油；果含淀粉，可供酿酒或制酱油；枝、叶上放养白蜡虫，能生产白蜡；果、叶药用；植株并可作丁香、桂花的砧木或行道树。

女贞理化参数如表 7-397 所示。

表 7-397 女贞含油量及理化参数

采集地	海拔/m	测试部位	油脂含量/%	碘值/(g/100g)	酸值/(mg/g)	皂化值/(mg/g)
永顺县回龙乡	343	种仁	10.56	—	—	—

4. 小叶女贞 *Ligustrum quihoui* Carr.

别名：小叶冬青、小白蜡、楝青、小叶水蜡树。

主要特征：落叶灌木，高 1～3 m。叶片薄革质，形状和大小变异较大，披针形、长圆状椭圆形、椭圆形、倒卵状长圆形至倒披针形或倒卵形；叶柄长 0～5 mm，无毛或被微柔毛。圆锥花序顶生，近圆柱形，分枝处常有 1 对叶状苞片；小苞片卵形，具睫毛；花萼无毛，萼齿宽卵形或钝三角形；裂片卵形或椭圆形，先端钝；雄蕊伸出裂片外，花丝与花冠裂片近等长或稍长。果倒卵形、宽椭圆形或近球形，呈紫黑色。花期 5—7 月，果期 8—11 月。

分布：湘西地区有分布。在全国分布于陕西南部、山东、江苏、安徽、浙江、江西、河南、湖南、湖北、四川、贵州西北部、云南、西藏察隅。

用途：叶入药，具清热解毒等功效，治烫伤、外伤；树皮入药治烫伤；种子可榨油，供工业用。

小叶女贞理化参数及籽油脂肪酸组成如表 7-398 和表 7-399 所示。

表 7-398 小叶女贞含油量及理化参数

采集地	海拔/m	测试部位	油脂含量/%	碘值/(g/100g)	酸值/(mg/g)	皂化值/(mg/g)
保靖县白云山	322	种仁	25.12	—	—	—

表 7-399 小叶女贞籽油脂肪酸组成   单位：%

采集地	月桂酸	肉豆蔻酸	棕榈酸	棕榈油酸	硬脂酸	油酸	亚油酸	亚麻酸	花生酸	花生烯酸
保靖县白云山	—	—	5.60	0.15	1.17	21.83	27.84	39.31	—	0.22

5. 小蜡 *Ligustrum sinense* Lour.

别名：黄心柳（云南），水黄杨（湖北），千张树（四川）。

主要特征：落叶灌木或小乔木，高 2 ~ 4（7）m。叶片纸质或薄革质，卵形、椭圆状卵形、长圆形、长圆状椭圆形至披针形，或近圆形；叶柄长 28 mm，被短柔毛。圆锥花序顶生或腋生，塔形；花序轴被较密淡黄色短柔毛或柔毛以至近无毛；花萼无毛，先端呈截形或呈浅波状齿；裂片长圆状椭圆形或卵状椭圆形；花丝与裂片近等长或长于裂片，花药长圆形。果近球形。花期 3 ~ 6 月，果期 9—12 月。

分布：产于永顺、花垣。生长于海拔 200 ~ 1400 m 的山地林下、沟边。在全国分布于江苏、浙江、安徽、江西、福建、台湾、湖北、湖南、广东、广西、贵州、四川、云南，西安有栽培。越南也有分布，马来西亚也有栽培。

用途：种子可榨油，果实可酿酒；种子榨油供制肥皂；树皮和叶入药，具清热降火等功效，治吐血、牙痛、口疮、咽喉痛等；各地普遍栽培作绿篱。

小蜡理化参数及籽油脂肪酸组成如表 7-400 和表 7-401 所示。

表 7-400　小蜡含油量及理化参数

采集地	海拔/m	测试部位	油脂含量/%	碘值/（g/100g）	酸值/（mg/g）	皂化值/（mg/g）
花垣县麻栗场	567	种仁	30.15	—	—	—

表 7-401　小蜡籽油脂肪酸组成　　单位:%

采集地	月桂酸	肉豆蔻酸	棕榈酸	棕榈油酸	硬脂酸	油酸	亚油酸	亚麻酸	花生酸	花生烯酸
花垣县麻栗场	—	0.26	1.13	31.80	2.34	5.94	16.78	18.07	2.32	1.52

6. 多毛小蜡 *Ligustrum sinense* Lour. var. *coryanum*（W. W. Smith）Handel-Mazzetti

别名：黄心柳（云南），水黄杨（湖北），千张树（四川）。

主要特征：幼枝、花序轴、叶柄及叶片下面均被较密黄褐色或黄色硬毛或柔毛，稀仅沿下面叶脉有毛；花萼常被短柔毛。果近球形。花期 3—6 月，果期 9—12 月。

分布：产于龙山、永顺、古丈、泸溪。生长于 500 ~ 1500 m 的山坡林缘。产于云南及四川。

用途：种子可榨油；花可提取精油。

多毛小蜡理化参数及籽油脂肪酸组成如表 7-402 和表 7-403 所示。

表 7-402　多毛小蜡含油量及理化参数

采集地	海拔/m	测试部位	油脂含量/%	碘值/（g/100g）	酸值/（mg/g）	皂化值/（mg/g）
永顺县回龙乡	414	种仁	30.46	—	—	—

表 7-403　多毛小蜡籽油脂肪酸组成　　单位:%

采集地	月桂酸	肉豆蔻酸	棕榈酸	棕榈油酸	硬脂酸	油酸	亚油酸	亚麻酸	花生酸	花生烯酸
永顺县回龙乡	—	—	4.95	1.41	1.08	55.41	30.99	0.70	0.29	0.07

7. 木犀 *Osmanthus fragrans* Loureiro

别名：桂花（通称）。

主要特征：常绿乔木或灌木，高 3～5 m，最高可达 18 m；叶片革质，椭圆形、长椭圆形或椭圆状披针形；叶柄长 0.8～1.2 cm，最长可达 15 cm，无毛。聚伞花序簇生于叶腋，或近于帚状，每腋内有花多朵；苞片宽卵形，质厚，具小尖头，无毛；花极芳香；花萼长约 1 mm，裂片稍不整齐；花冠黄白色、淡黄色、黄色或橘红色；雄蕊着生于花冠管中部；雌蕊长约 1.5 mm，花柱长约 0.5 mm。果歪斜，椭圆形，呈紫黑色。花期 9—10 月上旬，果期翌年 3 月。

分布：产于永顺、吉首。生长于 1000 m 以下。原产我国西南部。现各地广泛栽培。

用途：花为名贵香料，并作食品香料；种子可榨油，供工业用。

木犀理化参数及籽油脂肪酸组成如表 7-404 和表 7-405 所示。

表 7-404　木犀含油量及理化参数

采集地	海拔/m	测试部位	油脂含量/%	碘值/(g/100g)	酸值/(mg/g)	皂化值/(mg/g)
吉首大学校园	245	种仁	21.40	—	—	—

表 7-405　木犀籽油脂肪酸组成　　　　　　　　单位:%

采集地	月桂酸	肉豆蔻酸	棕榈酸	棕榈油酸	硬脂酸	油酸	亚油酸	亚麻酸	花生酸	花生烯酸
吉首大学校园	0.12	0.27	4.33	—	1.98	7.25	40.70	0.95	0.40	0.14

五十五、茜草科 Rubiaceae

毛狗骨柴 *Diplospora fruticosa* Hemsl.

别名：小狗骨柴（《广西植物名录》）。

主要特征：灌木或乔木，高 1～8（15）m。叶纸质或薄革质，长圆形、长圆状披针形或狭椭圆形；叶柄长 4～13 mm，常有短刚毛；伞房状的聚伞花序腋生，多花，总花梗很短；花萼被短柔毛，萼管陀螺形，萼檐浅 4 裂，裂片三角形；花冠白色，少黄色，冠喉部被柔毛，裂片长圆形，比冠管长，外反；雄蕊伸出；果近球形，有短柔毛或无毛，成熟时红色，纤细。花期 3—5 月，果期 6 月至翌年 2 月。

分布：湘西地区部分县（市）有分布。生长于海拔 200～800 m 的山地林中。产于江西、湖北、湖南、广东、广西、四川、贵州、云南、西藏墨脱。越南也有分布。

用途：观赏；绿化；种子可榨油，供工业用。

毛狗骨柴理化参数及籽油脂肪酸组成如表 7-406 和表 7-407 所示。

表 7-406　毛狗骨柴含油量及理化参数

采集地	海拔/m	测试部位	油脂含量/%	碘值/(g/100g)	酸值/(mg/g)	皂化值/(mg/g)
永顺县小溪	322	种仁	12.86	—	—	—

表 7-407　毛狗骨柴籽油脂肪酸组成　　　　　　　　单位:%

采集地	月桂酸	肉豆蔻酸	棕榈酸	棕榈油酸	硬脂酸	油酸	亚油酸	亚麻酸	花生酸	花生烯酸
永顺县小溪	—	—	12.02	—	1.75	23.60	55.03	1.61	0.54	0.28

五十六、马鞭草科 Verbenaceae

1. 臭牡丹 *Clerodendrum bungei* Steud.

别名：臭枫根、大红袍（《植物名实图考》），矮桐子（四川），臭梧桐（江苏），臭八宝（河北）。

主要特征：灌木，高 1～2 m，植株有臭味；叶片纸质，宽卵形或卵形；叶柄长 4～17 cm。伞房状聚伞花序顶生，密集；苞片叶状，披针形或卵状披针形，早落或花时不落，早落后在花序梗上残留凸起的痕迹，小苞片披针形；花萼钟状，被短柔毛及少数盘状腺体，萼齿三角形或狭三角形；花冠淡红色、红色或紫红色，裂片倒卵形；雄蕊及花柱均突出花冠外；花柱短于、等于或稍长于雄蕊；柱头 2 裂，子房 4 室。核果近球形，成熟时蓝黑色。花果期 5—11 月。

分布：产于永顺、凤凰、吉首。生长于海拔 1200 m 以下的山地山谷、林缘、村边、水湿地。在全国分布于华北、西北、西南，以及江苏、安徽、浙江、江西、湖南、湖北、广西。印度北部、越南、马来西亚也有分布。

用途：根、茎、叶入药；种子可榨油，供工业用。

臭牡丹理化参数及籽油脂肪酸组成如表 7–408 和表 7–409 所示。

表 7–408　臭牡丹含油量及理化参数

采集地	海拔/m	测试部位	油脂含量/%	碘值/（g/100g）	酸值/（mg/g）	皂化值/（mg/g）
吉首市德夯	328	种仁	25.50	83.03	17.81	207.27

表 7–409　臭牡丹籽油脂肪酸组成　　　　单位:%

采集地	月桂酸	肉豆蔻酸	棕榈酸	棕榈油酸	硬脂酸	油酸	亚油酸	亚麻酸	花生酸	花生烯酸
吉首市德夯	—	—	6.51	—	2.72	75.68	14.04	—	0.55	0.49

2. 灰毛牡荆 *Vitex canescens* Kurz

别名：黄荆条（湘西），灰牡荆（《海南植物志》），灰布荆（《云南植物志》）。

主要特征：乔木，高 3～15（20）m；掌状复叶，叶柄长 2.5～7 cm，小叶 3～5；小叶片卵形，椭圆形或椭圆状披针形。圆锥花序顶生；苞片早落；花萼顶端有 5 小齿，外面密生柔毛和腺点，内面疏生细毛；花冠黄白色，外面密生细柔毛和腺点；雄蕊 4，二强，着生于花冠管的喉部，花丝基部有毛；子房顶端有腺点。核果近球形或长圆状倒卵形，表面淡黄色或紫黑色，有光泽；宿萼外有毛。花期 4—5 月，果期 5—6 月。

分布：产于永顺、保靖、龙山。生长于海拔 200～800 m 的低山村边林。在全国分布于江西、湖北、湖南、广东、广西、贵州、四川、云南、西藏。印度、缅甸、泰国、老挝、越南及马来西亚等地也有分布。

用途：成熟果实可治胃痛；根可治外感风寒、疟疾、烧虫等；材用；种子可榨油，供工业用。

灰毛牡荆理化参数及籽油脂肪酸组成如表 7–410 和表 7–411 所示。

表 7-410　灰毛牡荆含油量及理化参数

采集地	海拔/m	测试部位	油脂含量/%	碘值/(g/100g)	酸值/(mg/g)	皂化值/(mg/g)
龙山县里耶镇	257	种仁	10.30	112.86	6.67	123.77

表 7-411　灰毛牡荆籽油脂肪酸组成　　　　　　　　单位:%

采集地	月桂酸	肉豆蔻酸	棕榈酸	棕榈油酸	硬脂酸	油酸	亚油酸	亚麻酸	花生酸	花生烯酸
龙山县里耶镇	—	0.07	6.90	0.54	31.32	58.00	2.40	0.78	—	—

五十七、唇形科 Labiatae

1. 紫苏 *Perilla frutescens* (Linn.) Britt.

别名:苏、桂荏(《尔雅》),荏、白苏(《名医别录》《植物名实图考》),荏子、银子(甘肃、河北),赤苏(山西、福建),红勾苏(广东),红(紫)苏(河北、江苏、广东、广西),黑苏(江苏),白紫苏(西藏),青苏(浙江),鸡苏(湖南、江西、福建),香苏(东北、河北),臭苏(广东)。

主要特征:一年生、直立草本。叶阔卵形或圆形;叶柄长 3~5 cm,背腹扁平,密被长柔毛。轮伞花序 2 花,偏向一侧的顶生及腋生总状花序;苞片宽卵圆形或近圆形;花梗长 1.5 mm,密被柔毛。花萼钟形,10 脉,直伸。花冠白色至紫红色,长 3~4 mm,外面略被微柔毛,内面在下唇片基部略被微柔毛,冠筒短。雄蕊 4,花丝扁平,花药 2 室。花柱先端相等 2 浅裂。花盘前方呈指状膨大。小坚果近球形,灰褐色,具网纹。花期 8—11 月,果期 8—12 月。

分布:产于吉首、凤凰。生长于海拔 800 m 以下的路边、村边、田间。全国各地广泛栽培。不丹、印度、中南半岛,南至印度尼西亚(爪哇),东至日本,朝鲜也有分布。

用途:供药用和香料用;叶供食用;种子榨出的油供食用,又有防腐作用,供工业用。

紫苏理化参数及籽油脂肪酸组成如表 7-412 和表 7-413 所示。

表 7-412　紫苏含油量及理化参数

采集地	海拔/m	测试部位	油脂含量/%	碘值/(g/100g)	酸值/(mg/g)	皂化值/(mg/g)
吉首市德夯	553	种子	16.82	53.16	12.36	276.01

表 7-413　紫苏籽油脂肪酸组成　　　　　　　　单位:%

采集地	月桂酸	肉豆蔻酸	棕榈酸	棕榈油酸	硬脂酸	油酸	亚油酸	亚麻酸	花生酸	花生烯酸
吉首市德夯	0.03	0.06	10.16	0.57	1.87	1.28	1.28	2.62	0.71	0.17

2. 荔枝草 *Salvia plebeia* R. Brown

别名:野烟(湘西),戴星草(FOC),雪见草、癞蛤蟆草、青蛙草、皱皮草。

主要特征:芳香草本。茎下部叶狭倒卵形、倒卵形或椭圆形,基部渐狭;中部叶倒披针形或一狭倒披针形,稀椭圆形,向上叶渐小。复头状花序椭圆状至球状,浅白色或绿色,单生于枝顶；头状花序极多数；总苞片 2 层，6～9 个，外层长圆状披针形，顶端细尖，倒卵状匙形或匙状长圆形，顶端浑圆或截平，无毛。花细管状。两性花，花冠钟状，有腺点。瘦果圆柱形。花期 12 月至翌年 5 月。

分布：产于永顺、吉首。生长于海拔 300～1000 m 的山地草丛、路边、田间、沟边。在全国分布于台湾、广东南部及沿海岛屿、广西、云南等地。亚洲热带地区、非洲及澳大利亚也有分布。

用途：药用，清热，解毒，凉血，利尿；选用冬季或春季嫩草，药效更好；种子可榨油。

荔枝草理化参数及籽油脂肪酸组成如表 7-414 和表 7-415 所示。

表 7-414　荔枝草含油量及理化参数

采集地	海拔/m	测试部位	油脂含量/%	碘值/(g/100g)	酸值/(mg/g)	皂化值/(mg/g)
吉首市德夯	350	种仁	14.56	154.94	92.14	214.23

表 7-415　荔枝草籽油脂肪酸组成　　　　单位:%

采集地	月桂酸	肉豆蔻酸	棕榈酸	棕榈油酸	硬脂酸	油酸	亚油酸	亚麻酸	花生酸	花生烯酸
吉首市德夯	15.97	—	18.17	2.99	4.81	2.59			0.10	0.20

五十八、忍冬科 Caprifoliaceae

1. 水红木 *Viburnum cylindricum* Buch. -Ham. ex D. Don

别名：狗肋巴、斑鸠石、斑鸠柘、炒面叶、扯白叶。

主要特征：常绿灌木或小乔木，高达 8（15）m；叶革质，椭圆形至矩圆形或卵状矩圆形；聚伞花序伞形式，顶圆形，无毛或散生簇状微毛，连同萼和花冠有时被微细鳞腺；萼筒卵圆形或倒圆锥形，萼齿极小而不显著；花冠白色或有红晕，钟状，有微细鳞腺，裂片圆卵形，直立；雄蕊高出花冠约 3 mm，花药紫色，矩圆形。果实先红色后变蓝黑色，卵圆形；核卵圆形，扁。花期 6—10 月，果熟期 10—12 月。

分布：产于永顺、龙山。生长于海拔 500～1400 m 的山地沟谷、疏林。在全国分布于甘肃（文县），湖北西部，湖南西部，广东北部、广西西部至东部，四川西部、西南部至东北部，贵州，云南及西藏东南部。印度、尼泊尔、缅甸、泰国和中印半岛也有分布。

用途：叶、树皮、花和根供药用；树皮和果实可提制栲胶；种子含油 35%，可制肥皂。

水红木理化参数及籽油脂肪酸组成如表 7-416 和表 7-417 所示。

表 7-416　水红木含油量及理化参数

采集地	海拔/m	测试部位	油脂含量/%	碘值/(g/100g)	酸值/(mg/g)	皂化值/(mg/g)
龙山县大安乡药场	1279	种仁	13.25	52.39	3.81	158.84

表 7-417　水红木籽油脂肪酸组成　　　　　　　单位:%

采集地	月桂酸	肉豆蔻酸	棕榈酸	棕榈油酸	硬脂酸	油酸	亚油酸	亚麻酸	花生酸	花生烯酸
龙山县 大安乡药场	74.58	1.89	0.77	—	0.26	4.48	2.84	0.16	—	0.15

2. 直角荚蒾 Viburnum foetidum Wall. var. rectangulatum （Graebn.） Rehd.

主要特征：落叶灌木，高达 4 m；叶纸质至厚纸质，卵形、椭圆形至矩圆状菱形；叶柄长 5～10 mm；通常无托叶。复伞形式聚伞花序生于侧生小枝之顶；萼齿卵状三角形；花冠白色，裂片圆卵形，有极小腺缘毛；雄蕊与花冠等长或略超出，花药黄白色，椭圆形；花柱高出萼齿。果实红色，圆形，扁；核椭圆形，扁。花期 7 月，果熟期 9 月。

分布：产于永顺、凤凰、保靖。生长于海拔 300～1300 m 的山地灌丛、疏林。在全国分布于西藏南部至东南部、湖南等省。印度东北部、孟加拉国、不丹、缅甸、泰国和老挝也有分布。

用途：观赏；种子可榨油。

直角荚蒾理化参数及籽油脂肪酸组成如表 7-418 和表 7-419 所示。

表 7-418　直角荚蒾含油量及理化参数

采集地	海拔/m	测试部位	油脂含量/%	碘值/（g/100g）	酸值/（mg/g）	皂化值/（mg/g）
吉首市小溪	375	种仁	23.57	117.06	22.53	183.41

表 7-419　直角荚蒾籽油脂肪酸组成　　　　　　　单位:%

采集地	月桂酸	肉豆蔻酸	棕榈酸	棕榈油酸	硬脂酸	油酸	亚油酸	亚麻酸	花生酸	花生烯酸
吉首市小溪	—	0.06	5.52	0.12	7.84	83.64	2.54	0.28	—	—

3. 狭叶球核荚蒾 Viburnum propinquum Hemsl. var. mairei W. W. Smith

别名：兴山绣球（《中国树木分类学》），兴山荚蒾（《拉汉种子植物名称》）。

主要特征：常绿灌木，高达 2 m；幼叶带紫色，成长后革质，卵形至卵状披针形或椭圆形至椭圆状矩圆形；叶柄纤细，长 1～2 cm。聚伞花序，总花梗纤细；萼筒长约 0.6 mm，萼齿宽三角状卵形，顶钝；花冠绿白色，裂片宽卵形，顶端圆形；雄蕊常稍高出花冠，花药近圆形。果实蓝黑色，有光泽，近圆形或卵圆形。

分布：产于永顺、保靖。生长于 700～1300 m 的石灰岩山地、灌丛。在全国分布于陕西西南部、甘肃南部、浙江南部、江西北部、福建北部、台湾、湖北西部、湖南西北部和西南部、广东北部、广西东北部至西北部、四川东北部至东南部、贵州及云南东北部；菲律宾吕宋也有分布。

用途：观赏；种子可榨油，供工业用。

狭叶球核荚蒾理化参数及籽油脂肪酸组成如表 7-420 和表 7-421 所示。

表 7-420　狭叶球核荚蒾含油量及理化参数

采集地	海拔/m	测试部位	油脂含量/%	碘值/（g/100g）	酸值/（mg/g）	皂化值/（mg/g）
保靖县白云山	750	种仁	14.56	90.09	5.45	58.14

表 7-421　狭叶球核荚蒾籽油脂肪酸组成　　　　单位:%

采集地	月桂酸	肉豆蔻酸	棕榈酸	棕榈油酸	硬脂酸	油酸	亚油酸	亚麻酸	花生酸	花生烯酸
保靖县白云山	—	—	5.21	0.18	2.36	21.58	50.25	16.01	0.81	0.46

4. 枇杷叶荚蒾 *Viburnum rhytidophyllum* Hemsl.

别名：皱叶荚蒾（FOC）。

主要特征：常绿灌木或小乔木，高达 4 m。叶革质，卵状矩圆形至卵状披针形；叶柄粗壮。聚伞花序稠密，总花梗粗壮；萼筒筒状钟形，萼齿微小，宽三角状卵形；花冠白色，辐状，裂片圆卵形；雄蕊高出花冠，花药宽椭圆形。果实红色，后变黑色，宽椭圆形，无毛；核宽椭圆形，两端近截形，扁。花期 4—5 月，果熟期 9—10 月。

分布：产于永顺、龙山。生长于海拔 700～1400 m 的石灰岩山地灌草丛。在全国分布于陕西南部、湖北西部、四川东部和东南部、湖南及贵州。

用途：茎皮纤维可作麻及制绳索；欧洲常栽培供观赏；种子可榨油。

枇杷叶荚蒾理化参数及籽油脂肪酸组成如表 7-422 和表 7-423 所示。

表 7-422　枇杷叶荚蒾含油量及理化参数

采集地	海拔/m	测试部位	油脂含量/%	碘值/（g/100g）	酸值/（mg/g）	皂化值/（mg/g）
龙山县八面山	1272	种仁	19.50	91.79	5.05	185.13

表 7-423　枇杷叶荚蒾籽油脂肪酸组成　　　　单位:%

采集地	月桂酸	肉豆蔻酸	棕榈酸	棕榈油酸	硬脂酸	油酸	亚油酸	亚麻酸	花生酸	花生烯酸
龙山县八面山	0.09	0.26	13.40	0.90	4.23	19.86	42.16	2.60	3.91	0.22

5. 烟管荚蒾 *Viburnum utile* Hemsl.

别名：有用荚蒾（《拉汉种子植物名称》），黑汉条（湖北兴山）。

主要特征：常绿灌木，高达 2 m。叶革质，卵圆状矩圆形，有时卵圆形至卵圆状披针形；叶柄长 5～10（15）mm。聚伞花序；萼筒筒状，萼齿卵状三角形；花冠白色，花蕾时带淡红色，裂片圆卵形；雄蕊与花冠裂片几等长，花药近圆形；花柱与萼齿近于等长。果实红色，后变黑色，椭圆状矩圆形至椭圆形；核稍扁，椭圆形或倒卵形。花期 3—4 月，果熟期 8 月。

分布：产于永顺、泸溪、凤凰、花垣。生长于海拔 200～1200 m 的石灰岩山地灌丛。在全国分布于陕西西南部、湖北西部、湖南西部至北部、四川及贵州东北部。

用途：茎枝民间用来制作烟管；种子可榨油。

烟管荚蒾理化参数及籽油脂肪酸组成如表 7-424 和表 7-425 所示。

表 7-424　烟管荚蒾含油量及理化参数

采集地	海拔/m	测试部位	油脂含量/%	碘值/（g/100g）	酸值/（mg/g）	皂化值/（mg/g）
花垣县古苗河	240	种仁	16.66	82.53	6.78	215.59

表 7-425　烟管荚蒾籽油脂肪酸组成　　　　　单位:%

采集地	月桂酸	肉豆蔻酸	棕榈酸	棕榈油酸	硬脂酸	油酸	亚油酸	亚麻酸	花生酸	花生烯酸
花垣县古苗河	1.47	1.94	14.94	0.40	3.51	7.22	55.05	1.20	0.92	—

6. 汤饭子 *Viburnum setigerum* Hance

别名：茶荚蒾（FOC），鸡公柴（《植物名实图考》），垂果荚蒾（《中国植物图鉴》），糯米树、糯树（《亨氏中国树木名录》）。

主要特征：落叶灌木，高达 4 m。叶纸质，卵状矩圆形至卵状披针形，稀卵形或椭圆状卵形；叶柄长 1～1.5（2.5）cm，有少数长伏毛或近无毛。复伞形式聚伞花序无毛或稍被长伏毛，有极小红褐色腺点，芳香；萼齿卵形，顶钝形；花冠白色，干后变茶褐色或黑褐色，裂片卵形，比筒长；雄蕊与花冠几等长，花药圆形，极小；花柱不高出萼齿。果序弯垂，果实红色，卵圆形；核甚扁，卵圆形，间或卵状矩圆形，凹凸不平，腹面扁平或略凹陷。花期 4—5 月，果熟期 9—10 月。

分布：产于永顺、凤凰。生长于海拔 200～1400 m 的山地灌丛、荒坡。在全国分布于江苏南部、安徽南部和西部、浙江、江西、福建北部、台湾、广东北部、广西东部、湖南、贵州、云南、四川东部、湖北西部及陕西南部。

用途：宜植地墙隅、亭旁或丛植于常绿林缘，供观赏；根及果实可供药用；种子可榨油。

汤饭子理化参数及籽油脂肪酸组成如表 7-426 和表 7-427 所示。

表 7-426　汤饭子含油量及理化参数

采集地	海拔/m	测试部位	油脂含量/%	碘值/（g/100g）	酸值/（mg/g）	皂化值/（mg/g）
永顺县杉木河	513	种仁	18.58	84.04	3.58	167.12

表 7-427　汤饭子籽油脂肪酸组成　　　　　单位:%

采集地	月桂酸	肉豆蔻酸	棕榈酸	棕榈油酸	硬脂酸	油酸	亚油酸	亚麻酸	花生酸	花生烯酸
永顺县杉木河	—	—	6.15	—	—	—	53.15	40.70	—	—

五十九、桔梗科 Campanulaceae

轮叶沙参 *Adenophora tetraphylla*（Thunb.）Fisch.

别名：南沙参，四叶沙参。

主要特征：多年生草本，茎高大，可达1.5 m。茎生叶3～6枚轮生，无柄或有不明显叶柄，叶片卵圆形至条状披针形。花序狭圆锥状，花序分枝（聚伞花序）大多轮生，细长或很短，生数朵花或单花。花萼无毛，筒部倒圆锥状，裂片钻状，全缘。蒴果球状圆锥形或卵圆状圆锥形。种子黄棕色，矩圆状圆锥形，稍扁，有一条棱，并由棱扩展成一条白带。花期7～9月。

分布：产于永顺、保靖。生长于海拔200～600 m的低山草丛、石缝中。在全国分布于东北、内蒙古东部、河北、山西（灵空山）、山东（牟平）、华东各省、广东、广西（南宁）、云南（砚山）、四川（峨边、峨眉山）、贵州（兴仁、安龙、普安、毕节）。朝鲜、日本、俄罗斯东西伯利亚和远东地区的南部、越南北部也有分布。

用途：根入药，清热养阴，润肺止咳；种子可榨油。

轮叶沙参理化参数及籽油脂肪酸组成如表7-428和表7-429所示。

表7-428　轮叶沙参含油量及理化参数

采集地	海拔/m	测试部位	油脂含量/%	碘值/(g/100g)	酸值/(mg/g)	皂化值/(mg/g)
保靖县白云山	550	种仁	30.54	—	—	—

表7-429　轮叶沙参籽油脂肪酸组成　　　　　　　　单位：%

采集地	月桂酸	肉豆蔻酸	棕榈酸	棕榈油酸	硬脂酸	油酸	亚油酸	亚麻酸	花生酸	花生烯酸
保靖县白云山	0.21	0.09	0.04	2.23	11.91	4.85	29.52	17.25	6.09	0.68

六十、菊科 Compositae

1. 牛蒡 *Arctium lappa* Linn.

别名：恶实，大力子。

主要特征：二年生草本，具粗大的肉质直根，长达15 cm，径可达2 cm。茎直立，高达2 m，粗壮，基部直径达2 cm，通常带紫红或淡紫红色，分枝斜生，多数，全部茎枝被稀疏的乳突状短毛及长蛛丝毛并混杂以棕黄色的小腺点。基生叶宽卵形，有长达32 cm的叶柄。头状花序多数或少数在茎枝顶端排成疏松的伞房花序或圆锥状伞房花序，花序梗粗壮。总苞卵形或卵球形。小花紫红色。瘦果倒长卵形或偏斜倒长卵形，两侧压扁，浅褐色，有多数细脉纹，有深褐色的色斑或无色斑。花果期6—9月。

分布：湘西山地散见。生长于海拔500～1400 m的山坡次生灌丛。全国各地普遍分布。广布欧亚大陆。

用途：果实入药，性味辛、苦寒，疏散风热，宜肺透疹、散结解毒；根入药，有清热解毒、疏风利咽之效；种子可榨油。

牛蒡理化参数及籽油脂肪酸组成如表7-430和表7-431所示。

表 7-430　牛蒡含油量及理化参数

采集地	海拔/m	测试部位	油脂含量/%	碘值/(g/100g)	酸值/(mg/g)	皂化值/(mg/g)
龙山县八面山	1225	种仁	37.37	20.39	3.02	281.70

表 7-431　牛蒡籽油脂肪酸组成　　　　　　　　　单位:%

采集地	月桂酸	肉豆蔻酸	棕榈酸	棕榈油酸	硬脂酸	油酸	亚油酸	亚麻酸	花生酸	花生烯酸
龙山县八面山	57.85	2.61	4.70	0.16	0.68	25.47	6.62	0.36	—	1.56

2. 魁蒿 *Artemisia princeps* Pamp.

别名：蒿菜（湘西），五月艾（广东），野艾（湖南），艾叶、黄花艾、端午艾（广西）。

主要特征：多年生草本。茎少数，成丛或单生，紫褐色或褐色；叶厚纸质或纸质；中部叶卵形或卵状椭圆形，裂片椭圆状披针形或椭圆形，疏离或紧密，叶柄长 1～2（3）cm，基部有小型的假托叶；裂片椭圆状披针形或披针形，具短柄；裂片或不分裂的苞片叶为椭圆形或披针形，近无柄；花药线形，顶端附属物尖，长三角形，基部有小尖头，花柱与花冠近等长，先端 2 叉，叉端截形，具睫毛。瘦果椭圆形或倒卵状椭圆形。花果期 7—11 月。

分布：湘西地区散见。生长于 300～500 m 的山坡、路旁、灌丛、林缘、沟边。在全国分布于辽宁（南部）、内蒙古（东南部）、河北（南部）、山西（南部）、陕西（南部）、甘肃（南部）、山东、江苏、安徽、江西、福建、台湾、河南、湖北、湖南、广东、广西、四川、贵州、云南。日本、朝鲜也有分布。

用途：含挥发油，民间入药。

魁蒿理化参数及籽油脂肪酸组成如表 7-432 和表 7-433 所示。

表 7-432　魁蒿含油量及理化参数

采集地	海拔/m	测试部位	油脂含量/%	碘值/(g/100g)	酸值/(mg/g)	皂化值/(mg/g)
保靖县白云山	334	种仁	23.15	—	—	—

表 7-433　魁蒿籽油脂肪酸组成　　　　　　　　　单位:%

采集地	月桂酸	肉豆蔻酸	棕榈酸	棕榈油酸	硬脂酸	油酸	亚油酸	亚麻酸	花生酸	花生烯酸
保靖县白云山	—	2.51	13.41	—	3.07	11.45	36.31	15.08	3.07	—

3. 天名精 *Carpesium abrotanoides* Linn.

别名：鹤虱（《梦溪笔谈》《蜀本草》），天蔓青、地菘（《名医别录》）。

主要特征：多年生粗壮草本。叶柄长 5～15 mm，密被短柔毛；头状花序多数，生茎端及沿茎、枝生于叶腋，近无梗，成穗状花序式排列，着生于茎端及枝端者具椭圆形或披针形长 6～15 mm 的苞叶 2～4 枚，腋生头状花序无苞叶或有时具 1～2 枚甚小的苞叶。总苞钟球形，基部宽，上端稍收缩，成熟时开展成扁球形；苞片 3 层，外层较短，具缘毛，背面被短柔毛，内层长圆形，先端圆钝或具不明显的啮蚀状小齿。雌花狭筒状，两性花筒状，向上渐宽，冠檐5齿裂。

分布：产于永顺、保靖、凤凰。生长于海拔300～1400 m的山地草丛、村边荒草地。在全国分布于华东、华南、华中、西南各省区及河北、陕西等地。朝鲜、日本、越南、缅甸、锡金、伊朗和俄罗斯高加索地区均有分布。

用途：果实可用于中药杀虫，全草也供药用；外用治创伤出血、疔疮肿毒、蛇虫咬伤；种子可榨油。

天名精理化参数及籽油脂肪酸组成如表7-434和表7-435所示。

表7-434　天名精含油量及理化参数

采集地	海拔/m	测试部位	油脂含量/%	碘值/（g/100g）	酸值/（mg/g）	皂化值/（mg/g）
保靖县白云山	300	种仁	20.15	—	—	—

表7-435　天名精籽油脂肪酸组成　　　　单位:%

采集地	月桂酸	肉豆蔻酸	棕榈酸	棕榈油酸	硬脂酸	油酸	亚油酸	亚麻酸	花生酸	花生烯酸
保靖县白云山	0.38	0.73	4.90	1.03	2.26	34.00	18.34	0.73	35.53	—

4. 齿叶橐吾 *Ligularia dentata*（A. Gray）Hara

别名：大救驾，大齿橐吾。

主要特征：多年生草本。根肉质；叶片肾形；上部叶肾形，近无柄，具膨大的鞘。伞房状或复伞房状花序开展；苞片及小苞片卵形至线状披针形；头状花序多数；总苞半球形。舌状花黄色，舌片狭长圆形，冠毛红褐色，与花冠等长。瘦果圆柱形，光滑。花果期7—10月。

分布：湘西各山地散见。生长于500～1400 m的山谷湿地、林下。在全国分布于云南、四川、贵州、甘肃、陕西、山西、湖北、广西、湖南、江西、安徽、河南。在日本（模式标本产地）也有分布。

用途：药用，舒筋活血，散瘀止痛；在国外当花卉栽培；种子可榨油，供工业用。

齿叶橐吾理化参数及籽油脂肪酸组成如表7-436和表7-437所示。

表7-436　齿叶橐吾含油量及理化参数

采集地	海拔/m	测试部位	油脂含量/%	碘值/（g/100g）	酸值/（mg/g）	皂化值/（mg/g）
永顺县羊峰山	829	种仁	0.27	119.71	7.04	191.17

表7-437　齿叶橐吾籽油脂肪酸组成　　　　单位:%

采集地	月桂酸	肉豆蔻酸	棕榈酸	棕榈油酸	硬脂酸	油酸	亚油酸	亚麻酸	花生酸	花生烯酸
永顺县羊峰山	—	0.05	9.21	0.11	6.08	83.88	0.49	0.16	—	—

5. 华麻花头 *Serratula chinensis* S. Moore

别名：鸭麻菜（广东），升麻。

主要特征：多年生草本，高 60～120 cm。中部茎叶椭圆形、卵状椭圆形或长椭圆形，少有倒卵形。头状花序少数，单生茎枝顶端，不呈明显的伞房花序式排列。总苞碗状，上部无收缩，外层卵形至长椭圆形；内层至最内层长椭圆形至线状长椭圆形。全部总苞片质地薄，无毛，顶端圆形或钝，无针刺，染紫红色。小花两性，花冠紫红色，花冠裂片线形。瘦果长椭圆形，深褐色。冠毛褐色，多层，不等长；花果期7—10月。

分布：产于永顺、凤凰。生长于海拔 500 m 以下的山坡、田间、河滩。在全国分布于河南、陕西、安徽、湖南、江西、广东及浙江。

用途：根药用，清热解毒，升阳透疹；种子可榨油，供工业用。

华麻花头理化参数及籽油脂肪酸组成如表 7-438 和表 7-439 所示。

表 7-438　华麻花头含油量及理化参数

采集地	海拔/m	测试部位	油脂含量/%	碘值/(g/100g)	酸值/(mg/g)	皂化值/(mg/g)
永顺县小溪	335	种仁	0.49	119.01	15.54	263.19

表 7-439　华麻花头籽油脂肪酸组成　　　　单位：%

采集地	月桂酸	肉豆蔻酸	棕榈酸	棕榈油酸	硬脂酸	油酸	亚油酸	亚麻酸	花生酸	花生烯酸
永顺县小溪	0.07	0.27	20.32	4.58	25.31	37.39	11.64	0.41	—	—

6. 苍耳 *Xanthium sibiricum* Patrin ex Widder

别名：羊屎籽（湘西），菜耳（《本草经》），粘头婆，虱马头（广州），苍耳子（四川、云南、河南、山东、山西、东北），老苍子（辽宁、江西、河北），敝子（东北），道人头，刺八裸（河南），青棘子（江苏），抢子（安徽），胡苍子（湖南），野茄（河北），菜耳（甘肃）。

主要特征：一年生草本。叶三角状卵形或心形；叶柄长 3～11 cm。雄性的头状花序球形，有或无花序梗，总苞片长圆状披针形，被短柔毛，有多数的雄花，花冠钟形，管部上端有 5 宽裂片；花药长圆状线形；雌性的头状花序椭圆形，外层总苞片小，被短柔毛，内层总苞片结合成囊状，宽卵形或椭圆形，绿色，淡黄绿色或有时带红褐色，常有腺点，或全部无毛。瘦果 2，倒卵形。花期 7—8 月，果期 9—10 月。

分布：产于吉首、永顺、保靖、凤凰。生长于海拔 1000 m 以下的山丘平荒地、屋边、田间。在全国广泛分布于东北、华北、华东、华南、西北及西南各省区。俄罗斯、伊朗、印度、朝鲜和日本也有分布。

用途：种子可榨油，可掺和桐油制油漆，也可作油墨、肥皂、油毡的原料；又可制硬化油及润滑油；果实供药用。

苍耳理化参数及籽油脂肪酸组成如表 7-440 和表 7-441 所示。

表 7-440　苍耳含油量及理化参数

采集地	海拔/m	测试部位	油脂含量/%	碘值/(g/100g)	酸值/(mg/g)	皂化值/(mg/g)
吉首市德夯	327	种仁	12.70	—	—	—

表 7-441　苍耳籽油脂肪酸组成　　　　　　　　单位:%

采集地	月桂酸	肉豆蔻酸	棕榈酸	棕榈油酸	硬脂酸	油酸	亚油酸	亚麻酸	花生酸	花生烯酸
吉首市德夯	—	0.15	7.92	—	1.75	30.39	43.26	2.97	—	1.83

第三节　被子植物——单子叶植物

一、禾本科 Gramineae

大狗尾草 *Setaria faberii* **Herrm.**

别名:狗尾巴（湘西），法氏狗尾草（《禾本科图说》）。

主要特征:一年生草本。叶鞘松弛，边缘具细纤毛，部分基部叶鞘边缘膜质无毛;圆锥花序紧缩呈圆柱状;小穗椭圆形;其内稃膜质，披针形;鳞被楔形;花柱基部分离;颖果椭圆形，顶端尖。叶表皮细胞同荩草类型。花果期 7—10 月。

分布:产于龙山、永顺、保靖。生长于海拔 300～600 m 的荒坡、田间。在全国分布于黑龙江、江苏、浙江、安徽、台湾、江西、湖北、湖南、广西、四川、贵州等省区。日本西南至南海诸岛也有分布。

用途:秆、叶可作牲畜饲料;种子可榨油。

大狗尾草理化参数及籽油脂肪酸组成如表 7-442 和表 7-443 所示。

表 7-442　大狗尾草含油量及理化参数

采集地	海拔/m	测试部位	油脂含量/%	碘值/(g/100g)	酸值/(mg/g)	皂化值/(mg/g)
保靖县白云山	426	种子	12.54	93.37	6.57	177.33

表 7-443　大狗尾草籽油脂肪酸组成　　　　　　　单位:%

采集地	月桂酸	肉豆蔻酸	棕榈酸	棕榈油酸	硬脂酸	油酸	亚油酸	亚麻酸	花生酸	花生烯酸
保靖县白云山	0.06	7.66	0.91	1.98	47.55	34.16	3.03	0.12	0.50	

二、棕榈科 Palmae

棕榈 *Trachycarpus fortunei* （Hook.）**H. Wendl.**

别名:棕树、棕板树（湘西），栟榈（《本草纲目》），棕树（通称）。

主要特征:乔木状，高 3～10 m 或更高，树干圆柱形，裸露树干直径 10～15 cm 甚至更粗。叶片呈 3/4 圆形或者近圆形;叶柄长 75～80 cm 或甚至更长，两侧具细圆齿，顶端有明显的戟突。雌雄异株;花无梗，球形，萼片阔卵形，3 裂，基部合生，花瓣卵状近圆形。果实阔肾形，有脐，成熟时由黄色变为淡蓝色。种子胚乳均匀，角质，胚侧生。花期 4 月，果期 12 月。

分布：湘西地区散见，多为栽培。生长于海拔 800 m 以下的山地疏林中、村边、园林。在全国分布于长江以南各省区。日本也有分布。

用途：棕皮纤维（叶鞘纤维）可作绳索，编蓑衣、棕绷、地毡，制刷子和作沙发的填充料等；嫩叶经漂白可制扇和草帽；未开放的花苞可供食用；棕皮及叶柄（棕板）煅炭入药有止血作用；果实、叶、花、根等亦入药；棕榈树形优美，也是庭园绿化的优良树种；种子可榨油，供工业用。

棕榈理化参数及籽油脂肪酸组成如表 7-444 和表 7-445 所示。

表 7-444　棕榈含油量及理化参数

采集地	海拔/m	测试部位	油脂含量/%	碘值/(g/100g)	酸值/(mg/g)	皂化值/(mg/g)
永顺县杉木河	520	种仁	14.25	31.89	3.66	—

表 7-445　棕榈籽油脂肪酸组成　　　　　　　　单位:%

采集地	月桂酸	肉豆蔻酸	棕榈酸	棕榈油酸	硬脂酸	油酸	亚油酸	亚麻酸	花生酸	花生烯酸
永顺县杉木河	0.03	0.11	13.64	0.17	7.53	14.82	53.60	4.82	2.22	3.07

参考文献

[1] 中国科学院《中国植物志》编辑委员会. 中国植物志（有关卷册）[M].北京：科学出版社.

[2]《中国油脂植物》编写委员会. 中国油脂植物 [M].北京：科学出版社，1987.

[3] 朱太平，刘亮，朱明. 中国资源植物 [M].北京：科学出版社，2007.

[4] 邢福武. 中国非粮生物柴油植物 [M].北京：中国林业出版社，2019.

第八章 湘西地区非粮柴油能源植物资源开发与利用

湘西地区非粮柴油能源植物资源丰富。为充分发挥湘西地区非粮柴油能源植物的资源优势，应以开发与利用为主线，以科学技术为依托，以市场为导向，围绕经济目标和生态目标，进行科学和可持续开发利用，实现经济效益、社会效益和生态效益的协调统一，切实为湘西地区特色植物资源产业开发、能源供应及经济社会发展做出贡献。

第一节 湘西地区非粮柴油能源植物资源开发的方法体系

非粮柴油能源植物资源开发是一个多层次、多学科、多领域、跨行业的系统工程。一方面，要从众多的资源和信息中找到和开发出适合湘西地区发展的优良资源植物种质，为人类最终解决能源危机提供战略资源储备做出贡献；另一方面，又要大力促进非粮柴油能源植物资源复合产业的形成与发展。只有产业充分发展，资源保护与利用才能真正做到辩证统一，实现可持续性。这就要求在筛选题材时必须立足本地特色优势，在开发与利用方式上必须强调高效综合利用，在产业推行方式上必须强调产学研相结合（陈功锡 等，2015），湘西地区非粮柴油能源植物资源开发需要遵循这种基本方式，在多层次、多学科、多领域及行业方面做足工作。

一、多层次的研究与开发

非粮柴油能源植物资源的多层次研究与开发，是指按照植物资源的属性和不同利用关系构建相应的层次体系。非粮柴油能源植物研究与开发大致需建立 3 个基本层次，3 个层次之间是密切联系、相互关联的。包括以农业生产方式为主发展原料的一级开发，这是非粮柴油能源植物资源开发的基础保障；以科学研究方式为主的二级开发，旨在阐明与开发相关的应用基础理论与初级加工技术问题，为湘西地区非粮柴油能源植物资源开发提供支撑；以工业生产、精深加工方式为主的三级开发，这是非粮柴油能源植物资源开发的主要目标。它们之间的相互关系如图 8-1 所示。

以光皮树（*Swida wilsoniana*）为例，该植物为山茱萸科落叶乔木，是我国南方特有的一种新型木本油料植物。该植物的多层次开发包括资源筛选和栽培技术等的一级开发，如向祖恒等（2010）关于武陵山区北部野生光皮树资源、张卫东等（2008）对东安县光皮树资源、林军等（2010）对粤北地区光皮树种质资源的研究等，可以为光皮树资源筛选和高效栽培服务。光皮树资源发展与新成分研究等的二级开发，涉及油脂理化性质、化学成分分析等，如申爱荣等（2010）发现不同的提取方法会使光皮树油理化性质存在差异。根据光皮树果

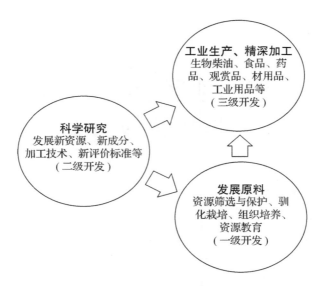

图 8-1　非粮柴油能源植物资源多层次开发示意

实的基本组成为油脂、纤维、蛋白质和水分，王静萍等（1995）对光皮树油嗅味成分进行了鉴定，获得 24 种成分，其中包括 C14～C13 的烷烃 18 个；彭红等（2010）发现光皮树油主要由棕榈酸、硬脂酸、油酸和亚油酸组成；曾虹燕等（2005）发现不同提取方法对光皮树油品质有一定影响。这些研究结果可为该植物资源的综合利用和产业发展提供科学依据。光皮树资源的三级开发目标主要包括发展生物柴油、保健食用油、油脂产品精深加工等，如光皮树油可以用于制作生物柴油，其通过酯化反应制取的生物柴油（脂肪酸甲酯）与 0#柴油燃烧性能相似，安全（闪点 >105℃）、洁净（灰分 <0.003），是一种理想的燃料油物质。光皮树油还可加工制作成功能食用油。由于光皮树富含油酸，而油酸的钠盐或钾盐是肥皂的成分之一，纯的油酸钠具有良好的去污能力，可用作乳化剂等表面活性剂，油酸的其他金属盐也可用于防水织物、润滑剂、抛光剂等方面，其钡盐可作杀鼠剂等。

二、多学科的研究与开发

现代科学研究的特点之一是多学科交叉、渗透和融合。多学科交叉融合是普遍趋势，是科学研究的必经之路，非粮柴油能源植物资源的开发与利用更需如此。非粮柴油能源植物资源开发利用的科学技术范围必然涉及生物学、生态学、植物学、物理学、地理学、农学、药学、化学、数学、工程学、热力学、材料学、力学、光谱学、能源与燃料、信息科学、食品科学与技术、食品科学与工程、生物工程、化学工程甚至管理学等诸多学科领域，它们相互协作、共同为研制发展高品质生物柴油、功能产品及其他工业用品目标服务，如图 8-2 所示。

以黄连木（*Pistacia chinensis*）为例，该植物为漆树科落叶乔木，是一种重要的木本能源植物。根据黄连木特性、成分及地理分布情况，其研究与开发的目标可以基本定位为生物柴油、功能食品与其他产品。为了达到相应目标，黄连木研究与开发必然包括该植物种子的含油量、化学组分、地理分布、资源调查与整理等方面，必然涉及计算机技术、能源与燃料、

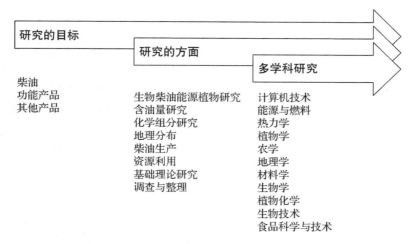

图 8-2　非粮柴油能源植物资源多学科研究示意

生物学、植物学、植物化学等学科领域。计算机技术是科学研究的基本技术，用以支撑各个学科领域，因而在黄连木的研究中必不可少；黄连木在能源开发与利用方面的研究涉及能源与燃料学科；黄连木的应用基础研究重点包括对其生物学特性的研究，如安倩等（2011）的^{60}Coγ射线辐照黄连木的生物学效应研究、黄连木作为非粮柴油能源植物具备相应的植物学特性研究（庞有强，2007）；每种植物的化学成分与含量均会存在差异，此为植物学化学领域（柳建军 等，2009）。可见，黄连木研究与多学科的研究与开发密切相关。因此，对于特定对象的某种非粮柴油能源植物，应通过综合考虑研究目标来确定研究内容，然后再确定究竟采用哪些学科开展研究。

三、多领域的研究与开发

随着人们生活水平的提高，人类对能源的需求量逐年递增，生物柴油也随之进入人们的生活，成为能源来源的组成部分。非粮柴油能源植物资源作为生物柴油的来源之一，其作为植物资源同样具备植物的特性。因而非粮柴油能源植物与大部分植物类似，其研究与开发领域已经覆盖制油领域、制药领域、饲用及生物领域，甚至涉及更广泛领域，如图 8-3 所示。随着科学技术的发展，这种趋向必将进一步延续。

以麻疯树（*Jatropha curcas*）为例，该植物为大戟科著名的木本油料植物，其种仁含油35%～50%，有的甚至可高达60%。该植物既是传统的肥皂及润滑油原料，也是一种重要的生物柴油原料树种，同时在医学上有泻下和催吐作用，油粕可作农药，对于绿化荒山、改善生态状况、提高环境质量都发挥着重要的作用（李昌珠 等，2018）。

（一）制油领域

一直以来，制油领域是非粮柴油能源植物研究与开发的主战场。近年来，关于麻疯树种子油作燃料的研究取得了较大进展。改性的麻疯树油适用于各种柴油发动机，并在闪点、凝点、硫含量、一氧化碳排放量、颗粒值等关键技术上均优于国内 0 号柴油，符合欧洲 2 号柴

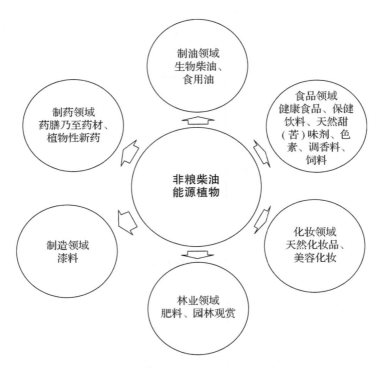

图 8-3　非粮柴油能源植物多领域、多方位的研究与开发示意

油排放标准。麻疯树种子油具有良好的流动性，与柴油、汽油、酒精掺和性好。类似麻疯树这样的例子还有很多，说明制油领域为非粮柴油能源植物研究与开发的主体方向。随着工业化程度的加快，这方面的前景更加广阔。

（二）制药领域

除制油领域外，麻疯树资源在制药领域也可有所作为。麻疯树的药用功能早已在民间被利用，如麻疯树油可治疗咳嗽、皮肤病，缓解风湿病的疼痛。麻疯树种子油可用于催泻与治疗多种疾病；根可止血止痒与治痢疾，治跌打骨折、顽疮、疥癣；叶可治风湿病、心绞痛、性病，也可治疗丹毒、皮癣、牙痛等。目前，已从麻疯树中分离得到萜类、黄酮类、香豆素类、脂肪类、甾醇类和生物碱类等活性物质，具有抗病毒、杀菌、避孕、防治糖尿病、抗恶性肿瘤（胃癌、血癌、鼻癌）、抗艾滋病等药效。同时，由于麻疯树植株具有毒性，可提取生物农药，尤其是其提取物——一铁海棠碱，具有较好的灭螺效果。榨油处理后的种子油渣、残油渣及树叶也可作农药，可作抗微生物、抗寄生虫中间宿主、抗白蚁虫蛀等药品原料。可见，麻疯树具备广泛的药理活性，在开发成生物柴油的同时，完全可以考虑向制药领域拓展。

（三）饲用及生物肥料领域

许多非粮柴油能源植物资源也可作饲用及开发生物肥料。麻疯树果实虽然不能直接被牲畜食用，但经榨油处理后，其种子油渣、残油渣及树叶等原料含有较高的蛋白质，去毒后仍可作为动物饲料。榨油处理后的残渣富含营养元素，若将其作有机肥料用于造林，可改善造林地土壤，提高立地质量，促进作物生长发育，提高作物产量与品质。可见，麻疯树是一种可用于饲料与生物肥料制作的优良非粮柴油能源植物，说明非粮柴油能源植物研究与开发完全可以涉及饲用及生物肥料领域。

四、多行业协同创新与开发

基于非粮柴油能源植物资源的植物特性、能源特性、药材特性、医疗特性、文化特性和产业特性，湘西地区非粮柴油能源植物资源的开发需要林业、健康产业、新材料产业、环保产业等多个行业的协同，共同构建适合湘西实际及产业发展需要的复合循环经济体系。

（一）林业

林业是非粮柴油能源植物开发的基础行业。以黄连木为例，首先，它是一种乔木，树木躯干直接作为木材，这是发展林业的初始目标之一；其次，它的适应性很强，尤其能适合类似湘西地区的我国西南部喀斯特广大山区，有时甚至是速生树种，可防止水土流失，改善环境；最后，黄连木有多种应用价值，可以更好地发展林副产品经济。栽培黄连木无疑是这些地区的理想选择。

事实上，我国已有大量的林业基地采用黄连木，并有相当的研究基础。例如，曹应伟等（2010）关于黄连木的育苗技术及园林应用的研究；王学勇等（2012）的黄连木种子发芽和出苗研究；马铁民等（2008）的黄连木栽培技术研究等为黄连木生产提供科学依据；段玉芳等（2010）关于太行山区生物质能源林黄连木基地建设的研究；等等。

（二）健康产业

健康产业是具有巨大市场潜力的新兴产业，包括医疗产品、保健用品、营养食品、医疗器械、保健器具、休闲健身、健康管理、健康咨询等多个与人类健康紧密相关的生产和服务领域。此处以黄连木为例，该植物涉及的健康产业有医药业、食品业与养殖业等。

1. 医药业

黄连木是一种具备药用功能的非粮柴油能源植物，叶片可提取分离没食子酸、槲皮素、间双没食子酸、槲皮甙、6-0-没食子酰熊果甙、儿茶酚，说明黄连木叶片具有清热解毒、防病、抗衰老保健的作用（史清文 等，1992；陆瑞利 等，2003）。此外，黄连木的根、茎、叶、树皮均可入药并可作黄柏皮的代用品，用以治疗痢疾、霍乱、风湿病、疮疖等（祖庸 等，1989）。可见，黄连木可以完全应用于医药行业，为医药行业服务。

2. 食品业

黄连木种子可榨食用油，且黄连木作为森林蔬菜其嫩叶及嫩芽可以用于食用，在我国市场上黄连木是常见的叶菜类野菜。邓冠军（2014）的黄连木叶酚类物质的提取鉴定、生物活性及与精油联产的研究也曾提到黄连木叶酚类物质是良好的天然抗氧化剂，具有在食品领域广泛应用的潜力。因此，黄连木可以在食品行业开发与利用，且具备较大的食品开发潜能。

3. 养殖业

黄连木加工剩余的油饼可作饲料用于养殖业，这在张立华（2011）的黄连木播种育苗、罗俊荣（2008）的黄连木播种育苗与栽培技术研究中均有述及。这为黄连木可以应用于养殖业提供了很好的参考，值得进一步研究和重视。

（三）新材料产业

新材料产业包括新材料及其相关产品和技术装备。此处以油桐（*Vernicia fordii*）为例，该植物为传统特种经济植物。一是用作涂料，广泛用作住房、器具、车船防腐之用；二是直接作为能源、照明等燃料；三是可以药用，桐花具有较高观赏价值，桐叶可以作为湘西特色食品粑粑的裹包物等。湘西桐油自古有名，并远播到华中、华东甚至西方国家。在新材料方面，魏向阳等（2011）关于 TO 树脂重防腐涂料的研制中，就曾使用桐油等为主要原料，用顺酐共聚改性，拼用带环氧基的高分子化合物，制得 TO 复合树脂新材料。油桐是湘西特色优势资源植物，尤其是属于可再生性资源原料，在新材料领域的前景光明。

第二节　湘西地区非粮柴油能源植物资源开发的途径

湘西地区非粮柴油能源植物资源的开发是一项涉及多领域的系统工程，非粮柴油能源植物产业的发展是一项长期而艰巨的任务，必须顺应市场需求，开展高效综合利用。湘西地区非粮柴油能源植物很大部分至今没有被开发与利用，因此，湘西地区非粮柴油能源植物资源开发与利用潜力很大，可以在生物质能、食品、药物、饲料、工业用品及其他开发途径形成较多可开发的植物资源。下面对所调查到的 262 种非粮柴油能源植物中含油量≥30% 的 90 种植物开展多方面的开发利用分析。

一、生物质能开发

生物质能源是太阳能以化学能形式储存的能量，它直接或间接地通过植物的光合作用形成，是以生物质为载体的能量。我国经过多年的不懈努力，已具备了大规模开发生物质能源的基本条件。非粮柴油能源植物作为生物质能源的来源之一，其在生物质能的应用方面涉及生物柴油与生物乙醇利用。生物柴油与生物乙醇作为生物质能源的液体利用方式，是近年来国内外最为热门的生物质能开发与利用方式。因此，在湘西地区非粮柴油能源植物资源开发方面需对湘西地区非粮柴油能源植物资源在生物柴油与生物乙醇的开发情况进行介绍。

（一）生物柴油开发

生物柴油开发是非粮柴油能源植物资源开发的核心，生物柴油的研究内容涉及油脂植物的分布、选择、培育、遗传改良、加工工艺和设备等（王静春，2008）。以湘西地区优选物种之一的猴欢喜（*Sloanea sinensis*）来看，根据程树棋等（2006）的研究，以猴欢喜果实种子油为原料制取生物柴油，按重量百分比猴欢喜籽油占 40%～80%、甲醇（乙醇）占 10%～30%，碱性或酸性催化剂占 10%～30% 混合，在 45～160 ℃的温度下进行酯交换，反应生成脂肪酸甲酯或脂肪酸乙酯生物柴油，也可以按 0 号、10 号生物柴油以 1∶9 或 2∶8 的比例，将生物柴油与石化柴油生成混合柴油，获得 B10、B20 生物柴油。根据第五章结果，湘西地区最有潜力的非粮柴油能源植物有湖南山核桃、算盘子、猴欢喜、华榛、蜡梅、猫儿屎、黄连木、尖连蕊茶、复羽叶栾树、白檀、梾木、山檀、牛蒡和栝楼等 14 种。这些种类作为生物柴油开发原料植物加以利用将大有可为，但这方面研究需要进一步深入攻关，才能为后续研究开发提供参考和示范。

（二）生物乙醇开发

生物乙醇是非粮柴油能源植物资源开发的重点，是以淀粉质、糖质等为原料，经发酵、蒸发、蒸馏制成乙醇，脱水后再添加变性剂（车用无铅汽油）变性的无水乙醇，其作为清洁环保的可再生能源，正逐渐受到越来越多国家的重视和积极扶持。但生产生物乙醇的原料，目前主要是粮食和糖料，存在成本高、与民争粮（争地）等问题，所以，生产生物乙醇的根本出路在于用农作物秸秆、木屑等纤维素为原料（可称为二代生物燃料乙醇），对于改变能源结构、保护生态环境具有深远意义。一般而言，纤维素资源包括两大类：一类是稻谷、小麦、玉米等农作物秸秆，以及壳糠类纤维素质生物原料；另一类是灌木能源林类纤维素质生物原料。湘西地区非粮柴油能源植物中大部分可以用于生物乙醇生产，湘西地区非粮柴油能源植物资源具备巨大的生物乙醇开发潜能、前景广阔。

二、食品开发

食品开发可作为非粮柴油能源植物资源开发的方向之一，能为非粮柴油能源植物资源的综合利用做出贡献。随着人们生活水平的提高，人们对食品的品质需求逐年递增，尤其对具备功能性的食品的需求更加突出，要求尽量采用天然原料，少用或不用合成原料，以减少毒副作用或增加产品的天然风味。我国丰富的植物资源为开发各种食品提供了广阔的天地，不少非粮柴油能源植物也可作为区域特色食品原料。湘西地区具有食用价值的非粮柴油能源植物主要有槐、豆薯、常春油麻藤、杜仲、胡桃、湖南山核桃、栝楼、华榛、牛蒡、乐昌含笑、猫儿屎、小蜡、黄连木、油茶、茶、白檀、华山松、马尾松、宜昌橙、野花椒、小花花椒、川桂22种。它们或可直接食用，绝大多数可以用于开发功能食品或者食品添加剂，详见表8-1。

表8-1中的这22种植物，根据其可食情况大致可区分为食用油、果蔬、饮品、调味品四大类别，其中杜仲、胡桃、湖南山核桃、栝楼、华榛等15种植物可作食用油开发，如杜仲籽油可开发杜仲山杏高档配方食用油；胡桃、湖南山核桃、栝楼、华榛、黄连木等11种植物可作（干）果蔬开发，如黄连木嫩叶及其嫩芽可作蔬菜食用；槐、杜仲、牛蒡、猫儿屎、小蜡、黄连木、茶7种植物可作饮品开发，如杜仲叶可开发成杜仲茶，因其保健功效而备受欢迎；华山松、野花椒、小花花椒3种植物可作调料品开发，如小花花椒可作调味料。

进一步统计发现：猫儿屎与黄连木2种植物可作食用油、果蔬、饮品3类兼用开发，杜仲、胡桃、湖南山核桃、栝楼、华榛、油茶、茶、华山松、野花椒、小花花椒10种植物可作2类食品开发。其中，胡桃、湖南山核桃、栝楼、华榛、油茶5种植物可作食用油与果蔬，杜仲、茶可作食用油与饮品，野花椒、小花花椒可用作果蔬与调料品，华山松可作食用油与调料品。槐、常春油麻藤、牛蒡、乐昌含笑、小蜡、白檀、马尾松、宜昌橙、川桂9种植物可作食品。其中，槐、牛蒡、小蜡3种植物可作饮品，常春油麻藤、乐昌含笑、白檀、马尾松、川桂5种植物可作食用油，宜昌橙可作果蔬。可见，湘西地区非粮柴油能源植物在食品开发方面具备一定价值和前景。

表 8-1　湘西地区主要非粮柴油能源植物可食用植物情况

科名	植物名称	生活习性	食用部位	食品类别			
				食用油	果蔬	饮品	调料品
豆科	槐	落叶乔木	花、茎叶、果实			√	
豆科	豆薯	草质藤本	块根		√		
豆科	常春油麻藤	常绿大藤本	种子	√			
杜仲科	杜仲	落叶乔木	树皮、叶	√		√	
胡桃科	胡桃	乔木	种仁	√	√		
胡桃科	湖南山核桃	乔木	果	√	√		
葫芦科	栝楼	攀缘藤本	种子	√	√		
桦木科	华榛	乔木	种子	√			
菊科	牛蒡	草本	根			√	
木兰科	乐昌含笑	乔木	种子	√			
木通科	猫儿屎	直立灌木	果实、种子	√		√	
木犀科	小蜡	落叶灌木或小乔木	果实			√	
漆树科	黄连木	乔木	种子、嫩叶	√	√		
山茶科	油茶	灌木或中乔木	种子、肉质果叶	√	√		
山茶科	茶	灌木或中乔木	叶、种子	√		√	
山矾科	白檀	落叶灌木或小乔木	种子	√			
松科	华山松	乔木	种子	√			√
松科	马尾松	乔木	种子	√			
芸香科	宜昌橙	小乔木或灌木	果		√		
芸香科	野花椒	灌木或小乔术	嫩芽、果实		√		√
芸香科	小花花椒	落叶乔木	叶、果		√		√
樟科	川桂	乔木	果	√			

三、药物开发

药物开发是非粮柴油能源植物资源产业开发的重要领域。湘西地区的非粮柴油能源植物资源中能作为药用植物利用的有栓叶安息香、蓖麻、算盘子、山乌桕、乌桕、油桐、槐、常春油麻藤、杜仲、胡桃、化香树、南赤飑、王瓜、栝楼、虎皮楠、西域旌节花、轮叶沙参、牛蒡、齿叶橐吾、苦树、蜡梅、杠板归、深山含笑、厚朴、凹叶厚朴、猫儿屎、小蜡、桦叶葡萄、罗浮槭、三尖杉、篦子三尖杉、野胡萝卜、油茶、白檀、华山松、马尾松、大芽南蛇藤、刺果卫矛、西南卫矛、复羽叶栾树、无患子、宜昌橙、蚬壳花椒、刺壳花椒、野花椒、黑壳楠、山檀、猴樟、川桂等 49 种，详见表 8-2。

表 8-2　湘西地区主要非粮柴油能源植物可药用植物情况

植物科名	植物名称	生活习性	药用部位	功效									
				清热解毒	止血止痛	祛湿	活血化瘀消肿	抗炎	跌打损伤	蛇毒咬伤	祛虫杀虫	下泻	抗肿瘤
安息香科	栓叶安息香	乔木	根、叶	√	√								
大戟科	蓖麻	常绿灌木	根		√	√			√		√	√	
大戟科	算盘子	直立灌木	根、茎、叶和果实				√					√	
大戟科	山乌桕	乔木或灌木	根皮、树皮及叶	√				√		√			
大戟科	乌桕	乔木	根皮、树皮、叶	√				√	√	√			
大戟科	油桐	落叶乔木	根、叶、花				√	√					
豆科	槐	落叶乔木	花及花蕾、果实、枝叶	√				√					√
豆科	常春油麻藤	常绿大藤本	茎藤、花和种子			√	√						
杜仲科	杜仲	落叶乔木	树皮			√							
胡桃科	胡桃	乔木	胡桃仁、叶、壳、花、枝、果、根					√					
胡桃科	化香树	落叶小乔木	叶、果	√	√		√						
葫芦科	南赤飑	蔓性草本	根、叶	√									
葫芦科	王瓜	攀缘藤本	果实、根、种子	√			√						
葫芦科	栝楼	攀缘藤本	根、种子、果实			√							
虎皮楠科	虎皮楠	乔木或小乔木	根、叶	√			√		√	√			
旌节花科	西域旌节花	落叶灌木或小乔木	茎、花	√									
桔梗科	轮叶沙参	草本	根	√									
菊科	牛蒡	草本	果实、根	√			√						
菊科	齿叶橐吾	草本	根				√			√			

续表

植物科名	植物名称	生活习性	药用部位	功效									
				清热解毒	止血止痛	祛湿	活血化瘀消肿	抗炎	跌打损伤	蛇毒咬伤	祛虫杀虫	下泻	抗肿瘤
苦木科	苦树	落叶乔木	皮	√			√				√		
蜡梅科	蜡梅	落叶灌木	根、叶	√	√	√			√				
蓼科	杠板归	草本	地上部分	√			√			√			
木兰科	深山含笑	乔木	花、根	√	√								
木兰科	厚朴	落叶乔木	树皮、根皮、花、种子及芽			√	√						
木兰科	凹叶厚朴	落叶乔木	树皮、花芽、种子			√	√						
木通科	猫儿屎	直立灌木	根和果	√									
木犀科	小蜡	落叶灌木或小乔木	树皮和叶	√									
葡萄科	桦叶葡萄	木质藤本	根皮	√									
槭树科	罗浮槭	常绿乔木	果实	√									
三尖杉科	三尖杉	乔木	叶、枝、种子、根										√
三尖杉科	篦子三尖杉	灌木	叶、枝、种子、根										√
伞形科	野胡萝卜	草本	果实								√		
山茶科	油茶	灌木或中乔木	种子	√			√				√		
山矾科	白檀	落叶灌木或小乔木	叶	√				√					
松科	华山松	乔木	种子、种仁、花粉、松针						√				
松科	马尾松	乔木	松油脂及松香、叶、根、茎节、嫩叶			√							
卫矛科	大芽南蛇藤	藤本	根、茎、叶		√	√			√	√			
卫矛科	刺果卫矛	灌木，直立或藤本	根		√	√							

续表

植物科名	植物名称	生活习性	药用部位	功效									
				清热解毒	止血止痛	祛湿	活血化瘀消肿	抗炎	跌打损伤	蛇毒咬伤	祛虫杀虫	下泻	抗肿瘤
卫矛科	西南卫矛	小乔木	根、根皮、茎皮、枝叶	√		√		√	√				
无患子科	复羽叶栾树	乔木	根	√	√								
无患子科	无患子	落叶大乔木	根、树皮、叶、果和种仁	√								√	
芸香科	宜昌橙	小乔木或灌木	叶			√		√					
芸香科	蚬壳花椒	木质藤本	根、茎皮及叶	√	√								
芸香科	刺壳花椒	攀缘藤本	根			√							
芸香科	野花椒	灌木或小乔木	果、根、叶、种子			√				√	√	√	
樟科	黑壳楠	常绿乔木	根、树皮或枝			√							
樟科	山橿	落叶灌木或小乔木	根			√							
樟科	猴樟	乔木	根皮、茎皮			√							
樟科	川桂	乔木	树皮			√				√		√	

注：根据《中药大辞典》（江苏新医学院，1985）整理获得。

表 8-2 中的这 49 种植物，根据其药用功效大致可分为清热解毒、祛湿、止血止痛、抗炎、祛虫杀虫、活血化瘀消肿、下泻、治跌打损伤、治蛇毒咬伤、抗肿瘤十大类，其中乌柏、化香树、南赤飑、王瓜、虎皮楠等 22 种植物可作清热解毒功效开发，如化香树果具有清热解毒功效；栓叶安息香、山乌柏、槐、化香树、栝楼等 19 种植物可作止血止痛功效开发，如栓叶安息香根、叶具有止血止痛功效；栓叶安息香、蓖麻、常春油麻藤、杜仲、蜡梅等 16 种植物可作祛湿功效开发，如常春油麻藤茎藤具有祛湿功效；蓖麻、算盘子、油桐、常春油麻藤、化香树等 12 种植物可作活血化瘀消肿功效开发，如蓖麻根具有活血化瘀消肿功效；山乌柏、乌柏、油桐、槐、胡桃等 9 种植物可作抗炎功效开发，如山乌柏叶具有抗炎功效；蓖麻、乌柏、虎皮楠、齿叶囊吾、蜡梅等 9 种植物可作跌打损伤功效开发，如虎皮楠根、叶具有跌打损伤功效；山乌柏、乌柏、虎皮楠、杠板归、大芽南蛇藤等 6 种植物可作蛇毒咬伤功效开发，如山乌柏叶具有蛇毒咬伤功效；蓖麻、乌柏、苦树、野胡萝卜、油茶等 7 种植物可作祛虫杀虫功效开发，如乌柏叶具有祛虫杀虫功效；蓖麻、算盘子、川桂 3 种植物可作下泻功效开发，如算盘子根、茎、叶和果实具有下泻功效；槐、三尖杉、篦子三尖杉 3 种植物可作抗肿瘤功效开发，如三尖杉枝、叶具有抗肿瘤功效。

进一步统计发现：①野花椒具有止血止痛、祛湿、活血化瘀消肿功效，可作跌打损伤、蛇毒咬伤、祛虫杀虫等6类功效兼用开发。②蓖麻、乌桕2种植物可作5类功效兼用开发，其中蓖麻可作祛湿、活血化瘀消肿、跌打损伤、祛虫杀虫、下泻5类功效兼用开发，乌桕可作清热解毒、抗炎、跌打损伤、蛇毒咬伤、祛虫杀虫5类功效兼用开发。③虎皮楠、蜡梅、大芽南蛇藤、西南卫矛4种植物可作4类功效兼用开发，其中虎皮楠可作清热解毒、活血化瘀消肿、跌打损伤、蛇毒咬伤4类功效兼用开发，蜡梅可作清热解毒、止血止痛、祛湿、跌打损伤4类功效兼用开发，大芽南蛇藤可作止血止痛、祛湿、跌打损伤、蛇毒咬伤4类功效兼用开发，西南卫矛可作清热解毒、祛湿、抗炎、跌打损伤4类功效兼用开发。④山乌桕、化香树、槐、苦树、杠板归、油茶、川桂7种植物可作3类功效兼用开发，其中山乌桕可作止血止痛、抗炎、蛇毒咬伤3类功效兼用开发，化香树可作清热解毒、止血止痛、活血化瘀消肿3类功效兼用开发，槐可作止血止痛、抗炎、抗肿瘤3类功效兼用开发，苦树可作清热解毒、活血化瘀消肿、祛虫杀虫3类功效兼用开发，杠板归可作清热解毒、活血化瘀消肿、蛇毒咬伤3类功效兼用开发，油茶可作清热解毒、祛湿、祛虫杀虫3类功效兼用开发，川桂可作祛湿、跌打损伤、下泻3类功效兼用开发。⑤栓叶安息香、油桐、常春油麻藤、王瓜、牛蒡等18种植物可作2类功效兼用开发，其中栓叶安息香、厚朴、凹叶厚朴、刺果卫矛、黑壳楠、猴樟6种植物可作止血止痛、祛湿2类功效兼用开发，算盘子可作活血化瘀消肿、下泻2类功效兼用开发，油桐可作活血化瘀消肿、抗炎2类功效兼用开发，常春油麻藤可作祛湿、活血化瘀消肿2类功效兼用开发。⑥王瓜与牛蒡可作清热解毒、活血化瘀消肿2类功效兼用开发，齿叶囊吾可作活血化瘀消肿、跌打损伤2类功效兼用开发，深山含笑、复羽叶栾树、蚬壳花椒3种植物可作清热解毒、止血止痛2类功效兼用开发，白檀可作清热解毒、抗炎2类功效兼用开发，无患子可作清热解毒、祛虫杀虫2类功效兼用开发，宜昌橙可作止血止痛、抗炎2类功效兼用开发。⑦杜仲、胡桃、南赤飚、栝楼、西域旌节花、轮叶沙参、猫儿屎、小蜡、桦叶葡萄、罗浮槭、三尖杉、篦子三尖杉、野胡萝卜、华山松、马尾松、刺壳花椒、山橿等17种植物可作1类功效开发，其中杜仲、刺壳花椒可作祛湿功效开发，胡桃、华山松可作抗炎功效开发，南赤飚、西域旌节花、轮叶沙参、猫儿屎、小蜡、桦叶葡萄、罗浮槭7种植物可作清热解毒功效开发，栝楼、马尾松、山橿可作止血止痛功效开发，三尖杉、篦子三尖杉可作抗肿瘤功效开发，野胡萝卜可作祛虫杀虫功效开发。

四、动物饲料开发

饲料开发是非粮柴油能源植物资源利用的又一个方面。动物体在整个生命活动过程中，为满足自身生长及生产的需要，必须不断从外界摄取营养物质。这些营养物质经过动物的新陈代谢，最后形成动物本身的结构物质或者动物产品。由于动物需要的各类营养成分在饲料中需要保持一定比例，并且不同动物、同一动物的不同生长期对比例的需求也不一致，任何单一饲料原料都无法满足这种需求，因此，当今市场上所销售的饲料大部分为复合饲料。根据各种营养成分含量标准可将配合饲料划分为能量饲料、蛋白质饲料、矿物质饲料和添加剂。除此之外，现今逐渐受科研人员关注和大众欢迎的饲料多为功能性饲料，此类饲料对动物具有某些特定功效。自然界的部分植物也含有各种营养成分，越来越多的功能性饲料系利用功能性植物原料研制而成。

在湘西地区非粮柴油能源植物资源中，蓖麻、槐、黄连木、白檀等可以应用于饲料开发。其中蓖麻饲料经由脱毒的蓖麻饼粕制成。蓖麻饼粕中含粗蛋白37.6%、粗脂肪5.4%、粗纤维30.13%、灰分6.29%、钙0.61%、磷为0.54%，与其他饲料（如米糠、花生仁粕、大豆粕及玉米粕等）相比，上述各成分含量相对较高，而铁、铜、锰和锌等各种微量元素含量相近，尤其是醇溶蛋白含量较少，易被动物吸收，符合作为农业饲料的标准（孙景琦等，2003）。有研究将脱毒的蓖麻饼粕进行家畜的饲养实验，结果效果较好。在鸭、猪、鱼和牛的饲料中加入不同比例的蓖麻饼粕饲料，也有较好效果（黄廷廷 等，2015）。可见，饲料开发是植物资源能够充分开发与利用的措施，可作为湘西地区非粮柴油能源植物资源开发与利用的一个方向。

五、其他工业用品开发

（一）材用开发

非粮柴油能源植物也是材用植物大家庭，其中不少属于可以直接应用的优质材用植物。湘西地区可用于材用开发的非粮柴油能源植物主要有野茉莉、栓叶安息香、山乌桕、槐、常春油麻藤、日本杜英、猴欢喜、胡桃、湖南山核桃、华榛、苦树、乐昌含笑、深山含笑、厚朴、凹叶厚朴、黄连木、椤木石楠、三尖杉、篦子三尖杉、白檀、桵木、华山松、复羽叶栾树、毛黑壳楠、黑壳楠、三桠乌药26种（表8-3）。

这26种非粮柴油能源植物，根据材用类别大体上可划分为建筑、家具、器具和纸材用材4类，其中槐、日本杜英、猴欢喜、胡桃、乐昌含笑等15种植物可用作建筑用材，如猴欢喜木材纹理通直、结构细密、质地轻软、硬度适中，具有容易加工、干燥后不易变形、色泽艳丽、花纹美观、耐水湿等特点，是我国建筑桥梁家居胶合板的良材；栓叶安息香、槐、日本杜英、猴欢喜、湖南山核桃等17种植物可用作家具用材，其中湖南山核桃木材轻重适度、软硬适中，木质纤维匀称，强度可以满足家具受力需要，变异性较小，在家具中颇受欢迎；野茉莉、栓叶安息香、山乌桕、胡桃、常春油麻藤等20种植物可用作器具用材，如胡桃果外壳坚硬、耐腐，内部花纹自然、古朴，制作成工艺品既保留了核桃果的原始外形和花纹，又可使其造型风格古朴、雅致优美，具有天然的美感和自然的镂空效果，可用于器具制作；常春油麻藤可用作纸材，其茎皮可织草袋及造纸。

槐、日本杜英、胡桃、乐昌含笑、深山含笑、厚朴、凹叶厚朴、黄连木、三尖杉、华山松10种植物可用作建筑、家具、器具3类用材；栓叶安息香、常春油麻藤、猴欢喜、桵木、复羽叶栾树、毛黑壳楠、黑壳楠7种植物可用作2类用材，其中猴欢喜、桵木、毛黑壳楠、黑壳楠4种植物用作建筑与家具用材，栓叶安息香用作家具与器具用材，常春油麻藤用作器具与纸材用材，复羽叶栾树用作建筑与器具用材。野茉莉、山乌桕、湖南山核桃、华榛、苦树、椤木石楠、篦子三尖杉、白檀、三桠乌药9种植物可用作1类用材，其中野茉莉、山乌桕、华榛、苦树、椤木石楠、篦子三尖杉、三桠乌药7种植物可用作器具用材，湖南山核桃、白檀2种植物可用作家具用材。可见，湘西地区非粮柴油能源植物资源可广泛应用于材用开发，前景广阔。

表 8-3   湘西地区主要非粮柴油能源植物可材用植物情况

科名	植物名称	材质特点	材用类别			
			建筑	家具	器具	纸材
安息香科	野茉莉	散孔材,黄白色至淡褐色,纹理致密,材质稍坚硬			√	
安息香科	栓叶安息香	木材坚硬		√	√	
大戟科	山乌桕	木材轻软			√	
豆科	槐	木材富弹性,耐水湿	√	√	√	
豆科	常春油麻藤	茎皮可织草袋及造纸,枝条可编箩筐			√	√
杜英科	日本杜英	木材心边材区别不甚明显,边材宽,淡黄白色,心材狭,只占1/3左右,色稍深。纹理直,结构细而均匀,轻而软,干缩性中等。切面光滑,木工性质良好,油漆后光亮性中等	√	√	√	
杜英科	猴欢喜	材质优良,是珍贵的硬阔叶树种。其木材纹理通直、结构细密、质地轻软、硬度适中,具有容易加工、干燥后不易变形、色泽艳丽、花纹美观、耐水湿等特点	√	√		
胡桃科	胡桃	木质坚实。果外壳坚硬、耐腐、内部花纹自然、古朴,制作成工艺品既保留了核桃果的原始外形和花纹,又可使其造型风格古朴、雅致优美,具有天然的美感和自然的镂空效果	√	√	√	
胡桃科	湖南山核桃	心边材区别明显,心材红褐或栗褐色,边材浅黄褐色或浅栗褐色。生长轮明显。半环孔材,管孔呈之字形排列。轴向薄壁组织离管带状。木材的轻重适度、软硬适中、木质纤维匀称中细、强度可以满足家具的榫卯受力状况,变异性较小		√		
桦木科	华榛	木材坚硬,纹理、色泽美观			√	
苦木科	苦树	木材稍硬,心材黄色,边材黄白色,刨削后具光泽			√	
木兰科	乐昌含笑	其耐腐性较强,易于干燥,少开裂,少反张翘曲,加工易,刨面光滑,油漆后光亮性好,胶粘容易,握钉力强,不劈裂	√	√	√	
木兰科	深山含笑	木材纹理直,结构细,易加工	√	√	√	
木兰科	厚朴	木材淡黄褐色,质轻软,纹理直,结构细,少开裂	√	√	√	
木兰科	凹叶厚朴	树干通直,材质轻软,纹理细密,不反翘,易加工	√	√	√	
漆树科	黄连木	木材是环孔材,边材宽,灰黄色,心材黄褐色,材质坚重,纹理致密,结构匀细,不易开裂,气干容重 0.713 g/m³,能耐腐,钉着力强	√	√	√	

续表

科名	植物名称	材质特点	材用类别			
			建筑	家具	器具	纸材
蔷薇科	椤木石楠	木材红褐色，材质坚韧致密，花纹美观			√	
三尖杉科	三尖杉	木材黄褐色，纹理细致，材质坚实，韧性强，有弹性，比重 0.59 ~ 0.77 g/cm³	√	√	√	
三尖杉科	篦子三尖杉	木材细致、材质优良，坚实不裂			√	
山矾科	白檀	木材细致		√		
山茱萸科	梾木	木材红褐色，纹理致密，质地坚重	√	√		
松科	华山松	松木材质轻软，纹理细致，易于加工，而且耐水、耐腐，有"水浸千年松"的声誉	√	√	√	
无患子科	复羽叶栾树	木材较脆，易加工	√		√	
樟科	毛黑壳楠	木材黄褐色，纹理直，结构细	√	√		
樟科	黑壳楠	木材黄褐色，纹理直，结构细	√	√		
樟科	三桠乌药	木材致密			√	

（二）橡胶开发

非粮柴油能源植物是重要的工业用物质来源，大量的工业用润滑油、纤维、橡胶、色素都来源于植物，尤其是非粮柴油能源植物。其中橡胶是一类高分子不饱和的碳氢化合物，其碳、氢百分含量相当于（C_5H_8）$_n$，属于异戊二烯的高聚物，分为天然橡胶与合成橡胶两种。天然橡胶来源于自然界植物的分泌物，是从橡胶树、橡胶草等植物中提取胶质后加工制成，合成橡胶则由各种单体经聚合反应而得，按形态又可分为块状生胶、乳胶、液体橡胶和粉末橡胶。橡胶在橡胶材料及制品中都有严格的质量要求，如拉伸强度、弹性模量、延伸率、耐老化等。橡胶制品用于精密度高的领域，这些参数往往要求很苛刻。橡胶和石油、钢铁并列为工业的三大支柱，是国家的重要战略资源，各个国家都很重视。我国每年需要消耗橡胶600 多万吨，而我国自然产橡胶仅约 60 万吨，因此，必须大量依赖进口，对我国现代化发展势必产生影响，为此我国已将其列为国家战略性新兴产业重点支持发展的新材料。为减少对进口橡胶的依赖，必须从其他植物中寻找新的资源。经过数十年的努力，研究者们发现其他部分植物中也含有橡胶成分，其中有的在经过技术处理后，品质更加优良，用途更加广泛，如杜仲胶。

湘西地区可以作为橡胶资源开发的非粮柴油能源植物有油桐、杜仲、猫儿屎、马尾松等。其中杜仲是湘西最具特色的资源植物之一，其分布广、存量大、质量优已引起国内外高度关注和重视。杜仲树皮、叶及果实中所含的杜仲胶具有许多优良的特殊性能，能够应用到很多领域，如航空轮胎、汽车扭力梁铰接、抗冲击减震橡胶材料等。可见，湘西地区非粮柴油能源植物也可应用于橡胶开发，橡胶开发作为非粮柴油能源植物工业开发方向之一，也是未来需要重点关注的领域。

（三）皂品开发

皂品是用于洗涤去污的制品，包括肥皂与其他皂制品。目前，我国肥皂工业已能生产各种各样的皂品，以满足人民的需要。湘西地区非粮柴油能源植物中许多都可以用于肥皂开发。

从广义上讲，油脂、蜡、松香或脂肪酸与有机碱或无机碱起皂化反应，所得产品皆可称为肥皂。肥皂通常可分为若干类别（图8-4），但并非所有肥皂都具有洗涤效果。只有水溶性脂肪酸的钾、钠、氨和某些有机碱所成的盐类才有洗涤效果，肥皂工业所指的肥皂即这一类。非碱金属所成的脂肪酸盐类是非水溶性的，没有洗涤作用，称为金属皂。用于洗涤的绝大部分肥皂为钠肥皂，还有一部分是钾肥皂。由于同样油脂所制成的钠肥皂硬于钾肥皂，因此，前者称为硬皂，后者称为软皂。铵、乙醇胺、三乙醇胺和其他的有机碱也可制成肥皂，用于制造干洗皂、纺织用皂、化妆品、家用洗净剂及擦亮剂等。由铝、钙、镁、锌和其他金属所制成的无洗涤作用的金属皂，主要用于制造擦亮剂、油墨、油漆、织物的防水剂及润滑油的增稠剂等。

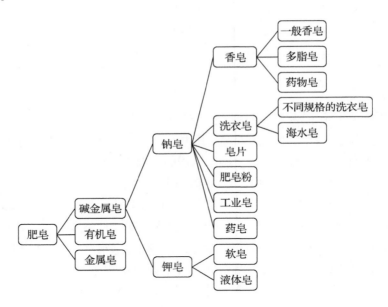

图8-4　肥皂的分类

来源：《植物油料资源综合利用》（梁少华，2009）。

据统计，湘西地区共有15种非粮柴油能源植物可用于开发皂制品。15种植物中虎皮楠、厚朴、凹叶厚朴、小蜡、三尖杉、油茶、花椒簕、毛黑壳楠、黑壳楠、绿叶甘檀10种植物用种子油，乌桕用种子外被白色蜡质层（假种皮），白檀用心材挥发油，椋木用果实油，马尾松用松针挥发油，川桂用枝叶和果芳香油。湘西是少数民族集中地区，湘西人民在长期历史进程中形成了使用油料植物进行洗涤去污的习惯。例如，利用榨油后集束的茶枯饼洗头、洗衣物等。

六、其他开发

（一）旅游观赏

随着旅游业的快速发展，近些年兴起了植物旅游，包括人们对植物的识别、植物功能的了解、植物产品的消费，植物美的欣赏、植物文化的体验感受等。非粮柴油能源植物也具有一定旅游价值，部分植物完全可以用于园林绿化观赏旅游开发，如野茉莉、油桐、木油桐、乌桕、常春油麻藤、槐、猴欢喜、胡桃、化香树、虎皮楠、蜡梅、凹叶厚朴、白兰、厚朴、乐昌含笑、深山含笑、小蜡、黄连木、樟叶槭、罗浮槭、椤木石楠、西南红山茶、茶梅、马尾松、西南卫矛、大果卫矛、复羽叶栾树、无患子、沉水樟等 29 种植物可用于观赏开发，详见表8-4。

表8-4　湘西地区主要非粮柴油能源植物可观赏植物情况

科名	植物名称	生活习性	观赏特质	应用情况
安息香科	野茉莉	灌木或小乔木	花美丽、芳香	园林绿化；庭院栽植观赏，作行道树
大戟科	油桐	落叶乔木	花洁白，春季满树白花，秋季果实累累	风景园林和道路绿化树种
大戟科	木油桐	落叶乔木	桐花洁白，春季满树白花，秋季果实累累	风景园林和道路绿化树种
大戟科	乌桕	乔木	乌桕树冠整齐，叶形秀丽，秋叶经霜时如火如荼，十分美观，有"乌桕赤于枫，园林二月中"之赞名	在城市园林中，可作行道树，栽植于道路景观带，栽植于广场、公园、庭院中，或成片栽植于景区、森林公园中，能产生良好的造景效果
豆科	常春油麻藤	常绿木质藤本	适应性强，生长量大，速生绿化植物	保护墙面，遮掩垃圾场所、厕所、车库、水泥墙、护坡、阳台、栅栏、花架、绿篱、凉棚、屋顶绿化，防暑降温，净化空气，环境治理
豆科	槐	乔木	枝叶茂密，绿荫如盖，夏秋可观花	庭荫树、行道树，可配植于公园、建筑四周、街坊住宅区及草坪上
杜英科	猴欢喜	乔木	树形美观，四季常青，尤其红色蒴果，外被长而密的紫红色刺毛，外形近似板栗的具刺壳斗，颜色鲜艳，十分美丽，在绿叶丛中，满树红果，生机盎然。果实开裂后，露出具有黄色假种皮的种子，是以观果为主，观叶、观花为辅的常绿观赏树种	园林中可以孤植、丛植、片植，亦可与其他观赏树种混植，栽植于假山、台地或池塘边，也可用于庭院栽植

续表

科名	植物名称	生活习性	观赏特质	应用情况
胡桃科	胡桃	乔木	叶大荫浓，且有清香	庭荫树及行道树
胡桃科	化香树	落叶小乔木	羽状复叶，穗状花序，果序呈球果状，直立枝端经久不落，在落叶阔叶树种中具有特殊的观赏价值	在园林绿化中可作为点缀树种应用
虎皮楠科	虎皮楠	乔木或小乔木	树形美观，常绿	绿化和观赏树种
蜡梅科	蜡梅	落叶灌木	花芬香美丽	香化、彩化和绿化，一般以南天竹等搭配种植于庭前、窗外及假山等视野开阔之处；盆栽、切花
木兰科	凹叶厚朴	落叶乔木	叶大荫浓，花大美丽	绿化观赏树种
木兰科	白兰	常绿乔木	白兰花株形直立有分枝，落落大方	在南方可露地庭院栽培，是南方园林中的骨干树种。北方盆栽，可布置庭院、厅堂、会议室。中小型植株可陈设于客厅、书房
木兰科	厚朴	落叶乔木	叶大荫浓，花大美丽	绿化观赏树种
木兰科	乐昌含笑	乔木	树干通直，树冠圆锥状塔形，四季深绿，花期长，花白色，既多又芳香	四季在庭园中单植、列植或群植均有良好的景观效果。在广东各地，经多年栽培，生长良好，可作为木本花卉、风景树及行道树推广应用
木兰科	深山含笑	乔木	叶鲜绿，花纯白艳丽	庭园观赏树种和四旁绿化树种
木犀科	小蜡	落叶灌木或小乔木	干老根古，虬曲多姿	宜作树桩盆景与绿篱
漆树科	黄连木	落叶乔木	先叶开花，树冠浑圆，枝叶繁茂而秀丽，早春嫩叶红色，入秋叶又变成深红或橙黄色，红色的雌花序	绿化树种，宜作庭荫树、行道树及观赏风景树，也常作"四旁"绿化及低山区造林树种。在园林中植于草坪、坡地、山谷或于山石、亭阁之旁配植无不相宜。若要构成大片秋色红叶林，可与槭类、枫香等混植
槭树科	樟叶槭	常绿乔木	树形优美	绿化、景观树种
槭树科	罗浮槭	常绿乔木	树冠紧密，姿态婆娑，枝繁叶茂，春天嫩叶鲜红色，老叶终年翠绿，夏天红色翅果缀满枝头	庭园观赏、绿化、风景树种；育苗实验以为城市园林建设及其景观树种来调整结构

续表

科名	植物名称	生活习性	观赏特质	应用情况
蔷薇科	椤木石楠	常绿乔木	石楠枝繁叶茂，树冠圆球形，早春嫩叶绛红，初夏白花点点，秋末赤实累累，艳丽夺目。石楠在一年中色彩变化较大，叶、花、果均可观赏；石楠树冠整齐，耐修剪，可根据需要进行造型	园林和小庭园中很好的骨干树种，特别耐大气污染，适用于工矿区配植
山茶科	西南红山茶	灌木至小乔木	树枝优美，叶色深绿，早春开花，红艳美观	园林中栽培观赏
山茶科	茶梅	小乔木	开花时可为花篱，落花后又可为绿篱；还可利用自然丘陵地，在有一定庇荫的疏林中建立茶梅专类园	盆栽，摆放于书房、会场、厅堂、门边、窗台等
松科	马尾松	乔木	高大雄伟，姿态古奇，适应性强，抗风力强，耐烟尘，木材纹理细，质坚，能耐水	适宜山涧、谷中、岩际、池畔、道旁配植和山地造林。也适合在庭前、亭旁、假山之间孤植
卫矛科	西南卫矛	小乔木	蒴果似"小灯笼"，果皮呈鲜艳红色	观赏及绿化
卫矛科	大果卫矛	常绿灌木	卫矛枝翅奇特，秋叶红艳耀目，果裂亦红；落叶后，枝翅如箭羽，宿存蒴果裂后亦呈红色	城市园林、道路、公路绿化的绿篱带、色带拼图和造型
无患子科	复羽叶栾树	乔木	树形端正，树冠圆球形，枝叶秀丽茂密，春季嫩叶紫红色，夏季黄花满树，秋天叶色金黄色、果实紫红色似灯笼	宜作庭荫树、行道树及风景林，也可用作防护林及荒山绿化的树种。由于对二氧化硫及烟尘污染有较强的抗性，适于厂矿绿化美化
无患子科	无患子	无患子科	树干通直，枝叶广展，绿荫稠密。到了冬季，满树叶色金黄，故又名黄金树。彩叶树种之一。10月果实累累，橙黄美观	绿化的优良观叶、观果树种
樟科	沉水樟	乔木	树形高大雄伟、干形通直、枝叶繁茂	保持地面清洁

　　湘西植物资源丰富，又是著名的风景旅游区，可以将旅游与非粮柴油能源植物结合起来开发。例如，可以将非粮柴油能源植物识别、美学欣赏、自然风光旅游结合，将植物文化旅

游与植物应用产业企业观光结合等，以达到促进旅游、推动非粮柴油能源植物产业开发的多重效应。

（二）园林绿化

湘西地区非粮柴油能源植物中有的是优良园林树种，可供行道树、公园及机关单位等配置景观用。例如，常春油麻藤、茶梅、小蜡、深山含笑、乐昌含笑、白兰花、厚朴、蜡梅、猴欢喜、复羽叶栾树等植物可用于园林绿化开发。其中，蜡梅属灌木，树冠适中，枝条较为稀疏，用于园林配置时，易与其他植物的搭配和设计，深受传统园艺的青睐；茶梅作为一种优良的花灌木，在园林绿化中有广阔的发展前景，树形优美、花叶茂盛的茶梅品种，可于庭院和草坪中孤植或对植，较低矮的茶梅可与其他花灌木配置花坛、花境，或作配景材料，植于林缘、角落、墙基等处作点缀装饰等。蜡梅、茶梅运用于园林绿化开发已很常见。

其他非粮柴油能源植物，如常春油麻藤、小蜡、深山含笑、乐昌含笑、白兰花、厚朴等，根据其花形、果形、叶形等各色特点，也值得研究与推广应用。

第三节　湘西地区非粮柴油能源植物资源开发研究实例

湘西地区非粮柴油能源植物资源的开发是一项涉及多领域的系统工程，需要努力做到4点：第一，必须找准产业发展方向，开发出具有重要需求的产品；第二，必须大力提高资源的利用效率，减少或杜绝资源浪费，力求做到充分利用；第三，发挥科学技术的生产力，提高产品的附加值；第四，延长产业链，使更多的领域受益。现以蜡梅的综合利用研究为例进行说明。

一、蜡梅概述

蜡梅（*Chimonanthus praecox* Link）又名腊梅、黄梅、寒梅和冬梅，系蜡梅科蜡梅属植物，为我国特有的优良冬季香花树种。其花淡雅幽静，香味怡人，色、香、形、韵均佳，自古以来颇受国人的喜爱，世界人民也热情地称为"冬天里甜蜜的花"。蜡梅不但是重要的观花植物，还是珍贵的天然香料植物、药用植物、食用植物、桩景和切花材料，应用十分广泛（赵凯歌 等，2004）。蜡梅作为我国传统观赏花木，全身是宝。蜡梅花、枝、干、根均可入药，具有理气止痛、散寒解毒之功效，可治跌打、腰痛、风湿麻木、风寒感冒、刀伤出血。花解暑生津，可治心烦口渴、气郁胸闷；花蕾油可治烫伤；根、茎可散瘀消肿、活血顺气；根皮外用可治刀伤出血；叶可治疮疥红肿疼痛；花蕾为清凉解暑生津药，可治心烦口渴、气郁胸闷；果实健脾止血，常用于治疗腹泻、久痢等症。

李时珍在《本草纲目》中说："蜡梅花味甘、微苦，采花炸熟，水浸淘净，油盐调食"，既是味道颇佳的食品，又能"解热生津"。现代药理分析，蜡梅花含有龙脑、桉油精、芳樟醇等成分。中医学认为，蜡梅花味微甘、辛、凉，有解暑生津、开胃散郁、解毒生肌、止咳的效果，主治暑热头晕、呕吐、热病烦渴、气郁胃闷、咳嗽等疾病。民间常用蜡梅花煎水给婴儿饮服，有清热解毒的功效。

蜡梅花自古以来便有入茶的习惯，采用传统加工工艺，可将蜡梅花、叶制成药用价值较高的特色茶，如香风茶、食凉茶等。蜡梅花也用作茶叶窨制原料，利用茶叶吸附性吸收蜡梅花中的香气物质，制成蜡梅花茶，蜡梅花茶不仅保持了茶叶的纯正茶香和茶味，而且兼备蜡梅花的独特香气，芬芳持久。

蜡梅种籽中富含油脂，具有较大的开发与利用价值。

蜡梅的开发利用基本途径大致可如图 8-5 所示。

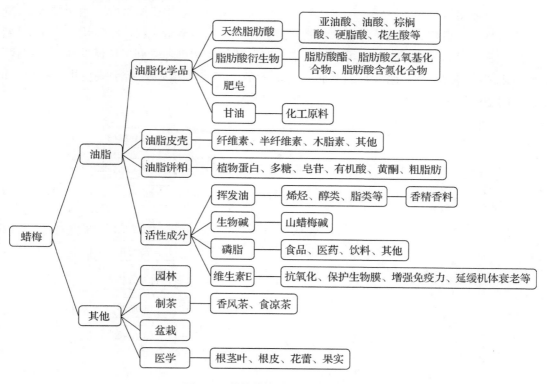

图 8-5　蜡梅的开发利用基本途径

二、蜡梅资源的综合利用

（一）油脂资源主产物及其应用

蜡梅种籽富含脂肪油，其油脂具有较大的开发与利用价值。蜡梅花香型独特，所含挥发精油含量较高，且内含成分丰富，具有良好的保健效果，是提取香精、香料的优质原料。

1. 天然脂肪酸

天然脂肪酸主要以甘油三酯的形式广泛分布于动植物界。植物油是脂肪酸生产的重要原料之一，世界上约 85% 的油脂用于食品和饲料工业，约 15% 用于油脂化工。一般品质好，且有益于人体健康的油脂用来食用，如大豆油、葵花籽油、花生油、菜籽油等，不适宜食用的油脂则作其他用途，如蓖麻油、桐油、漆油、椰子油、蜡梅油等。蜡梅是一种优质的天然脂肪酸原料植物，其种籽油脂含量为 36.00%，最高可达 39.82%（刘祝祥 等，2012）。利用蜡梅油脂可以生产出多种脂肪酸产品，如棕榈酸、亚油酸、油酸、硬脂酸、二十烯酸、花生酸、芥酸、山箭酸等，其中不饱和脂肪酸含量为 85.1% ，以油酸、亚油酸为主。因此，从脂肪酸组成上看，蜡梅籽油有较好的营养价值和保健功能。蜡梅脂肪酸的用途广泛，可用于制皂、合成洗涤剂、油漆和涂料、塑料、化妆品、食品乳化剂、润滑脂、矿物浮选剂、橡胶配料、脂肪醇、高聚物乳化剂、医药制剂、直链脂肪酸、纺织助剂等。

2. 脂肪酸衍生物

以蜡梅籽油脂肪酸为原料，经过化学或生物化学反应可获得脂肪酸酯、脂肪酰胺、脂肪胺、脂肪酸盐、脂肪酸乙氧基化合物和脂肪醇等。天然脂肪酸衍生物广泛应用于化学、染料和食品工业，因其天然可降解、可再生，天然脂肪酸衍生物已经受到了广泛关注，并取代一部分石化产品的衍生物。蜡梅籽油脂肪酸衍生物的生产参考图 8-6 所示途径进行，将所获得的不同物质应用到相关产业领域，做到物尽其用。

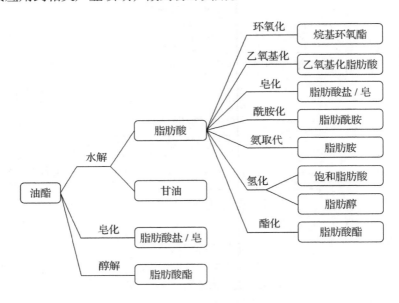

图 8-6　生产脂肪酸衍生物的一般途径

来源：《植物油料资源综合利用》（梁少华，2009）。

（1）脂肪酸酯

脂肪酸与醇酯化生成的一类物质的总称。低等和中等相对分子质量的脂肪酸酯有类似于水果的花香，有些可以做香料和香气的组分。碳链长度在 14 碳到 16 碳的脂肪酸异丙基酯是药物和香料的制备成分，具有较强的皮肤穿透能力，并且不留脂肪薄膜，保持皮肤柔软光滑。脂肪酸酯主要用于食品、纺织、化妆品生产，还可用于化学化工、金属处理、合成润滑剂等。

（2）脂肪酸的乙氧基化合物

脂肪酸的乙氧基衍生物是非离子型表面活性剂，其含有两性基团，即疏水基团和亲水基团。可用于脂肪酸乙氧基化的碱性催化剂有碱金属的氢氧化物、低级醇化物、碳酸盐、低碳羧酸盐及碱金属。

（3）脂肪酸的含氮衍生物

脂肪酸含氮衍生物在洗涤剂、涂料等的生产中占有较为重要的地位。脂肪酸含氮衍生物主要包括脂肪腈、脂肪胺、脂肪酰胺。其中，脂肪腈虽然没有较大的工业价值，但可被用作生产脂肪胺的中间产物。脂肪胺及其衍生物是目前广泛使用的阳离子表面活性剂和其他表面活性剂的原料，主要用作纤维柔软剂；在石油工业中，脂肪胺从钻井到炼油都有重要应用；脂肪胺固有的油溶性，以及对金属表面的亲和力、润滑性、碱性和杀菌性，使得其可作为润滑添加剂、缓蚀剂及汽油和柴油添加剂使用。脂肪酰胺主要作为防滑剂和防黏结剂用于聚乙烯薄膜的制造，常用的是油酸酰胺和芥酸酰胺。

（4）脂肪醇

天然脂肪醇广泛应用于日用化工、医药、纺织、印染等行业，为制造表面活性剂的主要原料。通常所说的脂肪醇是 $C_6 \sim C_{24}$ 的直链一元饱和或不饱和醇，在化工、化妆品中有广泛应用。脂肪醇可由天然油脂制得，也可由石化产品合成。以蜡梅籽油为原料，可以通过 3 种途径制备得到脂肪醇：①通过将蜡梅油脂中的蜡（实为长链脂肪酸和长链脂肪醇的酯类）进行水解反应得到粗脂肪酸，由粗脂肪酸分提或蒸馏，再经氢化得到。②通过将蜡梅油脂进行酯交换反应生成脂肪酸甲酯，由脂肪酸甲酯分提或蒸馏，再经氢化得到。③通过将蜡梅油脂进行氢化反应，再经分提或蒸馏得到。以蜡梅油脂为原料生产脂肪醇的工艺路线如图 8-7 所示。

3. 甘油

以蜡梅籽油为原料，通过反应能够制备得到甘油。经蜡梅籽油制备得到的甘油为天然甘油，通过石油化工品合成的甘油为化学合成甘油。天然甘油可通过油脂直接制皂、油脂水解或者油脂醇解等方法制得，化学合成甘油则可采用丙烯氧化法、丙烯过乙酸法制得。

以蜡梅油脂为工业原料制取脂肪酸及肥皂的过程中，有大量的废水产生，这些废水中含有甘油等多种有用的物质，若将其直接排放，既污染环境又浪费资源，如果将其加以回收利用，则具有较大的经济效益和社会效益。

由于甘油具有许多重要的物理化学性质，使其成为重要的化工原料，目前主要用于生产油漆、食品、医药、炸药、牙膏、玻璃纸、绝缘材料等。甘油具有吸水性强的特性，对皮肤无刺激作用，可直接涂在皮肤上用以滋润皮肤，也可以甘油为原料加工成护肤品。甘油有甜味、无毒，在食品工业上可作为甜味添加剂。甘油具有很强的吸水性，烟草、皮革用甘油处理后可以防霉、不变硬，使皮革柔软。还可以在许多软膏制品（如牙膏、香脂、医用软膏等）中加入一定量的甘油以防止干结。由于甘油的水溶液冰点很低，其水溶液可以作防冻剂和制冷剂。此外，在油漆工业中用它来制作醇酸树脂。在医药工业上，用甘油制作硝化甘油，有扩张心脏冠状动脉的作用，可用作治疗心绞痛的药物；用甘油、杏树上的黏胶、甘草和酒精配制的药物可治冻裂；用甘油可做通便剂"开塞露"等。国防工业上，甘油的重要用途是制取硝酸甘油等。

（二）油脂资源副产物及应用

1. 蜡梅籽皮壳

所有油脂植物的种子均由籽仁及皮壳两部分组成。某些植物种子，如大豆、花生、油菜

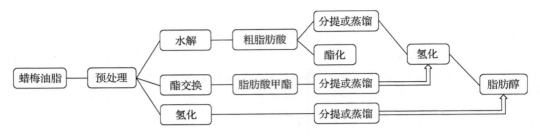

图8-7　蜡梅油脂生产脂肪醇的工艺路线

来源：仿自《植物油料资源综合利用》（梁少华，2009）。

籽等，外层的种皮较薄，其种皮部分仅占种子总重量的很小比例，因此，往往不经去皮即可加工取油。但有些植物种子，如棉籽、蓖麻子、茶籽、蜡梅籽等，其外层种皮很厚，形成硬壳，在加工取油之前，必须先将皮壳脱除。这样既可以提高提取率，又可以改善油品的质量。油脂植物皮壳系由有机物和无机物组成，有机物主要是半纤维素、纤维素、木质素及蜡、树脂、蛋白质、色素、油脂、单宁等成分，无机物主要是无机盐类。根据皮壳成分的组成比例看，主要是半纤维素、纤维素和木脂素。其中半纤维素占15%~40%，纤维素占30%~45%，木质素占12%~30%，其他成分含量一般较少。油脂植物皮壳的利用主要指合理利用上述成分。蜡梅籽皮壳较厚，皮壳的重量占种子总重量的比值较大，如果仅将脱除的皮壳作为饲料或燃料，是对资源的浪费。近年来，我国一直在探讨怎样开展蜡梅籽皮壳的综合利用，现已取得了一定的进展，图8-8为蜡梅籽皮壳综合利用的基本路径。

2. 蜡梅油籽饼粕

蜡梅油籽在去除皮壳、取出油脂之后，所得饼粕的重量占剥壳籽仁重量的50%~85%。除部分油溶性成分随油脂一起提取外，油籽中的许多天然成分仍然留在饼粕中。这些成分经适当的工艺处理，可以加工成各种产品，应用于食品、医药、饲料及工业生产。蜡梅油籽饼粕含丰富的蛋白质、较多的淀粉或纤维素和无氮提取物（包括糖类、色素、维生素、无机盐等）、少量的脂质或粗脂肪和约10%的水分。经脱毒处理后的蜡梅油籽饼粕是重要的植物蛋白来源，也可作为生产低聚糖、淀粉或膳食纤维的原料。

（三）活性成分及应用

1. 挥发油

挥发油类又称精油，是一类具有挥发性可随水蒸气蒸馏出来的油状液体，大部分具有香气，如薄荷油、丁香油等。含挥发油的中草药非常多，亦多具芳香气，尤以蜡梅科（蜡梅、柳叶蜡梅、山蜡梅等）、唇形科（薄荷、紫苏、藿香等）、伞形科（茴香、当归、芫荽、白芷、川芎等）、菊科（艾叶、茵陈蒿、苍术、白术、木香等）、芸香科（橙、桔、花椒等）、樟科（樟、肉桂等）、姜科（生姜、姜黄、郁金等）等科更为丰富。含挥发油的中草药或提取出的挥发油大多具有发汗、理气、止痛、抑菌、矫味等作用。

蜡梅的根、茎、叶片、花、果皮、种子等器官均含有较多的挥发油成分，是提取天然香精油的优质资源，具有很高的开发与利用价值。刘祝祥（2011）、曹耀等（2010）、刘志雄等（2008）的研究表明，蜡梅的不同部位（器官）中挥发油的成分有一定差异，如蜡梅叶、

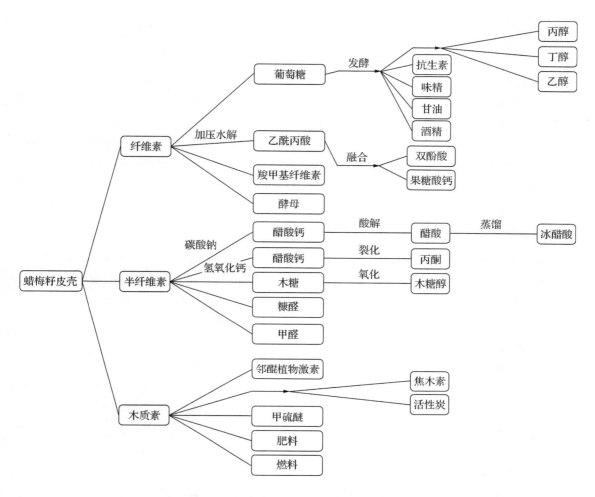

图 8-8　蜡梅籽皮壳综合利用的基本路径

花蕾、籽鉴定出的挥发性成分分别为 25 种、45 种、43 种，其中蜡梅叶挥发性成分主要为稠环芳烃、烷烃、醇、烯、酚、酯和少量脂肪酸，且蜡梅叶挥发性成分对金黄色葡萄球菌、枯草芽孢杆菌、变形杆菌均有抑制作用，对金色葡萄球菌的抑菌活性最强，进一步说明蜡梅具备抑菌作用。

2. 生物碱

生物碱类化合物大量存在于动植物和微生物等生物有机体中，也是许多中草药和药用植物的活性成分。多数的生物碱类化合物都具有一定的生理活性，如鸦片中的吗啡具有镇痛作用、麻黄中的黄麻碱具有抗哮喘作用、黄连和黄柏中的小檗碱具有抗菌活性等。到目前为止，对蜡梅种子中生物碱成分的研究较少，仅少量文献报道了两种蜡梅中生物碱单体的结构，即洋蜡梅碱和山蜡梅碱。宋洁琼（2013）关于蜡梅籽中油及生物碱的提取与分析研究佐证了蜡梅种子中含有生物碱即山蜡梅碱，但是关于山蜡梅碱的生理作用还有待进一步分析研究。

3. 磷脂

在植物中，磷脂主要分布于种子、坚果及谷类中。油脂植物中的磷脂主要存在于种子中，且大部分都含在油脂植物的胶体相中，油相中含量很少。油脂植物种子胶体相内的磷脂，大都与蛋白质、糖类、脂肪酸、甾醇、生育酚、生物素等物质相结合，构成复杂的复合体。磷脂具有重要的理化特性，在食品、医药、饲料及其他工业部门有着广泛的用途。蜡梅籽中含有丰富的磷脂，具有较大开发利用价值，可应用于食品工业（人造奶油和起酥油、烘焙食品、糖果、饮料等）、医药工业（医药乳化剂、保肝药物、健脑及健身药物、外用药物等）、饲料工业（畜禽动物及水产养殖的饲料营养添加剂）及其他方面（化妆品、洗涤剂、涂料、橡胶、皮革、纺织工业等）。

（四）园林应用

1. 景观配制

蜡梅作为我国传统园林花木，具有香化、彩化和绿化的作用，一般以南天竹等搭配种植于庭前、窗外及假山等视野开阔之处，是我国传统园林设计不可或缺的植物。此外，蜡梅风姿独特，树形各异，易于塑形，具有较高的观赏性。蜡梅属灌木，树冠适中，枝条较为稀疏，用于园林配置时，易与其他植物的搭配和设计，深受传统园艺的青睐。

2. 盆栽应用

蜡梅品种繁多，外形各异，易于造型，矮化品种也可用于盆栽种植。蜡梅桩景小巧玲珑，雅致可观，通过精巧技艺，可塑形成疙瘩梅、悬枝梅、屏扇梅等造型各异的景桩。加之其独特花香，放置于房间之中，可去除异味。目前，成都、河南鄢陵、重庆等地，每年都有大量蜡梅盆景出售。而每逢全国梅花蜡梅展览时，更有来自全国各地的蜡梅盆景展出，其中疙瘩梅等名贵品种更是享誉海内外。

3. 切花应用

蜡梅是少有的冬季开花植物，花黄如蜡，形态优美，花香浓郁，开花后，树叶自然掉落。且发枝能力强，分枝细直，是天然的切花植物。据有关研究报道，蜡梅切枝用于瓶插后，寿命可长达 20 天，是一种很具潜力的切花植物。目前，位于重庆市北碚区静观镇等地的切花产业已初步形成，蜡梅鲜切花年产量近 100 万束，占当地蜡梅总产值产业的近 50%，为农民带来直接经济利益约 1000 万元（何定萍 等，2005）。

参考文献

[1] 安倩，张萍萍，李明浩，等 . ^{60}Coγ 射线辐照黄连木的生物学效应 [J].核技术，2011，34（7）：522 – 528.

[2] 曹耀，刘祝祥，田向荣，等 . 蜡梅花蕾挥发性化学成分分析 [J].生命科学研究，2010，14（5）：398 – 401.

[3] 曹应伟，李振宇，陈彦伟，等 . 黄连木的育苗技术及园林应用 [J].农业科技与信息，2010（2）：29 – 30.

[4] 陈功锡，廖文波，熊丽芝，等 . 湘西药用植物资源开发与可持续利用 [M].成都：西南交通大学出版社，2015.

［5］ 程树棋，程传智．以石栗树、白檀、灯台树、猴欢喜树籽油为原料制取生物柴油及制配方法：CN1844316［P］.2006.

［6］ 邓冠军．黄连木叶酚类物质的提取鉴定、生物活性及与精油联产的研究［D］.合肥：安徽大学，2014.

［7］ 段玉芳，郑俊启，曹恩乾．太行山区生物质能源林黄连木基地建设现状、问题及对策［J］.种业导刊，2010（10）：43－45.

［8］ 何定萍，喻竺，胡应铭，等．重庆的蜡梅资源及其产业化开发利用［J］.西南园艺，2005，33（4）：32－33.

［9］ 黄廷廷，李久明，春英，等．关于蓖麻饼粕在饲料方面的研究浅析［J］.山东工业技术，2015（10）：206.

［10］ 江苏新医学院．中药大辞典（上下册）［M］.上海：上海科学技术出版社，1985.

［11］ 梁少华．植物油料资源综合利用［M］.南京：东南大学出版社，2009.

［12］ 李昌珠，将丽娟．油料植物资源与工业利用新技术［M］.北京：中国林业出版社，2018.

［13］ 林军，李彭生，梁庆，等．粤北地区光皮树种质资源生态调查及其开发利用［J］.林业与环境科学，2010，26（6）：45－48.

［14］ 柳建军，刘锡葵．黄连木食用部位化学成分研究［J］.中草药，2009，40（2）：186－189.

［15］ 刘志雄，刘祝祥．超临界 CO_2 萃取蜡梅籽化学成分研究［J］.中药材，2008，31（7）：992－995.

［16］ 刘祝祥，贺建武，彭德娇，等．蜡梅叶挥发性成分及其抑菌活性研究［J］.湖南农业科学，2011（1）：75－77.

［17］ 刘祝祥，王慧，向芬，等．蜡梅籽脂肪酸提取工艺优化及 GC-MS 分析［J］.湖南农业科学，2012（3）：80－83.

［18］ 罗俊荣．黄连木播种育苗与栽培技术［J］.安徽林业科技，2008（5）：37.

［19］ 陆瑞利，胡丰林．亚热带部分常见芳香油树种鲜叶提取物清除自由基的活性研究［J］.林产化学与工业，2003，23（2）：51－56.

［20］ 马铁民，李保国，齐国辉，等．黄连木栽培技术［J］.林业科技开发，2008，22（4）：113－115.

［21］ 庞有强．黄连木的植物学特性与综合利用［C］.中国作物学会2007年学术年会论文集，2007.

［22］ 彭红，韩东平，刘玉环，等．光皮树籽抽出物的成分分析［J］.食品科学，2010，31（12）：197－199.

［23］ 申爱荣，谭著明，蒋丽娟，等．不同提油方法对制取光皮树油的影响［J］.中南林业科技大学学报，2010，30（11）：129－135.

［24］ 史清文，左春旭．黄连木叶化学成分研究［J］.中国中药杂志，1992，17（7）：422－423.

［25］ 宋洁琼．蜡梅籽中油及生物碱的提取与分析［D］.上海：华东理工大学，2013.

［26］ 孙景琦，塔娜，施和平．蓖麻籽饼粕营养成分研究［J］.有机化学，2003（23）：149－150.

［27］ 王静春．我国生物柴油的发展状况及产业化前景［J］.农机使用与维修，2008（5）：92－92.

［28］ 王静萍，袁立明，李京民，等．光皮梾木油的嗅味及非皂化物成分［J］.中国粮油学报，1995（2）：48－52.

［29］ 王学勇，刘巧哲，李金霞．黄连木种子发芽和出苗研究［J］.安徽农业科学，2012，40（34）：16671－16672.

［30］ 魏向阳，叶建明，裴达乾，等．TO树脂重防腐涂料的研制［J］.上海涂料，2011，49（12）：7－9.

［31］ 向祖恒，张日清，李昌珠．武陵山区北部野生光皮树资源调查初报［J］.湖南林业科技，2010，37（3）：1－5.

［32］ 曾虹燕，方芳，苏洁龙，等．超临界 CO_2、微波和超声波辅助提取光皮树子油工艺研究［J］．中国粮油学报，2005，20（2）：67 - 70.

［33］ 张立华．黄连木播种育苗［J］．中国林业，2011（15）：47.

［34］ 张卫东，文鹏，王吉平，等．东安县光皮树资源现状与发展对策［J］．湖南林业科技，2008，35（3）：68 - 69.

［35］ 赵凯歌，虞江晋芳，陈龙清．蜡梅品种的数量分类和主成分分析［J］．北京林业大学学报，2004（S1）：79 - 83.

［36］ 祖庸，李小龙，郑国栋．黄连木的综合利用［J］．西北大学学报，1989，19（1）：55 - 61.

第九章　结论与展望

通过文献查阅、走访群众和实地调查等方式，共采集获得 262 种植物及相关样品（种子）；根据植物中油脂含量情况，初步筛选了 90 种有潜力的植物种类，通过测定这些物种的酸值、碘值、皂化值及脂肪酸成分等生物柴油相关品质指标，以及结合物种的产油潜能分析，最终筛选出了 14 种有发展、利用潜力高的重点植物种，并运用层次分析法从物种的自然特性、油脂特性、油脂成分 3 个方面 8 个评价指标进行了综合评价。研究了常见的 7 种能源植物及 1 种新发现潜在能源植物籽油的提取技术及油脂的组成结构；再对 230 种非粮柴油能源植物进行简要介绍，为湘西地区非粮柴油能源植物进一步深入研究和产业发展提供依据；最后，讨论了湘西地区非粮柴油能源植物开发利用的原则技术、存在的问题及对策建议。

一、主要结论

（一）湘西地区非粮柴油能源植物资源基本特征

湘西地区特殊的自然地理环境孕育了丰富的非粮柴油能源植物多样性，决定了该地区是研究和发展非粮柴油能源植物的理想场所。

1. 种类丰富、生活习性多样

湘西地区是武陵山区非粮柴油能源植物资源较为丰富的地区，共有非粮柴油能源植物 262 种（含油量≥10%），隶属于 71 科 163 属。其中，樟科（24 种）、大戟科（15 种）、豆科（15 种）、芸香科（12 种）、蔷薇科（12 种）等共拥有 78 种，占非粮柴油能源植物总数的 29.77%，是该地区非粮柴油能源植物的数量富油科。湘西地区非粮柴油能源植物资源中的乔木、灌木、木质藤本、草质藤本，以及一、二年生草本和多年生草本植物，分别有 130种、75 种、15 种、7 种、17 种和 18 种，分别占湘西地区非粮柴油能源植物总数的49.62%、28.63%、5.73%、2.67%、6.49% 和 6.87%，其中木本柴油植物占绝对优势。

2. 地理成分复杂、过渡性明显

湘西地区非粮柴油能源植物的科、属、种分别有 8 个、14 个、14 个分布区类型及 2 个亚型，体现了地理成分方面的多样性与复杂性。其中"科"级地理成分以泛热带分布、北温带分布类型占优势，"属"级地理成分主要集中在泛热带分布、北温带分布、东亚及北美间断分布、东亚分布 4 个分布区类型，而"种"级地理成分则以中国特有成分为标志的东亚成分占绝对优势为显著特征。

3. 分布范围广，分布程度不均匀

湘西地区非粮柴油能源植物在全州都有分布，但中北部较为密集，南部较为稀疏。其中，永顺县有 98 种，占 37.41%；保靖县有 58 种，占 22.14%；吉首市有 43 种，占 16.41%；龙山县有 36 种，占 13.74%；古丈县有 20 种，占 7.63%；花垣县 7 种，占 2.67%。自然保护区、风景名胜区、森林公园等区域是湘西地区非粮柴油能源植物分布较为集中的区域。垂直方向上，海拔 179～1486 m 范围内都有，但以 200～600 m 范围内的中低山地林中较多。

（二）湘西地区非粮柴油能源植物的含油量及理化性质

1. 含油量

湘西地区非粮柴油能源植物含油量比较丰富，有 1/3 以上的种类含油量高达 30% 以上。其理化性质也符合开发为生物柴油能源的标准。

所测定的 262 种非粮柴油能源植物种子（种仁），含油量在 50% 以上的有 13 种，含油量介于 40%～50% 的有 20 种，30%～40% 的有 57 种，20%～30% 的有 104 种，10%～20% 的有 68 种。含油量≥30% 的科主要为樟科（14 种）、大戟科（7 种）、芸香科（7 种）、山茶科（6 种）、木兰科（5 种）、安息香科（4 种）、葫芦科（4 种）、卫矛科（4 种）；含油量≥30% 的属主要为山胡椒属（9 种）、山茶属（6 种）、花椒属（5 种）、樟属（4 种）、安息香属（4 种）、槭属（3 种）、含笑属（3 种）和卫矛属（3 种）。这些种属为湘西地区非粮柴油植物富油优势科属，在未来进一步研究和产业开发中具有重要价值。

2. 理化性质

90 种非粮柴油能源植物的酸值分布于 0.63～112.38 mg/g，根据原油酸值≤10 mg/g 的标准，共有 55 种植物油脂的酸值符合制备生物柴油的标准；碘值分布于 1.85～288.26 g/100 g，根据原油碘值≤120 g/100g 的标准，共有 78 种植物油脂的碘值符合制备生物柴油的标准；皂化值分布于 70.72～576.16 mg/g，根据原油皂化值介于 160～220 mg/g 的标准，共有 50 种植物油脂的皂化值符合制备生物柴油的标准；脂肪酸成分中，亚麻酸含量分布在 0～63.93%，根据原油亚麻酸含量≤12% 的标准，共有 67 种植物油脂亚麻酸含量符合制备生物柴油的标准。

（三）湘西地区非粮柴油能源植物开发利用优选物种

在众多非粮柴油能源植物资源中，根据产油潜能、含油量、油脂特性、能源成分等指标综合评价，找出了适合湘西地区开发利用的优选物种，这对未来产业发展具有指导意义。

①产油潜能是衡量非粮油脂植物的重要标准。90 种含油量≥30% 的非粮柴油能源植物中，木本植物有 79 种，草本植物有 11 种。根据植物产油潜能≥8 分的标准，共有 14 种木本植物及 2 种草本植物符合标准。因此，湘西地区最有潜力的非粮柴油能源木本植物分别为湖南山核桃、算盘子、猴欢喜、华榛、蜡梅、猫儿屎、黄连木、尖连蕊茶、复羽叶栾树、乌桕、油桐、白檀、楝木和山榴，草本植物为栝楼和牛蒡。

②根据湘西地区非粮柴油能源植物筛选指标，即产能潜能综合得分≥8 分，含油量≥30%，酸值≤10 mg/g，碘值≤120 mg/100 g，皂化值介于 160～220 mg/g，脂肪酸成分中亚麻酸含量≤12%，共筛选出 14 种符合标准的非粮柴油能源植物，分别为湖南山核桃、算盘子、猴欢喜、华榛、蜡梅、猫儿屎、黄连木、尖连蕊茶、复羽叶栾树、白檀、楝木、山榴、

牛蒡和栝楼。

③从物种的自然特性、种子油脂特性和油脂能源成分3个方面8个评价指标综合评价，分析得出这14种入选非粮柴油能源植物种的综合得分排序为：山檀＞算盘子＞湖南山核桃＞牛蒡＞蜡梅＞黄连木＞猴欢喜＞椋木＞华榛＞猫儿屎＞栝楼＞白檀＞尖连蕊茶＞复羽叶栾树。通过利用方式、生态效益等方面综合判断分析，认为适合在湘西地区发展的非粮柴油能源植物物种为山檀、湖南山核桃、牛蒡、蜡梅、黄连木、栝楼和白檀，其中以山檀、湖南山核桃、黄连木、栝楼为优选、首选物种。

（四）湘西地区常见8种非粮柴油能源植物油脂用途

对湘西地区常见8种非粮柴油能源植物油脂成分研究表明，它们除了在湘西地区分布较广，数量较多以外，其油脂都有各种各样的用途，有的还具有开发为食用油的潜力，这为未来的研究与开发提供了新的途径。

①华榛种仁油脂含量丰富，达到50%以上，种仁油脂肪酸主要成分为油酸、亚油酸（不饱和脂肪酸含量高达86.09%，饱和脂肪酸含量仅为13.91%），油脂特性符合制备生物柴油的标准，可作为生物柴油原料植物开发。此外，由于华榛种仁油中丰富的不饱和脂肪酸含量，该植物还可作为食用油脂资源开发，为优质级食用油脂。由于华榛种仁肥白而圆，有香气，含油脂量很大，亦可供食用，为优质的坚果类食品。

②山檀籽中油脂含量丰富，达到44.7%，是一种具有广大开发潜力的油脂资源植物。山檀籽油中十二碳酸、十四碳酸等饱和脂肪酸含量丰富（达到48.46%），油脂特性符合制备生物柴油的标准。除了作为生物柴油原料植物开发利用外，其油脂成分还可用作生产表面活性剂的原料，也用于消泡剂、增香剂，还可用于配制各种食用香料，作为工业用油脂广泛应用于化工领域。

③蜡梅籽种仁中含油量丰富，达到了39.82%，显然是一种优良的生物柴油能源植物。蜡梅种仁油中富含油酸、亚油酸等不饱和脂肪酸，不饱和脂肪酸丰富（总相对含量达到84.29%），具有重要的开发价值，但因存在大量蜡梅碱和蜡梅二碱等有毒物质，故蜡梅籽油资源不宜直接作为人和动物食用油脂利用。

④野生桃种仁中油脂含量丰富，达到45.97%，种仁油中富含油酸、亚油酸等不饱和脂肪酸（总含量高达85.21%），饱和脂肪酸含量较低（仅为14.45%），种仁可直接食用。由于野生桃仁油丰富的不饱和脂肪酸，且无毒害成分，营养丰富，相比于作为生物柴油能源植物，也许更适合作为食用类油脂资源开发。

⑤与山茶属其他种类相比，西南山茶的含油量虽然不高，为36.74%，但其油脂的脂肪酸组成与油茶很接近，且不饱和脂肪酸含量（90.20%）高于油茶不饱和脂肪酸的平均含量（88.52%），同时还含有一定的亚麻酸（1.17%）。由于西南山茶的优良油脂特性，除了可作为生物柴油原料植物开发利用以外，还可考虑作为油茶以外的备选油料植物进行开发。

⑥漆树科的黄连木、盐肤木、野漆树3种不同植物种子中的脂肪酸组成主要是十六碳脂肪酸和十八碳脂肪酸，符合制备生物柴油的标准，适合作为生物柴油原料植物开发。3种植物种子油中不饱和脂肪酸含量都较高（77.81%～83.87%），而不饱和脂肪酸中的亚油酸和亚麻酸是人体必需脂肪酸，具有降血脂、软化血管、降低血压等作用。同时，这3种植物分

布范围广，且大都生长在石灰岩地区，对涵养水源、改善环境、调节生态平衡及促进林木经济发展等方面都能发挥一定作用。

二、关于湘西地区非粮柴油能源植物资源开发利用的思考

（一）开发利用的原则思考

①湘西地区非粮柴油能源植物资源的开发，一方面，要从众多的资源和信息中找到并开发出适合湘西地区发展的优良非粮柴油能源植物种质，为人类最终解决能源危机提供战略资源储备做出贡献；另一方面，又要大力促进非粮柴油能源植物资源复合产业的发展，只有真正使产业得到充分发展，资源保护与利用才能真正做到辩证统一和可持续发展。这就要求在筛选题材时必须立足本地优势资源，在开发与利用方式上必须强调高效综合利用，在产业推行方式上必须强调产学研相结合。

②植物资源的开发是一项涉及多领域的系统工程，湘西非粮柴油能源植物产业的发展是一项长期而艰巨的任务，必须顺应市场需求，在多层次、多学科、多领域、多方位开展研究和综合利用。基于湘西地区非粮柴油能源植物资源的基本特点，可以在生物质能、食品、药物、饲料及其他工业用品等多领域进行开发，以释放最大的产业潜能。

（二）开发利用面临的问题

1. 科研滞后于生产发展

在湘西地区，除部分非粮柴油能源植物，如黄连木、光皮树等的科研方面已经有了一定基础外，其他大部分植物的研究还未有效开展。科研落后于生产、科研与生产脱节的现象依然存在，特别是没能解决非粮柴油能源植物资源利用工程中的重大科技问题，这种局面根本无法适应当今能源植物产业快速发展的需求。在如何将现代科学技术应用于非粮柴油能源植物生产、提高经济效益的方法和技术等方面，还有待更深入的研究。

2. 资源利用程度低

由于非粮柴油能源植物不能在较短时期内产生较高的经济效益，群众对非粮柴油能源植物资源的发展前景认识不足，因而栽培推广的积极性不高，更加缺乏科学有效的管理，导致湘西地区许多非粮柴油能源植物处于荒芜状态，综合利用程度低，资源浪费和破坏现象严重。同时，由于缺乏管理，长期产量较低，不能形成明显的经济效益。

3. 缺乏产业化与规模化

总体上来看，湘西地区非粮柴油能源植物的开发与利用还处在发展初期，诸多能源植物只是零星栽培，缺乏产业规模化发展，更谈不上"石油林场"。要从总体上降低湘西地区非粮柴油能源植物生产成本，使其在能源结构转变中发挥更大的作用，就要向基地化和规模化方向发展，努力建立"石油林场"，实行集约化经营。

4. 缺乏相应保护措施

近几十年来，我国经济的快速发展消耗了大量的自然资源，导致许多植物濒临灭绝，这是对植物缺少保护造成的结果。湘西地区的野生植物，尤其是尚未引起重视的非粮柴油能源植物基本上处于自生自灭的状态，谈不上保护措施。要使湘西地区非粮柴油能源植物资源实

现可持续利用，就必须以保护为前提，在保护的前提下再进行开发。

（三）对策与建议

1. 切实加强科学研究

在充分利用现有巨大资源优势的基础上，对湘西地区具有重要应用前景的非粮柴油能源植物资源切实加强科学研究。开展实质性的多学科协同，强调资源的保护和可持续利用与现代科学技术方法的结合，重点放在应用基础研究方面，如根据因地制宜原则，加快优良品种的选育和栽培技术研究，尤其是利用现代生物科学技术方法培育优良能源植物品种；充分利用荒山荒地等边际土地资源，规模化种植能源植物，为开发与利用提供充足原料等。这些基础研究无疑具有重要的科学和战略意义，有可能产生重要经济效益。同时，要加大技术研发力度，获取独立自主的知识产权，从不同层面、不同形式上真正促进优势资源的有效保护和科学利用。

2. 尽快实施产业开发

从生产、加工、投入市场等协同一致的观点出发，正确制定产业开发发展规划，以确保尽快实施产业开发。在湘西山区造林和荒山绿化中应考虑以能源植物为主要规划树种。对一些具有良好前景的非粮柴油能源植物，可充分利用大量的荒山荒地等土地，选择适宜地区，进行规模化种植，为湘西地区非粮柴油能源植物资源的产业开发提供充足的原料。根据湘西地区非粮柴油能源植物资源的特性，利用现代科学技术手段，实现其在生物质能开发、食品开发、药物开发、饲料开发、其他工业用品开发方面的综合高效、高值化开发，使经济效益、生态效益和社会效益和谐统一，为湘西地区特色产业和经济社会发展服务。

3. 重视珍稀资源保护

在对湘西地区非粮柴油能源植物资源实施全面调查后，对其中珍稀濒危资源应引起足够重视，开展就地保护与迁地保护。通过建立自然保护区和各种类型的风景名胜区，对湘西地区部分非粮柴油能源植物采取就地保护，对有价值的非粮柴油能源植物自然生态系统及其栖息地予以保护，以保持生态系统内非粮柴油能源植物的繁衍与进化。把因生存条件不复存在和物种数量稀少、生存和繁衍受到严重威胁的湘西地区非粮柴油能源植物迁出原地，进行特殊的保护和管理，实行迁地保护。